高等职业教育“十三五”规划教材

U0317707

计算机基础和 Office 高级应用

（第 2 版）

主　编　周少卿　许桂平　王霞成
主　审　梁　明

北京理工大学出版社
BEIJING INSTITUTE OF TECHNOLOGY PRESS

内容简介

本书主要介绍了计算机基础知识、Windows 7 操作系统、Word 2010、Excel 2010、PowerPoint 2010、计算机网络和Internet使用等内容。考虑到学生已经具有一定的计算机应用能力和今后就业的需要，在介绍计算机基础知识和Office软件常用功能的基础上，本书也介绍了 MS Office 高级应用的内容。本书采用案例教学的方式，通过对一系列案例的剖析，使读者在掌握计算机基础知识的基础上，熟练应用 Office 办公软件的常用功能以及典型的高级功能。

本书以“课证融合”为目标，紧扣教育部考试中心制定的全国计算机等级考试一级《计算机基础和 MS Office 应用》和二级《MS Office 高级应用》2013 年考试大纲的要求设计了习题、实训环节和模拟练习题，为读者顺利通过计算机等级考试做了充分准备。本书既可作为高职高专计算机公共课程的教材，也可作为各类成人教育机构的教材，也可供各类培训班使用。

图书在版编目（CIP）数据

计算机基础和 Office 高级应用/周少卿，许桂平，王霞成主编．—2 版．—北京：北京理工大学出版社，2019. 8

ISBN 978 - 7 - 5682 - 7483 - 8

Ⅰ．①计…　Ⅱ．①周…　②许…　③王…　Ⅲ．①电子计算机 - 教材②办公自动化 - 应用软件 - 教材　Ⅳ．①TP3

中国版本图书馆 CIP 数据核字（2019）第 179555 号

出版发行／北京理工大学出版社有限责任公司
社　　址／北京市海淀区中关村南大街 5 号
邮　　编／100081
电　　话／（010）68914775（总编室）
（010）82562903（教材售后服务热线）
（010）68948351（其他图书服务热线）
网　　址／http：//www. bitpress. com. cn
经　　销／全国各地新华书店
印　　刷／三河市天利华印刷装订有限公司
开　　本／787 毫米 ×1092 毫米　1/16
印　　张／20. 5
字　　数／485 千字
版　　次／2019 年 8 月第 2 版　2019 年 8 月第 1 次印刷
定　　价／51. 00 元

责任编辑／高　芳
文案编辑／高　芳
责任校对／周瑞红
责任印制／施胜娟

图书出现印装质量问题，请拨打售后服务热线，本社负责调换

前言
Preface

本书是根据教育部考试中心制定的全国计算机等级考试一级《计算机基础和 MS Office 应用》和二级《MS Office 高级应用》2013 年考试大纲编写的，要求在 Windows 7 的操作系统平台下，使用 Office 2010 办公软件进行教学与实训。

一级《计算机基础和 MS Office 应用》是操作技能级考试，考核考生计算机基础知识及计算机基本操作能力，所以本书介绍了计算机基础知识、Windows 7 操作系统、Word 2010、Excel 2010、PowerPoint 2010、计算机网络与 Internet 使用等内容。

通过本书的学习，读者将对计算机的基本概念、微型计算机的工作原理、多媒体技术和计算机网络知识有一个全面、概括的了解和认识，并且能够熟练掌握系统软件和常用 Office 功能的使用。

随着计算机在办公领域应用的广泛和深入，从业人员仅仅掌握 Office 软件的常用功能已经远远不能适应工作的要求了，他们需要熟练掌握办公软件的高级应用功能，不但能够高效、规范地处理越来越多的办公文档，而且能够应用办公软件的高级功能整合、分析并且充分利用各种数据信息。在这样的形势下，全国计算机等级考试从 2013 年下半年起增设了《MS Office 高级应用》二级考试科目。持有全国计算机等级考试二级《MS Office 高级应用》合格证书有助于求职办公室管理岗位，如果持有《MS Office 高级应用》优秀证书，更会使证书持有人具有更强的竞争力，所以该科目开考以后就立即受到了广大在校学生的欢迎。而且，由于学生在中学阶段已经学习过计算机基本知识和 Office 软件的常用功能，部分学生已经获得《计算机基础和 MS Office 应用》一级证书。本书正是从学生的基础和就业的需要两方面考虑，增加了《MS Office 高级应用》的内容。

本书采用案例教学的方式，通过对一系列案例的剖析，使读者通过对实例的操作，实现“学中做”，可以更快、更直观地掌握计算机基础知识及常用 Office 软件的功能。本书强调实践操作，并且以“课证融合”为目标，紧扣全国计算机一级考试和《MS Office 高级应用》二级考试的要求设计了习题、实训环节和模拟练习题，为读者顺利通过计算机等级考试创造了有利条件。

本书由昆山登云科技职业学院周少卿、许桂平、王霞成主编。周少卿编写第 1、5、6、9、12 章及第 3 部分内容，许桂平编写第 2、3、7 章及第 3 部分内容，王霞成编写第 1、4、8 章及第 3 部分内容，梁明教授担任本书的主审。

本教材在编写过程中吸取了历年来计算机应用基础课程教学改革和组织学生参加全国计算机等级考试的经验。同时，许多兄弟院校的专家对于本课程的建设和本书的编写提供了许多帮助，在此一并表示感谢。

由于编者水平有限，而且新考纲颁布时间较短，编写时间较为仓促，存在错误和不足之处在所难免，敬请同行和读者批评指正。

编　者

目录 Contents

第1部分　计算机基础

第2部分 Office高级应用

第1部分　计算机基础

第1章　计算机基础知识

1946年诞生的电子数字计算机是20世纪的一项重大科技发明，引起了科学技术乃至整个社会的飞速发展，使现代社会发生了日新月异的变化。21世纪，人类进入了一个全新的时代——信息时代，计算机和信息技术给人们的工作、学习、生活带来了巨大的变化，人们可以有效地利用计算机和信息技术来提高经济效益、促进社会发展、提高生活质量。毫无疑问，当今无论哪个行业、哪门学科，都无法离开计算机和信息技术的支撑。计算机与信息技术的基础知识已成为人们必备的基本素养。

本章主要介绍计算机的基础知识，通过本章的学习，读者应掌握以下内容。

（1）计算机的发展、特点、分类及应用领域。

（2）计算机硬件系统的组成、作用及简单工作原理。

（3）计算机的基本配置、常用设备及性能指标。

（4）计算机软件系统的组成，系统软件和应用软件的概念和作用。

（5）信息的计算机表示和计算机使用的常用数制。

（6）计算机的性能和技术指标。

（7）计算机网络的基本知识。

（8）计算机病毒的概念及防治。

（9）信息安全与计算机职业道德。

1.1　计算机概述

在人类文明发展的历史长河中，计算工具也经历了从简单到复杂、从低级到高级的发展过程，计算机最早应用于计算，它也因此而得名。计算机是电子数字计算机的简称，它是一种能自动、高速、精确地进行信息处理的现代化的电子装置，它能自动完成对数据、图形等信息的加工处理、存储或传送，并输出人们所需的信息。

微课：计算机的产生和发展

1.1.1　计算机发展史

1946年2月15日，第一台电子数值积分计算机（Electronic Numerical Integrator And Calculator，ENIAC）在美国宾夕法尼亚大学诞生。从第一台电子计算机诞生到现在的60多年中，计算机技术以前所未有的速度迅猛发展。以它使用的元器件为依据，计算机的发展可分为以下几个阶段。

1. 第一代计算机（1946—1958年）

第一代计算机是电子管计算机，其基本元件是电子管。由于当时电子技术的限制，运算速度为每秒几千次到几万次，内存储器容量也非常小（仅为1 000 ~ 4 000 Byte）。计算机程序设计语言还处于最初阶段，用以0和1表示的机器语言进行编程，直到20世纪50年代才出现了汇编语言。由于尚无操作系统出现，操作机器困难。

第一代计算机体积庞大，造价昂贵，速度低，存储容量小，可靠性差，不易掌握，主要运用于军事领域和科学研究领域。

2. 第二代计算机（1959—1964年）

第二代计算机是晶体管计算机，其基本元件是晶体管。内存储器大量使用磁性材料制成的磁芯，每颗小米粒大小的磁芯可存一位二进制代码，外存储器有磁盘和磁带，外部设备种类增加。运算速度从每秒几万次提高到几十万次，内存储器容量扩大到几十万字节。

与此同时，计算机软件也有了重大发展，出现了监控程序并发展成为后来的操作系统，高级程序设计语言BASIC、FORTRAN和COBOL的推出，使程序的编写工作变得更为方便，并实现了程序兼容。因此，使用计算机的效率大大提高。

3. 第三代计算机（1965—1970年）

第三代计算机的主要元件是小规模集成电路（Small Scale Integrated circuits，SSI）和中规模集成电路（Medium Scale Integrated circuits，MSI）。所谓集成电路，是用特殊的工艺将完整的电子线路集成到一个硅片上，通常只有邮票的四分之一大小。与晶体管电路相比，集成电路计算机的体积、重量、功耗都进一步减小，运算速度、逻辑运算功能和可靠性都进一步提高。此外，软件在这个时期形成了产业。操作系统在规模和功能上发展很快，通过分时操作系统，用户可以享受计算机上的资源。结构化、模块化的程序设计思想被提出，而且出现了结构化的程序设计语言Pascal。

4. 第四代计算机（1971年至今）

第四代计算机的主要元件是大规模集成电路（Large Scale Integrated circuits，LSI）和超大规模集成电路（Vary Large Scale Integrated circuits，VLSI）。集成度很高的半导体存储器完全代替了磁芯存储器，磁盘的存取速度和存储容量大幅度上升，开始引入光盘，外部设备的种类和质量都有很大的提高，计算机的速度可达每秒几百万次至上亿次。计算机的体积、质量和耗电量进一步减小。操作系统向虚拟操作系统发展，数据库管理系统不断完善和提高，程序设计语言进一步发展和改进，软件行业发展成为新兴的高科技产业。计算机的应用领域不断向社会各个方面渗透。

1.1.2　计算机的特点及应用

曾有人说，机械可使人类的体力得以放大，计算机则可使人类的智慧得以放大。作为人类智力劳动的工具，计算机具有以下主要特性。

微课：计算机的特点及应用

- ➢ 处理速度快
- ➢ 计算精度高
- ➢ 记忆能力强
- ➢ 可靠性高
- ➢ 工作全自动
- ➢ 使用范围广，通用性强

计算机具有存储量大、处理速度快、工作全自动、可靠性高以及很强的逻辑推理和判断能力等特点，所以被广泛应用于各种学科领域，并迅速渗透到人类社会的各个方面，同时也进入了家庭。计算机应用已形成一门专门的学科，下面对应用的几个主要方面做简单的介绍。

1. 科学计算

计算机是为了满足科学计算的需要而发明的。科学计算所解决的大都是在科学研究和工程技术中所提出的一些复杂的数学问题，计算量大而且精度要求高，只有运算速度快和存储量大的计算机系统才能完成。例如：在地球物理领域的气象预报、水文预报、大气环境的研究；在宇宙空间探索领域的人造卫星轨道计算、宇宙飞船的研制和制导。

2. 信息处理

信息处理是目前计算机应用最广泛的领域之一。信息处理是指用计算机对各种形式的信息（如文字、图像、声音）收集、存储、加工、分析和传送的过程。当今社会，计算机用于信息处理，对办公自动化、管理自动化乃至社会信息化都有积极的促进作用。

3. 过程控制

过程控制是指用计算机对生产或者其他过程中所采集到的数据按照一定的算法进行处理，然后反馈到执行机构去控制相应过程，它是生产自动化的重要技术和手段。过程控制可以提高自动化程度，减轻劳动强度，提高生产效率，节省生产原料，降低生产成本，保证产品质量的稳定。比如：在冶炼车间可将采集到的炉温、燃料和其他数据传递给计算机，由计算机按照预定的算法控制吹氧或加料的多少等。

4. 计算机辅助设计和计算机辅助制造

计算机辅助设计和计算机辅助制造分别简称为 CAD（Computer Aided Design）和 CAM（Computer Aided Manufacturing）。在 CAD 系统与设计人员的相互作用下，能自动将设计方案转变成生产图纸。CAD 技术提高了设计质量和自动化程度，大大缩短了新产品的设计与试制周期，从而成为生产现代化的重要手段。以飞机设计为例，过去从制订方案到画出全套图纸，要花费大量人力、物力，用两到三年的时间才能完成，采用计算机辅助设计以后，只需 3 个月就可完成。CAM 是利用 CAD 的输出信息控制、指挥生产和装配产品。CAD/CAM 使产品的设计、制造过程都能在高度自动化的环境中进行，具有提高产品质量、降低成本、缩短生产周期和减轻管理强度等特点。目前，无论是复杂的飞机，还是简单的家电产品都广泛使用了 CAD/CAM 技术。

将 CAD/CAM 和数据库技术集成在一起，形成 CIMS（计算机集成制造系统）技术，可实现设计、制造和管理完全自动化。

5. 现代教育

近些年来，随着计算机的发展和应用领域的不断扩大，它对社会的影响已经有了“文化”层次的含义。所以，在学校教学中，已把计算机应用技术本身作为“文化基础”课程安排于教学计划之中。此外，计算机在远程教育、模拟教学、媒体教学、数字图书馆、教育周边服务等教育领域中的应用越来越广泛、深入。

6. 家庭管理与娱乐

越来越多的人已经认识到计算机是一个多才多艺的助手。对于家庭，计算机通过各种各样的软件可以从不同的方面为家庭生活和事务提供服务，如家庭理财、家庭教育、家庭娱乐、家庭信息管理等。对于在职的各类人员，也可以通过运行专用软件或计算机网络在家里办公。

1.1.3 计算机的分类

计算机发展到今天，已是琳琅满目，种类繁多，其分类方法也各不相同。

1. 按处理数据的形态分类

计算机按处理数据的形态分类，可以分为数字计算机、模拟计算机和混合计算机。数字计算机所处理的数据都是以“0”和“1”表示的二进制数字，是离散的数字量，如职工人数、工资数据等。数字计算机的优点是精确度高、存储量大、通用性强。模拟计算机所处理的数据是连续的，称为模拟量。模拟量以电信号的幅值来模拟数字或某物理量的大小，如电压、电流等。一般来说，模拟计算机解题速度快，但不如数字计算机精确。混合计算机则是集数字计算机和模拟计算机的优点于一身。

2. 按使用范围分类

计算机按其使用范围分类，可以分为通用计算机和专用计算机。通用计算机适用于一般科技运算、学术研究、工程设计和数据处理等，常说的计算机就是指通用数字计算机。专用计算机是为适应某种特殊应用而设计的计算机，如飞机的自动驾驶仪等。

3. 按性能分类

按性能分类是最常用的分类方法，所依据的性能指标主要包括字长、存储容量、运算速度、外部设备、允许同时使用一台计算机的用户多少和价格高低等。根据这些性能指标可将计算机分为超级计算机、大型计算机、小型计算机、微型计算机和工作站五类。

1）超级计算机（Supercomputer）

超级计算机又称为巨型机。它是目前功能最强、速度最快、价格最贵的计算机，一般用于解决诸如气象、太空、能源、医药等尖端科学研究和战略武器研制中的复杂计算。它们安装在国家级研究机关中，可供几百个用户同时使用。如美国克雷公司生产的著名的巨型机 Cray－1、Cray－2 和 Cray－3。我国自主生产的银河－Ⅲ型百亿次机、曙光－2000 型千亿次机和“神威”千亿次机都属于巨型机。

2）大型计算机（Mainframe）

这种计算机也有很高的运算速度和很大的存储量，并允许相当多的用户同时使用。当然，在量级上都不及超级计算机，价格也相对比巨型机便宜。如 IBM－4300 系列、IBM－9000 系列等。这类机器通常用于大型企业的商业管理或大型数据库管理系统中，也可用作大型计算机网络中的主机。

3）小型计算机（Minicomputer）

其规模比大型机要小，但仍能支持十几个用户同时使用。这类机器价格便宜，适合中小型企事业单位使用。像 IBM 公司生产的 AS/400 系列都是典型的小型机。

4）微型计算机（Microcomputer）

其最主要的特点是小巧、灵活、便宜。不过通常一次只能供一个用户使用，所以微型计算机也叫个人计算机（Personal Computer）。

5）工作站（Workstation）

其与功能较强的高档微机之间的差别已不十分明显。通常，它比微型机有较大的存储容量和较快的运算速度，而且配备大屏幕显示器，主要应用于图像处理和计算机辅助设计等领域。

4. 未来计算机与计算机技术

未来的计算机技术将向超高速、超小型、平行处理、智能化的方向发展。硅芯片技术高速发展的同时也意味着硅芯片技术越来越接近其物理极限，为此，世界各国的研究人员正在加紧研究开发新型计算机，计算机从体系结构的变革，到器件与技术革命都要产生一次量的乃至质的飞跃。新型的量子计算机、光子计算机、生物计算机、纳米计算机等将会走进我们的生活，遍布各个领域。

1）量子计算机

量子计算机是在量子效应基础上开发的，它利用一种链状分子聚合物的特性来表示开与关的状态，利用激光脉冲来改变分子的状态，使信息沿着聚合物移动，从而进行运算。量子计算机中数据用量子位存储。由于量子叠加效应，一个量子位可以是 0 或 1，也可以既存储 0 又存储 1。因此一个量子位可以存储两个数据，同样数量的存储位，量子计算机的存储量比普通计算机大许多。同时量子计算机能够实行量子并行计算，其运算速度可能比目前个人计算机的 Pentium Ⅲ晶片快 10 亿倍。目前正在开发中的量子计算机有 3 种类型，即核磁共振（NMR）量子计算机、硅基半导体量子计算机和离子阱量子计算机。预计 2030 年将普及量子计算机。

2）光子计算机

光子计算机即全光数字计算机，以光子代替电子，光互连代替导线互连，光硬件代替计算机中的电子硬件，光运算代替电运算。

与电子计算机相比，光子计算机的“无导线计算机”信息传递平行通道密度极大。一枚直径为 5 分硬币大小的棱镜，它的通过能力超过全世界现有电话电缆的许多倍。光的并行、高速，天然地决定了光子计算机的并行处理能力很强，具有超高速运算速度。超高速电子计算机只能在低温下工作，而光子计算机在室温下即可开展工作。光子计算机还具有与人脑相似的容错性。系统中某一元件损坏或出错时，并不影响最终的计算结果。

目前，世界上第一台光子计算机已由欧共体的英国、法国、比利时、德国、意大利的 70 多名科学家研制成功，其运算速度比电子计算机快 1 000 倍。

3）生物计算机（分子计算机）

生物计算机的运算过程就是蛋白质分子与周围物理化学介质的相互作用过程。计算机的转换开关由酶来充当，而程序则在酶合成系统本身和蛋白质的结构中极其明显地表示出来。

蛋白质分子比硅晶片上的电子元件要小得多，彼此相距甚近，生物计算机完成一项运算，所需的时间仅为 10μμs，比人的思维速度快 100 万倍。DNA 分子计算机具有惊人的存储容量，$1m^3$ 的 DNA 溶液，可存储 1 万亿亿的二进制数据。DNA 计算机消耗的能量非常小，只有电子计算机的十亿分之一。由于生物芯片的原材料是蛋白质分子，所以生物计算机既有自我修复的功能，又可直接与生物活体相联。预计 10 ~ 20 年后，DNA 计算机将进入实用阶段。

4）纳米计算机

“纳米”是一个计量单位，$1nm = 10^{-9}m$，大约是氢原子直径的 10 倍。现在纳米技术正从 MEMS（微电子机械系统）起步，把传感器、电动机和各种处理器都放在一个硅芯片上而构成一个系统。应用纳米技术研制的计算机内存芯片，其体积不过数百个原子大小，相当于人的头发丝直径的千分之一。纳米计算机不仅不需要耗费任何能源，而且其性能要比今天的计算机强大许多倍。

目前，纳米计算机的研制已有一些鼓舞人心的消息，惠普实验室的科研人员已开始应用纳米技术研制芯片，一旦他们的研究获得成功，将为其他纳米计算机元件的研制和生产铺平道路。

1.1.4　多媒体技术

早期的计算机，用于处理数据和文本信息。但现实生活中，信息的载体除文字外，还有能包含更大信息量的声音、图像等。为了使计算机具有更强的处理能力，人们开始研究能处理更多种信息载体的计算机，称为“多媒体计算机”。所以，“多媒体”是指计算机领域中的各种信息载体的综合，它包括文字、声音、图形、图像、视频、动画等。

多媒体计算机是指能对多种媒体进行综合处理的计算机，它除了传统的计算机配置之外，还必须增加大容量存储器（如光盘或磁盘阵列），声音、图像等媒体的输入/输出接口和设备，以及相应的多媒体处理软件。

多媒体计算机是典型的多媒体系统。因为多媒体系统强调三大特性，即集成性、交互性和数字化特征。

集成性是指可对文字、声音、图形、图像、视频、动画等信息媒体进行综合处理，达到各种媒体的协调一致。

交互性是指人能方便地与系统进行交流，以便对系统的多媒体处理功能进行控制，例如能随时点播辅助教学中的音、视频片段，并立即将问题的答案输入系统进行“批改”等。

数字化特征是指各种媒体的信息，都是以“数字”的形式（即转换为“0”和“1”的方式）进行存储和处理，而不是传统的模拟信号方式。

1.1.5　计算机中的信息表示

现代社会被称为数字化的信息社会，数字化实际上就是将各种各样的信息用计算机能够识别、处理、保存和传送的二进制编码来表示，简单地说就是用“0”和“1”这两个数字来表示，因此，数字化问题也就是计算机中的信息表示问题。

1. 字符的表示

计算机中常用的字符编码有 EBCDIC（Extended Binary Coded Decimal Interchange Code）码和 ASCII（American Standard Code for Information Interchange）码。IBM 系列大型机采用 EBCDIC 码，微型机采用 ASCII 码。本节主要介绍 ASCII 码。

ASCII 码是美国标准信息交换码，被国际标准化组织（ISO）指定为国际标准。ASCII 码有7位码和8位码两种版本。国际通用的7位ASCII码称为ISO 646标准，用7位二进制数$b_6b_5b_4b_3b_2b_1b_0$表示一个字符的编码，其编码范围从0000000B ~ 1111111B，共有$2^7=128$个不同的编码值，相应可以表示128个不同字符的编码。7位ASCII码的表示如表1-1所示。

表1-1　标准ASCII码字符集

二进制数 / 编码	000	001	010	011	100	101	110	111
0000	NUL	DLE	SP	0	@	P	。	p
0001	SOH	DC1	!	1	A	Q	a	q
0010	STX	DC2	“	2	B	R	b	r
0011	ETX	DC3	#	3	C	S	c	s
0100	EOT	DC4	$	4	D	T	d	t
0101	ENQ	NAK	%	5	E	U	e	u
0110	ACK	SYN	&	6	F	V	f	y
0111	BEL	ETB	‘	7	G	W	g	w
1000	BS	CAN	(	8	H	X	h	x
1001	HT	EM	)	9	I	Y	i	y
1010	LF	SUB	*	:	J	Z	j	z
1011	VT	ESC	+	;	K	[	k	{
1100	FF	FS	,	《	L	、	l	|
1101	CR	GS	-	=	M	]	m	}
1110	SD	RS	。	》	N	∧	n	~
1111	SI	US	/	?	O	-	O	DEL

注：SP代表空格字符

从表1-1中可以看到，128个编码中有34个控制符的编码（00H ~ 20H和7FH）和94个字符编码（21H ~ 7EH）。计算机内部用一个字节（8个二进制位）存放一个7位ASCII码，最高位b_7置0。扩展的ASCII码使用8个二进制位表示一个字符的编码，可以表示$2^8=256$个不同字符的编码。

2. 汉字的表示

ASCII码只给出了英文字母、数字和标点符号的编码。为了用计算机处理汉字，同样也需要对汉字进行编码。从汉字编码的角度看，计算机对汉字信息的处理过程实际上是各种汉字编码间的转换过程。这些编码主要包括汉字信息交换码、汉字输入码、汉字内码、汉字字形码及汉字地址码。下面分别对这些编码进行介绍。

1）汉字信息交换码

汉字信息交换码是用于汉字信息处理系统之间或者与通信系统进行信息交换的汉字代码，简称交换码，也叫国标码。它是为使系统、设备之间交换信息时采用统一的形式而制定的。我国1980年颁布了国家标准《信息交换用汉字编码字符集——基本集》，代号为GB 2312—1980，即国标码。

了解国标码的下列一些概念，对使用和研究汉字信息处理系统是有益的。

（1）常用汉字及其分级。国标码规定了进行一般汉字信息处理时所用的7 445个字符编码。其中682个非汉字图形字符（如序号、数字、罗马数字、英文字母、日文假名、俄文字母、汉语拼音等）和6 763个汉字的代码。汉字代码中又有一级常用字3 755个，二级次常用字3 008个。一级常用汉字按汉语拼音字母顺序排列，二级次常用汉字按偏旁部首排列，部首顺序依笔画多少排序。

（2）两个字节存储一个国标码。由于一个字节只能表示256种编码，显然一个字节不可能表示汉字的国标码，所以一个国标码必须用两个字节来表示。

（3）国标码的编码范围。为了中英文兼容，国标GB 2312—1980中规定，国标码中的所有汉字和字符的每个字节的编码范围与ASCII码表中的94个字符编码相一致，所以其编码范围为2121H～7E7EH。

（4）区位码。类似西文的ASCII码表，汉字也有一张国标码表。简单说，把7 445个国标码放置在一个94行×94列的阵列中。阵列的每一行称为一个汉字的“区”，用区号表示；每一列称为一个汉字的“位”，用位号表示。显然，区号范围是1～94，位号的范围也是1～94。这样，一个汉字在表中的位置可用它所在的区号与位号来确定。一个汉字的区号与位号的组合就是该汉字的“区位码”。区位码的形式是高两位为区号，低两位为位号。如中字的区位码是5448，即54区48位。区位码与每个汉字之间具有一一对应的关系。国标码在区位码表中的安排：1～15区是非汉字图形符区；16～55区是一级常用汉字区；56～87区是二级次常用汉字区；88～94区是保留区，可用来存储自造字代码。实际上，区位码也是一种输入法，其最大优点是一字一码的无重码输入法，最大的缺点是难以记忆。

（5）区位码与国标码之间的关系。汉字的输入区位码和其国标码之间的转换很简单。具体方法：将一个汉字的十进制区号和十进制位号分别转换成十六进制数，然后分别加上20H，就成为此汉字的国标码。例如：“中”字的输入区位码是5448，分别将其区号54转换为十六进制数36H、位号48转换为十六进制数30H，即3630H，然后，再把区号和位号分别加上20H，得“中”字的国标码：3630H＋2020H＝5650H。

2）汉字输入码

为将汉字输入计算机而编制的代码称为汉字输入码，也叫外码。汉字输入码是根据汉字的发音或字形结构等多种属性和汉语有关规则编制的，目前已有许多流行的汉字输入码的编码方案，如全拼输入法、自然码输入法、五笔字型输入法、智能ABC输入法、光速输入法等。

可以想象，对于同一个汉字，不同的输入法有不同的输入码。例如：“中”字的全拼输入码是“zhong”，其双拼输入码是“vs”，而五笔字型的输入码是“kh”。这些不同的输入码通过输入字典转换统一到标准的国标码之下。

3）汉字内码

汉字内码是在计算机内部对汉字进行存储、处理和传输的汉字代码，它应能满足存储、处理和传输的要求。当一个汉字输入计算机后就转换为内码，然后才能在机器中流动、处理。一个汉字的内码也用2个字节存储，并把每个字节的最高二进制位置“1”作为汉字内码的标识，以免与单字节的 ASCII 码产生歧义。如果用十六进制来表述，就是把汉字国标码的每个字节加一个 80H。所以，汉字的国标码与其内码有下列关系：

汉字的内码 = 汉字的国标码 + 8080H。

例如，已知“中”字的国标码为 5650H，则根据上述公式得：

“中”字的内码 = “中”字的国标码 5650H + 8080H = D6D0H

4）汉字字形码

经过计算机处理的汉字信息，如果要将其显示或打印出来，则必须将汉字内码转换成人们可读的方块汉字。每个汉字的字形信息是预先存放在计算机内的，常称汉字库。汉字内码与汉字字形一一对应。输出时，根据内码在字库中查到其字形描述信息，然后显示或打印输出。描述汉字字形的方法主要有点阵字形和轮廓字形两种。

点阵字形方法比较简单，就是用一个排列成方阵的点的黑白来描述汉字。具体方法如下。

汉字是方块字，将方块等分成有 n 行 n 列的格子，简称它为点阵。凡笔画所经过的格子点为黑点，用二进制数“1”表示，否则为白点，用二进制数“0”表示。这样，一个汉字的字形就可用一串二进制数表示了。例如，16×16 汉字点阵有 256 个点，需要 256 个二进制位来表示一个汉字的字形码。这就是汉字点阵的二进制数字化。如图 1-1 所示是“中”字的 16×16 点阵字形示意图。

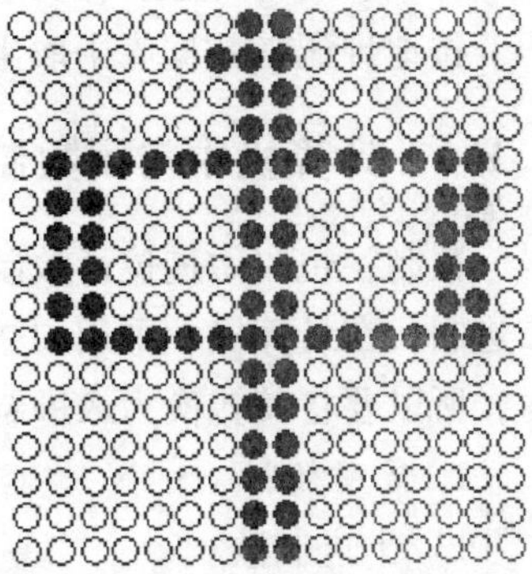

图 1-1　16×16 点阵字形示意图

计算机中，8 个二进制位组成一个字节，字节是度量存储空间的基本单位。可见一个16×16点阵的字形码需要 16×16/8 = 32 字节存储空间；同理，24×24 点阵的字形码需要 24×24/8 = 72字节存储空间；32×32 点阵的字形码需要 32×32/8 = 128 字节存储空间。

显然，点阵中行、列数划分越多，字形的质量越好，锯齿现象也就越小，但存储汉字字形码所占用的存储空间也就越多。汉字的点阵字形的缺点是放大后会出现锯齿现象，很不美观。

轮廓字形方法比前者复杂，一个汉字中笔画的轮廓可用一组曲线来勾画，它采用数学方法来描述每个汉字的轮廓曲线。中文 Windows 下广泛采用的 TrueType 字形库就是采用轮廓字形法。这种方法的优点是字形精度高，且可以任意放大、缩小而不产生锯齿现象；缺点是输出之前必须经过复杂的数学运算处理。

5）汉字地址码

汉字地址码是指汉字库（这里主要指整字形的点阵式字模库）中存储汉字字形信息的逻辑地址码。汉字库中，字形信息都是按一定顺序（大多数按标准汉字交换码中汉字的排列顺序）连续存放在存储介质上，所以汉字地址码大多也是连续有序的，而且与汉字内码间有着简单的对应关系，以简化汉字内码与汉字地址码之间的转换。

各种汉字代码之间的关系：汉字的输入、处理和输出的过程，实际上是汉字的各种代码之间的转换过程，或者说汉字代码在系统有关部件之间流动的过程。如图 1-2 所示为这些代码在汉字信息处理系统中的位置及它们之间的关系。

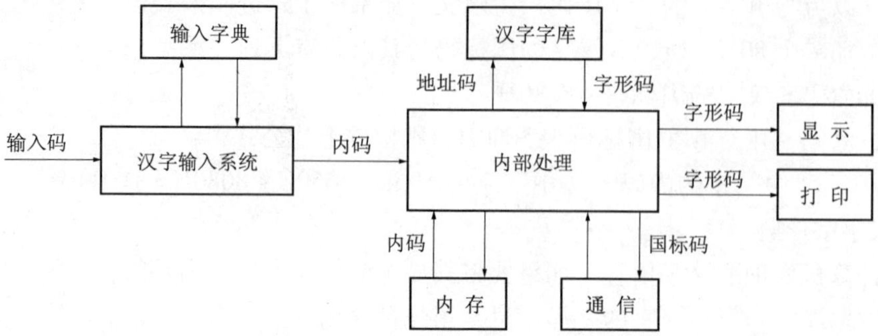

图1-2　汉字的各种代码之间的转换过程

汉字输入码向内码的转换，是通过使用输入字典（或称索引表，即外码与内码的对照表）实现的。在计算机的内部处理过程中，汉字信息的存储和各种必要的加工，都是以汉字内码形式进行的。在汉字通信过程中，处理机将汉字内码转换为适合于通信使用的交换码，以实现通信处理。在汉字的显示和打印输出过程中，处理机根据汉字内码计算出地址码。按地址码从数据库中取出汉字字形码，实现汉字的显示或打印输出。

1.1.6　计算机中常用数制简介

数制，也叫做进位计数制。日常生活中最常用的数制是十进制。1 年有 12 个月，是十二进制。在计算机中采用二进制，原因是电信号一般只有两种状态。由于二进制不便于书写，所以要将其转换为八进制或是十六进制表示。

1. 常用数制

1）十进制数

日常生活中人们最熟悉十进制数，一个数用 10 个不同的符号表示，且采用“逢十进一”的进位计数制，因此十进制数中处于不同位置上的数字代表不同的值。例如，十进制数 1 234. 56 可以表示为

$$1\times10^3+2\times10^2+3\times10^1+4\times10^0+5\times10^{-1}+6\times10^{-2}$$

2）二进制数

在计算机中使用二进制的原因是，计算机的理论基础是数理逻辑，数理逻辑中的“真”和“假”可以分别用 1 和 0 来表示，这就把非数值信息的逻辑处理与数值信息的算术处理互相联系了起来。另外，二进制中只有 0 和 1 两个符号，使用有两个稳定状态的物理器件就可以表示二进制数的每一位，而制造有两个稳定状态的物理器件要比制造有多个稳定状态的物理器件容易得多。二进制采用“逢二进一”的进位计数制，运算规则特别简单。

对二进制数有两种不同类型的基本运算处理：逻辑运算和算术运算。逻辑运算按位独立进行，位和位不发生关系。逻辑运算有三种，即逻辑乘（与）、逻辑加（或）及取反（非）；而算术运算会发生进位和借位处理。

3）八进制数

八进制是使用数字 0、1、2、3、4、5、6、7 来表示数值的，且采用“逢八进一”的进位计数制。八进制数中处于不同位置上的数代表不同的值，每一个数字的权由 8 的幂次决

定，八进制的基数为 8。

4）十六进制数

十六进制数使用数字 0、1、2、3、4、5、6、7、8、9 和 A、B、C、D、E、F 符号来表示数值，其中 A、B、C、D、E、F 分别表示数字 10、11、12、13、14、15，十六进制数计数方法是“逢十六进一”。十六进制数中处于不同位置上的数代表不同的值，每一个数字的权由 16 的幂次决定，十六进制的基数为 16。

以上介绍的四种常用的数制的基数和数字符号如表 1－2 所示。

表 1－2　常用的数制的基数和数字符号

数制	基数	数字符号
十进制	10	0、1、2、3、4、5、6、7、8、9
二进制	2	0、1
八进制	8	0、1、2、3、4、5、6、7
十六进制	16	0、1、2、3、4、5、6、7、8、9、A、B、C、D、E、F

一般地，对于 N 进制而言，其基数为 N，使用 N 个数字表示，其中最大的数字为 $N-1$。无论是哪一种数制，其计数和运算都具有共同的规律与特点。采用位权表示法的数制具有以下三个特点。

（1）数字的总个数等于基数，如十进制使用 10 个数字（0 ~9）。

（2）最大的数字比基数小 1，如十进制中最大的数字为 9。

（3）每个数字都要乘以基数的幂次，该幂次由每个数字所在的位置决定。

2. 不同数制之间的转换

1）非十进制数转换为十进制数

将非十进制数转换为十进制数采用位权法，即把各非十进制数按权展开，然后求和，即可得到转换结果。

微课：二进制转换为十进制

例 1－1　把二进制数 $(1011.01)_2$ 转换为十进制数：

$$(1011.01)_2 = 1\times2^3+0\times2^2+1\times2^1+1\times2^0+0\times2^{-1}+1\times2^{-2}$$
$$=8+0+2+1+0+0.25$$
$$=(11.25)_{10}$$

把八进制数 $(345.7)_8$ 转换为十进制数：

$$(345.7)_8 = 3\times8^2+4\times8^1+5\times8^0+7\times8^{-1}$$
$$=192+32+5+0.875$$
$$=(229.875)_{10}$$

把十六进制数 $(3BC.A)_{16}$ 转换为十进制数：

$$(3BC.A)_{16} = 3\times16^2+11\times16^1+12\times16^0+10\times16^{-1}$$
$$=768+176+12+0.625$$
$$=(9565.625)_{10}$$

2）十进制数转换成非十进制数

将十进制数转换为非十进制整数采用“除基取余法”，即将十进制整数逐次除以需转换为的数制的基数，直到商为“0”为止，然后将所得到的余数自下而上排列即可。简言之，将十进制转换为非十进制的规则为除基取余，先余为低，后余为高。

微课：十进制转换为二进制

例 1-2 将十进制数 91 转换为二进制数。

将十进制整数转换为二进制整数，可采用“除 2 取余法”，具体步骤如下：

经过上述运算，$(91)_{10} = (1011011)_2$

例 1-3 将十进制整数 53 转换为八进制整数。

将十进制整数转换为八进制整数，可采用“除 8 取余法”，具体步骤如下：

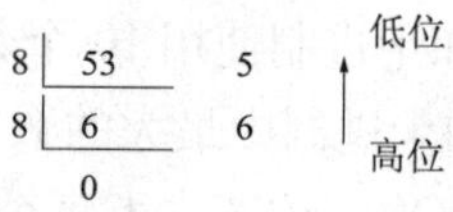

经过上述运算，$(53)_{10} = (65)_8$

例 1-4 将十进制数 53 转换成十六进制数。

将十进制整数转换为十六进制整数，可采用“除 16 取余法”，具体步骤如下：

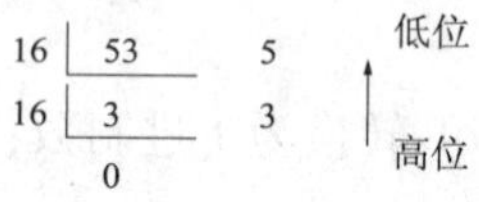

经过上述运算，$(53)_{10} = (35)_{16}$

将十进制小数转换为非十进制小数采用“乘基取整数法”，即将十进制小数逐次乘以需转换为的数制的基数，直到小数部分的当前值等于“0”为止，然后将所得到的整数自上而下排列即可。简言之，将十进制小数转换为非十进制小数的规则为乘基取整，先整为高，后整为低。

例 1-5 将十进制小数 0.625 转换为二进制小数。

将十进制小数转换为二进制小数的具体步骤如下：

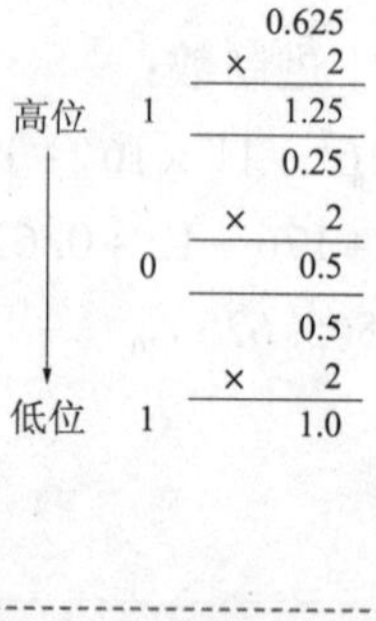

经过上述运算，$(0.625)_{10} = (0.101)_2$

【特别提示】十进制小数并不是都能用有限位的其他进制数精确地表示，这时应根据精度要求转换到一定的位数为止，然后将得到的整数自上而下排列作为该十进制小数的 *N* 进制近似值。

微课：二进制、八进制和十六进制相互转换

3）二进制、八进制和十六进制之间的转换

二进制数转换为八进制数，只要以小数点为界将整数部分自右向左和小数部分自左向右分别按每 3 位为一组，不足 3 位用 0 补足，然后将各个 3 位二进制数转换为对应的 1 位八进制数，即得到结果。反之，若把八进制数转换为二进制数，只要把每 1 位八进制数转换为对应的 3 位二进制数即可。

类似地，二进制数转换为十六进制数，只要以小数点为界，将整数部分自右向左和小数部分自左向右分别按每 4 位为一组，不足 4 位用 0 补足，然后将各个 4 位二进制数转换为对应的 1 位十六进制数，即得到转换的结果。反之，若把十六进制数转换为二进制数，只要把每 1 位十六进制数转换为对应的 4 位二进制数即可。

例 1-6 把二进制数 $(1101011.00101)_2$ 转换为八进制数：

001 101 011 . 001 010
1 5 3 . 1 2

结果 $(1101011.00101)_2 = (153.12)_8$。

把八进制数 $(726.43)_8$ 转换为二进制数：

7 2 6 . 4 3
111 010 110 . 100 011

结果 $(726.43)_8 = (111010110.100011)_2$。

把二进制数 $(1101011.00101)_2$ 转换为十六进制数：

0110 1011 . 0010 1000
6 B . 2 8

结果 $(1101011.00101)_2 = (6B.28)_{16}$。

把十六进制数 $(726.43)_{16}$ 转换为二进制数：

7 2 6 . 4 3
0111 0010 0110 . 0100 0011

结果 $(726.43)_{16} = (011100100110.01000011)_2$。

十进制、二进制、八进制和十六进制之间的换算如表 1-3 所示。

表 1-3 十进制、二进制、八进制和十六进制之间的换算

十进制	二进制	八进制	十六进制
0	0000	0	0
1	0001	1	1
2	0010	2	2
3	0011	3	3
4	0100	4	4

续表

十进制	二进制	八进制	十六进制
5	0101	5	5
6	0110	6	6
7	0111	7	7
8	1000	10	8
9	1001	11	9
10	1010	12	A
11	1011	13	B
12	1100	14	C
13	1101	15	D
14	1110	16	E
15	1111	17	F

3. 小数点和符号的描述

计算机的数采用二进制表示，数的符号也采用二进制描述，通常在数的最高位之前用一符号位，0 表示正数，1 表示负数。而对小数点的处理，则采用定点和浮点两种表示方法。

1）比特和字节

比特（bit）是组成二进制信息的最小单位，它有 0 和 1 两个值。它是计算机中处理、存储、传输信息的最小单位。由于比特太小，所以在计算机中常用字节作为计量单位，一个字节由 8 个比特组成如下。

b_7	b_6	b_5	b_4	b_3	b_2	b_1	b_0

其中 b 表示一个二进制位，最低位是 b_0，最高位是 b_7。

在计算机中描述二进制信息的度量单位有许多种，表 1－4 列出了常用的计算机信息度量单位。

表 1－4　常用的计算机信息度量单位

单位名称	含　义	换算关系
KB	千字节	$1KB = 2^{10}B = 1024B$
MB	兆字节	$1MB = 2^{20}B = 1024KB$
GB	千兆字节	$1GB = 2^{30}B = 1024MB$
TB	兆兆字节	$1TB = 2^{40}B = 1024GB$
b/s	比特/秒	
Kb/s	千比特/秒	$1Kb/s = 2^{10}b/s$
Mb/s	兆比特/秒	$1Mb/s = 2^{20}b/s = 1024Kb/s$
Gb/s	千兆比特/秒	$1Gb/s = 2^{30}b/s = 1024Mb/s$

2）计算机数的符号

通常在计算机中由字长来确定数的表示范围，一般一个字长是字节的整数倍，用于表示多少位二进制数来表示一个数，计算机的字长可以是8位、16位、32位和64位等。计算机中的字长是固定的，因此在表示带符号数和无符号数时是有区别的。如果表示带符号数，就需要留出机器字长的最高位作符号位，其他位表示数值；而对于无符号数，机器字长的所有位都参与表示数值。

例1-7 字长为8位的带符号数能够表示的范围是-127～127，如图1-3所示。

而字长为8位的无符号数能够表示的范围是1～255，如图1-4所示。

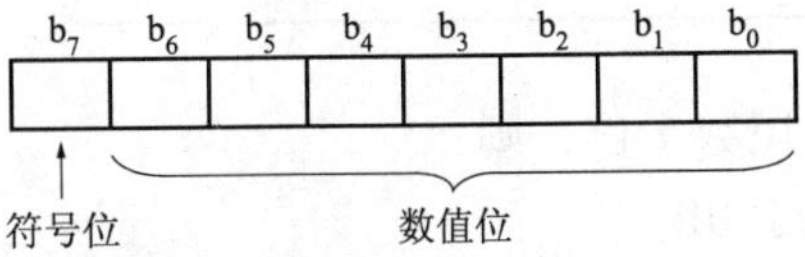

图1-3 字长为8位的带符号数

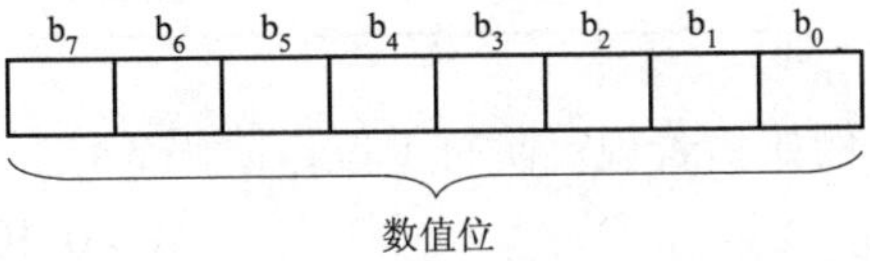

图1-4 字长为8位的无符号数

3）定点表示法

定点表示法规定，在计算机中所有数的小数点的位置是固定不变的，因此小数点无须使用专门的记号表示出来。通常定点表示法有纯小数格式和纯整数格式两种表示方法。

纯小数格式把小数点固定在数值的最高位左边，字长为8位的纯小数格式如图1-5所示。

字长为8位的纯小数的表示范围是$\left[-\frac{2^7-1}{2^7}, \frac{2^7-1}{2^7}\right]$。

纯整数格式把小数点固定在数值部分的最低位的右边，字长为8位的纯整数格式如图1-6表示。

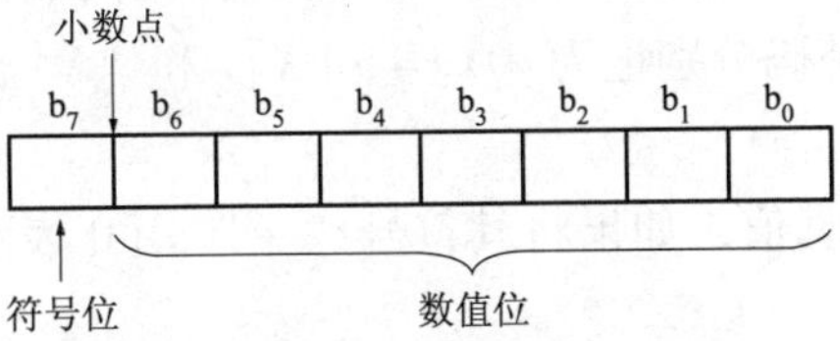

图1-5 字长为8位的纯小数格式

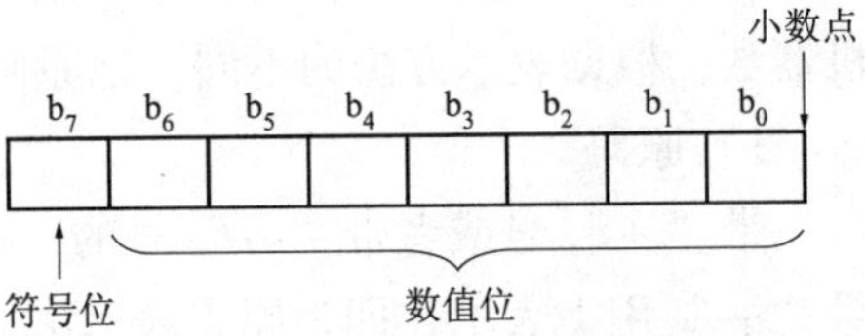

图1-6 字长为8位的纯整数格式

字长为8位的纯整数的表示范围是$[-(2^7-1), 2^7]$。

定点表示法具有简单、直观的优点，但表示数的范围受到限制，缺乏灵活性，且为了防止“溢出”，需要选择合适的“比例因子”，使用不便。

4）浮点表示法

浮点表示法规定，浮点数是指小数点的位置不固定的数，一个浮点数分为阶码和尾数两部分，阶码用于表示小数点在该数中的位置，尾数表示数的有效数值。由于阶码表示小数点的位置，所以阶码总是一个整数，可以是正整数，也可以是负整数；尾数可以采用整数或纯小数两种形式。

对于任何一个带符号的二进制数N的普遍形式可以表示为

$$N = \pm S \times R^{\pm P}$$

式中：S——二进制小数，称为尾数（包括尾符）；

P——数的阶码，用二进制整数表示（包括阶符）；

R——阶码的底，又称为阶码的基数，一般为2。

浮点数的基本格式如下：

阶符 P_f	阶码 P	尾符 S_f	尾数 S

在计算机中的浮点数，一般将尾符前移作为数符，其表示形式如下：

数符 S_f	阶符 P_f	阶码 P	尾数 S

例如，若规定阶符1位，阶码3位，尾符1位，尾数7位，则：

$$N = 0.1011101 \times 2 + 100\text{B}$$

在机器中的表示为 $N = 010001011101\text{B}$。

0	0	100	1011101

显然，浮点数的表示范围要比定点数大得多，但也不是无限的，当一个数超出浮点数的表示范围时，称为溢出。如果一个数的阶大于计算机所能表示的最大阶码，则称为上溢，计算机要停止运算；如果一个数的阶小于计算机所能表示的最小阶码，则称为下溢，此时机器将把此数作为零处理，机器仍然可以运行。

4. *原码、反码和补码*

在计算机中任何正数的原码、反码和补码的形式完全相同，而负数则有各种不同的表示形式，如原码、反码和补码。如果用 X 表示真值，而将数在计算机内的各种编码表示称为机器数，根据表示方法的不同，把原码、反码和补码分别记为 $[X]_{原}$、$[X]_{反}$ 和 $[X]_{补}$。

1）原码

带“+”号或者带“-”号的二进制数就是真值，如果将其符号“+”用0表示，符号“-”用1表示，即为原码表示法。例如：

若 $X = -1100101$，则 $[X]_{原} = 11100101$；

若 $X = +1011100$，则 $[X]_{原} = 01011100$。

对于由8个二进制位表示的整数，它的取值范围为 $-127 \sim +127$，也就是 $-2^7+1 \sim +2^7-1$。对于由16个二进制位表示的整数，它的取值范围为 $-32\,767 \sim +32\,767$，也就是 $-2^{15}+1 \sim +2^{15}-1$。对于由32个二进制位表示的整数，它的取值范围为 $-2^{31}+1 \sim +2^{31}-1$。

2）反码

反码表示法规定，正数的反码与原码相同，负数的反码为该数的原码除符号位外各位取反。例如：

若 $X = -1100101$，则 $[X]_{反} = 10011010$；

若 $X = +1011100$，则 $[X]_{反} = 01011100$。

3）补码

补码表示法规定，正数的补码与原码相同，负数的补码为该数的原码除符号位外各位取反，然后在最后一位加 1。

若 $X=-1100101$，则 $[X]_{补}=10011011$；

若 $X=+1011100$，则 $[X]_{补}=01011100$。

需要指出的是，数的原码表示比较简单，适合于进行乘除运算，但是用原码表示的数进行加减运算则比较复杂；引入补码之后，减法运算可以用加法来实现，且数的符号位也可以被当作数值参加运算，因此在计算机中大都采用补码进行加减运算。

1.2 计算机系统结构

计算机系统由硬件系统和软件系统两大部分组成。

硬件是物理上存在的各种设备，软件是运行在计算机硬件上的程序、运行程序所需的数据和相关文档的总称。硬件是软件发挥作用的舞台和物质基础，软件是使计算机系统发挥强大功能的灵魂，两者相辅相成，缺一不可。计算机系统的组成示意图如图 1-7 所示。

- 计算机系统
  - 硬件系统
    - 主机
      - CPU
        - 运算器
        - 控制器
      - 内存储器
        - ROM
        - RAM
    - 外部设备
      - 外部存储器，如硬盘、软盘、光盘、磁带
      - 输入设备，如键盘、鼠标、扫描仪
      - 输出设备，如显示器、打印机、绘图仪
      - 其他设备，如调制解调器
  - 软件系统
    - 系统软件
      - 操作系统
      - 程序语言处理系统
      - 数据库管理系统
      - 服务程序，如检查、诊断、排错程序
    - 应用软件
      - 通用软件，如Office软件
      - 专用软件，如用户程序

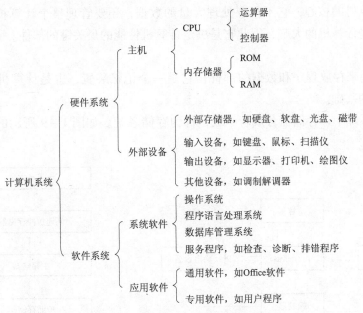

图 1-7 计算机系统的组成示意图

1.2.1 计算机硬件系统结构

微课：计算机的组成

1. 冯·诺依曼计算机结构

1945 年，美籍匈牙利数学家冯·诺依曼提出了“存储程序”的基本概念，其包括以下三点主要内容。

(1) 计算机系统由运算器、控制器、存储器、输入设备、输出设备五大部分组成。

(2) 计算机内部采用二进制表示指令和数据。

根据冯·诺依曼的设想，程序由一连串的指令组成，每条指令包括一个操作码和一个地址码，其中操作码表示操作性质，地址码指出数在主存单元的位置。

(3) 程序和原始数据存在于主存储器中，称为“存储程序”。计算机启动后，在不需要

操作人员干预的情况下，由程序控制计算机按规定的顺序逐条取出指令，自动执行指令规定的任务。

由运算器、控制器、存储器、输入设备和输出设备五大基本部件组成的计算机，按照“存储程序”的方式运行，这样的计算机称为冯·诺依曼计算机，其基本结构如图1－8所示。

2. 中央处理器（CPU）

计算机中的中央处理器直接完成信息处理任务，它包括运算器和控制器两部分。

运算器是对信息进行处理和运算的部件，完成数据的算术运算和逻辑运算。运算器的核心是加法器。运算器中还有若干个通用寄存器，它们的存取速度比存储器的存取速度快得多，用来暂存操作数，并存放运算结果，以便加快CPU存取信息的速度。

控制器由指令指针寄存器、指令译码器和控制电路组成，它的功能是根据指令译码结果，对微处理器的各单元发出相应的控制信号，使它们协调工作，从而完成对整个微机系统的控制。

CPU是计算机的核心，它不仅要处理大量的数据，还要管理整个计算机系统，使之协调工作。CPU是计算机的大脑，因此它是决定计算机性能的最关键的部件。

3. 存储器

存储器是用来存放程序和数据的部件，它是一个记忆装置，也是计算机能够实现“存储程序控制”的基础。

在计算机系统中，存储器分成若干级，称为存储系统。如图1－9所示的是常见的三级存储系统。

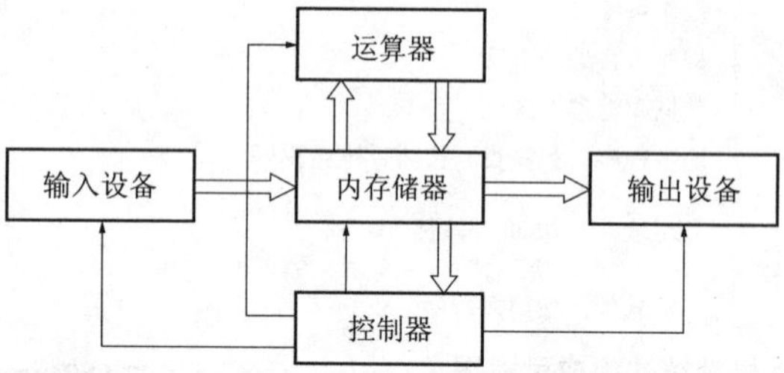

图1－8　冯·诺依曼计算机结构

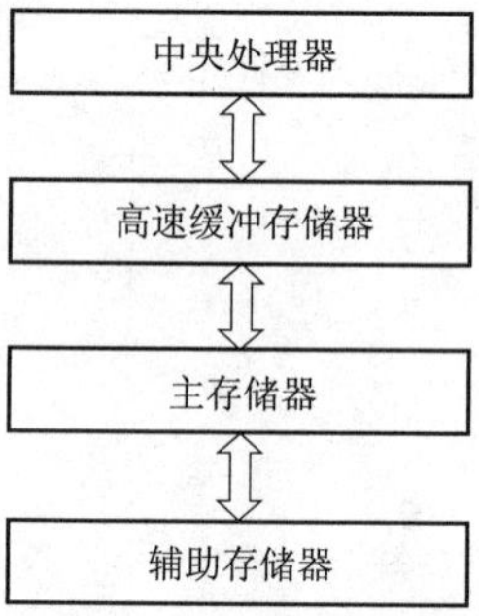

图1－9　计算机的三级存储系统

主存储器（内存储器）可由CPU直接访问，存取速度快但容量较小，一般用来存放当前正在执行的程序和数据。主存储器是由若干个存储单元组成的，每个单元可存放一串若干位的二进制信息，这些信息称为存储单元的内容。全部存储单元统一编号，称为存储单元的地址。由于CPU速度比主存储器的速度高得多，为了使访问存储器的速度能与CPU的速度相匹配，在主存储器和CPU间增设了一级Cache（高速缓冲存储器）。Cache的存取速度比主存储器更快，但容量更小，用来存放当前正在执行的程序中的活跃部分，以便快速地向CPU提供指令和数据。

辅助存储器（外存储器）设置在主机外部，它的存储容量大，价格较低，但存取速度较慢，一般用来存放暂时不参与运行的程序和数据，这些程序和数据在需要时可传送到主存，因此，它是主存的补充和后援。最常用的辅助存储器有硬盘、软盘和光盘，它们都由相应的驱动器实现数据的读写。

4. 输入/输出设备

输入设备的任务是把人们编好的程序和原始数据送到计算机中去，并且将它们转换成计算机内部所能识别和接收的信息。目前最常用的输入设备有键盘、鼠标、图像扫描仪、数字化仪、触摸屏等。输出设备的任务是将计算机的处理结果以人或其他设备所能接收的形式送出计算机。最常用的输出设备有显示器、打印机和绘图仪。外存储器（磁盘、磁带）也可以看作输入和输出设备。另外，自动控制和检测系统中使用的模/数（A/D）转换器是一种输入设备，数/模（D/A）转换器是一种输出设备。

输入/输出设备与主机之间通过接口连接。接口可以实现数据缓冲，以解决输入/输出设备与主机之间的速度差异问题；接口可以进行信息格式转换，将字母、数字电信息转换成二进制代码；接口还是输入/输出设备和主机之间的桥梁，向主机提供输入/输出设备的状态或向输入/输出设备传递主机的命令；接口还可以利用光电耦合器等器件实现输入/输出设备和主机之间的电信号隔离，降低干扰信号对计算机的影响。

5. 总线

总线是一组硬件连线，用来实现计算机系统内各部件之间的信息传输。实际上，总线是一条共享高速通路，它连接系统的各个部件，包括 CPU、存储器和输入/输出端口，使它们能够传递信息。

按照总线传输的信息类型，计算机内有三种类型的总线：一种为数据总线，负责传输数据信息；一种为地址总线，负责传输地址信息；还有一种为控制总线，负责传输控制信息，用来实现 CPU 对外部部件的控制、状态等信息的传送以及中断信号的传送等。

1.2.2 计算机的指令系统

1. 指令及其格式

指令是能被计算机识别并执行的二进制代码，它规定了计算机能完成的某一种操作。例如，加、减、乘、除、存数、取数等都是一个基本操作，分别可以用一条指令来实现。

一台计算机所能执行的所有指令的集合称为该台计算机的指令系统。值得注意的是，指令系统是依赖于计算机的，即不同类型的计算机的指令系统是不同的，因而它们所能执行的基本操作也不同。另外，计算机硬件只能够识别并执行机器语言，用高级语言编写的源程序必须由程序语言翻译系统把它们翻译为机器语言后，计算机才能执行。

任何类型计算机的指令系统中的指令，都具有规定的编码格式。一般地，指令可分为操作码和地址码两部分。操作码规定了该指令进行的操作种类，如加、减、存数、取数等；地址码给出了操作数、结果以及下一条指令的地址。

2. 指令的分类与功能

指令系统中的指令条数因计算机的不同而异，一般无论哪一种类型的计算机都具有以下功能的指令。

（1）数据传送型指令。其功能是将数据在存储器之间、寄存器之间以及存储器与寄存器之间进行传送。

（2）数据处理型指令。其功能是对数据进行运算和变换。如加、减、乘、除等算术运算指令；与、或、非等逻辑运算指令；大于、等于、小于等比较运算指令等。

（3）程序控制型指令。其功能是控制程序中指令的执行顺序。如：无条件转移指令、条件转移指令、子程序调用指令和停机指令等。

（4）输入输出型指令。其功能是实现输入/输出设备与主机之间的数据传输。如读指令、写指令等。

（5）硬件控制指令。其功能是对计算机的硬件进行控制和管理。

3. 指令的执行过程

计算机的工作过程实际上就是快速地执行指令，按照指令规定的操作对数据进行处理的过程。因此，在计算机运行时，计算机内部有两种信息在流动：一种是数据信息；另一种是指令控制信息。数据信息包括原始数据、中间结果、结果数据以及源程序等。原始数据和源程序都存储在存储器中，然后分别读入运算器和指令寄存器，经过处理得到的结果数据，或者再存入存储器，或者从输出设备输出。指令控制信息是指控制器对指令进行分析解释后得出的控制命令，这些命令由控制器分别发给不同的部件，使各部件协调工作，共同完成指令规定的任务。

1.2.3 计算机软件系统

所谓软件，是指为计算机编写的程序以及用于开发、使用和维护的有关文档。软件系统可分为系统软件和应用软件两大类。

1. 系统软件

系统软件由一组控制计算机系统并管理其资源的程序组成，其主要功能包括启动计算机，存储、加载和执行应用程序，对文件进行排序、检索，将程序语言翻译成机器语言等。实际上，系统软件可以看作用户和计算机的接口，它为应用软件和用户提供了控制、访问硬件的手段，这些功能主要由操作系统完成。此外，编译系统和各种工具软件也属于此类，它们从另一方面辅助用户使用计算机。

2. 应用软件

为解决各类实际问题而设计的程序系统称为应用软件。应用软件可分为通用软件和专用软件两类。

1）通用软件

这类软件通常是为了解决某一类问题而设计的，而这类问题是很多人都要遇到和解决的。例如文字处理、表格处理、电子邮件收发等是企事业单位或日常生活中常见的问题。Microsoft Office 2010（办公软件）、AutoCAD（绘图软件）、Photoshop（图像处理软件）等都是适应解决某一类问题的通用软件。

2）专用软件

在市场上可以买到通用软件，但有些具有特殊功能和需求的软件是无法买到的。比如某个用户希望有一个程序能自动控制厂里的车床，同时也能将各种事务性工作集成起来统一管理。因为它对于一般用户太特殊了，所以只能组织人力开发。当然，开发出来的这种软件也只能专用于这种情况。

1.3 微型计算机的硬件构成

1.3.1 微型计算机的基本配置

所谓微机硬件系统，指的是构成一台微型计算机的所有功能部件，其基本组成如图 1－10 所示，如图 1－11 所示是各个功能部件在机箱内的布局示意图。

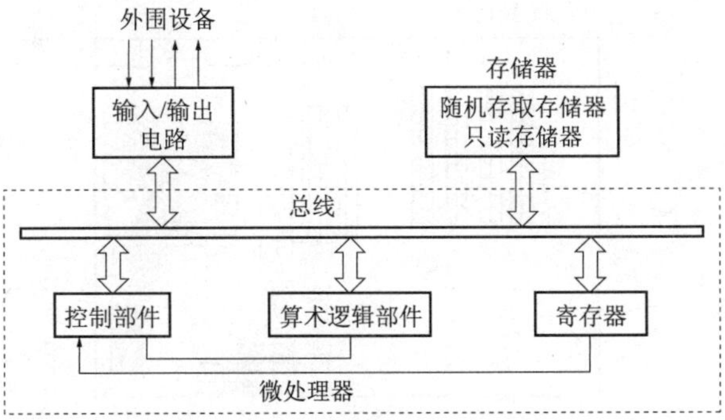

图 1－10 微机硬件系统组成

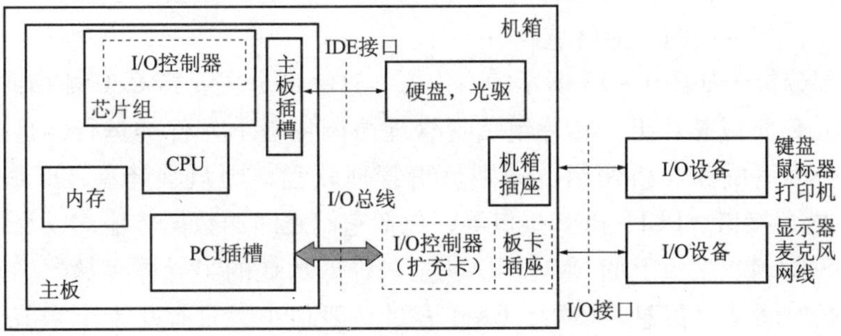

图 1－11 微机机箱布局示意图

1. 微处理器

微处理器是集成在单个芯片上的中央处理器，内部包括运算器、控制器和寄存器组三个主要单元，如图 1－12 所示。

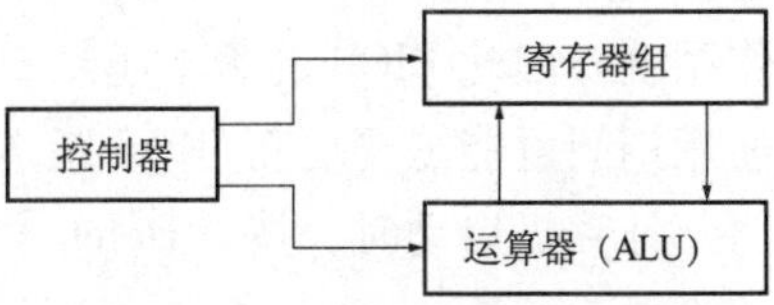

图 1－12 微处理器的主要部件

运算器又叫算术逻辑部件（Arithmetic Logic Unit，ALU），它完成数据的算术运算和逻辑运算。控制器由指令指针寄存器、指令译码器和控制电路组成，它的功能是根据指令译码结果，对微处理器的各单元发出相应的控制信号，使它们协调工作，从而完成对整个微机系统的控制。寄存器组存放 CPU 频繁使用的数据和地址信息及一些中间结果，以便加快 CPU 存取信息的速度。

2. 主板的整体结构

微机主板，又称为系统板或母板。它是微机硬件系统的主要部件，微机的大部分功能芯片都安装在这块电路板上。主板是决定微机性能的主要因素，其组成如表 1－5 所示，如图

1－13 所示是主板的布局情况。

表 1－5　微机主板的组成

微处理器	外部高速缓存 Cache	主存 DRAM
ROMBIOS	CMOS RAM	外围接口集成芯片组
扩展槽	硬件接口	控制电路元件

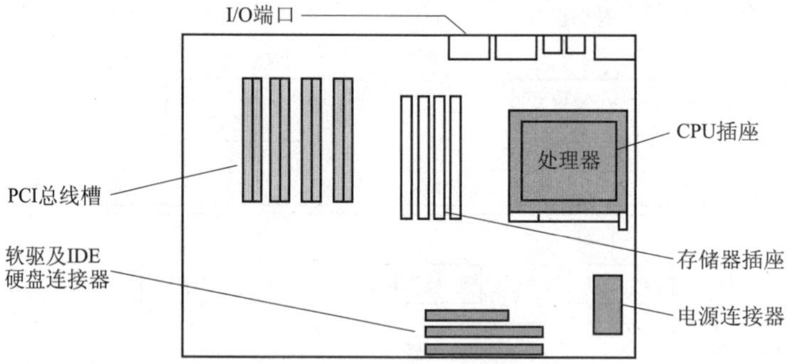

图 1－13　主板布局

（1）微处理器。不同类型的微处理器可构成不同性能的主板。一般来讲，采用越先进的微处理器芯片，其主板的性能就越高。

微处理器部分位于如图 1－13 所示的右上方，这一部分主要指 CPU 插槽或插座。

（2）外围接口集成芯片组。芯片组负责管理协调主板上元件的运行，是主板的控制中心。芯片组被分为南桥和北桥两组。分别负责管理软盘、硬盘、键盘、PCI—ISA 桥接器、CPU、SDRAM 内存接口、PCI、POP 接口等，包括它们之间的数据传输，以及管理电源等。

（3）CMOS RAM。主板上的 CMOS RAM 是一种低功耗的半导体存储器。它由一块纽扣电池供电，可长时间储存信息。CMOS RAM 容量一般很小，只有几十个字节，主要用来存储微机系统的各种配置信息，如时钟与日期、系统口令、主存储器容量、软硬盘类型与容量等各种硬件参数配置信息。

（4）ROM BIOS。BIOS 是基本输入/输出系统（Basic Input Output System）的缩写。BIOS 实际上是一个启动程序。计算机开机自检的过程就是由 BIOS 程序来控制执行的，它首先检测硬件，启动 CPU，根据 CMOS 中的信息初始化硬件设备，然后将计算机的控制权交给操作系统。因此 BIOS 的版本越新，所能识别的器件类型就越多，功能也就越全，因此主板在使用期间可能需要更新 BIOS 版本。

计算机启动时，按［Delete］键可进入 BIOS 设置程序对 CMOS RAM 内的参数进行调整或设置。

（5）内存。微机系统的主存要求容量大、成本低、访问存取速度较高，目前主要采用 DRAM（动态随机存取存储器）。在高、中档微机系统中，DRAM 芯片并不是直接安装在主板上，而是由若干 DRAM 芯片构成单列直插式内存条（SIMM），插入主板上的内存条插槽使用。主板上一般有几条内存条插槽。主存的容量可以根据用户的需要配置；在计算机系统中，内存容量和速度是影响系统运行速度的一个重要因素。

（6）硬件接口。硬件接口部分就是各种硬件与主板的连接部分，如 COM1、COM2、

LPT1、IDE、SCSI 接口、PS/2 接口、USB 接口等。COM1 或 PS/2 通常连接鼠标，COM2 通常连接外置 Modem（调制解调器）。LPT1 通常连接打印机，IDE 接口接硬盘和光驱，SCSI（Small Computer System Interface，小型计算机系统接口）连接 SCSI 设备，USB（Universal Serial Bus）是通用串行总线接口，能连接各种符合其标准的外部设备。USB 接口符合即插即用规范，即无需关闭和重新启动系统就能添加和配置新的设备，USB 1.1 的数据传输率为 12Mb/s，USB 2.0 的数据传输率达到 480Mb/s，最多可以将 127 个设备如 CD-ROM 驱动器、打印机、Modem、鼠标、键盘、移动硬盘、U 盘等连接到系统。

（7）扩展槽。扩展槽用于扩展系统的功能。如声卡、显卡都要插在扩展槽上。扩展槽与总线相连，总线是主板技术的核心，常见总线分为 PCI、ISA、AGP、AMR 几种，与之相连的扩展槽分为 PCI、ISA、AGP 和 CNR 四种。

PCI 扩展槽：最高传输速率为 133MB/s，目前大部分显示卡、网卡、声卡等都采用了 PCI 总线接口。

ISA 扩展槽：ISA 是一种古老的总线，由于 ISA 总线的最高传输速率只有 5MB/s，目前很少有制造商会再生产 ISA 总线接口的扩展卡了。

AGP 扩展槽：AGP（Accelerated Graphic Port，加速图形端口），是一种 CPU 与图形芯片的总线结构。AGP 可将超大的 3D 材质存放在系统主存中，供显卡直接调用，从而节省了显卡上的显存。

CNR 扩展槽：有的系统中称为 AMR（Audio/Modem Riser，音效/调制解调器卡）槽，其长度约为 AGP 槽一半，可以接 CNR 的软 Modem 或网卡。

（8）高速缓存 Cache。大容量的动态随机存取存储器（DRAM）相对微处理器而言，其存取速度较慢。为了加快微处理器对 DRAM 的访问速度，通常在微处理器和 DRAM 之间加入一个速度接近 CPU、容量较小的静态随机存取存储器（SRAM），称为高速缓冲存储器（Cache）。现代的 Cache 系统常常采用分级组织的方法，在 CPU 中集成了一级 Cache（L1），也称为片内 Cache；在主板上配置二级 Cache（L2）。从赛扬处理器开始，甚至已经把 L2 集成到 CPU 内部了，主板上的二级缓存就成为三级缓存了。

Cache 中存放着 RAM 中频繁访问的指令和操作数据。Cache 中开始时是没有指令代码或操作数据的。当 CPU 访问存储器时，在主存中读取的数据或代码在写入寄存器的同时也要写入 Cache 中。在以后 CPU 访问一个内存地址时，如果访问的数据或代码已经存在于 Cache 中，就直接从 Cache 中读取，否则进行一次常规的内存访问并写入 Cache 中。Cache 的存在可以有效地提高系统的速度，因此 Cache 的有无及大小是影响计算机性能的一个重要因素。

（9）控制电路元件。控制电路元件部分比较庞杂，在此只讨论比较基本的部分。

① 跳线。跳线其实是可选择的电路开关，每一条对应一种计算机电路配置。现在已经出现了免跳线主板，用户无须手工配置，由系统自动检测完成。

② DMA 控制器。DMA（Direct Memory Access，即直接存储器读取）是实现外部设备与内存直接高速交换数据而无须 CPU 干预的信号通道，它大大提高了数据传输速度。一种外部设备占用一条 DMA 通道，不能共用，否则将引起冲突。

③ 时钟发生器。时钟发生器就是提供振荡频率的晶体振荡器。

④ 时钟控制器。为主板提供基准时钟和基准频率信号的控制器。

⑤ 中断请求（IRQ）控制器。CPU 处理数据的方式是严格按照程序进行的。为了使

CPU 停下当前的工作，优先处理完成用户的意图，必须向计算机提出中断请求。如打印机开始打印前，必须向 CPU 提出中断请求，使 CPU 先处理打印任务。诸多的中断请求必须有一个中断请求控制器来管理它们，决定它们的优先等级，逐一完成任务。鼠标和键盘是产生中断请求的最常用设备，其他硬件也会产生中断请求。

⑥ 输入/输出接口控制电路。其实是控制输入/输出设备的接口。

⑦ 电源控制部分。电源是主板所有元件电能的来源，电源的供电必须平稳，过载等情况必须控制，否则主板将受到伤害。电源还必须节能。这些都由电源控制部分管理。

⑧ 开机电路。通过开机键实现电脑开机或关机。

1.3.2 微机常用输入/输出设备

1. 键盘

键盘是最主要和最常用的输入设备，键盘的作用和功能是由软件来定义的，不同的工作环境，各键的功能不同。微机键盘通过一个有 5 个引脚的圆形插座与主机箱中的键盘控制电路相连接。

键盘按照功能可以大致划分为五个区，即功能区、主键盘区、控制区、编辑区和小键盘区，如图 1－14 所示。

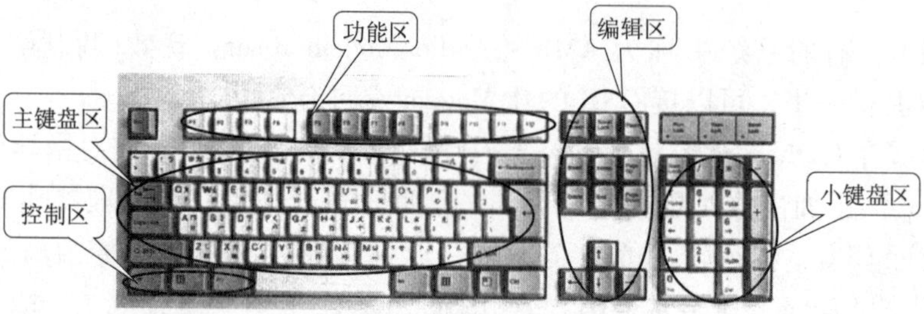

图 1－14 键盘

2. 鼠标

鼠标（如图 1－15 所示）是计算机的一种重要的辅助输入设备。鼠标的作用是将鼠标移动的方向、位移及键位信号编码后输入计算机，以确定光标在屏幕上的位置，实现对计算机的操作。

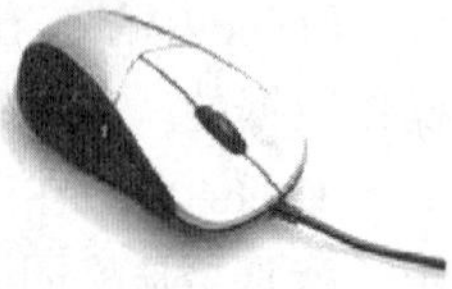

图 1－15 鼠标

鼠标按照工作原理可细分为光学鼠标器、机械鼠标器、机电式鼠标器和光电式鼠标器四种，它们可归为光学鼠标器和机械鼠标器两大类。

鼠标按键数划分有两键及三键两种，主要是 Microsoft 与 IBM 的分歧导致了这种区别，Microsoft 认为按键有两个就够用了，而 IBM 认为三个才够用。在一般情况下，三键鼠标的中间键没什么作用，除非在 CAD 等专业环境下才有特殊用途。

根据使用的客观需求，鼠标有一些变动，主要有带滚动条控制的鼠标、无线鼠标、人体工程学鼠标、异型鼠标等。

3. 显示器

显示器是微型计算机不可缺少的输出设备。微型计算机系统以往主要使用阴极射线管显示器（CRT），随着液晶显示器（LCD）品质的提高和价格的不断下降，目前主要使用 LCD

显示器。LCD 显示器主要有以下技术参数。

(1) 分辨率。分辨率是指屏幕上每行有多少像素点、每列有多少像素点，一般用矩阵行列式来表示，其中每个像素点都能被计算机单独访问。现在 LCD 的分辨率一般是 800 点 ×600行的 SVGA 显示模式和 1 024 点 ×768 行的 XGA 显示模式。LCD 的分辨率与 CRT 的不同，一般不能任意调整，它是制造商所设置和规定的。

(2) 刷新率。LCD 刷新频率是指显示帧频，亦即每个像素刷新的频率，与屏幕扫描速度及避免屏幕闪烁的能力相关。也就是说刷新频率过低，可能出现屏幕图像闪烁或抖动。

(3) 可视角度。一般而言，LCD 的可视角度都是左右对称的，但上下可就不一定了，常常是上下角度小于左右角度。可视角是越大越好。当我们说可视角是左右 80°时，表示站在始于屏幕法线 80°的位置时仍可清晰看见屏幕图像。

(4) 亮度、对比度。TFT 液晶显示器的可接受亮度为 150cd/m^2 以上，目前国内能见到的 TFT 液晶显示器亮度都在 200cd/m^2左右，亮度低一点会感觉暗。

(5) 响应时间。响应时间反映了液晶显示器各像素点对输入信号反应的速度，即像素由暗转亮或由亮转暗的速度。响应时间越小，使用者在看运动画面时越不会有尾影拖拽的感觉。一般会将反应速率分为两个部分，即 Rising 和 Falling，表示时以两者之和为准。

(6) 防眩光、防反射。由于 LCD 屏幕的物理结构特点，屏幕的前景反光，屏幕的背景光与漏光，以及像素自身的对比度和亮度都有可能产生不同程度的反射和眩光，特别是视角改变时，表现更明显。防眩光、防反射主要是为了减轻用户眼睛疲劳所增设的功能。

除上面这些指标外，还有观察屏幕视角、显示色素等指标。

4. 打印机

打印机是最常用的输出设备之一，目前使用最多的是针式点阵式打印机、喷墨打印机和激光打印机。

1) 针式点阵式打印机

针式点阵式打印机用若干根钢针来打印字符，包括普通 9 针、24 针通用点阵式打印机和平推票据打印机、存折打印机等专业点阵打印机。针式打印机的打印质量比不上喷墨打印机和激光打印机，主要用于打印数量较大而又不太讲究质量的环境中，在这些应用场合，它是不可能被淘汰的，而且财务票据规定要用针式打印机打印。

点阵打印机利用点式撞针撞击色带及打印纸产生打印效果。点阵打印机还可以进行复写和打印蜡纸，这是其他打印机望尘莫及的。

2) 喷墨打印机

喷墨打印机的墨滴是从喷嘴喷出的，然后带上电荷，在打印机电场的控制下按一定的要求发生偏转，然后喷落到打印纸上，经烘干后形成需要的文字或图案。

喷墨打印机种类很多，就技术而言，主要使用连续式和随机式两种技术。

连续式喷墨技术适合高速打印，但是结构复杂。随机式喷墨技术供给的墨滴只在需要时才喷出，与连续式喷墨技术相比结构简单、成本低、可靠性好。为了提高打印速度，喷嘴不是单一的，而选用单列或双列小孔，一般有几十个甚至更多个喷嘴，一次扫描喷射即可打印出整个字符。

喷墨打印机采用点阵印字技术，可以输出任意字符和图形，分辨率高，常用的达到 300dpi、360dpi，较高的可达 720dpi。喷墨打印机的打印速度以每分钟页数（Page Per Minute，ppm）或每秒英文字符数（Char Per Second，cps）表示。现在流行的喷墨打印机有省墨模式、标准模式、高速模式、高质模式等几种输出模式，不同模式的打印速度是不同的，打印质量高的模式，打印速度相对要慢一些。

喷墨打印机的墨盒质量是影响打印质量和成本的重要因素。不同品牌的墨盒，质量、寿命、价格都有差别。由于墨盒价格较高，购买时需谨慎选择。

3）激光打印机

激光打印机的工作原理示意图如图 1－16 所示。

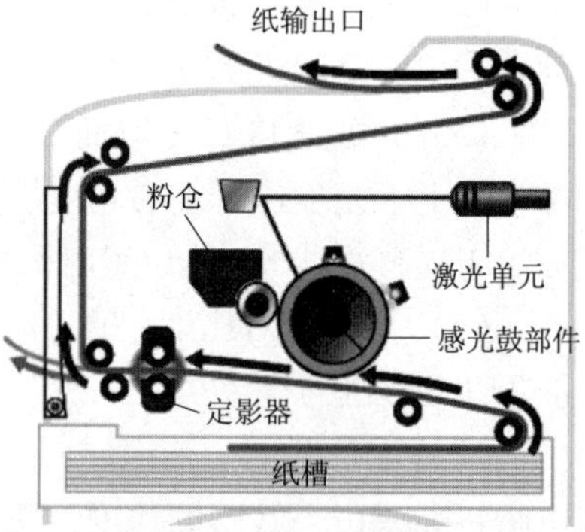

图 1－16　激光打印机工作原理示意图

硒鼓是激光打印机的关键部件，其表面是一层光敏涂层，内部是由薄片卷成的筒，并接地。打印开始时，鼓的外表面被均匀地充上负电荷，并达到－600V 的电压。这一过程称为硒鼓初始化。当要打印黑点时，将激光束投射到硒鼓的光敏涂层上，被照射的部位就变成导体，－600V 负高压变成－100V 的负低压，即在硒鼓表面写下一个带－100V 电压的像点，称为硒鼓感光。墨粉是从显影轧辊上方供给的，显影轧辊也带有负高压，所以墨粉也带负电。当硒鼓上带－100V 的像点与显影轧辊上的墨粉接触时，负高压的墨粉就被负低压的像点所吸引，使硒鼓上原来不可见的像点带上了墨粉，这个过程叫作显影。硒鼓继续转动到与打印纸接触时，由于纸上只有正电荷，硒鼓像点上的墨粉就印刷到打印纸上，称之为转印。当打印纸进一步前进经过显影轧辊时，显影轧辊的温度使墨粉中的塑料熔化，再加上两个轧辊之间的压力又迫使熔化后的墨粉进入到打印纸的纤维中，牢牢地粘在打印纸上。这一步骤称为熔化像点或定影。硒鼓上的像点上的墨粉转印到打印纸上后，硒鼓上的像点被清除，以便进入下一轮循环。

激光打印机是高档非击打式打印机。其打印分辨率最低为 300dpi，有的为 400dpi、600dpi、800dpi，甚至可高达 1440dpi，可与照相机的分辨率相媲美。激光打印机的打印速度比针式点阵式打印机和喷墨打印机高得多，每分钟至少可打印 2～3 页，较快的可打印 24 页以上。由于激光打印机的控制器中有 CPU 和内存，所以可以进行复杂的数字、图像和图形处理。而且，激光打印机几乎没有噪声，非常适合安静的办公场所使用。

1.3.3　微机常用辅助存储器

1. 硬盘

硬盘是微机中最重要的外部存储器。系统软件、应用软件及文档等信息都保存在硬盘中。

硬盘包括磁盘片、磁头读写系统、主轴驱动系统和硬盘控制系统四个部分。磁盘片用来保存信息，磁头读写系统负责信息的读取和存入，主轴驱动系统使盘片高速旋转，使磁头快速读写磁盘片任何部位的信息，硬盘控制系统控制上述各部分使它们协调地工作。

1）硬盘的信息存储结构

如图 1－17 所示为硬盘的基本结构。一个硬盘内部可能包含 2 片、4 片、6 片、8 片，甚至更多磁盘片，每个盘片上下表面都能存储信息。磁盘有固定头磁盘和移动头磁盘两种。对于移动头磁盘，每个盘面只有一个磁头，而固定头磁盘的盘面上，每一条磁道都有一个读写磁头。每个磁盘片是表面涂有磁性材料的合金或塑料盘片，像一个极为光亮的金属盘。

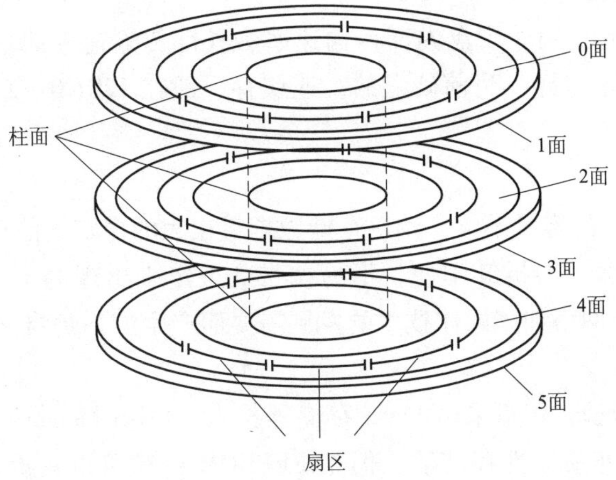

图1－17　硬盘基本结构

磁盘上有上千个磁道，呈同心圆排列，由外向内编号，分别为0磁道、1磁道、2磁道……每个磁道构成一个封闭圆环，并被平均分为若干扇区，每个扇区存储512个字节数据。扇区也有编号。若干个扇区再构成簇（Cluster），簇是信息的基本存储单位，上一个簇写满了才能写下一个簇。在由多个盘片组成的硬盘存储器中，所有盘片上相同磁道的组合称为柱面。所以，硬盘上的一块数据要用柱面号、扇区号和磁道号三个参数来定位。一般地，盘片组最上的一个面和最下的一个面不存储信息，所以硬盘的容量可按下式计算：

磁盘容量＝（盘片数×2－2）×磁道数×扇区数×512字节

2）硬盘的主要技术指标

（1）硬盘容量。容量是选择硬盘的主要因素，硬盘的容量现在以千兆字节（GB）为单位，微机系统目前普遍选用40GB、80GB或更大容量的硬盘。

（2）数据传输速率。数据传输速率是每秒钟内硬盘传送到接口电路的实际数据量。硬盘数据传输速率又分内部数据传输速率和外部数据传输速率两种。内部传输速率是指磁头将读取的数据传输到硬盘的缓存（Cache）中的速率；外部传输速率是指通过硬盘接口将缓存中的数据传输到外界的速率。

现在，磁盘接口标准Ultra DMA/66已成为市场的主流，硬盘的外部传输速率可达到66.6MB/s。

（3）平均寻道时间。其是指把磁头移到数据所在磁道（柱面）所需要的平均时间，它反映硬盘的机械能力，一般在5～10ms，占整个存取时间的70%左右。

（4）平均等待时间。其是指数据所在的扇区转到磁头下面的平均时间，等于盘片旋转周期的1/2，一般在3～6ms。

（5）平均访问时间。其表示磁头找到数据所在扇区所需要的时间，它是平均寻道时间和平均等待时间之和，在许多硬盘的产品广告中所说的平均访问时间往往指的是平均寻道时间。

（6）硬盘转速。其是指硬盘每分钟转数，用r/min表示。目前ATA硬盘的转速一般为5 400～7 200r/min。SCSI硬盘的转速可高达10 000r/min。高的转速应该表现出高的数据传输率和短的平均寻道时间。所以用户如果重视速度等性质，应选择高速硬盘；如果重视容量和价格，可选择低速硬盘。

（7）高速缓存容量。由于硬盘内部传输速率和外部传输速率的不一致，必须依靠缓存来缓解二者之间的速率差异。目前硬盘的高速缓存一般在 128KB ~ 2MB，最好能在 512KB 以上。

2. 移动存储器

软盘携带方便，但是容量不大，难以存储数据量很大的多媒体信息如图像、声音、视频文件等。硬盘容量虽大，但拆卸不便，不易携带。近年来出现的 U 盘（闪存盘）和活动（移动）硬盘正是适应网络和多媒体技术的发展需要而产生的，是目前使用最广泛的两种移动存储器。

（1）U 盘（闪存盘）。U 盘采用 Flash 存储器技术。Flash Memory 在功能上类似于 EEPROM 存储器，是一种非易失性存储器。但是 EEPROM 一次可以只擦除一个字节，而 Flash Memory 是按块擦除的，所以 Flash Memory 一般用作便携式计算机的硬盘的补充或替代品。由于使用了 Flash 技术，U 盘体积小，质量轻，携带方便，具有写保护功能，数据安全可靠，寿命可长达 10 年之久。U 盘通过 USB 接口和 PC 机连接，读写速度比软盘快 15 倍。USB 是为了支持在不关闭和重新启动系统（热插）的条件下添加和配置新的设备而设计的，即具有即插即用的功能，兼容性好。有些品牌的 U 盘还可以模拟软驱和硬盘启动操作系统，起引导操作系统的作用。

（2）移动硬盘。移动硬盘通常是将笔记本电脑硬盘装入特制的配套硬盘盒构成的，存储容量可为 40GB、60GB、80GB、120GB，甚至 1600GB，但是体积小巧，质量仅为二三百克，非常适宜携带。

移动硬盘的主要优点有以下几点：

➢ 容量大，适于携带大型图库、数据库和软件库。

➢ 即插即用、兼容性好。移动硬盘采用 USB（通用串行总线）接口或 IEEE 1394 接口（高速串行总线输入输出标准），可以和各种计算机连接。

➢ 速度快。USB 1.1 接口的传输速率为 12Mb/s，USB 2.0 接口提高到 480Mb/s，IEEE 1394 接口的传输速率为 400Mb/s，因此和主机交换 GB 数量级的大型文件仅需几分钟。

➢ 安全可靠。移动硬盘具有良好的防震性能，当受到剧烈震动时，盘片会自动停止转动，磁头复位到安全区，因此盘片不会损坏。

3. 软盘和软驱

软盘存储器由软盘片、软盘驱动器和软盘控制器三部分组成。软盘曾经是计算机使用最频繁的存储工具之一，由于存储容量小，现在已经很少使用。

4. 光盘和光驱

光存储器或光盘是 20 世纪 90 年代兴起的多媒体存储器，它以介质材料的光学性质（如反射率、偏振方向）的变化来表示所存储的“1”和“0”。由于激光可以聚焦到 1μm 以下，因此记录的面密度非常高，一张 CD-ROM 盘片的存储容量可达 600 多兆，相当于 400 多张 1.44MB 的 3.5 英寸①软盘。除了存储密度高、容量大、成本低之外，由于光盘的读出头距

① 1 英寸 = 2.54 厘米。

离光盘表面有几毫米的空隙，比磁头和磁盘之间的距离大1000倍以上，因此光盘不易划伤，而且即使表面有指纹或灰尘，也不影响数据读出，具有很高的可靠性。温度和湿度也不易对光盘的表面介质产生不利影响，因此光盘比磁盘容易保存。

1）光盘的三种基本类型

（1）CD-ROM（Compact Disk Read-only Memory）：只读型光盘，又叫固定型光盘。这种光盘是制造厂以高成本作出母盘后大批量压制出来的，用户只能读取其中的信息。

（2）CD-R/WORM（Write Once，Read Many）：一次写入型光盘，简称WO光盘。用户可用光盘刻录机对WO光盘进行一次写入操作。

（3）CD-RW（Compact Disc-rewritable）：可重写光盘，又称可擦写光盘，这种光盘可用光盘刻录机反复重写很多次。

2）光盘的工作原理

只读光盘和可改写光盘采用了许多相同的存储技术，如它们都采用经过精密聚焦的激光束进行写入和读出。但是由于采用了不同的记录材料，在读写原理上存在一定差异。下面简单说明CD-ROM只读型光盘工作原理。

光盘是一张很薄的圆盘，由聚碳脂衬垫、记录介质、反射层和保护层组成，如图1－18所示。记录介质是喷涂在衬垫上的一层染料。根据记录介质和反射介质（金或银）的不同组合，盘片可呈不同的颜色，分别为绿盘、金盘和蓝盘。绿盘价格便宜，兼容性较好，使用较广。金盘使用和存储寿命长，抗光性好，但价格较贵。蓝盘价格更便宜，但使用寿命较短。

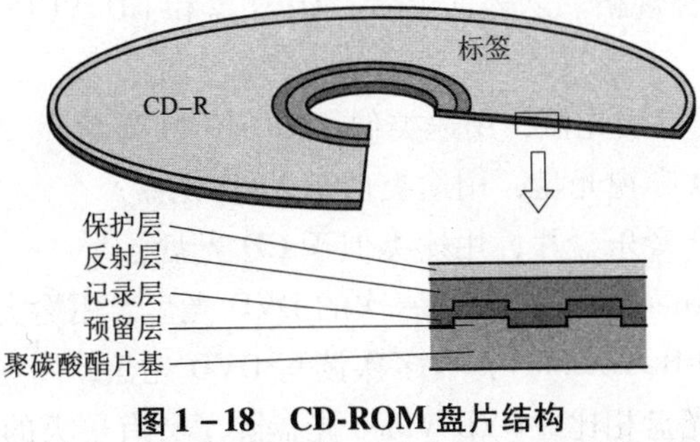

图1－18　CD-ROM盘片结构

记录介质原本是平整的。光盘刻录机根据要刻写的不同数据控制激光头发射不同功率的激光束，强激光束使部分染料受热分解，在平整的盘片上用高温“烧刻”出可供读取的反光点，从而记录了数据。读取光盘数据时，当光驱的激光头发出的激光束照射到记录介质表面时，平整处的反射光很强烈，但凹坑处的反射光因受到散射而特别微弱。光驱的透镜将反射光传递给光驱控制电路，强烈的反射光产生高电平，代表“1”；微弱的反射光产生低电平，代表“0”，从而实现了光电信号的转换，即实现了数据的读取。

3）光驱

光盘必须插入光驱才能工作。光驱是一种高技术的机电一体化产品。不同的光盘需要对应不同的光盘驱动器，因此有只读型光盘、可重写光盘等对应的各种类型的光驱。多功能型光驱可以操作两种不同类型的光盘，例如CD-RW光盘或CD-R光盘，目前市售的光盘刻录机就属于多功能型的光驱。

光驱的技术指标主要包括以下几点。

（1）数据传输率（Data Transfer Rate），即大家常说的倍速，它是衡量光驱性能的最基本指标。最早的光驱是单倍速的，单倍速光驱就是指每秒可从光驱存取150KB数据的光驱。现在流行的光驱有40倍速、52倍速，最快的已达到100倍速。光驱的数据传输率等于倍数乘以150KB/s，倍速越大，数据传输率越高，但却使数据的准确性大为降低，而且造成光驱寿命缩短，增加了用户的投资。

（2）平均寻道时间（Average Access Time）。平均寻道时间是指激光头（光驱中用于读取数据的一个装置）从原来位置移到新位置并开始读取数据所花费的平均时间，显然，平均寻道时间越短，光驱的性能就越好。

（3）CPU占用时间（CPU Loading）。CPU占用时间是指光驱在维持一定的转速和数据传输率时所占用CPU的时间，它也是衡量光驱性能好坏的一个重要指标。CPU占用时间越少，其整体性能就越好。

（4）数据缓冲区（Buffer）。数据缓冲区是光驱内部的存储区。它能减少读盘次数，提高数据传输率。现在大多数光驱的缓冲区为128KB或256KB。

5. DVD光盘存储器

DVD（Digital Video Disk，数字视频光盘或数字影碟机）利用MPEG 2的压缩技术存储影像，也可以存储声音和计算机数据，所以也有人称DVD为Digital Versatile Disk，即数字多用途光盘。它不但可以使用在音/视频领域，也可以在出版、广播、通信等行业得到广泛的应用。

（1）DVD光盘的5种规格。从表面上看，DVD盘和CD/VCD光盘很相似，它有以下五种不同的规格。

- DVD-ROM：DVD只读光盘，用途类似于CD-ROM光盘；
- DVD-Video：DVD影视光盘，用途类似于VCD光盘；
- DVD-Audio：DVD音乐盘片，用途类似于CD光盘；
- DVD-R（DVD-Write-Once）：限写一次的DVD光盘，用途类似于CD-R光盘；
- DVD-RAM（DVD-Rewritable）：可多次读写DVD光盘，用途类似于CD-RW光盘。

与现有的CD/VCD光盘相比，DVD-Video光盘除了具有更大的存储容量外，还具有许多特性，如一张盘上放置多个节目、多音轨（可放置多种语言）、多字幕（可显示多种文字字幕）、多角度观赏选择、父母锁定控制、4∶3或16∶9视频图像选择、版权保护、多通道伴音等。

DVD-Audio光盘采用未经压缩的原音重现，所以具有比CD光更高的音质和音响功能。

（2）DVD光盘的存储容量。DVD光盘虽然和CD光盘大小相同（直径12cm或8cm），但是DVD光盘数据面密度更高、容量更大。CD光盘的最小凹坑长度为0.834μm，道间距为1.6μm。DVD光盘的最小凹坑长度只有0.4μm，道间距为0.74μm。DVD光盘分为单面单层、单面双层、双面单层和双面双层四种物理结构。各种结构的DVD光盘的存储容量列于表1-6中。

表1-6 各种不同DVD光盘的存储容量

DVD光盘类型		120mm DVD光盘存储容量/GB	80mm DVD光盘存储容量/GB
DVD-ROM DVD-Video	单面单层（SS/SL）	4.7（DVD-5）	1.46（DVD-1）
	单面双层（SS/DL）	8.5（DVD-9）	2.66（DVD-2）
DVD-ROM DVD-Video	双面单层（DS/SL）	9.4（DVD-10）	2.92（DVD-3）
	双面双层（DS/DL）	17（DVD-18）	5.32（DVD-4）

（3）DVD光盘驱动器。DVD光盘驱动器和CD光盘驱动器在结构上并无本质的区别，但是DVD光盘的信息密度比CD光盘高得多，所以DVD光盘驱动器使用635~650nm的红外激光器，而CD光驱使用780~790nm的红外激光器。DVD-ROM和DVD-RAM光盘驱动器不仅能读大容量的DVD光盘，而且也能向下兼容读取CD-ROM盘片，DVD-ROM和DVD-RAM光盘驱动器的数据传输率大致等同于9倍速的CD-ROM光盘驱动器。为了能向下兼容CD或VCD光盘，DVD光盘驱动器的激光头比CD光盘驱动器的激光头复杂。为了提高可靠性和其他性能，DVD光盘采用了更有效的纠错码技术和信号调制方式。为了防止盗版，保护知识产权，DVD软件和硬件都采用了乱码技术，DVD技术联合会还把全球划分为6个大区，按区域码分区发行软件。

1.3.4 微型计算机主要性能指标

1. 基本字长

基本字长是指参与运算的数的基本位数，它由加法器、寄存器、数据总线的位数决定。字长越长，对硬件要求越高，因此字长对硬件的造价有极大的直接影响。字长直接关系到计算机的计算精度、功能和速度。字长越长，计算机的运算精度越高，数据处理能力就越强。通常字长总是8的倍数，如8bit、16bit、32bit、64bit等。

在计算机中为了更灵活地表达和处理信息，许多计算机又以字节（Byte）为基本单位，用大写字母B表示。一个字节等于8位二进制位（bit）。

2. 主存容量

一个主存储器所能存储的全部信息量称为主存容量。通常，以字节数来表示存储容量，这样的计算机称为字节编址的计算机。也有一些计算机是以字为单位编址的，它们用字数乘以字长来表示存储容量，如4096×16表示存储器有4096个存储单元，每个存储单元字长为16位。计算机的主存容量越大，存放的信息就越多，计算机处理数据的范围越广，所能运行的程序就越大，运算速度也会越快，处理能力就越强。

3. 运算速度

对运算速度的衡量有不同的方法。现在普遍采用单位时间内执行指令的平均条数作为运算速度指标。并以MIPS（Million of Instructions Per Second，每秒百万条指令）作为计量单位。

应该注意的是，运算速度虽然是衡量计算机性能的重要指标，但是并不是衡量计算机性能的唯一指标。

4. 工作频率

工作频率是衡量计算机速度的重要参数。工作频率又可细分为内频和外频。

所谓内频，就是 CPU 的内部工作频率，内频也可称为内部时钟。除了内频之外，CPU 还有另外一种工作频率，是跟外界交换数据的频率，称为外部工作频率，简称外频。外频也就是主板的总线速度或系统时钟。

在早期，CPU 的内频就等于外频。目前，CPU 的内频越来越高，相比之下存储器等周边设备的速度还很慢。所以现在外频跟内频不再是 1∶1 的同步关系，从而出现了所谓的内部倍频技术，导致了“倍频”的出现。内频、外频和倍频三者之间的关系为

$$内频 = 外频 \times 倍频$$

除了上述这些主要性能指标外，还有其他一些指标，如存取周期、软硬件配置、性能价格比等。

【特别提示】不管是购买计算机的新手还是老手，在购买前都要了解所购买计算机的用途，一般分为经济实惠型、多功能型和高性能型三类。了解每类的特点可以增强选择购买计算机的能力，既要满足需要，又要便宜。

经济实惠型：功能一般，价格比较便宜。适合计算机初学者。

多功能型：这类计算机硬件配置较高，CPU 处理速度快，内外存容量大，并且配有多媒体功能。这使用户有足够的空间去操作和存储图像，进行更多的复杂计算和设计任务，运行三维游戏软件等。

高性能型：这种 PC 是建立在最新、最先进的组件基础上的。这种级别的计算机，能运行复杂的图形设计软件和多媒体应用软件，特大内存，特大硬盘空间，视频存储空间相应很大。顶级的三维加速器，高质量的音响和高性能的处理器，这种高性能的配置有着令人难以置信的速度和功率，适合专业人员使用。

1.4 计算机网络的基础知识

计算机网络是计算机技术和通信技术相结合的产物。一方面，通信网络为计算机之间的数据传递和信息交换提供了必要的手段；另一方面，计算机的发展渗透到通信技术中，又提高了通信网络的性能。

1.4.1 计算机网络的发展历程

1946 年，世界上第一台计算机（ENIAC）在美国的宾夕法尼亚大学问世，当时计算机的主要应用是进行科学计算。随着计算机应用规模以及用户需求的不断增大，单机处理已经很难胜任，于是出现了计算机网络。它是计算机技术与通信技术相结合的产物，其发展经历了从简单应用到复杂应用的四个阶段。

1. 第一阶段，以一台主机为中心的远程联机系统

这是最早的计算机网络系统，只有一台主机，其余终端都不具备自主处理功能，所以这个阶段的计算机网络又称为“面向终端的计算机网络”。例如，20 世纪 60 年代初，美国航空公司与 IBM 联合开发的飞机订票系统，就是由一台主机和全美范围内 2000 多个终端组成的，它的终端只包括 CRT 监视器和键盘，无 CPU 和内存等。

2. 第二阶段，多台主机互联的通信系统

它兴起于 20 世纪 60 年代后期，利用网络将分散在各地的主机经通信线路连接起来，形成一个由众多主机组成的资源子网，网上用户可以共享资源子网内的所有软硬件资源，故又称为“面向资源子网的计算机网络”。这个时期的典型代表是 1969 年美国国防部高级研究计划署（ARPA）开发的 ARPANET。ARPANET 的成功，使计算机网络的概念发生了根本性的变化，ARPANET 被认为是 Internet 的前身。20 世纪 70—80 年代，这类网络得到较快的发展。

3. 第三阶段，国际标准化的计算机网络

这个阶段解决了计算机网络间互联标准化的问题，要求各个网络具有统一的网络体系结构，并遵循国际开放式标准，以实现“网与网相连，异型网相连”。国际标准化组织 ISO 在 1981 年颁布了《开放式系统互连参考模型（OSI/RM）》，成为全球网络体系的工业标准，极大地促进了计算机网络技术的发展。20 世纪 80 年代后，局域网技术十分成熟，随着计算机技术、网络互联技术和通信技术的高速发展，出现了 TCP/IP 协议支持的全球互联网（Internet），在世界范围内获得广泛应用，并朝着更高速、更智能的方向发展。

4. 第四阶段，以下一代互联网络为中心的新一代网络

计算机网络经过三个阶段的发展，给人类社会带来巨大进步的同时，也暴露了一些先天缺陷，以下一代互联网络为中心的新一代网络成为新的技术热点。规划中的下一代网络是全球信息基础设施（GII）的具体实现。它规范了网络的部署，通过采用分层、分面和开放接口的方式，为网络运营商和业务提供商提供一个平台。借助这一个逐步演进的平台，新的业务可以不断生成、部署和管理。目前 IPv6（Internet Protocal Version 6）技术的发展，使人们坚信发展 IPv6 技术将成为构建高性能、可扩展、可运营、可管理、更安全的下一代网络的基础性工作。

1.4.2 计算机网络的功能

为什么要建立计算机网络呢？换一句话说，网络能够给我们提供什么样的功能呢？可以概括地把网络功能分为以下几个方面。

（1）数据通信。数据通信即数据传输，是计算机网络的最基本功能之一。例如，访问其他计算机的文件、在网上聊天、打 IP 电话、召开网上视频会议、收发电子邮件等。

（2）资源共享。资源共享包括硬件、软件和数据资源的共享，它是计算机网络最有吸引力的功能。资源共享指的是网上用户能够部分或全部地使用计算机网络资源，使计算机网络中的资源互通有无、分工协作，从而大大地提高各种硬件、软件和数据资源的利用率。例如，利用网络共享光驱、打印机等硬件，利用浏览器浏览和下载 Web 信息等。

（3）提高计算机系统可靠性和可用性。在计算机网络中，可根据应用的需求设置计算机为相互后备机，这样一旦某台计算机故障，其备份机可以马上接替其工作，从而使计算机的可靠性得到大大提高。当一台计算机负载过重时，网络中其他较空闲的计算机可接收新的任务，从而起到均衡网络中计算机负载的作用，提高了计算机的可用性。

（4）实现分布式信息处理。许多大型的信息处理问题可以借助于分散在网络中的多台计算机协同完成，解决单机无法完成的信息处理任务。此外，利用网络技术，能将多台计算机连成具有高性能的计算机系统，以并行的方式共同处理一个复杂问题，这就是当今称之为

协同式计算机的一种网络计算模式。

1.4.3 计算机网络的组成与分类

一个计算机网络包含主机、通信子网和通信协议三个主要组成部分。

（1）主机。计算机网络中包含若干个具有独立功能的计算机及其他智能设备，称之为主机。它们可以是巨型机、小型机、笔记本电脑等，用来向用户提供信息服务。

（2）通信子网。通信子网由通信线路和通信设备组成，用来进行数据通信。

（3）通信协议。通信协议是整个网络都一致遵守的一组规则或标准，实现通信协议的软件（及硬件）是计算机网络不可缺少的组成部分。

计算机网络的分类方法很多。例如从使用的协议来分，可分为 TCP/IP 网、SNA 网和 IPX 网等；从使用的传输介质来分，可分为有线网和无线网；从网络的拓扑结构来分，可分为总线型网、星型网、环型网和混合型网等，如图 1－19 所示；从网络所覆盖的地域范围来分，计算机网络可分为局域网（Local Area Network，LAN）和广域网（Wide Area Network，WAN）。

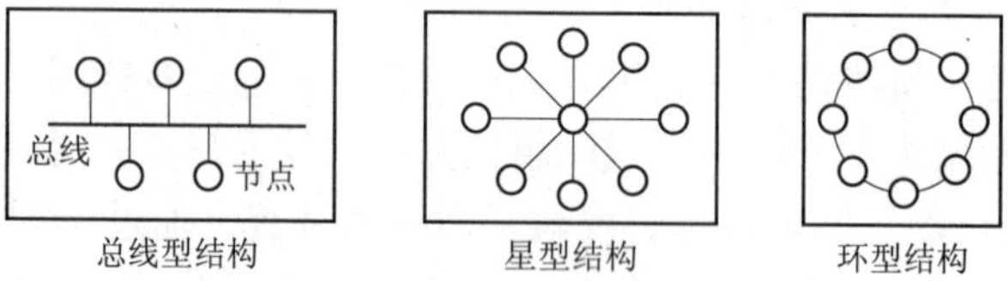

图 1－19 典型的网络拓扑结构

微课：计算机网络的组成

其中，局域网和广域网是计算机网络的两种基本分类。下面讨论局域网与广域网的区别。

（1）局域网。一般来说，局域网都是用在一些局部的、地理位置相近的场合，范围局限在几公里内，如一个部门、一个单位、一座大楼内，所接入的计算机数量有限。

（2）广域网。广域网则不受地理位置的限制，范围可达到几十千米到几千千米，如城市之间、国家之间，所接入的计算机数量几乎不受限制。实际上，广域网是把相距遥远的许多局域网和计算机互相连接起来构成的。

还有一种网络叫城域网（Metropolitan Area Network，MAN），它覆盖的地理范围在局域网与广域网之间，如一个城市。

目前世界上有许多网络，不同网络的物理结构、协议和所采用的标准各不相同。如果连接到不同网络的用户需要相互通信，就需要将这些不兼容的网络通过称为网关的网络设备连接起来，并由网关完成相应的转换功能。多个网络相互连接构成的集合称为互联网（这里不是指国际互联网 Internet，而是指 Internetwork）。互联网的最常见形式是多个局域网通过广域网连接起来。

1.4.4 计算机网络的拓扑结构

网络中各台计算机连接的形式和方法称为网络的拓扑结构，其主要有如下几种类别。

1. 总线型拓扑结构

总线型拓扑结构通过一根传输线路将网络中所有节点连接起来，这根线路称为总线，如图 1－20 所示。网络中各节点都通过总线进行通信，在同一时刻只能允许一对节点占用总线通信。总线型拓扑结构简单、易实现、易维护、易扩充，但故障检测比较困难。

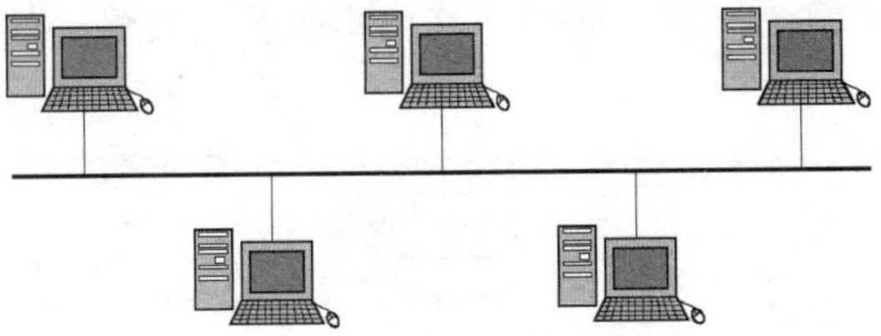

图 1－20　总线型拓扑结构

2. 星型拓扑结构

星型拓扑中各节点都与中心节点连接，呈辐射状排列在中心节点周围，如图 1－21 所示。网络中任意两个节点的通信都要通过中心节点转接。单个节点的故障不会影响网络的其他部分，但中心节点的故障会导致整个网络的瘫痪。

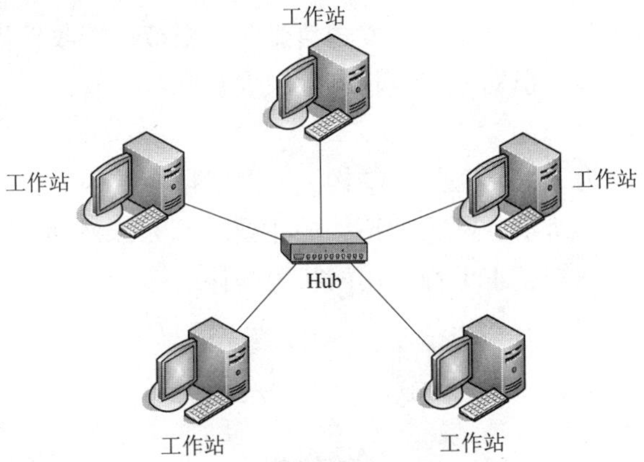

图 1－21　星型拓扑结构

3. 环型拓扑结构

环型拓扑结构中各节点首尾相连形成一个闭合的环，环中的数据沿着一个方向绕环逐站传输。环型拓扑具有较强的自愈能力，网络中有一个节点或一条传输介质出现故障，网络能自动隔离故障点并继续工作，如图 1－22 所示。

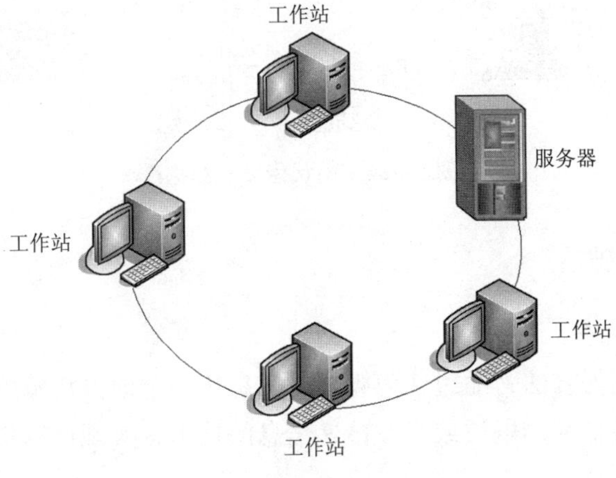

图 1－22　环型拓扑结构

4. 树型拓扑结构

树型拓扑结构由总线型拓扑演变而来，其结构图看上去像一棵倒挂的树，如图 1 - 23 所示。

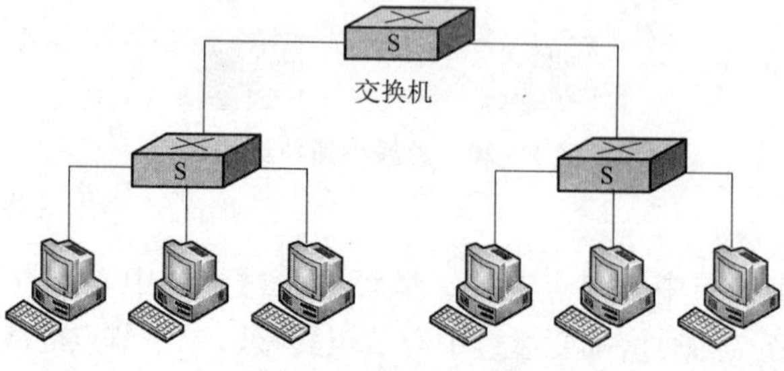

图 1 - 23　树型拓扑结构

树最上端的节点叫根节点，一个节点发送信息时，根节点接收该信息并向全树广播。树型拓扑易于扩展与故障隔离，但对根节点依赖性太大。

5. 网状型拓扑结构

网状型拓扑结构又称为无规则型拓扑结构。在网状拓扑结构中，节点之间的连接是任意的，没有规律，如图 1 - 24 所示。网状型拓扑的主要优点是系统可靠性高，但是结构复杂。目前实际存在和使用的广域网基本上都采用网状型拓扑结构。

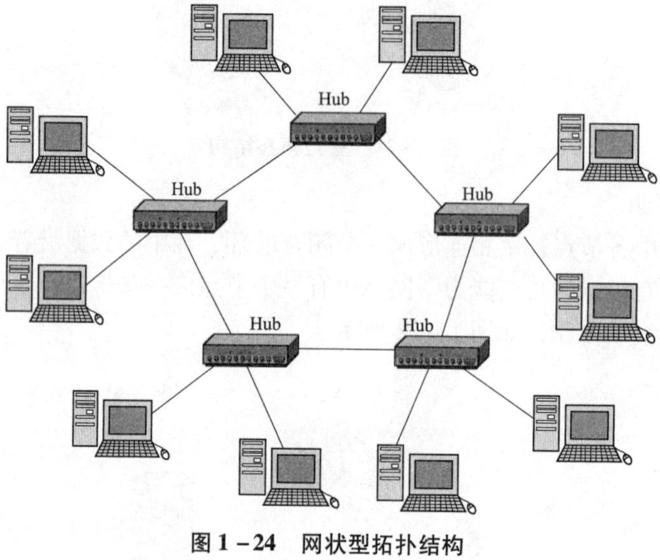

图 1 - 24　网状型拓扑结构

1.4.5　数据通信基础

1. 数据通信有关概念

从广义上讲，用任何方法，通过任何媒体将信息从一个地方传输到另一个地方均称为通信。本节介绍的通信特指利用电波或光波传递信息的技术，实现计算机与计算机之间或数据终端之间的数据通信。

（1）数据。数据是表征事物的形式，例如文字、声音和图像等。数据可分为模拟数据和数字数据两类。模拟数据是指在某个期间连续变化的物理量，例如声音和温度；数字数据是指离散的不连续的量，例如文字信息。在计算机中都用数字数据来近似地表示客观世界中普遍存在的模拟数据。

（2）信号。信号是数据的电磁编码或电子编码，用来表示和传输数据，与模拟数据和数字数据相对应分为模拟信号和数字信号。模拟信号是连续变化的电信号，例如电话线上传送的随语音高低连续变化的电信号。数字信号是离散变化的电信号，例如计算机与外设之间一般采用表示“0”“1”的高低电平的离散脉冲传送信号。

（3）信道。信道是用来传输信息的媒体。和信号的分类相似，信道也分为传输模拟信号的模拟信道和传输数字信号的数字信道两大类。值得一提的是，数字信号在经过数/模转换（D/A 转换）后可在模拟信道上传输；模拟信号在经过模/数转换（A/D 转换）后也可在数字信道上传输。例如计算机拨号上网就是利用电话线路模拟信道传输计算机的数字信号。

（4）带宽。带宽（Bandwidth）最早出现在模拟通信时代，指的是信号频率的变化范围，通常是最高频率与最低频率的差。如电话线上的信号频率变化范围是200～3 200Hz，则它的带宽是3 000Hz。带宽越大，传输信号的能力越强。

随着数字传输技术的问世，带宽又指通信介质的线路传输速率，即传输介质每秒所能传输的数据量，单位为每秒多少位（bit），即 b/s。局域网带宽有 10Mb/s、100Mb/s、1 000Mb/s。在互联网中，带宽小于 56Kb/s 的称为窄带网，带宽大于 56Kb/s 的就称为宽带网。

2. *数据通信基本原理*

通信的基本任务是传递信息，因而通信至少需由三个要素组成，即信息的发送者（称为信源）、信息的接收者（称为信宿）和信息的传输媒介（称为信道）。计算机传输的数据实质上是一串由“0”或“1”组成的二进制数据，“0”和“1”在计算机中分别使用低、高电平表示。直接采用这种信号传输（称为基带传输）只适合于近距离的数据通信，如主机通过电缆将打印数据送到打印机。但是，当需要长距离传输数据时，如果也传输这种高低电平信号，电信号将受到线路中的电阻电容等影响，线路越长衰减越大，以致接收方无法正确识别信号。鉴于此，一个典型的数据通信系统还应包括信号的发送器和接收器，如图1－25 所示。通过发送器将电平信号转换成适合在长距离数据传输系统中传输的信号，到了接收方再由接收器还原为原来的电平信号。调制解调器（Modem，俗称“猫”）即是这种设备，它既具有发送器的功能，又具有接收器的功能。

1）调制与解调

研究发现，正弦波之类的持续振荡信号能够在长距离通信中比其他信号传送得更远，因此可以把这种正弦波信号作为携带信息的“载波”。

（1）调制（Modulation）。传送数据时，发送方利用“0”和“1”的区别略微调整一下载波正弦信号的幅度（或频率或相位），这个过程称为调制，然后就可以进行长距离传输。这实际上是将基带数字信号的波形变换为适合于模拟信道传输的模拟信号波形（将数字信号转换成模拟信号，即 D/A 转换）。基本调制方法有调幅、调频和调相。

（2）解调（Demodulation）。经调制的信号到达目的地时，接收方再把其中携带的信息检测出来，并转换成适合计算机接收的高、低电平形式，称为解调。这实际上是将由调制器

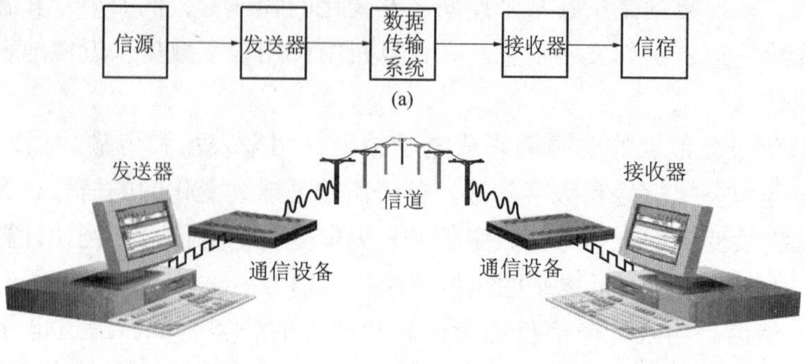

图1-25　典型的数据通信系统

（a）典型的数据通信系统模型；（b）典型的数据通信系统实物

变换过的模拟信号波形恢复成原来的基带数字信号波形（将模拟信号转换成数字信号，即A/D转换）。

由于计算机网络中的数据通信一般都是双向进行的，所以调制与解调总是成对使用，调制解调器就是用来实现信号调制和解调功能的专用设备。

2）多路复用

在数据传输系统中，传输线路的成本较高，而且资源有限（如无线电频带范围），为了节约成本或充分利用资源，人们希望在同一传输线路中，同时有多个用户进行数据通信，这就是多路复用技术。多路复用主要有两种方法，即时分多路复用（TDM）和频分多路复用（FDM）。

时分多路复用是利用传输线路所能达到的最大传输速率（信道容量）远大于单一用户所需的传输速率这一特点，分时轮流传输用户数据。解决的办法是采用多路复用器将轮转一周的时间划分为若干时间片，每个用户分配固定的时间片传输该用户的一组数据，依次轮流进行传输。

频分多路复用技术利用传输介质可用带宽超过给定信号所需带宽这一特点，把每个要传输的信号以不同的载波频率进行调制，然后将这些载波信号在传输介质上同时传输。例如，有线电视电缆同时传输几十个电视节目就是应用了频分多路复用技术。

1.4.6　网络传输介质

传输介质也称传输媒体，是传输信息的载体，即通信线路。传输介质分为有线传输介质和无线传输介质。有线传输介质包括双绞线、同轴电缆和光纤等；无线传输介质包括微波、红外线、激光等。

1. 双绞线

在局域网中，双绞线是最常见的一种传输介质。其主要原因是双绞线成本低、速度高和可靠性好。目前组建局域网所用的双绞线由4对相互绞合的铜质线（即8根线）组成，如图1-26（a）所示，绞合的目的是减少相邻线的电磁干扰。双绞线分为屏蔽双绞线（STP）和非屏蔽双绞线（UTP）。屏蔽双绞线的外层采用金属丝编织成屏蔽网，所以具有较强的抗电磁干扰能力，应用在生产车间等有较强电磁干扰源的场合。非屏蔽双绞线适合应用在办公室、计算机机房等无强电磁干扰源的场合。根据使用的材质不同，双绞线又分为 3 类、5 类、超 5 类等。3 类线最高传输速率为 10Mb/s，最大传输距离为 100m。5 类线最高传输速率为 100Mb/s，最大传输距离为 100m。超 5 类线的衰减和串扰比 5 类双绞线更小，因而传输速率及传输距离均比 5 类线优越，特别是它支持千兆位以太网（1 000 BASE-T）的布线，所以在实际布线时应尽可能使用超 5 类线，以便将来局域网升级。

在局域网中，双绞线用来连接网卡与集线器或两集线器之间的级联，每条双绞线两端安装的接头称为 RJ－45 连接器，俗称水晶头。安装时需要专用工具并按照规范连接。

2. 同轴电缆

同轴电缆结构如图 1－26（b）所示，它的中央是铜质的芯线，铜质芯线外包着一层绝缘层，绝缘层外是一层金属丝网状编织的屏蔽层，再往外就是保护塑料外层。

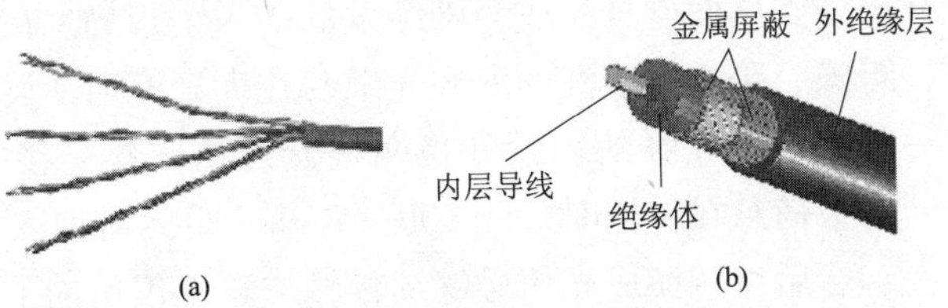

图 1－26　双绞线与同轴电缆

（a）双绞线；（b）同轴电缆

同轴电缆对外界具有很强的抗干扰能力，并常用于总线型拓扑结构中。目前用于局域网的同轴电缆有两种：一种是阻抗为 50Ω 的同轴电缆，只用于数字信号的发送，称为基带同轴电缆，最大传输速率为 10Mb/s，最大传输距离为 185m，目前已较少使用，基本上被双绞线所替代；另一种是阻抗为 75Ω 的同轴电缆，用于频分多路复用的模拟信号发送，称为宽带同轴电缆，广泛用于有线电视网络，它不仅可以传输多频道电视节目，还可以同时传输数据信号。

3. 光纤

光纤通信就是利用光导纤维（简称光纤，如图 1－27 所示。）传送光脉冲来进行通信。光纤是一种细小、柔韧并能传输光信号的介质。不像双绞线和同轴电缆，光纤利用有光脉冲信号表示“1”，无光脉冲表示“0”。光纤通信系统是由光端机、光纤（光缆）和光纤中继器组成。光端机又分为光发送器（将电信号调制成光信号）和光接收器（将光信号解调成电信号），而光纤中继器是将光还原为电信号进行放大，然后再转换成光信号继续传输。

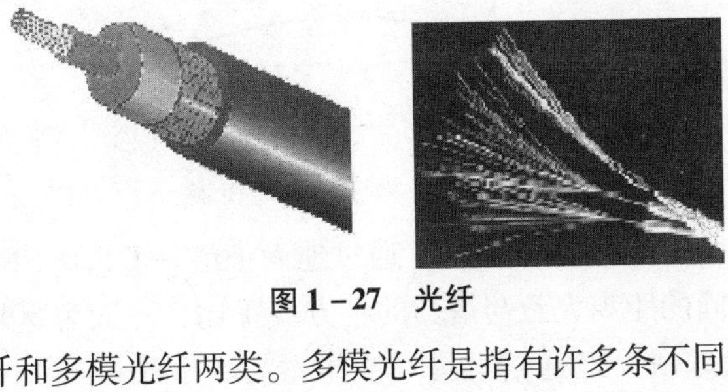

图 1－27　光纤

光纤分为单模光纤和多模光纤两类。多模光纤是指有许多条不同角度入射的光线在一条光纤中传输，采用发光二极管 LED 为光源，较单模光纤芯线粗（约 50μm）、速度低（几百兆）、距离短（几千米），但成本低，一般用于建筑物内或地理位置相邻的环境中。单模光纤直径减小到只有一个光的波长（8～10μm），光线在光纤中直线传播，采用昂贵的半导体激光器作为光源，传输速率高（目前已达到1Gb/s）、容量大、距离长（上百千米），但成本高，通常用于建筑物之间或地域分散的环境中。

光纤不仅具有通信容量大的特点，而且还有其他一些特点。

➢ 抗电磁干扰；

➢ 保密性好；

➢ 信号衰减小，传输距离长；

➢ 抗化学腐蚀能力强。

正是由于以上优点，光纤在计算机网络布线中得到了广泛的应用。在局域网中，目前光缆主要用于集线器之间、交换机之间，但随着千兆位局域网的不断普及和光纤产品及其设备价格的不断下降，光纤连接到桌面已开始成为网络发展的一个趋势。在广域网中，除了各国本土光纤通信线路外，跨国、跨洋、跨洲的海底光缆都在大规模地铺设。

但是光纤也存在一些缺点，光纤的切断和将两根光纤精确地连接所需要的技术要求较高。另外，目前光纤网络中信息在传输时每隔200～500km距离需加入光中继器，将光信号还原成电信号进行放大，然后再转换成光信号继续传输，这不仅增加了成本，还使进一步提高传输速率变得越来越困难。人们正在研究一种全光网AON（All Optical Network）技术，希望光信息在通信过程中始终以光的形式进行传输和交换，从而解决这一问题。

4. 微波

微波是一种具有极高频率（通常为300MHz～300GHz）的电磁波，波长很短，通常为1mm～1m。微波通信是众多无线通信形式中的一种，具有类似光波的特性，在空间主要是直线传播，也可以从物体上得到反射。它不能像中波那样沿地球表面传播，因为地面会很快把它吸收掉。它也不像短波那样，可以经电离层反射传播到地面上很远的地方，因为它会穿透电离层，进入宇宙空间，而不再返回地面。微波主要有以下三种方式进行远距离传输，如图1－28所示。

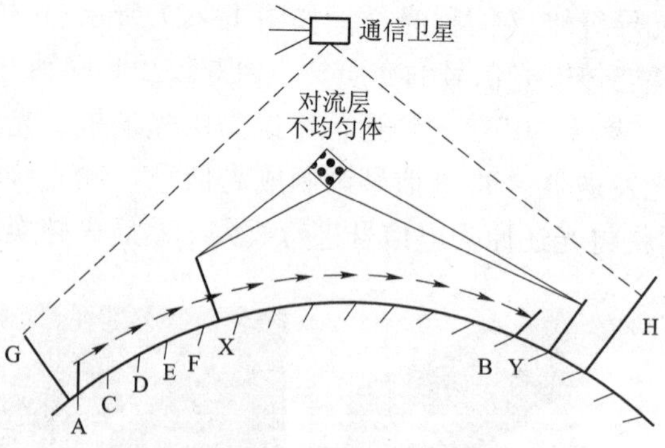

图1－28　微波远距离传输

（1）地面微波接力通信。如终端站A，通过地面中继站C，D，E，F，…与另一终端站B进行通信。中继站之间的距离大致与塔高的平方成正比，一般为50km左右。

（2）卫星通信。地球站G经通信卫星（空中微波中继站）与另一地球站H进行通信。是微波接力通信向太空的延伸。

（3）对流层散射通信。终端站X发出的微波信号经对流层散射传到另一终端站Y进行通信。

微波通信具有容量大、可靠性高、建设费用低和抗灾能力强等优点，所以广泛用于模拟、数字通信，如移动通信、全数字高清晰度电视的传输等。

1.4.7 数据交换

我们已讨论了数据在传输介质中是如何传输的，但是通信系统中大量终端之间是如何进行数据通信的呢？数据交换技术就是要解决这一问题。把进行数据通信的用户之间都用直达线路来连接，必然会对通信线路的资源造成极大的浪费，所以通常采用的方式是通过有中间节点的网络把数据从源发送到目的地，如图 1－29 所示。这些中间节点并不关心数据的内容，它仅是一个数据交换设备，用这个交换设备把数据从一个节点传到另一个节点，直至到达目的地。目前，通信系统中使用的数据交换技术主要有电路交换和分组交换两类。

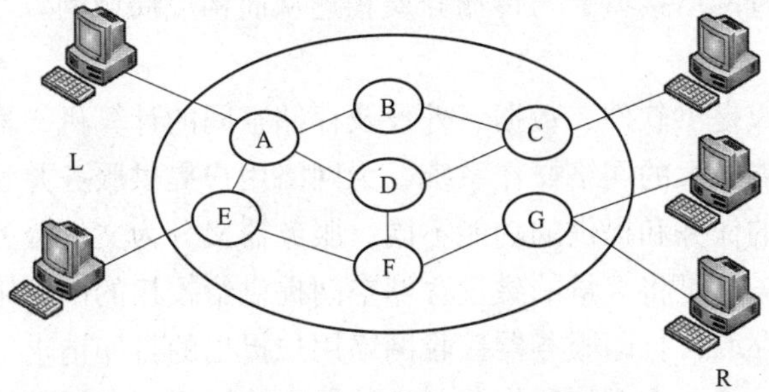

图 1－29　通信子网示意图

1. 电路交换

电路交换又叫线路交换，就是利用网络中的节点在两个站之间建立一条专用的通信线路。最普通的电路交换例子是电话系统，在通话之前，用户进行呼叫（即拨号），如果呼叫成功，则从主叫端到被叫端建立一条物理通路，当通话结束挂机后，所建立的物理通路将自动拆除。这种交换方式比较简单，特别适合远距离成批数据传输，建立一次连接就可以传输大量数据。缺点是线路的利用率低，通信成本高。

2. 分组交换

分组交换又称报文分组交换，它是把一个要传送的报文分成若干段，形成报文分组，由于分组交换允许每个报文分组走不同的路径，所以一个完整的报文分组还得附加包括发送端地址、接收端地址、分组编号、校验码等传输控制信息，然后以报文分组为单位进行传输。

分组交换具体是如何传输数据的呢？如图 1－29 所示，假定 L 端有报文分为 3 个分组要传递到 R 端。首先，在 L 端按照 1、2、3 的次序发送到节点 A。然后，节点 A 对每个分组做出路径选择：当分组 1 进入时，节点 A 测定到去节点 B 分组队列比去节点 D 的分组队列长，因此把分组 1 排在去节点 D 的分组队列上；分组 2 也是同样的；但是，对于分组 3，节点 A 发现此时去节点 B 的分组队列最短，因此把分组 3 排到去节点 B 的队列上。这样分组朝着目的地方向，在节点之间不断地存储（排队）转发，最终到达 R 端。值得说明的是，由于同样目的地址的分组可以使用不同的路径，因此有可能接收到的分组并不是按发送的次序到达的，这时需要把它们重新按顺序排列。另外，如果一个分组有错甚至丢失，发送方只需重发有错或丢失的分组，而不必重新发送全部数据。

分组交换与电路交换相比，有以下几个优点：线路利用率高；收发双方不需同时工作，当接收方忙碌时，整个网络都可以作为它的缓冲；可以建立报文优先权，使得一些重要的报文分组优先传递。分组交换的缺点是延时较长，不适宜作实时性要求较高的应用，如声音和视频信号的传输。

1.4.8 计算机局域网

1. 局域网组成

局域网一般建立在一些局部的、地理位置相近的场合，为一个部门、一个单位、一个学校、一个政府机构所拥有，实现小范围内的资源共享，如共享打印机、共享文档资料及运行多用户的信息管理系统。计算机局域网一般由网络服务器（Server）、网络工作站（Workstation）、网络打印机、网络通信设备、共享的传输介质等组成，如图 1－30 所示。服务器、工作站、打印机都是通过网络接口卡与传输介质相连从而构成局域网。

1）网络服务器

网络上为网络用户提供软件、数据、外设及存储空间的计算机，称为网络服务器。网络服务器一般安装了功能强大的网络操作系统，为网络用户提供服务并管理整个网络。根据服务器在网络中所承担的任务和提供的功能不同，服务器又分为文件服务器、打印服务器和通信服务器等。文件服务器是将大量的磁盘存储空间提供给授权的网络用户使用，为其提供数据文件、程序文件的存取；打印服务器接收网络用户提出的打印请求，并根据打印任务提交的先后次序或优先级，将一个个打印作业正确地提交给网络打印机打印；通信服务器负责局域网与外网的通信功能。

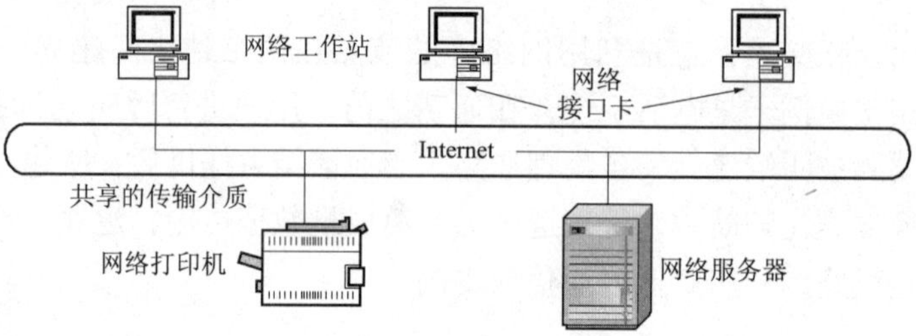

微课：局域网

图 1－30 局域网组成

在局域网中，网络服务器通常由硬件性能较高的计算机承担，如市场上有 IBM 系列、HP 系列、浪潮系列等各种档次的微机服务器，价格在几万元到十几万元人民币不等。在应用要求不高的情况下，有时也用普通微机作为服务器。而在某些处理速度要求较高的情况下，在一个局域网中也使用多台高档微机服务器分别作为不同应用的服务器。

2）网络工作站

工作站又称为客户机，一台计算机通过网络接口卡连接到局域网上，便称为工作站。用户通过工作站不仅可以使用本地资源（本机的程序、数据、硬盘、光盘、外设等），而且还可以使用网络资源（主要是服务器资源）。可以看出，工作站的接入和离开对网络不会产生多大影响。

3）网络打印机

网络打印机是为所有网络用户提供打印服务的一台带有网络接口卡的打印机。在提供共享打印时，必须在一台计算机（打印服务器）安装相应的打印服务软件及打印机驱动程序，建立打印队列，这样每个工作站把要打印的文件均存储在打印队列中，然后由打印服务器自动地逐一打印。在局域网中，常常也把一台工作站上的普通打印机设置为网络打印机。

4）网络接口卡

网络接口卡（NIC，网卡），又称为网络适配器。网络中每一台设备（称为节点）包括服务器、工作站、网络打印机等都需要一块网卡与传输介质相连。网卡一方面负责将要发送的数据组装成帧格式发送到网络上，另一方面也负责接收网络上传过来的数据帧并解包。每块网卡都有一个全球唯一的地址，称为介质访问地址（Media Access Address），在网络上传输的数据帧都将附加发送节点及接收节点的 MAC 地址，用于区分不同发送方和接收方。

目前使用最广泛的以太网网卡有很多种类。根据适合什么类型的计算机主板扩展槽，网卡分为 ISA 总线网卡、PCI 总线网卡等。PCI 网卡速度快，网络配置时也比较方便，是主流的网卡类型。根据网卡的工作速度分为 10Mb/s、100Mb/s、10/100Mb/s 自适应和 1 000Mb/s 几种网卡，使用什么速度的网卡与连接的传输介质及所使用的集线器有关。另外，还有专为笔记本电脑设计的 PCMCIA 网卡，以及随着近年来无线局域网技术而产生的无线局域网网卡。

在选购网卡时还要注意网卡提供了什么接头，有提供连接粗缆的 AUI 接头、细缆的 BNC 接头和双绞线 RJ－45 接头，如图 1－31 所示。目前，在主要以双绞线作为传输介质的局域网中，多数选用 PCI 总线的 10/100Mb/s 自适应的带 RJ－45 接头的网卡。它能够根据网络设备性能自动选择工作在 10Mb/s 或 100Mb/s 的传输速率上。

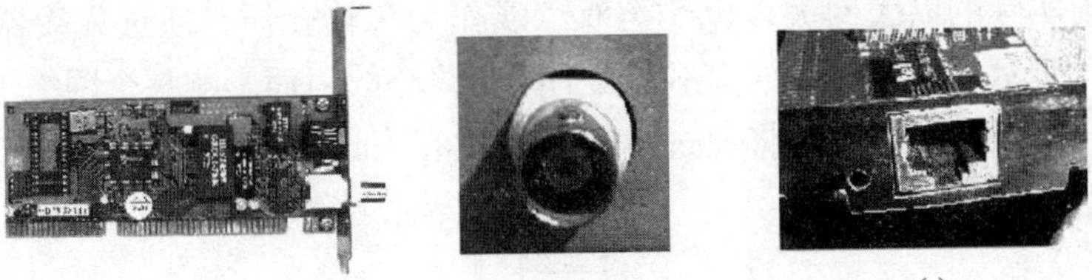

(a) (b) (c)

图 1－31 网卡及接头

（a）NE2000 10M 网卡；（b）BNC 接头；（c）RJ－45 接头

5）集线器

集线器的功能是把一个端口接收到的信息向所有端口分发出去，同时还起到信号放大的作用，以扩大网络的传输距离。

2. 常用局域网

在局域网中，不论其拓扑结构采用何种形式，各个工作站都是利用同一传输介质进行通信，而且对传输介质的使用都是平等的。这样就存在一个问题，在某一时刻很可能有多个站点同时发送数据包，导致信道中信号叠加，使得目标站点无法正确接收数据包。为了避免这种“冲突”，必须设计一种算法，对传输介质的访问进行控制，做到既能充分利用信道传递信息，又能避免冲突或解决冲突。目前有多种传输访问控制方式，如载波侦听多路访问/冲突检测（CSMA/CD）和令牌环（Token Ring）等。

根据传输介质所使用的访问控制方式，局域网分为以太网、交换式局域网、FDDI 网和无线局域网等。

1）以太网

以太网使用总线型拓扑结构，如图 1－32 所示，采用载波侦听多路访问/冲突检测（CSMA/CD）媒体访问控制方式。总线上各站点随机地以广播的方式向公共总线发送信息帧，而在总线上的每一个站点都可以收到这些信息帧，但只有与数据帧的目的地址相同的工作站才接收这些信息。由于各站点信息帧的发送是随机的，所以极有可能发生冲突。那么以太网是如何利用 CSMA/CD 来解决由于竞争总线而带来的冲突的呢？

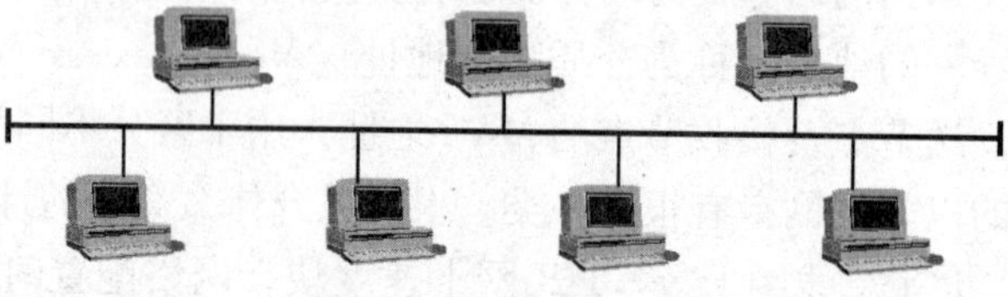

图 1－32　总线型以太网

在以太网中，信息是以数据帧为单位进行传输的，每次只能发送一个信息帧。站点在发送信息帧前（以下简称发送站），首先检测总线是否有载波信号，若总线正在为其他站点所用，处于“忙”状态，则发送站随机等待一段时间，再检测总线状态，若总线处于“空闲”状态，该站就可以发送数据了。在发送数据的过程中，发送站还要检测是否有冲突发生（即是否有其他站点也并发发送数据），若有冲突，则停止发送信息，然后随机等待一段时间后再重发。

总线型以太网以同轴电缆作为传输介质，总线上任何一点故障都会导致整个网络的瘫痪。所以，目前实际的以太网大多以 5 类双绞线作为传输介质，通过集线器连接所有工作站，如图 1－33 所示，这种星型结构不会因为某条线路故障而影响整个网络工作。由集线器的功能可知，一个站点发送信息将通过集线器向所有工作站发送，因此，也要利用 CSMA/CD 解决线路竞争问题。

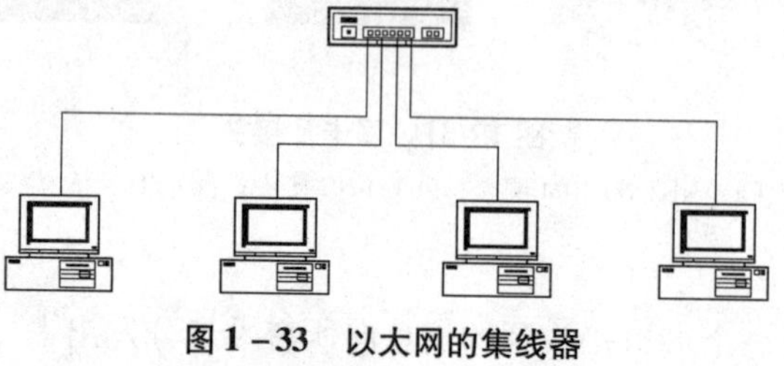

图 1－33　以太网的集线器

以太网维护非常方便，增、删节点容易，节点较少或数据传输量不大时，具有较高的性能。重负载时，网络性能将急剧下降。为了解决这一问题，稍大规模的局域网都采用交换式局域网。

2）交换式局域网

最常用的交换式局域网是使用交换式集线器（Switch HUB）构成的交换式以太网，它可以是由单个交换式集线器组成的星型结构的网络，也可以是由多个交换式集线器级联的层次结构的网络，如图 1－34 所示。与总线型以太网不同的是，交换式集线器从发送节点接收数据后，直接传送给目标节点，不向任何其他节点传送数据，避免了不必要的全网广播，允许同时多路通信（只要不使用相同的交换机端口），并减少了冲突的机会。因此，网络整体带宽明显提高。可以看出交换式局域网中，每个节点各自独享一定的带宽（10M 或 100M，即该节点的网卡带宽），而总线型局域网却是网上所有节点共享一定的带宽（总线的带宽）。

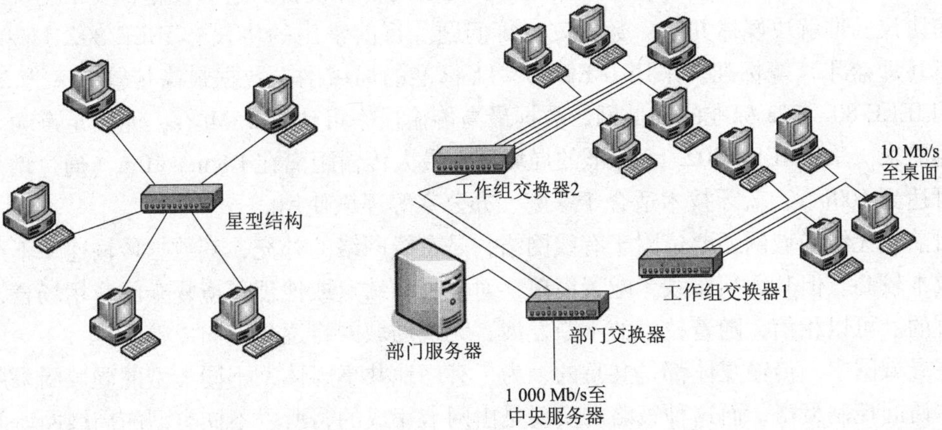

图 1－34　交换式以太网

交换式以太网各站点信息帧的发送也是随机的，所以仍有“冲突”发生。交换式以太网也是利用 CSMA/CD 解决共享媒体问题，所以交换式以太网使用的网卡与普通以太网使用的网卡完全兼容。

另外一种交换式局域网是使用 ATM 交换机构建的 ATM 局域网。ATM 交换机采用信元交换技术，每个信元长度均为 53 字节且格式固定，便于硬件识别，提高交换速度。ATM 交换机既提供分组交换方式的常规数据传输服务，又能提供电路交换方式的实时数据传输服务（如音频、视频等应用），使用光纤作为传输介质，最高传输速率可达到 622Mb/s。ATM 局域网一般用作校园网或企业级骨干网。

3）FDDI 网

FDDI 网即光纤分布式数字接口网，采用环型拓扑结构，所有节点通过光纤连接构成一个环路（如图 1－35 所示）。为了提高可靠性，FDDI 采用双环结构（分别称为主环/副环），在主环故障时副环可替代其工作。为了正确传输信息，在任何时候 FDDI 都不允许有多个站点同时发送信息。为此 FDDI 网采用环型网络的介质访问控制方式——令牌环技术，任何时候网上只有一个令牌，只有获得令牌的站点才可发送信息，发送完毕则将令牌传递给下一个站点，依次轮转。这样每个站点都可获得均等的发送信息的机会。网络中每个站点都可以收到信息包，但只有与信息包目的地址相同的站点才接收。

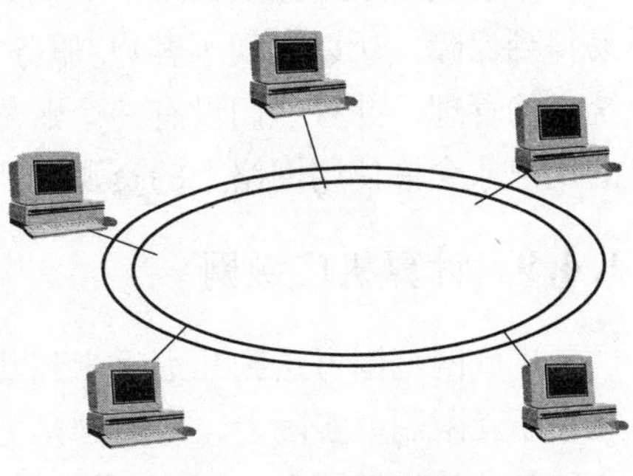

图 1－35　FDDI 网

FDDI 网由于使用光纤作为传输介质，所以保密性好，速率高（达到 100Mb/s），覆盖的地域大（采用单模光纤可覆盖上百公里），常用于构造局域网的主干部分，把许多部门的局域网连接起来（通常要使用网桥或路由器等网络连接设备）。

4）无线局域网

无线局域网（简称 WLAN）是局域网与无线通信技术相结合的产物。它利用红外线或无线电波进行通信，无线局域网能够实现局域网的所有功能，最大传输距离达到几十千米。

无线局域网使用无线网卡、无线集线器和无线网桥等设备，这些设备都要采用统一的无线通信协议标准解决媒体共享、数据安全等问题。目前常用的协议有 IEEE 802.11 和 IEEE 802.15（即蓝牙）等标准。采用 IEEE 802.11 标准的局域网，数据最高传输速率为 2Mb/s，若采用 IEEE 802.11a 标准的局域网，数据最高传输速率可达到 25Mb/s，能满足声频、视频的传输需求。采用 IEEE 802.15 标准的局域网，最大传输距离在 10cm ~ 10m（通过增加发射功率可达到 100m），蓝牙技术适合于家庭、办公室等环境使用。

目前，无线局域网还要依附于有线网络，是有线网络的补充，其数据传输速率不高，且设备成本较高。但其无须布线，配置简单，对于移动站点或地理环境复杂的应用场合，是非常适宜的。可以相信，随着技术的不断发展，无线局域网将逐步走向成熟。

在局域网中，传输媒体都是共享的，为了有序地共享媒体，不同类型的局域网采用不同的媒体访问控制策略，而这种策略的实现是由网卡完成的，所以不同类型的局域网所使用的网卡是不相同的。网卡按照一定的媒体访问控制策略发送和接收信息包，完成了局域网底层的工作，但是要实现网络的功能，还需要高层协议和操作系统的支持。局域网常用的协议有 NetBEUI（用户扩展接口）、IPX/SPX（网际交换/顺序包交换）、TCP/IP（传输控制协议/网际协议）等，它们为局域网提供了不同的应用。

3. 局域网资源共享

实现局域网资源共享最简单的方法是建立对等网。所谓对等网是指网络上每个计算机都把其他计算机看作平等的或是对等的，每台计算机既是网络资源的请求者即客户机，又是提供资源的服务器。可以共享的资源包括网络上所有的打印机、光驱、硬盘、软驱和调制解调器等。

对等网提供了非常简便的网络资源共享的方式，但是随着网络工作站的不断增加，对等网的不足就越来越显现出来了。例如，共享资源不能实现统一的管理，而且其安全性也不容易得到保障。所以出现了客户/服务器模式，它利用一台或多台服务器来对共享的资源进行统一的管理，并且专门设有一个账号服务器来对登录到网络的客户进行验证，只有验证通过的用户才允许使用网络上的资源，所以网络安全性得到了提高。

1.4.9 计算机广域网

广域网范围可达到几十千米到几千千米，如城市之间、国家之间，所接入的计算机数量几乎不受限制。实际上，广域网是把相距遥远的许多局域网和计算机互相连接起来构成的。全球最大的广域网 Internet 就是由千千万万个局域网、广域网互连而成。

1. 广域网通信基本原理

现代计算机网络是开放式的以数据通信为中心的网络，网络在物理上分为通信子网和资源子网两部分，如图 1-36 所示。通信子网由前端处理机（节点交换机）和高速通信线路组成独立的数据通信系统，承担全网的数据传输、交换、加工和变换等通信处理工作，即能将一个主计算机的输出信息传送给另一个主计算机。资源子网包括主计算机、终端、通信子网接口设备等，它负责全网的数据处理和向网络用户提供网络资源及网络服务。在 Internet

中，通信子网通常是由专门的机构、公司负责建设、维护和管理，为政府部门、企业、家庭等提供网络接入服务。下面以 Internet 为例，简单介绍广域网的通信原理。

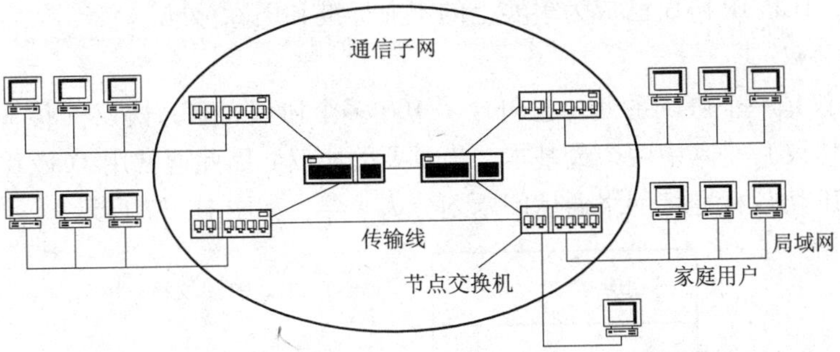

图 1-36　广域网组成

1）广域网通信技术

通信子网是由一些节点交换机以及连接这些交换机的链路组成。这些链路一般采用光纤线路或卫星链路等高速链路，可覆盖整个地球。节点交换机的交换方式采用报文分组交换，每个分组经过多个节点交换机存储转发，最终到达目的地。由于通信子网中节点交换机呈网状结构，所以分组到达目的地可能有多条经过不同节点交换机序列的候选路径来传送，实际传送时，根据当时的网络流量及线路完好情况等因素自动选择一条最佳路径，这就是所谓的路由功能。广域网提供了面向连接的网络服务（虚电路）和无连接的网络服务（数据报）。

无连接的数据报服务的特点是：两个实体之间进行通信时不需要先建立一个连接，因此，某一主机想要发送数据就可以随时发送，每个报文分组独立地选择路由。由于每个报文分组可能走不同的路径，所以数据报服务的报文分组不能按序送给主机，目的站必须对收到的报文分组按序重新组装成报文，再传送给目的主机。当网络发生拥塞时，网络中的某个节点有可能将一些分组丢弃，所以数据报服务是不可靠的，它不能保证服务质量。另外数据报服务的每个报文分组都有头信息，它包括源主机地址、目的主机地址及报文分组号等信息，这增加了网络传输的数据量。

有连接的虚电路服务的特点是：在通信双方通信之前，必须首先由源站发出一个请求，当目的站收到请求并应答后，双方就建立了一条连接（数据通道又叫虚电路），然后双方可以传送信息，当双方通信完成后还必须拆除原先建立的连接。虚电路一经建立就要赋予虚电路号，它反映信息的传输通道，这样在传输信息报文分组时，就不必再注明源地址和目标地址，相应地减少了要传输的信息量。虚电路服务在传输数据时采用存储转发技术，由于报文分组经由的是一条建立好的连接，所以报文分组能按序到达目的主机。虚电路与电路交换是有区别的。电路交换一旦申请了一条通道，这条通道就被通信双方所独占，而虚电路虽然也是申请了一条通道，但是由于采用的是存储转发技术，所以只是断续地占用一段又一段的链路，这条通道同时还可为其他通信所使用。

2）通信协议

实现网络通信是一项复杂的任务，尤其是在广域网范围内的各种类型网络之间进行通信。网络互连需要解决主机的编址、数据包格式转换、路由选择、超时控制和差错恢复等一系列问题，这些工作都是由网络协议软件来完成的。网络中所有计算机及交换机必须认同一套通信协议，才能保证网络中任意两台计算机的通信。目前应用最广泛的网络互连协议是TCP/IP协议，TCP/IP协议可以在各种硬件和操作系统上实现，广泛用于计算机局域网和广域网。可以说，TCP/IP协议已成为事实上的工业标准和国际标准。

2. TCP/IP 协议

TCP/IP协议是一个协议系列，它包含了100多个协议，TCP协议（传输控制协议）和IP协议（网际协议）是其中两个最基本、最重要的协议，因此通常用TCP/IP来代表整个协议系列。TCP/IP协议标准将网络通信问题划分为4层，如图1－37所示。

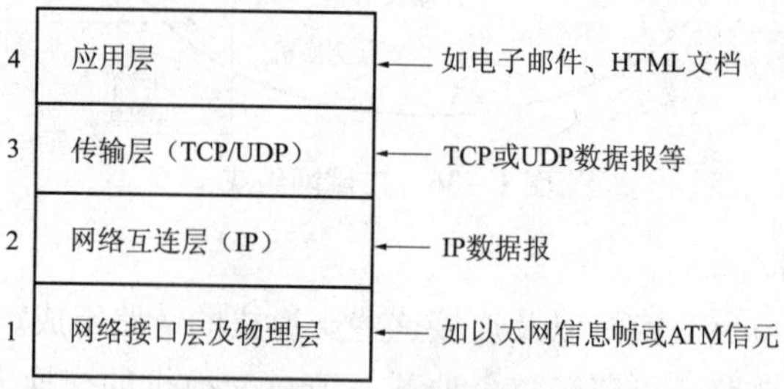

图1－37　TCP/IP 协议

TCP/IP通信体系中，当客户机应用程序（信息发送方）向服务器（信息接收方）发送信息时，客户机应用层将用户数据按照一定的格式转化，并将其传给传输层，传输层将接收到的高层数据分解打包，使这些信息包能在网间传输。然后，传输层将这些打包好的包传给下一层网络互联层（IP）。在IP层，将收到的上层数据报封装成IP数据报，通过IP协议、IP地址、IP路由将信息传送到服务器。服务器的信息发送给客户机也是一样的，这样就实现了双方通信。

1）IP 地址

在TCP/IP网络中，每个主机都有唯一的地址。IP地址为32bit，一般以4个字节表示，每个字节的数字又用十进制表示，即每个字节的数的范围是0～255，且每个数字之间用点隔开，例如：202.29.141.5。IP地址结构如下所示。

网络类型	网络号	主机号

IP地址的32位被分成3段：网络类型用于标识网络的类型；网络号标识该主机所在地网络，由网络类型和网络号两段构成网络标识；主机号是该主机在网络中的标识。

根据IP地址的结构和分配原则，可以在Internet上很方便地寻址：先按IP地址中的网络标识号找到相应的网络，再在这个网络中利用主机号找到相应的主机。所以IP地址不仅唯一地标识一个主机，同时还指出了网际间的路径信息。在组网时，为避免该网络所分配的IP地址与其他网络上的IP地址发生冲突，你必须为该网络向InterNIC（Internet网络信息中心）组织申请一个网络标识号，然后再给该网络上的每个主机设置一个唯一的主机号码，这样网络上的每个主机都拥有一个唯一的IP地址（如果是国内用户可以向中国互联网络信息中心CNNIC申请IP地址和域名）。

2）IP 地址的分类

由于网络中既包含了一些规模很大的物理网络，同时也有许多小型网络，因此网络号与主机号的划分采用了一种能兼顾大网和小网的折中方案。这个方案将 IP 地址空间划分为三个基本类，每类有不同长度的网络号和主机号，另有两类分别作为组播地址和备用，如图 1－38 所示。

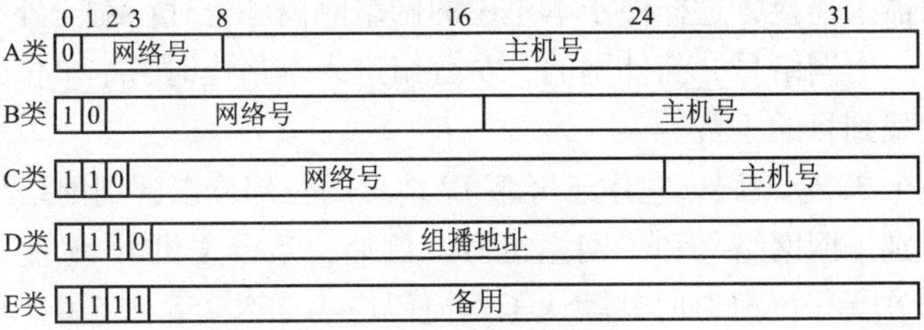

图 1－38　IP 地址类型

不难算出各类型 IP 地址的使用范围，见表 1－7。

表 1－7　IP 地址的使用范围

网络类型	最大网络数	第一个可用网络号	最后一个可用网络号	每个网络中最大主机数
A	126	1	126	16 777 214
B	16 382	128. 1	191. 254	65 534
C	2 097 150	192. 0. 1	223. 225. 254	254

其中 A 类地址最大网络数是 126，每个网络中最大主机数为 16 777 214。

【说明】

(1) 如果网络号是 127，主机地址任意，这种地址是用来做循环测试用的，不可用作其他用途。例如，127. 0. 0. 1 是用来将信息传给本机的。

(2) 在 IP 地址中，如果某一类网络的主机地址为全 1，则该地址表示一个网络或子网的广播地址。例如 192. 168. 1. 255，分析可知它是 C 类地址，其主机地址为最后一个字节，即 255 (11111111B)，表示将信息发送给该网络上的每个主机。

(3) 在 IP 地址中，如果某一类网络的主机地址为全 0，则该地址表示网络地址或子网地址。例如 192. 168. 1. 0，分析可知它是 C 类地址，其主机地址为最后一个字节，为 0 (00000000B)，所以是一个网络地址。

(4) 如果组建的网络直接接入 Internet，应申请合法的 IP 地址。如果通过代理服务器接入 Internet，也不应随便选择 IP 地址，应使用由 IANA（因特网地址分配管理局）保留的私有 IP 地址，以避免与 Internet 上合法的 IP 地址冲突。如 C 类地址的私有地址范围是 192. 168. 0. 1～192. 168. 255. 254。

3）子网及子网掩码

子网是指把一个物理网络通过子网掩码分割成多个逻辑网段。实际上，是把原来的主机号分成两部分，一部分用于标识网络的子网，另一部分用于标识子网中的主机。于是原来的 IP 地址结构变成了如下形式。

网络类型	网络号	子网地址部分	子网主机号

这样做的好处是节省了有限的 IP 地址空间。例如，某单位有 4 个独立部门，每个部门约有 30 台计算机，如果每个部门申请一个 C 类地址，这显然非常浪费，而且还会增加路由器的负担，这时就可借助子网掩码，将网络进一步划分成若干个子网，形成不同的网段，它们之间需要用路由器来连接，这样便于本单位的网络隔离和管理。对于外网而言这些子网同属一个网络，只有一个网络号，当外网的一个分组进入本单位时，本单位路由器根据子网号选择子网段，最后找到目的主机。

子网掩码是一个 32 位编码，它用于屏蔽 IP 地址的一部分以区别网络号和主机号，用于分割子网时，以区别子网网络号和子网主机号。例如，某台主机 IP 地址为 202. 29. 140. 65，是一个 C 类地址，在无子网分割时其默认子网掩码应为 255. 255. 255. 0，将这两个数据作逻辑与运算后得到其网络号为 202. 29. 140. 0，主机号为 65。若子网掩码为 255. 255. 255. 224，则运算后得到子网网络号为 202. 29. 140. 64，主机号为 1。

子网掩码与数据报目标地址运算得到目标地址的网络号，若目标地址的网络号就是本网段，则直接将数据报发送给本网段主机，否则将通过路由发送到外网。

4）IP 路由

路由是数据从一个节点传输到另一个节点的过程。在 TCP/IP 网络中，同一网段中的计算机可以直接通信，不同网段中的计算机要互相通信，就必须借助于 IP 路由。在网络中要实现 IP 路由必须使用路由器，而路由器可以是专门的硬件设备（其中也运行软件），如 Cisco 公司的路由器等；也可以将某台计算机设置为路由器。广域网中节点交换机都具有路由功能。不论用何种方式实现，路由器都是靠路由表来确定数据报的流向的。所谓路由表是指相互连接的网络 IP 地址列表。当一个节点接收到一个数据报时，便查询路由表，判断目的地址是否在路由表中，如果在，则直接送给该网络，否则转发给其他网络，直到最后到达目的地。

如图 1－39 所示，两个网段 202. 104. 1 与 202. 105. 2 通过路由器 R 互连，可以相互通信。

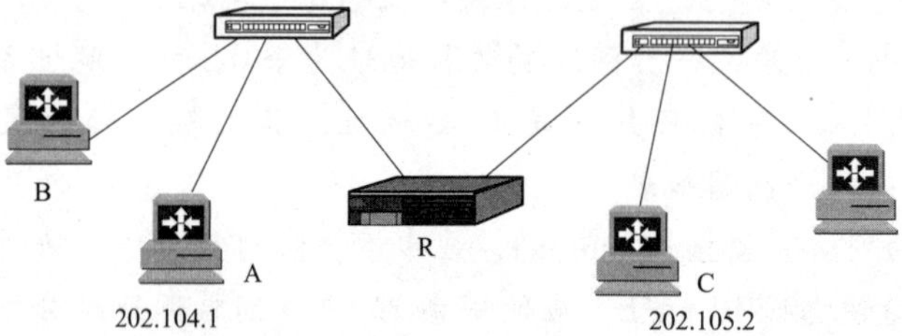

图 1－39　利用 IP 路由器连接 TCP/TP 网络

路由器是连接两个物理网段的桥梁，占用两个 IP 地址，分别属于两个不同网段。IP 路由器也称为网关。

当 A 计算机要发送信息给 B 计算机时，由于 A 计算机和 B 计算机同属一个网络号 202. 104. 1，即 A 和 B 在一个网段内，因此它们之间通信不需要通过路由器，A 计算机直接将信息发送给 B 计算机即可。

当 A 计算机要发送信息给 C 计算机时，由于 A 计算机与 C 计算机不属于同一个网段，因此 A 计算机必须通过路由器 R 才能将信息发送给 C 计算机。

此例只是一个简单的网络互连，若要实现多个网段互连，则需要设置多个路由器。

3. 广域网接入技术

Internet 是最大的广域网，个人或单位的计算机是如何接入 Internet 的呢？下面介绍几种方法。

1）电话拨号接入

家庭用户接入 Internet 最简便的方法是利用现有的本地电话网，本地电信部门一般都提供了电话拨号上网的数据服务。由于电话线路是传输模拟信号的，所以需要一台电话调制解调设备实现数字、模拟信号的转换。其工作原理如图 1－40 所示。

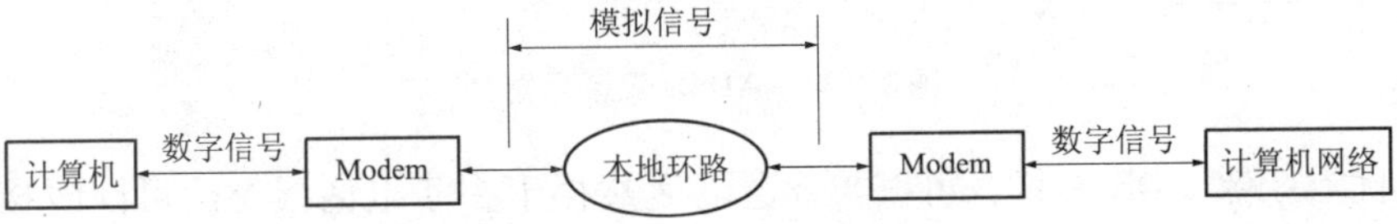

图 1－40　数字、模拟信号的转换

Modem 有内置式（直接插入主板 I/O 扩展槽）、外置式（通过串口与主机连接）和 PC-MCIA 插卡式（用于笔记本电脑）之分，很多笔记本电脑已经把 Modem 集成在主板上了。Modem 的主流产品传输速率达到 56Kb/s，但由于电话线路质量不佳及电信部门数据入口带宽的瓶颈问题，实际传输速率比 56Kb/s 还要低。许多应用受到速率的限制而无法开展。

2）ISDN

ISDN（Integrated Services Digital Network）是综合业务数字网，它也是通过本地电话网络传输数据，但是它传输的是数字信号（包括数字语音和数据），而非模拟信号。

ISDN 利用电话网传输数字信号，需要标准的用户－网络接口设备，将不同的终端设备如电话机、PC 机等接入 ISDN 网络中。一种俗称“一线通”的网络接入方式就是一种基本的 ISDN接口，它包括两个独立工作的 B 通道（64Kb/s）和一个 D 通道（16Kb/s），两个 B 通道可以同时分别用于上网和打电话，如果两个通道都用作数据传输，则可提供速率为 128Kb/s 的数据通信，D 通道用于信道控制。典型的一线通接线方式如图 1－41 所示。

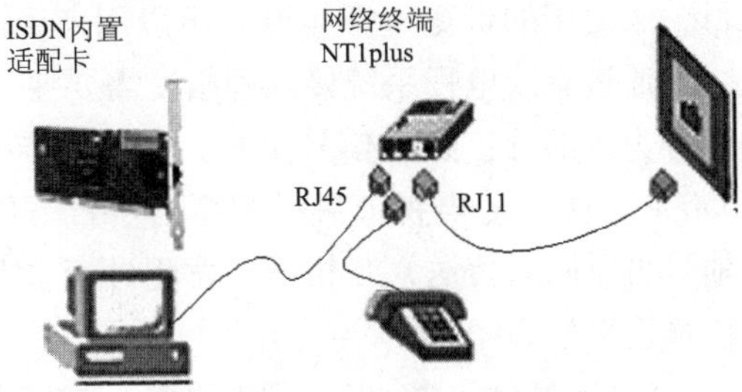

图 1－41　PC 机接入 ISDN

3）ADSL

ADSL 即不对称数字用户线，是一种下行流（接收信息）传输速率比上行流（发送信息）传输速率要高得多的一种技术，特别适合于接收信息远多于发送信息的用户（如家庭用户）使用。ADSL 也是利用普通电话线路通过两端加装 ADSL 设备（专用的 ADSL Modem）实现数据的高速传输。

ADSL 提供了高速发送和接收数字信息的能力，其数据上传速度可达到 640Kb/s～1Mb/s，而数据下行速度高达 1～8Mb/s（理想状态下最大可达 10Mb/s），有效传输距离在 3～5km。同时还提供电话服务的信息通道。

ADSL 安装也很简单，可以专门为 ADSL 申请一条单独的线路，也可以使用已有的电话线。需配置一个 ADSL Modem，计算机中需安装 10M/100M 的以太网网卡，网卡与 ADSL Modem之间用双绞线连接，设置有关参数后，便完成了安装，如图 1－42 所示。

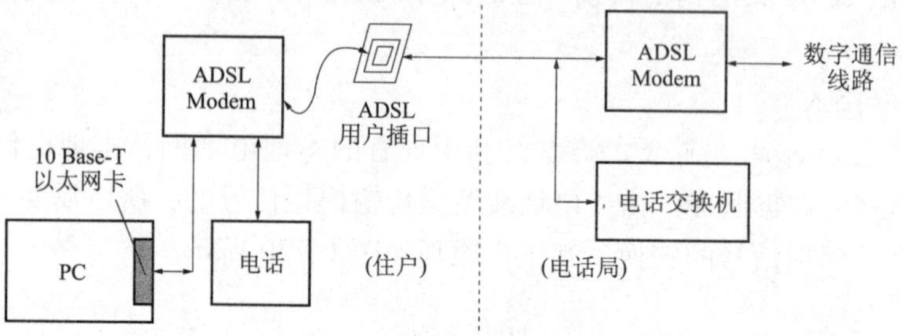

图 1－42　ADSL 安装示意图

ADSL 优点：像 ISDN 一样，可以与普通电话共存于一条电话线上，可同时接听、拨打电话并进行数据传输，两者互不影响；ADSL 传输的数据并不通过电话交换机，所以 ADSL 上网不需要缴付额外的电话费；ADSL 的数据传输速率是根据线路的情况自动调整的，以尽力而为的方式进行数据传输。

4）有线电视网

前面 3 种广域网接入方式都是通过电话线路连接的，电话线路的电气特性使数据传输速率受到较大的限制，而且缺少屏蔽易受干扰，从而降低了数据通信的性能。所以近年来利用有线电视网高速传送数字信息的技术得到了很大的发展。

有线电视系统采用同轴电缆，抗电子干扰能力强，具有很高的容量，使用频分多路复用技术来同时传送多个电视频道，由于有线电视系统的设计容量远高于现在使用的电视频道数目，未使用的带宽（即频道）可以用来传输数据。

通过有线电视系统接入网络，需要使用特制的 Cable Modem，它将同轴电缆的整个频带划分为 3 部分：数字信号上传，使用的频带为 5 ~ 42MHz；数字信号下传，使用的频带为 550 ~ 750MHz；电视节目（模拟信号）下传，使用的频带为 50 ~ 550MHz。数字信号和模拟信号可以同时传送，互相不会发生冲突。其上传数据传输速率达 320Kb/s ~ 10 Mb/s，下行传输速率达 36 Mb/s。

Cable Modem 集调制/解调功能、加密/解密功能、网卡及集线器等功能于一身，无须拨号上网，不占用电话线，可永久连接，理论上没有距离限制，覆盖的地域很广。但是现有的有线电视网都是单向广播式，有线电视网要实现 Internet 接入，必须进行双向改造。一种可行的方法是使用“光纤同轴混合”线路（Hybrid Fiber Coaxial，HFC）改造有线电视网络，把干线全部更换为光纤，保留现存的同轴电缆连接用户，在光纤和同轴电缆之间加入新的接口设备，并将所有放大器改造为双向工作。

5）光纤接入

使用光纤作为主要传输介质的远程网接入系统，在交换机一侧，应把电信号转换为光信号，以便在光纤中传输，到达用户端时，要使用光网络单元（ONU）把光信号转换成电信号，然后再传送到计算机。

目前，我国采用“光纤到楼、以太网入户（FTTx + ETTH）”的宽带接入方法，即采用 1 000Mb/s 光纤以太网作为城域网的干线，实现 1 000M/100M 以太网到大楼和小区，再通过

100M 以太网到楼层或小型楼宇，然后以 10M 以太网入户或者到办公室和桌面，满足了多数情况下用户对接入速度的需求。

1.5 计算机病毒及防治

有很多的计算机用户，当听到计算机病毒时都闻毒而色变。人们在使用计算机的过程中，计算机经常莫名其妙地发生稀奇古怪的故障，最后发现是计算机病毒在作祟。由于病毒的神秘性和破坏性，导致用户的恐慌和担心，甚至闭门造车，断绝了计算机与外界的一切联系。然而在 21 世纪的网络时代，计算机不连接到网络中，就无法充分利用网络资源。因此了解计算机病毒，采用主动防御的措施，才是最佳的解决办法。

1.5.1 计算机病毒的定义及特性

计算机病毒是一段很小的计算机程序，它是一种会不断自我复制及感染的程序。在传统的操作系统环境下，通常它会寄存在可执行的文件之中，或者是软盘、硬盘的引导区部分。病毒随着被感染程序由作业系统装入内存而同时执行，因此获得系统的控制权。但在 Windows 系统出现的宏病毒则是附加在文档中，且其感染的对象一般亦只限于文档。

在 1994 年我国正式颁布实施的《中华人民共和国计算机信息系统安全保护条例》中，明确给出了计算机病毒的定义：计算机病毒是指编制或者在计算机程序中插入的破坏计算机功能或者破坏数据，影响计算机使用，并能自我复制的一组计算机指令或者程序代码。随着近年来的发展，发现该定义存在不足之处：首先引导型病毒不符合上述特征，它没有插入到程序中；其次，近年来发现的后计算机病毒并不包括其中。所以目前的反病毒软件对于病毒的研究是基于很多种广义的计算机病毒来说的。

不同的计算机病毒在计算机里运行会导致不同的影响，它可以把计算机里的程序或数据改变或删除。计算机病毒的威胁与其他威胁不同，它可以不需要人们的介入就能由程序或系统传播出去。

病毒程序包含一套指令，使得它在执行时就把自己传播到其他的计算机系统或程序中。首先它把自己拷贝在一个没有被感染的程序或文档中，当这个程序或文档执行任何指令时，该计算机病毒都会包括在指令里。根据病毒创作者的动机，这些指令可以做出任何事情，其中包括显示一段信息、删除文档或改变数据。有些情况下，计算机病毒并没有破坏指令的企图，但取而代之的就是病毒占据磁盘空间、CPU 的运行时间或网络连接。

计算机病毒会使文件长度增加、减少或出现不寻常的错误信号，而且可以不断地去感染其他程序的特殊的程序代码。计算机病毒一般具有以下特性。

1. 破坏性

不同的病毒对系统的破坏性也不同，但都会使计算机工作效率降低，并占用系统资源。较为严重的还会破坏系统文件或导致系统崩溃。

2. 潜伏性

许多病毒在进入系统后并不会马上发作，而是隐藏在系统中，悄悄地传染其他文件。潜伏期越长，传染范围越大。在病毒潜伏期，用户很难察觉到它的存在。直到满足触发条件，才开始实行破坏工作。

3. 传染性

病毒程序在运行时，自动搜索其他符合传染条件的程序或存储介质，并将其代码插入其中，达到自我繁殖的目的。例如，计算机系统已感染病毒，当使用U盘时，病毒自动感染U盘中的文件；U盘在其他计算机上使用时，U盘中被感染的文件又会迅速感染正在使用的计算机中的文件。

4. 寄生性

病毒程序附加到其他程序当中，依赖其他程序的运行而生存。

5. 可执行性

病毒寄生在其他程序上，当计算机运行这些程序时，病毒程序也随之运行。如果未感染病毒的程序运行，则不会引起病毒发作。

6. 可触发性

只有满足一定条件时，病毒才开始发作。例如，某些病毒只有在某月某日才会发作。

7. 不可预见性

不同种类的病毒，其代码千差万别，即使有各种查杀病毒的工具软件，也很难防范不断新生的各种病毒。

1.5.2 计算机病毒的传播

计算机病毒一定要在计算机系统中才能传播。病毒提供了很多的传播途径。例如，如果从别人的计算机下载或执行一个已经被感染的程序，这样自己的计算机亦会被病毒所传染。

病毒程序第一件要做的事情通常是进行自我复制。病毒会把自己附在一处可以有利于自己执行的系统中。在计算机工作时病毒可在很短的时间内把自己复制许多次。

计算机病毒蔓延的主要方式是通过软件的共享。如果软件是通过手工传播出去，病毒蔓延的速度会比 Internet 慢得多。

由于文字处理软件及 Internet 十分普及，所有计算机病毒（例如，宏病毒和网络蠕虫）很容易在很短的时间里传播到无数用户的计算机系统中。现在很多人都会用文字处理软件，并且通过电子邮件的附件传送给其他人。如果该文件带有病毒的话，收件人的计算机系统也会被感染。

现在很多电子邮件程序都会把接收到的邮件自动地放在文字处理软件中打开，所以收件人的计算机系统在没有选择的情况下被传染病毒。

计算机病毒传播的另一个途径就是光盘。现在盗版光盘可能会带有病毒。由于光盘只读不能写，所以光盘里的病毒亦不能被清除。另外，一些软件制造商为了教训这些盗版软件的用户，故意设计一种病毒放在他们的软件中。如果用户使用的是正版软件，病毒就不会发作；相反如果用户使用的是盗版软件，病毒程序就会被执行从而破坏系统。

1.5.3 计算机病毒的防范措施

由于病毒的技术越来越复杂，新的防/杀病毒软件出现后，又会有新的病毒出现。为了有效地防治计算机病毒，首先应该掌握病毒的识别和检测技术，尽早发现和清除病毒，就可以避免病毒发作时造成的严重损失。

1. 计算机病毒的检查

计算机病毒通常在发作前尽可能地广为扩散，感染病毒后的系统会表现出一些异常症状。因此，用户平时应注意和检查以下现象。

- 文件大小和日期的变换；
- 文件莫名其妙的丢失；
- 系统运行异常慢；
- 有特殊文件自动生成；
- 用 MI 检查内存时，发现不该驻留的程序；
- 磁盘空间自动产生坏区或磁盘空间减少；
- 系统启动时间突然变得很慢或系统异常死机次数增多；
- 计算机屏幕出现异常提示信息、异常滚动、异常图形显示；
- 中断向量表发生变化；
- 硬件接口出现异常。例如，在打印时经常出现“No Paper”等提示信息。

2. 计算机病毒的防范

尽管计算机病毒危害很大，但若用户能采取良好的防范措施，完全可以使系统避免遭受严重的破坏。几乎所有感染病毒并遭受严重破坏的计算机，都是因为用户没有提高病毒防范意识，在不知不觉中受到损害。防范病毒的基本措施有以下几种。

- 安装多种防病毒软件，并经常升级；
- 如果软件在其他计算机上使用过，则在自己的计算机上使用前应先查毒；
- 不使用盗版光盘；
- 从局域网其他计算机复制到本地计算机的文件，先查毒再使用；
- 从网上下载的文件，查毒后再使用；
- 接收到不明来历的电子邮件，具有诱惑性标题时，不要打开，并删除邮件；
- 对电子邮件的附件，查毒后再使用；
- 经常备份重要的文件和数据；
- 制作干净的系统盘、急救盘；
- 如果发现计算机感染了病毒，杀毒后应立即重新启动计算机，并再次查毒。

1.5.4 反病毒软件

为了对抗计算机病毒，许多软件公司推出了各种反病毒软件，能够有效地查出和消除计算机中的病毒。反病毒软件种类繁多，一般都具有查毒、杀毒的基本功能。较出色的软件还可以进行实时监测，随时关注系统中是否存在病毒。

如果只使用一种反病毒软件，并不能保证系统的绝对安全，因为不同的软件，功能也不同，可以查出的病毒种类也不尽相同。安装多个的病毒软件，才能确保系统安全。尽管许多反病毒软件都可以自动保护系统免受新病毒的感染，但有些新生的病毒手段高明，可能会躲过反病毒软件的检测，因此制作反病毒软件的公司都在不断地推出新的病毒数据库，增加可查杀的病毒数量。用户应每隔一段时间，升级病毒库，否则，遇到新的病毒，也会无法查杀。

计算机病毒种类繁多，为了有效地防御计算机病毒的危害，计算机病毒防治专家已开发出许多高效的查/杀毒软件产品。这些产品可分为适用于 DOS 平台病毒的防治、Windows 平台病毒的防治和网络病毒的防治工作。目前国内常见的查/杀毒软件有以下几种。

1. 新毒霸

金山毒霸（Kingsoft Antivirus）是金山网络旗下研发的云安全智能反病毒软件，目前金山官方将毒霸称作新毒霸（悟空），这款产品的特色是基于金山云安全中心收录的海量样本，多数样本几秒内即能返回查询结果，无须上传、鉴定。新出现的未知文件，通过上传至云安全中心，99s 内可得出鉴定结果。

2. 360 杀毒软件

360 安全卫士是一款由奇虎公司推出的完全免费的安全类上网辅助工具软件，它拥有查杀恶意软件、插件管理、病毒查杀、诊断及修复、保护等数个强劲功能，同时还提供弹出插件免疫、清理使用痕迹以及系统还原等特定辅助功能。并且提供对系统的全面诊断报告，方便用户及时定位问题所在，为用户提供全方位系统安全保护。360 杀毒软件拥有中国市场中最为庞大的安全软件份额，并且完全免费，无须激活码，轻巧快速不卡机，适合中低端机器，它无缝整合了 BitDefender（比特梵德）病毒查杀引擎和权威杀毒引擎小红伞，能为您的电脑提供全面保护。

3. 瑞星杀毒软件

瑞星今年推出了全新的瑞星杀毒软件 V16 版本，具体版本号为 24.00，新版不仅在界面上和用户操作上做足了功夫，还提供了最新的增强型云查杀功能。此外，V16 全新的变频杀毒功能可以在不影响用户正常使用计算机的情况下保证查杀速度。

4. Norton 杀毒软件

Norton AntiVirus 2000 是著名的 Symantec 公司的产品，其界面精美、功能强大，是杀毒软件界的佼佼者。除了具备 VAP 的各种功能外，还可以设置病毒免疫功能，并支持定时扫描。

5. McAfee 杀毒软件

McAfee VirusScan 是世界范围内极为权威的杀毒工具之一。该工具支持在线病毒检测、病毒扫描、E-mail 附件扫描、软件下载扫描、Internet 病毒过滤、以计划任务方式扫描病毒等，其功能十分强大。VirusScan 还可直接对压缩包中的文件扫描，而不需要打开压缩包。

计算机信息安全是伴随着社会的信息化而产生的新问题，甚至可能是信息化发展的“绊脚石”。由于信息安全是一个比较崭新的领域，其攻击和防御手段将会不断地发展与变化，故需要用户密切注视新的技术，及时了解病毒、黑客等不断变化的攻击手段，并予以有效的防御。

1.6 计算机职业道德

1.6.1 计算机职业道德的含义

所谓职业道德，是人们在职业生活中所应遵循的基本道德，是一般社会道德在职业生活中的具体体现。计算机职业道德，是调节计算机行业从业人员与其他社会成员，从业人员之间以及从业人员对集体、国家之间关系的行为规范的总和。计算机职业道德涉及计算机工作人员的思想认识、服务态度、业务钻研、安全意识、待遇得失及其公共道德等方面。

计算机职业道德不仅适用于每一个计算机行业的从业人员，同样也适用于整个行业。计算机职业道德在整个行业中的整体反映即为行业的自律性。无论是西方发达国家，还是众多的发展中国家，几乎所有的计算机产业相关企业都有自律性行业组织和自律性行业规范。比如我们随意浏览网站时，常常会看到诸如“隐私权保护”“知识产权保护”“法律豁免申明”等专栏，其内容都是规定一些含有声明、承诺、保证的自律规则或规范。

计算机职业道德的特点有以下几点。

（1）职业道德必须是基于对他人、对社会利益的自觉认识而表现出来的，没有这种自觉的认识，就不能构成道德。

（2）计算机职业道德必须是从业者根据自己的意志所做出的抉择。

（3）计算机职业道德是在从业者行为整体中表现的稳定特征和倾向。这里的道德整体一方面是指一定的道德意志和由道德意志所支配的道德行为的统一，另一方面，是指从业者的一系列道德行为的综合。

计算机职业道德，无论是对于从业人员个人，还是对于整个计算机行业，都具有重要的意义。

1.6.2 养成良好的计算机职业道德

由于计算机技术的飞速发展，法律和行政规范往往滞后于行业的整体发展，从而不能做到建立成熟、完善的规则体系，所以树立正确的计算机职业道德起到了非常重要的调节作用。

（1）敬业与乐业意识。计算机从业人员如何看待自己所从事的职业和岗位，是否认同职业所联系的“责、权、利”，是否认同和追求岗位的社会价值，是其全部职业道德观念的核心。计算机从业人员是为其行业本身和广大计算机用户服务的，这一职业是其个人生活的来源，是其个人与社会发生的最主要关系；而且，计算机从业人员本身也是社会的一员，在其他岗位面前都是被服务者，为用户、社会服务本质上也就是通过相互服务来谋求共同的生存与发展。因此，每个计算机从业人员在个人的发展与事业的发展、实现人生价值的目的与手段之间，是可以在职业岗位上统一起来的。特别是，计算机技术的发展、信息社会的到来是社会发展的必然趋势，投身于计算机产业工作，能够把自己的职业与社会进步和社会发展的未来相联系，是极具价值意义的选择。因此，计算机从业人员都应具有自觉的职业责任感和权利感、高尚的职业尊严感和荣誉感、目标明确的事业心和成就感，以及实事求是、艰苦奋斗的职业信念和信心等。

（2）职业规范意识。计算机从业人员的职业规则包括经济的、行政管理的、业务技术的、道德的和法律的等各方面行为规定，通常表现为必要的职业规章、制度和程序等。对于每个计算机从业人员来说，是否能够充分地理解、正确地执行这些职业规则，不仅表明他是否具备基本的职业素质，也直接反映出他的职业道德水平。

（3）勤业精业意识。勤业表现为忠于职守、认真负责、执行规则、坚持不懈，它是实现职业最基本价值的保证；精业表现为本职工作的业务纯熟、精益求精、不断改进，它是实现职业最高效益的价值追求。计算机产业的高技术特点，对于每一位从业人员提出了极高的要求。努力提高自身的业务素质、技术业务水平，勤勤恳恳、忠于职守，推动技术进步，促进成果的共享，进而推动整个社会的发展，是每一位计算机从业人员基本的职业意识和职业态度。

习 题 1

单选题

1. 世界上第一台计算机诞生于（　　）。

A. 1945 年　　B. 1956 年　　C. 1935 年　　D. 1946 年

2. 第 4 代电子计算机使用的电子元件是（　　）。

A. 晶体管　　B. 电子管

C. 中、小规模集成电路　　D. 大规模和超大规模集成电路

3. CAI 表示为（　　）。

A. 计算机辅助设计　　B. 计算机辅助制造

C. 计算机辅助教学　　D. 计算机辅助军事

4. 二进制数 110000 转换成十六进制数是（　　）。

A. 77　　B. D7　　C. 7　　D. 30

5. 与十进制数 4 625 等值的十六进制数为（　　）。

A. 1 211　　B. 1 121　　C. 1 122　　D. 1 221

6. 二进制数 110101 对应的十进制数是（　　）。

A. 44　　B. 65　　C. 53　　D. 74

7. 在 24×24 点阵字库中，每个汉字的字模信息存储在多少个字节中（　　）。

A. 24　　B. 48　　C. 72　　D. 12

8. 下列字符中，其 ASCII 码值最小的是（　　）。

A. A　　B. a　　C. k　　D. M

9. 微型计算机中，普遍使用的字符编码是（　　）。

A. 补码　　B. 原码　　C. ASCII 码　　D. 汉字编码

10. 在计算机领域通常用 MIPS 来描述（　　）。

A. 计算机的运算速度　　B. 计算机的可靠性

C. 计算机的运行性　　D. 计算机的可扩充性

11. 一台计算机可能有多种多样的指令，这些指令的集合就是（　　）。

A. 指令系统　　B. 指令集合　　C. 指令群　　D. 指令包

12. 下列 4 条叙述中，正确的一条是（　　）。

A. 计算机系统是由主机、外设和系统软件组成的

B. 计算机系统是由硬件系统和应用软件组成的

C. 计算机系统是由硬件系统和软件系统组成的

D. 计算机系统是由微处理器、外设和软件系统组成的

13. 两个软件都属于系统软件的是（　　）。

A. DOS 和 Excel　　B. DOS 和 UNIX

C. UNIX 和 WPS　　D. Word 和 Linux

14. 数据传输速率的单位是（　　）。

A. 位/秒　　B. 字长/秒　　C. 帧/秒　　D. 米/秒

15. 某汉字的区位码是2534，它的国际码是（　　）。

A. 4563H　　B. 3942H　　C. 3345H　　D. 6566H

16. 在微型计算机中，最常用的输入设备是（　　）。

A. 键盘　　B. 鼠标　　C. 扫描仪　　D. 手写设备

17. 下列叙述中，正确的是（　　）。

A. 计算机的体积越大，其功能越强

B. CD-ROM 的容量比硬盘的容量大

C. 存储器具有记忆功能，故其中的信息任何时候都不会丢失

D. CPU 是中央处理器的简称

18. 下列属于计算机病毒特征的是（　　）。

A. 模糊性　　B. 高速性　　C. 传染性　　D. 危急性

19. 下列 4 条叙述中，正确的一条是（　　）。

A. 二进制正数原码的补码就是原码本身

B. 所有十进制小数都能准确地转换为有限位的二进制小数

C. 存储器中存储的信息即使断电也不会丢失

D. 汉字的机内码就是汉字的输入码

20. 调制解调器（Modem）的作用是________。

A. 将计算机的数字信号转换成模拟信号

B. 将模拟信号转换成计算机的数字信号

C. 将计算机的数字信号与模拟信号互相转换

D. 为了上网与接电话两不误

21. 正确的 IP 地址是________。

A. 202. 202. 1　　B. 202. 2. 2. 2. 2　　C. 202. 112. 111. 1　　D. 202. 257. 14. 13

22. 根据 Internet 的域名代码规定，域名中的________表示商业组织的网站。

A. . net　　B. . com　　C. . gov　　D. . org

23. 计算机感染病毒的可能途径之一是________。

A. 从键盘上输入数据

B. 随意运行外来的、未经杀毒软件严格审查的软盘上的软件

C. 所使用的软盘表面不清洁

D. 电源不稳定

24. 计算机病毒除通过有病毒的软盘传染外，另一条可能途径是通过________进行传染。

A. 网络　　B. 电源电缆

C. 键盘　　D. 输入不正确的程序

第 2 章　Windows 7 操作系统

任何一台计算机，不论是微型机，还是高性能的计算机，都必须配置一种或多种操作系统，操作系统是现代计算机系统不可分割的重要组成部分。本章介绍典型的 Windows 7 操作系统的环境及操作方法。通过本章的学习，应掌握以下内容。

（1）计算机如何利用文件管理资源。

（2）桌面、任务栏、菜单、窗口和对话框的基本操作。

（3）使用资源管理器管理文件和文件夹。

（4）个性化工作环境的设置。

（5）基本的画图、记事本和计算器等实用程序的操作。

2.1　操作系统简介

不论计算机的硬件还是软件，都是很复杂的系统。操作系统是对硬件系统的一次扩充。在操作系统的支持下，计算机才能运行其他软件，操作系统就像计算机的神经中枢，管理、控制着计算机的运行。操作系统是人与计算机之间通信的桥梁，为用户提供一个清晰、简洁、易用的工作界面。

操作系统的种类很多，如 DOS、Windows、UNIX、Linux 等。目前在个人计算机上广泛使用的操作系统软件是 Windows 系列软件。Windows 7 是微软公司继 Windows XP 之后最重要的一次操作系统革新。Windows 7 操作系统给广大用户带来更多、更好的工具来体验和管理数字生活。

以下是 Windows 7 的几个最基本的操作，即启动、注销、关闭系统。

2.1.1　启动

如果计算机安装了多个操作系统，开机之后，计算机在启动开始阶段将提示用户选择要启动的操作系统。依据屏幕提示，即可启动 Windows 7。

如果计算机只安装了 Windows 7 一个操作系统，并且没有设置用户名和密码，那么在开机后，一般会自动启动 Windows 7，并自动进入 Windows 7 操作系统主界面。

如果在安装 Windows 7 的过程中添加了多个用户，那么在启动的过程中还将显示 Windows 7 的登录界面。在设置用户时，如果设置了用户密码，则在登录时系统将要求输入密码，否则不允许登录。

2.1.2　注销

注销操作是指当前操作计算机的用户退出 Windows 7 的运行，但是计算机仍然保持开机运行状态。

注销操作的步骤是：在“开始”菜单中执行“注销”命令，或在“开始”菜单中执行“关机”命令，弹出如图2-1所示的“关闭 Windows”对话框，在“希望计算机做什么”下拉列表中选择“注销”选项，再单击“确定”按钮，注销当前用户账户。

图2-1 “关闭 Windows”对话框

2.1.3 关闭系统

关闭操作系统将关闭所有用户打开的文件和运行的程序，关闭操作系统的步骤为：在“开始”菜单中执行“关机”命令，在弹出的对话框中选择“关机”选项，如图2-1所示。

2.2 文件系统

计算机中保存、使用的各种数据、程序都是以文件的形式存在的。在 Windows 中文件夹是组织文件的一种方式，可以把同一类型的文件保存在一个文件夹中，也可以根据用途将类似文件保存在一个文件夹中。

计算机的资源包括文件、文件夹、磁盘驱动器、外部设备等，将计算机资源统一通过文件夹来进行管理，可以规范资源的管理。

2.2.1 文件的基本概念

1. 文件名

在计算机中，任何一个文件都有文件名，文件名是存取文件的依据。一般来说，文件名由主文件名和扩展名两部分组成（注：文件夹一般没有扩展名）。主文件名和扩展名之间用一个圆点（.）隔开。

Windows 7 文件和文件夹的命名约定如下。

（1）主文件名应该有意义，即见名思义，以便用户识别。文件名中可以使用的字符包括：汉字字符、26个英文大小写字母、0~9十个数字和一些特殊的字符，最多可以有255个字符。

（2）在文件名中不能使用的字符有：\ / * ” < > : |。

（3）文件名不区分大小写。

（4）不能使用系统保留的设备名，因为这些设备名有特定的含义，见表2-1。

表 2－1　系统保留的设备文件名

设备名	代表的设备
CON	作为输入用的文件名，指键盘；作为输出用的文件名，指显示器
AUX 或 COM1	第一串行口
COM2	第二串行口
LPT1 或 PRN	第一并行口或者打印机
LPT2	第二并行口
NUL	虚拟的外部设备，用于检测运行

（5）扩展名表示文件的类型，它可根据需要而选用，可有可无，有些扩展名代表固定的含义。例如：EXE 为可执行命令或程序文件；COM 为可执行命令或程序文件；SYS 为系统文件或设备驱动程序文件；TXT 为文本文件；DOCX 为 Word 文档文件；HLP 为帮助文件；GIF 为图形文件；OBJ 为汇编程序或高级语言目标文件。

2. 文件的属性

文件除了文件名之外，还有文件大小、占用空间等，这些信息称为文件属性。右键单击文件或文件夹对象，在弹出的快捷菜单中执行“属性”命令，打开如图 2－2 所示的文件属性对话框，其属性如下。

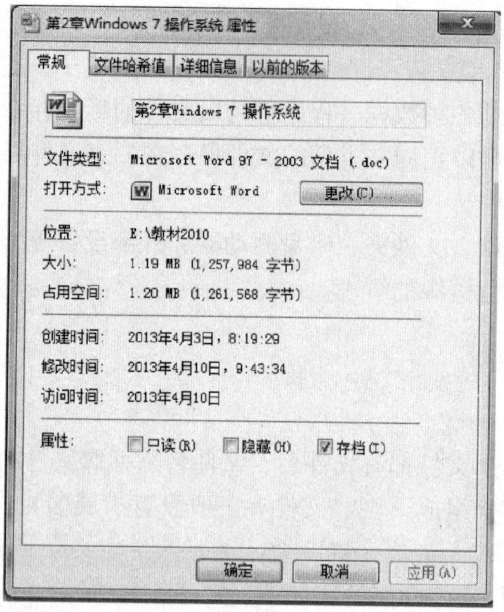

图 2－2　文件属性对话框

微课：文件和文件夹的基本操作

（1）只读：设置为只读属性的文件只能读，不能修改，当删除时会给出提示信息，起保护作用。

（2）隐藏：具有隐藏属性的文件一般情况下是不显示的。

（3）存档：任何一个新创建或修改的文件都有存档属性。

【说明】如果要显示隐藏的文件，可在“资源管理器窗口”中执行“工具”→“文件夹选项”命令，在弹出的“文件夹选项”对话框中选择“查看”选项卡，在其中选择“显示所有文件和文件夹”选项。如果设置了显示隐藏文件或文件夹，隐藏的文件和文件夹是浅色的，以表明它们与普通文件不同。

3. 文件名中的通配符

系统提供了通配符，可以对一批文件进行操作。通配符有两个，即“?”和“*”。其中“?”用来表示任意的一个字符，“*”用来表示任意的多个字符（可以是0个、1个或多个）。

2.2.2 目录结构

1. 磁盘分区

一个新硬盘被安装到计算机后，往往要将磁盘划分成几个分区，即把一个磁盘驱动器划分成几个逻辑上独立的磁盘驱动器，每个驱动器的编号由字母和后续的冒号来标定，如“C:”“D:”和“E:”等。

2. 目录结构

一个磁盘上的文件成千上万，如果把所有的文件都存放在根目录下，则会造成许多不便，为了有效地管理和使用文件，用户应在根目录下建立子目录，再在子目录下建立子目录，也就是将目录结构构建成树状结构，然后将文件分门别类地存放在不同的目录中。这种目录结构像一棵倒置的树，树根为根目录，树中每一个分支为子目录，树叶为文件。

在 Windows 的文件夹树状结构中，处于顶层（树根）的文件夹是桌面，计算机上所有的资源都组织在桌面上，从桌面开始可以访问任何一个文件和文件夹，如图 2-3 所示。桌面上有“计算机”“网络”“回收站”等，这些是系统专用的文件夹，不能改名，被称为系统文件夹。计算机中所有的磁盘及控制面板也以文件夹的形式组织在“计算机”中。

3. 目录路径

当一个磁盘的目录结构建好后，所有的文件都分门别类地存放在所属的目录中。若用户要访问的文件在不同的目录中，就必须加上目录路径，以便文件系统可以查找到所需要的文件。

文件的路径由表示磁盘驱动器的字母开始，以文件名或文件夹名结束，中间用“\”隔开各级文件夹及文件。路径有以下两种。

（1）绝对路径：从根目录开始，依序到达该文件所必须经过的所有文件夹。

（2）相对路径：从当前目录开始，依序到达该文件所必须经过的所有文件夹。

2.2.3 浏览计算机中的资源

Windows 7 提供了“资源管理器”这个实用工具，它可以以分层的方式显示计算机内所有文件的详细图表，如图 2-3 所示就是资源管理器的界面。用户使用资源管理器可以方便地实现浏览、查看、移动和复制文件或文件夹等操作。

启动“资源管理器”的方法：执行“开始”→“程序”→“附件”→“Windows 资源管理器”命令。

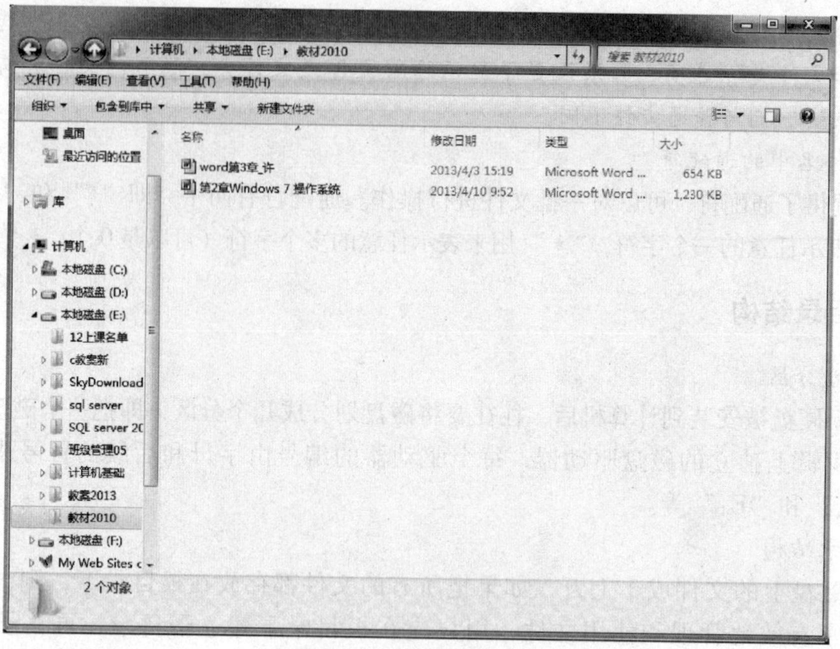

图 2－3　树状目录结构

2.3　认识图形用户界面

2.3.1　图形用户界面技术

图形用户界面技术的特点体现在多窗口技术、菜单技术和联机帮助技术三个方面。

1. 多窗口技术

在 Windows 环境中，计算机屏幕显示为一个工作台，用户的主要工作区就是桌面（Desktop）。工作台将用户的工作显示在称为“窗口”的矩形区域内，用户可以在窗口中对应用程序和文档进行操作。多窗口技术可以实现的功能有以下几点。

➢ 所见即所得的操作环境；
➢ 一屏多用；
➢ 任务切换；
➢ 资源共享与信息共享。

2. 菜单技术

菜单把用户当前可以使用的一切命令全部显示在屏幕上，以便用户根据需要进行选择。菜单有两大好处：一是用户不需要记忆大量的命令；二是避免了键盘命令输入过程中的人为错误。

3. 联机帮助技术

联机帮助技术为初学者提供了学会使用新软件的捷径。借助它可以在使用过程中随时查询有关信息，从而代替了纸质用户手册。联机帮助还可以为用户操作给予步骤提示和引导。使用“联机帮助”的方法是：执行“开始”→“帮助和支持”命令，打开“Windows 帮助和支持”窗口。

2.3.2 Windows 7

1. 桌面上的图标

“桌面”就是安装 Windows 7 后，启动计算机登录到系统后看到的整个屏幕界面，它是用户和计算机进行交流的窗口，桌面上可以存放用户经常用到的应用程序和文件夹图标，并可按自己的需要在桌面上添加各种快捷图标，如图 2－4 所示。

图 2－4　桌面上的各类图标

其中，“计算机”“网络”“回收站”“Internet Explorer”是桌面默认包含的图标。“图标”是指在桌面上排列的小图像，它包含图形和说明文字两部分。双击图标就可以打开相应的内容。

2. 窗口的基本组成及操作

当打开一个文件或应用程序时，都会出现一个窗口，窗口是用户进行操作的重要组成部分，熟练地对窗口进行操作，将提高用户的工作效率。

在中文版 Windows 7 的许多窗口中，大部分都包含了相同的组件，如图 2－5 所示的是一个标准的窗口，它由标题栏、菜单栏、地址栏、工具栏、导航窗格、滚动条、状态栏、搜索框和文件显示区等几部分组成。

窗口操作可以通过鼠标使用窗口上的各种命令来操作，也可以通过键盘使用快捷键来操作。基本的操作包括打开、移动、缩放、最大化及最小化、切换和关闭窗口等。

1）打开窗口

（1）选中要打开的窗口图标，然后双击。

（2）选中要打开的窗口图标，在图标上单击鼠标右键，在弹出的快捷菜单中执行“打开”命令。

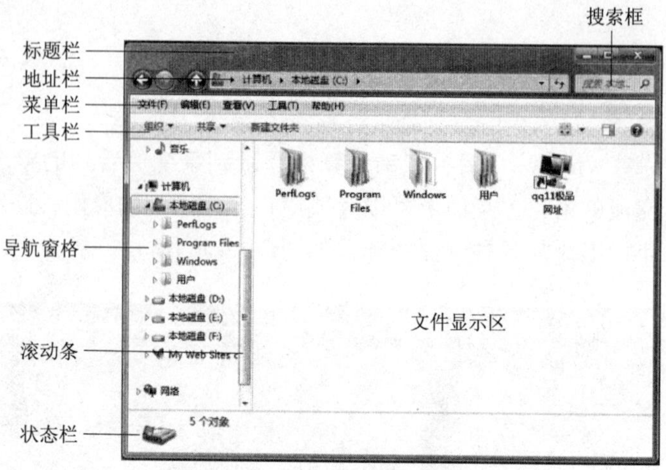

图 2－5　资源管理器窗口

2）移动窗口

（1）把鼠标移到标题栏上，按住左键拖动，移动到合适的位置后再松开鼠标，即可完成移动的操作。

（2）如果需要精确地移动窗口，则在标题栏上右键单击鼠标，在弹出的快捷菜单中执行“移动”命令，当屏幕上出现“✥”标志时，通过键盘上的方向键来移动，移动到合适的位置后单击鼠标或按［Enter］键确认。

3）缩放窗口

可以随意改变窗口大小将其调整到合适的尺寸，其方法如下。

（1）当需要改变窗口宽度（或高度）时，可以把鼠标指针放在窗口的垂直（或水平）边框上，当鼠标指针变成双箭头时，可以任意拖动。

（2）当需要对窗口进行缩放时，可以把鼠标指针放在窗口边框的任意角上进行拖动。

（3）用户也可以用鼠标和键盘的配合来完成。在标题栏上右键单击，在弹出的快捷菜单中选择“大小”选项，屏幕上出现“✥”标志时，通过键盘上的方向键来调整窗口的高度和宽度，调整到合适的位置后，单击鼠标或按［Enter］键结束。

4）最大化、最小化

在对窗口进行操作的过程中，可以根据自己的需要，把窗口最大化、最小化等。

（1）最小化按钮：在暂时不需要对窗口操作时，可以直接单击此按钮，窗口会以按钮的形式缩小到任务栏。

（2）最大化按钮：单击此按钮即可使窗口最大化，即铺满整个桌面，这时不能再移动或缩放窗口。

（3）还原按钮：当窗口最大化后单击此按钮，使窗口恢复到最大化前的状态。

（4）在标题栏上双击可以进行最大化与还原两种状态之间的切换。

（5）可以通过快捷键 Alt＋空格键来打开控制菜单，然后根据菜单的提示，在键盘上输入相应的字母，比如最小化输入“N”，通过这种方式可以快速完成相应的操作。

5）切换窗口

当打开了多个窗口时，需要在各个窗口之间进行切换，切换的方法有以下几种。

（1）当窗口处于最小化状态时，在任务栏上单击所要操作窗口的按钮，即可将该窗口恢复到最小化前的状态，同时该窗口变成当前活动窗口。

（2）当窗口处于非最小化状态时，在所要操作窗口的任意位置单击，标题栏颜色变深，表明该窗口变成当前活动窗口。

6）关闭窗口

完成了对窗口的操作后，应该关闭窗口，常用的关闭窗口的方法有以下几种。

（1）直接在标题栏上单击关闭按钮。

（2）右键单击标题栏，在弹出的控制菜单中执行“关闭”命令。

（3）使用 Alt + F4 组合键。

（4）如果打开的窗口是应用程序，可以在文件菜单中执行“退出”命令来关闭窗口。

（5）如果所要关闭的窗口处于最小化状态，可以右键单击任务栏上该窗口按钮，在弹出的快捷菜单中执行“关闭窗口”命令。

在关闭应用程序窗口之前要对所创建的文档或者所做的修改进行保存，如果忘记保存，当执行“关闭”命令时，会弹出一个保存对话框，询问是否要保存所做的修改，单击“是”按钮则保存后关闭窗口；单击“否”按钮则不保存即关闭窗口；单击“取消”按钮则不关闭窗口，可以继续使用该窗口。

7）窗口的排列

在对窗口进行操作时若打开了多个窗口，而且需要全部处于显示状态，这就涉及窗口的排列问题，系统为用户提供了层叠窗口、并排显示窗口和堆叠显示窗口三种排列的方案。

具体操作是：在任务栏的空白区右键单击鼠标，弹出快捷菜单，如图 2－6 所示。

层叠窗口就是把窗口按先后顺序依次排放在桌面上，其中每个窗口的标题栏和左边缘都是可见的，而排列在最前面的窗口是完全可见的，即为当前的活动窗口。

并排显示窗口就是把窗口一个挨一个地纵向排列起来，使它们尽可能地布满桌面空间，而不出现层叠或覆盖的情况，即每个窗口都是完全可见的。

堆叠显示窗口就是把窗口一个挨一个地横向排列起来，使它们尽可能地布满桌面空间，而不出现层叠或覆盖的情况，即每个窗口都是完全可见的。

在选择了某种排列方式后，在任务栏快捷菜单中会出现相应的撤销该选项的命令，如：用户执行了“堆叠显示窗口”命令后，任务栏的快捷菜单中会增加一项“撤销堆叠显示”命令，如图 2－7 所示。当用户执行此命令后，窗口恢复原状。

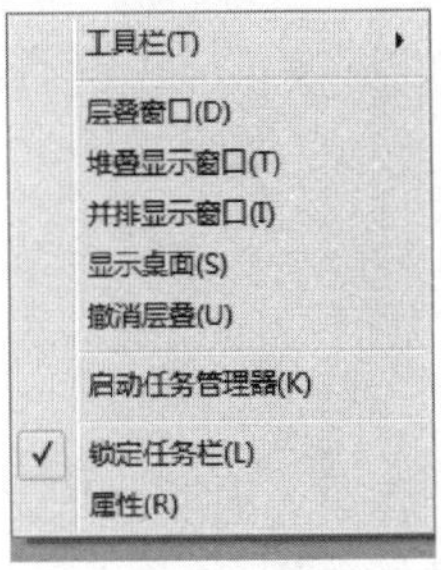

图 2－6　任务栏快捷菜单

图 2－7　执行“堆叠显示窗口”命令后的快捷菜单

3. 对话框

对话框是人与计算机系统之间进行信息交流的窗口。在对话框中用户通过对选项的选择，实现对系统对象属性的修改或设置。

对话框的组成和窗口有相似之处，但对话框要比窗口简洁、直观，更侧重于与用户的交流。它一般由标题栏、选项卡（或称标签）、文本框、列表框、命令按钮、单选按钮和复选框等几部分组成，如图 2－8 所示。

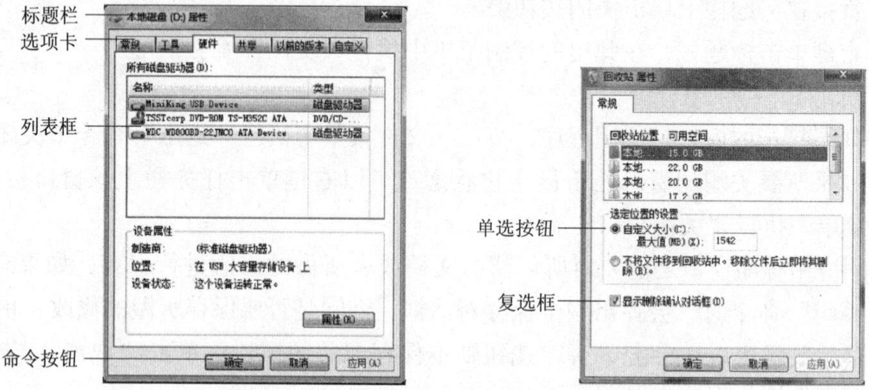

图 2－8　对话框

（a）“本地磁盘（D:）属性”对话框；（b）“回收站属性”对话框

（1）标题栏：位于对话框的最上方，左侧表明了对话框的名称，右侧有关闭按钮。

（2）选项卡：在系统中有很多对话框都是由多个选项卡构成的，选项卡上有名称，以便于区分。可以通过各个选项卡之间的切换来查看不同的内容，在选项卡中有不同的选项组，如图 2－8 所示。

（3）文本框：用于输入文本信息的一种矩形区域。例如：在桌面上执行“开始”→“运行”命令，可打开如图 2－9 所示的“运行”对话框，这时系统要求用户输入要运行的程序或者文件名称，一般在右侧会带有向下的箭头，可以单击箭头在展开的下拉列表框中查看最近曾经输入过的内容；还可以通过单击“浏览”按钮，选择要运行的程序。

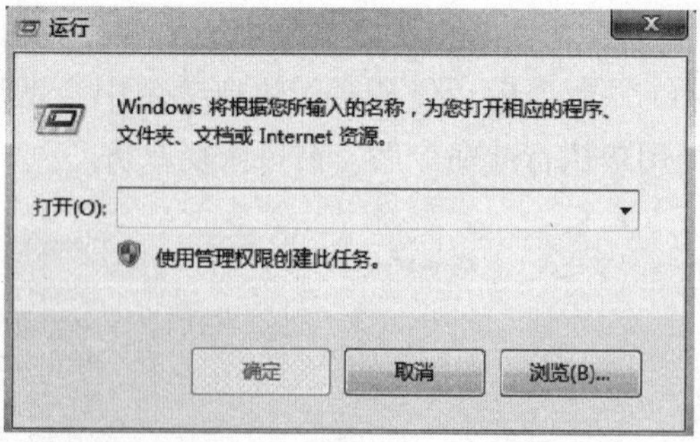

图 2－9　“运行”对话框

（4）列表框：是一个显示多个选项的小窗口，用户可以从中选择一项或几项。

（5）命令按钮：是指对话框中圆角矩形并带有文字的按钮，常用的有“确定”“取消”等。

(6) 单选按钮：它通常是一个小圆形，其后面有相关的文字说明，当选中时，在圆形中会出现一个小圆点。对话框中，通常一个选项组中包含多个单选按钮，当其中一个被选中后，其他选项就不可以选了。

(7) 复选框：它通常是一个小正方形，在其后面也有相关的文字说明，当选中后，在正方形中间会出现一个“√”标志。若有多个复选框，可以任意选中几个。

对话框的操作包括对话框的移动、关闭、切换、使用对话框中的帮助信息等。

对话框不能像窗口那样任意改变大小，在标题栏上也没有最小化、最大化按钮。

4. 菜单和任务栏

Windows 7 有三种经典的菜单形式，即“开始”菜单、下拉式菜单和弹出式快捷菜单。

1)“开始”菜单

单击“任务栏”最左侧的“开始”按钮，打开“开始”菜单，如图2-10所示，便可以运行程序、打开文档及执行其他常规任务，几乎所有功能都可以由“开始”菜单提供。

图2-10 “开始”菜单

执行“开始”→“程序”命令，将显示完整的程序列表，单击程序列表中的任一命令项将运行其对应的应用程序。

2) 下拉式菜单

下拉式菜单是位于应用程序窗口标题栏下方的菜单栏，单击菜单选项卡，其中的菜单会自动显示出来。菜单中通常包含若干条命令，这些命令按功能分组，分别放在不同的组里，组与组之间用一条横线隔开。当前不能执行的菜单命令以灰色显示。

3) 弹出式快捷菜单

这是一种随时随地为用户服务的“上下文相关的弹出菜单”。将鼠标指向某个选中对象或屏幕的某个位置，单击鼠标右键，即可打开一个弹出式菜单。该快捷菜单中列出了与用户正在执行的操作直接相关的命令，单击鼠标时指针所指的对象和位置不同，弹出的菜单命令内容也不同。

在菜单中，常见符号的含义见表2-2。

表2-2 菜单中常见符号的含义

命令项	说 明
浅色的命令	当前不可选用
命令名后带“…”	弹出一个对话框
命令名前带“√”	命令有效，再选择一次，“√”消失，命令无效
带符号（●）	被选中
带组合键	按下组合键，直接执行相应的命令，而不必通过菜单
带符号（▸）	鼠标指向它时，会弹出一个子菜单
向下箭头▾	鼠标指向它时，会显示一个完整的菜单

4）任务栏

任务栏位于桌面的最下方，既能切换任务，又能显示状态。所有正在运行的应用程序和打开的文件夹均以任务按钮的形式显示在任务栏上，如图 2－11 所示。

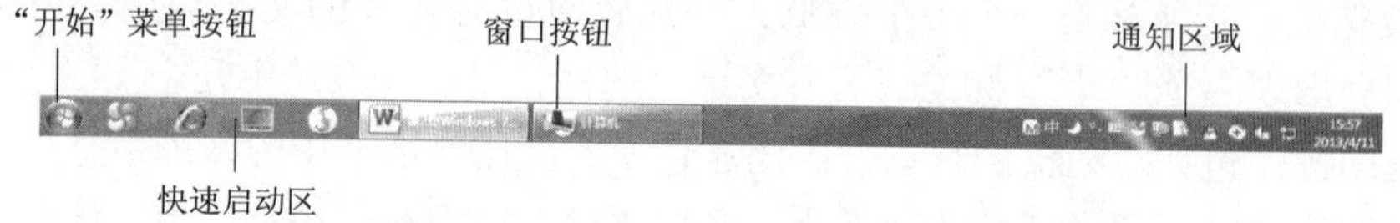

图 2－11　任务栏

要切换到某个应用程序或文件夹窗口，只需要单击任务栏上相对应的按钮即可。任务栏分为“开始”菜单按钮、快速启动区、窗口按钮和通知区域等几个部分。

2.4　案例 1——文件与文件夹的管理

任务提出

小李是大三的学生，快要毕业了。毕业前，他要撰写一篇毕业论文，同时还要撰写求职简历。刚开始他把这些文件随意放在计算机中，但随着撰写论文的不断深入，用到的素材越来越多，求职简历相关的文件资料也不少，加上计算机上存放的其他文件，一大堆文件显得杂乱无章，有时想找一个文件，却不记得放在哪个目录了。因此，小李想对计算机中的这些文件进行有序管理，但是对于没有文件管理经验的他来说，又不知如何着手，于是他找到王老师，希望得到王老师的帮助。本节以管理计算机中的文件为例，介绍 Windows 7 中文件与文件夹管理的相关操作。

相关知识点

（1）文件、文件夹的浏览，显示、排序的方式。

（2）文件、文件夹的选定、新建、重命名、移动、复制、删除等。

（3）回收站的操作。

（4）快捷方式的创建。

（5）文件、文件夹的搜索。

2.4.1　文件和文件夹的基本操作

1. 文件夹的浏览

在如图 2－5 所示的资源管理器窗口中，显示了所有磁盘和文件夹的列表，文件显示区用于显示选定的磁盘和文件夹的内容。

在导航窗格中，有的文件夹图标左边有标记，◢或▷，有的则没有。有标记的表示此文件夹下包含有子文件夹，而没有标记的表示此文件夹下不再包含有子文件夹。标记◢表示此文件夹处于折叠状态，其包含的子文件夹没有显示出来；标记▷表示此文件夹处于展开状态，其包含的子文件夹已经显示出来。

单击◢标记，可以展开此文件夹，显示其子文件夹，同时标记▷变成◢；反之，单击▷标记，可以折叠此文件夹，不显示其子文件夹，同时标记▷变成◢。

注：展开和打开文件夹是两个不同的操作，展开文件夹操作仅仅是在导航窗格中显示它的子文件夹，该文件夹并没有因展开操作而打开。

2. 文件夹内容的显示方式和排序方式

在资源管理器中，可以执行“查看”菜单中的命令，来调整文件夹内容的显示方式。如图2－12所示。在“查看”菜单中有8种查看文件和文件夹的方式，即“超大图标”“大图标”“中等图标”“小图标”“列表”“详细信息”“平铺”和“内容”。

在“详细信息”方式下，通常默认显示文件和文件夹的名称、大小、类型、修改日期等详细信息。也可以根据用户的需要，显示其他的信息，执行“查看”菜单中的“选择详细信息”命令，在“选择详细信息”对话框中勾选出所需项，如图2－13所示。

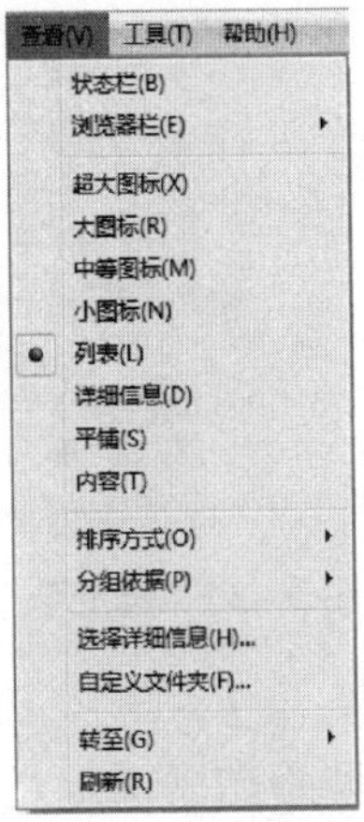

图2－12 “查看”菜单

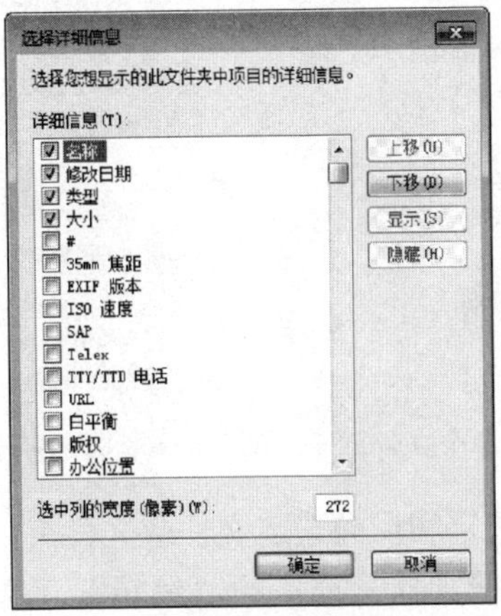

图2－13 “选择详细信息”对话框

以“详细信息”方式显示文件夹内容时，单击右窗格中列的名称，就可以将该列递增或递减排序，若单击第一次，以递增排序，则单击第二次，就以递减排序；也可以在空白的地方，右键单击鼠标，在快捷菜单中执行“排序方式”命令，再在级联菜单中选择要排序的方式，如图2－14所示。

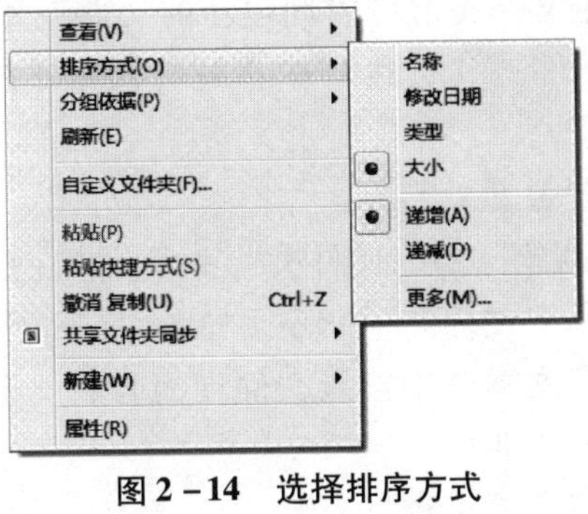

图2－14 选择排序方式

3. 选定文件和文件夹

在管理文件等资源的过程中，若要对多个文件或文件夹进行操作，必须先选定要操作的文件或文件夹；“先选定，后操作”是在Windows操作中必须遵守的原则。

1）选定单个文件或文件夹

单击所要选择的文件或文件夹，此时被选定的文件或文件夹将以淡蓝色背景显示，如图2－15所示。

2）选定多个连续的文件或文件夹

选定多个文件或文件夹中部分连续的文件或文件夹时，先单击选中第一个要选定的文件或文件夹，然后按住［Shift］键，单击要选定的最后一个对象，即可选定连续分布的多个文件或文件夹；也可以用鼠标圈选要选定的文件或文件夹范围，如图2－16所示。

3）选定多个不连续的文件或文件夹

按住［Ctrl］键，用鼠标单击每一个要选定的对象，即可选定不连续分布的多个文件或文件夹，如图2－17所示。若再次单击已选定的对象，则撤销选定。

图2－15　选定单个文件

图2－16　选定多个连续的文件

图2－17　选定多个不连续的文件

4）全部选定和反向选定文件或文件夹

在“资源管理器”窗口的“编辑”菜单中，系统提供了两个用于选定对象的命令，即“全选”和“反向选择”。“全选”用于选取当前文件夹中的所有对象；“反向选择”用于选择除个别文件或文件夹以外的大部分文件或文件夹，其方法如下。

先选中不需要选定的文件或文件夹，然后执行“编辑”→“反向选择”命令，则选定了除不需要选定的其他所有文件或文件夹。

4. 新建文件夹和文件

可以在桌面上或任何一个文件夹窗口内创建新的文件夹和文件。如在D盘根目录新建一个文件夹“资料”，在新文件夹“资料”中再建立两个子文件夹“article”和“work”，操作步骤如下。

（1）在资源管理器中打开D盘。

（2）执行“文件”→“新建”→“文件夹”命令，或在空白处单击鼠标右键，在弹出的快捷菜单中执行“新建”→“文件夹”命令，如图2－18所示。

（3）在新建的文件夹名称文本框中输入文件夹的名称“资料”，按［Enter］键或用鼠标单击新文件夹外面的其他地方即可。

（4）双击打开“资料”文件夹，重复步骤（2）、（3），在“资料”文件夹中建立两个子文件夹“article”和“work”。

如果在D盘文件夹“资料”的子文件夹“article”中新建一个名为“论文.txt”的文本文档，在子文件夹“work”中新建一个名为“简历.docx”的Word文档，则操作步骤如下。

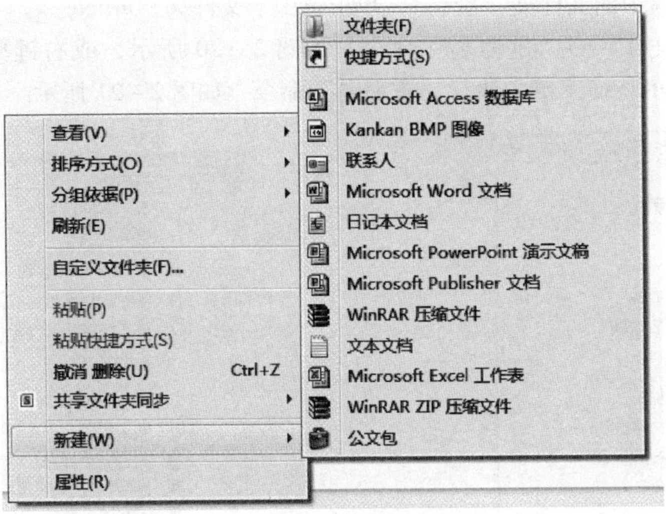

图 2－18　新建文件夹

（1）打开 D 盘中的文件夹“资料”，再打开子文件夹“article”。

（2）执行“文件”→“新建”→“文本文档”命令，或在空白处单击鼠标右键，在弹出的快捷菜单中执行“新建”→“文本文档”命令，如图 2－19 所示。

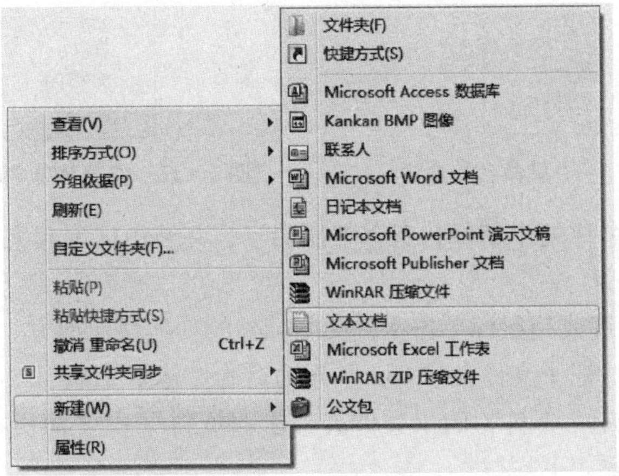

图 2－19　创建新文件

（3）窗口中将出现一个新的文本文档图标，输入名称“论文 . txt”。

（4）按［Enter］键或用鼠标单击新文档外面的其他地方。

（5）用同样的方法在子文件夹“work”中新建一个名为“简历 . docx”的 Word 文档。

由图 2－18 和图 2－19 可以看出，新建的对象可以是文件夹、快捷方式以及各种类型的文件。用这种方式新建的文档实际上是一个空文档，没有任何内容，但它已经是一个有确定类型的文档文件，双击该文档图标后，可以启动相关的应用程序，进行文档的有关操作。

5. 重命名文件或文件夹

重命名文件或文件夹就是给文件或文件夹重新取一个名字，使其更符合用户的要求。

如果把 D 盘“资料”文件夹中的子文件夹“article”重命名为“毕业论文”，子文件夹“work”重命名为“求职资料”，其操作步骤如下。

（1）打开D盘中的文件夹“资料”，单击选中子文件夹“article”。

（2）执行“文件”→“重命名”命令，如图2-20所示，或右键单击选中的文件夹“article”，在弹出的快捷菜单中执行“重命名”命令，如图2-21所示。

图2-20 “文件”→“重命名”命令

图2-21 快捷菜单中的“重命名”命令

（3）该文件夹的名称处于编辑状态（蓝底白字，并被边框围起来），直接输入新的名称“毕业论文”。

（4）按［Enter］键或用鼠标单击文件夹图标外的其他任何地方。

（5）用同样的方法把子文件夹“work”重命名为“求职资料”。

如果把D盘文件夹“资料”的子文件夹“求职资料”中“简历.docx”重命名为“自荐信.docx”，操作步骤如下。

（1）打开D盘中的文件夹“资料”，再打开“求职资料”文件夹，单击选中文件“简历.docx”。

（2）执行“文件”→“重命名”命令，如图2-20所示，或右键单击选中的文件“简历.docx”，在弹出的快捷菜单中执行“重命名”命令，如图2-21所示。

（3）此时该文件的名称处于编辑状态，直接输入新的名称“自荐信.docx”。

（4）按［Enter］键或用鼠标单击文件图标外的其他任何地方。

【说明】

（1）文件或文件夹的新名不能与同一文件夹中的其他文件或文件夹名称相同。

（2）当文件处于打开状态时，不能对该文件重命名，必须将它关闭，否则重命名时将会弹出错误提示窗口，如图2-22所示。

（3）如果要更改文件的扩展名，系统会给出警告，出现“可能会导致文件不可用”的提示信息，除非特殊需要，一般不要轻易改变文件的扩展名，如图 2－23 所示。

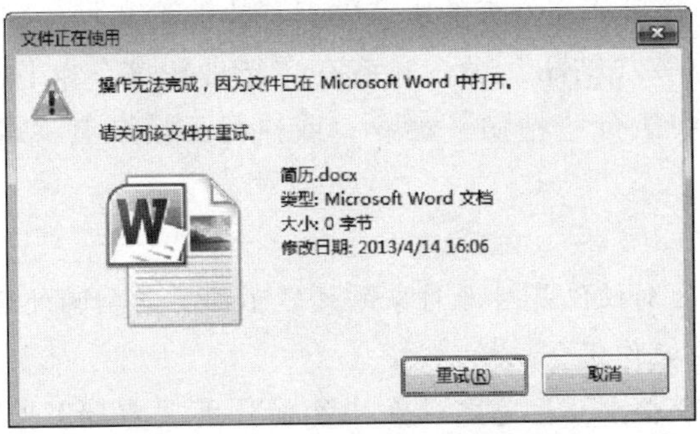

图 2－22　重命名的错误提示框

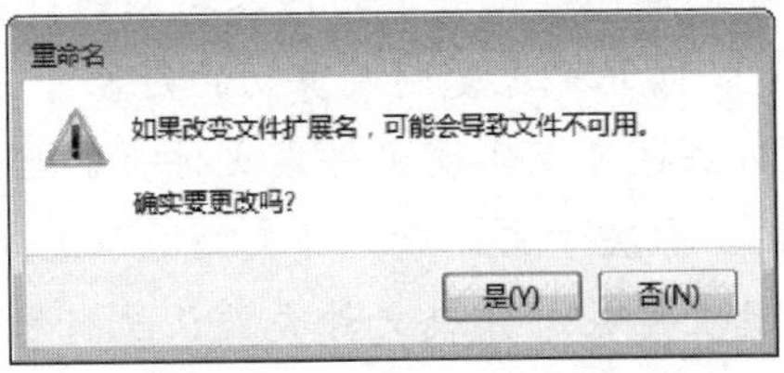

图 2－23　更改文件的扩展名提示框

（4）如果设置了隐藏文件的扩展名，则不允许用户修改扩展名。如果修改扩展名，需取消扩展名的隐藏，否则修改无效。设置方法：在文件所在窗口的菜单栏中执行“工具”→“文件夹选项”命令，打开“文件夹选项”对话框，在“查看”选项卡的“高级设置”中设置是否“隐藏已知文件类型的扩展名”。

6. 移动和复制文件或文件夹

文件管理中一项重要的工作是数据备份。数据的备份就是将文件或文件夹从一个地方复制到另一个地方（既可以是另一个文件夹，也可以是另一个存储器）。有时还需要将文件或文件夹从一个地方转移到另一个地方，这种操作则是文件或文件夹的移动。复制和移动是文件管理中最常用、最基本的操作。

把 D 盘“资料”文件夹中的所有内容复制到 U 盘的“毕业资料”文件夹中，其操作步骤如下。

（1）打开 D 盘中的文件夹“资料”，选中其中的所有对象。

（2）执行“编辑”→“复制”命令；或右键单击所选定的对象，在弹出的快捷菜单中执行“复制”命令；或执行工具栏上的“组织”→“复制”命令；或按 Ctrl + C 快捷键。

（3）返回“我的电脑”，打开 U 盘中的“毕业资料”文件夹。

（4）执行“编辑”→“粘贴”命令；或在“毕业资料”文件夹的空白处单击鼠标右键，在弹出的快捷菜单中执行“粘贴”命令；或执行工具栏上的“组织”→“粘贴”命令；或按 Ctrl + V 快捷键。

把 C 盘“我的文档”文件夹中的文件“论文参考 . docx”移动到 D 盘的“资料”文件夹的子文件夹“毕业论文”中，其操作步骤如下。

（1）打开桌面“我的文档”文件夹，选中其中的文件“论文参考 . docx”。

（2）执行“编辑”→“剪切”命令；或右键单击所选定的对象，在弹出的快捷菜单中执行“剪切”命令；或执行工具栏上的“组织”→“剪切”命令；或按 Ctrl + X 快捷键。

（3）打开 D 盘的“资料”文件夹的子文件夹“毕业论文”。

（4）执行“编辑”→“粘贴”命令；或在“毕业论文”文件夹的空白处单击鼠标右键，在弹出的快捷菜单中执行“粘贴”命令；或执行工具栏上“组织”→“粘贴”命令；或按 Ctrl + V 快捷键。

【说明】

（1）复制和移到的区别仅仅是对源对象的处理不同，复制的处理是先“复制”，移动的处理是先“剪切”，其他操作完全一样。

（2）在上面的操作步骤中，把选定对象“复制”或“剪切”后，实际上是把选定对象放到了“剪贴板”上，复制后原位置还保留源对象，但是剪切后，原位置不再保留源对象。在目标位置“粘贴”时，实际上是把剪贴板中的内容粘贴到目标位置。复制或移动完成后，剪贴板上的内容一般不会消失，因此一次复制或剪切的内容可以多次粘贴到不同的地方。

（3）用鼠标“拖动”的方法也可以实现文件或文件夹的移动和复制，至于“拖动”操作到底执行的是移动还是复制，取决于文件或文件夹的源位置和目的位置的关系。

① 相同磁盘。在同一磁盘上拖放文件或文件夹默认执行移动操作；若拖放对象时按下［Ctrl］键，则执行复制操作。

② 不同磁盘。在不同磁盘上拖放文件或文件夹默认执行复制操作；若拖放对象时按下［Shift］键，则执行移动操作。

（4）“剪贴板”是程序和文件之间用于传递信息，即进行数据交换的临时存储区，它是内存的一部分，是系统预留的一块全局共享内存，用来暂存各进程间进行交换的数据。Windows 剪贴板是一种比较简单同时也是开销比较小的机制。当选定数据并执行“编辑”菜单中的“复制”或“剪切”命令时，所选定的数据就被存储在“剪贴板”中。

7. 删除文件或文件夹

当不需要某个文件或文件夹时，可将其删除。删除 D 盘“资料”文件夹的子文件夹“求职资料”，其操作步骤如下。

（1）在“资源管理器”窗口中打开 D 盘的“资料”文件夹，选中“求职资料”文件夹。

（2）执行“文件”→“删除”命令；或按键盘上的［Delete］键；或在“求职资料”文件夹上单击鼠标右键，弹出快捷菜单，执行“删除”命令。弹出如图 2－24 所示的“删除文件夹”对话框，单击“是”按钮，即可将文件或文件夹放入回收站，单击“否”按钮，则取消删除操作。

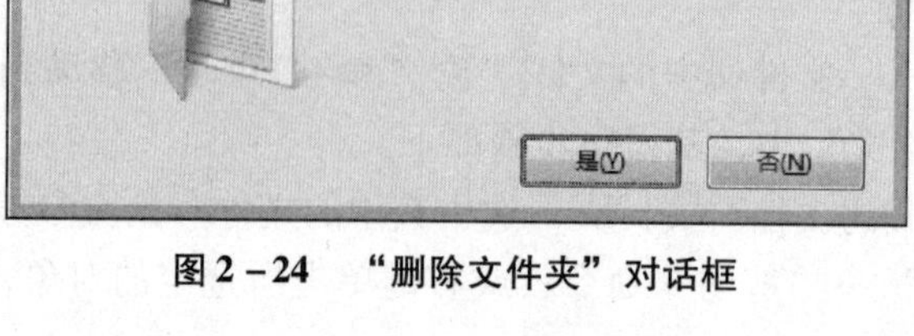

图 2－24　“删除文件夹”对话框

【说明】

(1) 删除文件的方法与删除文件夹的方法一样。

(2) 选定要删除的文件或文件夹，直接用鼠标拖动到回收站图标上，也可以删除文件或文件夹。

(3) 用上述方法删除的文件或文件夹，实际上是将它们放到了“回收站”，并没有真正从磁盘上删除。要想恢复刚刚被删除的文件或文件夹，可执行“编辑”→“撤销删除”命令或在窗口的空白地方右键单击，在弹出的快捷菜单中执行“撤销删除”命令。只有在“回收站”中再次执行删除操作，才能将文件或文件夹从计算机磁盘中删除。如果在执行删除命令时，按住［Shift］键，则该文件或文件夹将直接从磁盘上清除，不会弹出确认对话框，所删对象不可恢复。需要注意的是，U盘上被删除的文件或文件夹不会放到“回收站”，而是直接删除的，所以删除U盘上的文件或文件夹时需要特别小心。

2.4.2 “回收站”的操作

“回收站”为用户提供了删除文件或文件夹的补救措施。用户从硬盘中删除文件或文件夹时，Windows 7会将其自动放入“回收站”中，直到用户将其清空或还原到原位置。打开“回收站”窗口，可以查看被删除文件或文件夹的名称、原位置、删除日期、类型和大小。

1. 恢复被删除的文件或文件夹

在管理文件或文件夹时，有时会由于误操作而将有用的文件或文件夹删除。利用“回收站”的还原命令，可以将被删除的文件或文件夹恢复到原来的位置。如小李要将误删除的“求职资料”文件夹恢复，其操作步骤如下。

(1) 在桌面上双击打开“回收站”，在“回收站”窗口中选择要还原的文件夹“求职资料”。

(2) 执行“文件”→“还原”命令；或右键单击“求职资料”文件夹，在弹出的快捷菜单中执行“还原”命令，如图2-25所示。“求职资料”文件夹就会还原到被删除之前的原始位置D：\资料。

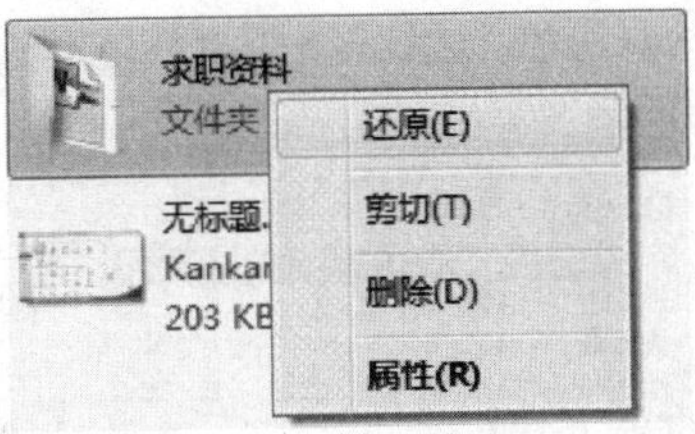

图2-25 还原“求职资料”文件夹

【说明】如果被恢复的文件所在的原文件夹已经不存在了，Windows 7会重建该文件夹，然后将文件恢复过去。

2. 在回收站中彻底删除文件或文件夹

在“回收站”中删除文件或文件夹，就是彻底清除这些文件或文件夹。假定现在回收站中有一个文件“招聘信息.docx”已经没有任何用处，要永久删除，其操作步骤如下。

（1）在桌面上双击“回收站”图标，打开“回收站”窗口，选择要删除的文件“招聘信息.docx”。

（2）执行“文件”→“删除”命令，或右键单击选定的文件“招聘信息.docx”，在弹出的快捷菜单中执行“删除”命令，会弹出如图2－26所示的“删除文件”对话框，单击“是”按钮，则选定的文件“招聘信息.docx”被彻底删除。

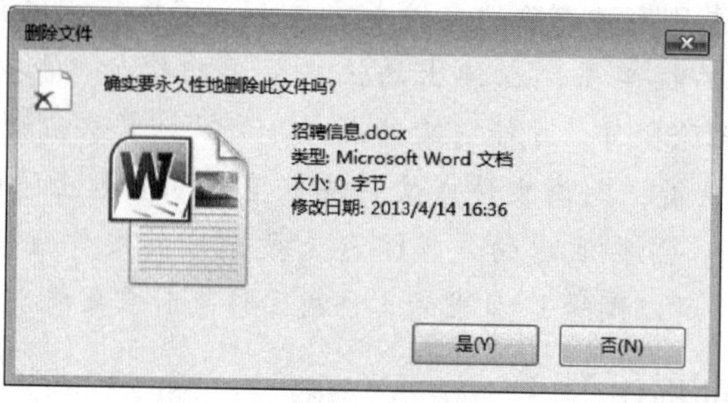

图2－26　“删除文件”对话框

3. 清空回收站

打开“回收站”窗口，执行“文件”→“清空回收站”命令，或在窗口中空白的地方单击鼠标右键，在弹出的快捷菜单中执行“清空回收站”命令，然后在弹出的警告提示框中单击“是”按钮，则“回收站”的内容就全部被删除了。

4. 回收站的设置

默认情况下，每个分区的回收站是独立的，系统会自动给每个分区的回收站设置一个空间。在删除体积比较大的文件时，如果回收站的剩余空间无法容纳该文件，系统会自动删除回收站中的部分文件或文件夹，这样可能导致部分之前误删除的文件被彻底清除。为了避免这种情况发生，用户可以自己设置“回收站”的空间。右键单击“回收站”图标，在快捷菜单中执行“属性”命令，打开“回收站属性”对话框，如图2－27所示，在列表框中选择“回收站”位置（要设置的分区），选择“自定义大小”单选项，在“最大值”文本框中设置回收站的空间（单位为MB），例如设置为4 608MB，然后单击“确定”按钮保存设置。

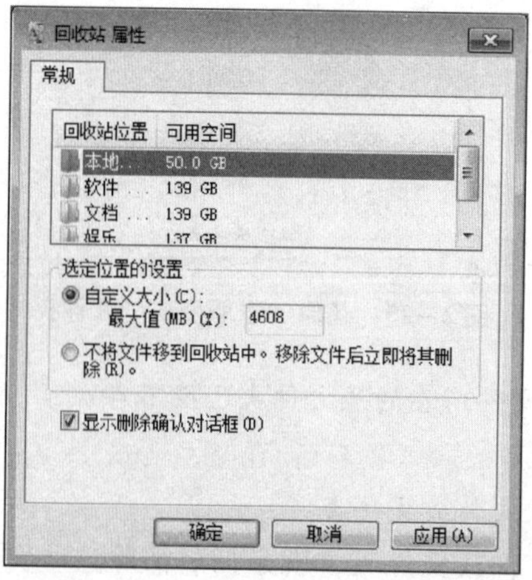

图2－27　“回收站属性”对话框

如果不想将删除的文件或文件夹放置到“回收站”内，可以选择“不将文件移到回收站中。移除文件后立即将其删除。”单选项，设置生效后，删除文件或文件夹，则直接从系统中清除，而不放入回收站。

通常情况下，在删除某个文件或文件夹时，会打开一个确认框，以便用户确认是否需要删除，如果不希望看到此确认框，可以取消“显示删除确认对话框”复选框。

2.4.3 创建快捷方式

创建快捷方式就是建立各种应用程序、文件、文件夹、打印机等的快捷方式图标，通过双击该快捷方式图标，可以快速打开该对象，从而提高操作效率。小李在撰写毕业论文时，经常要打开D盘“资料”文件夹下的“毕业论文”文件夹，他想在桌面上为文件夹“毕业论文”创建一个快捷方式，其操作步骤如下。

（1）在资源管理器窗口中打开D盘中的“资料”文件夹，选定要创建快捷方式的文件夹“毕业论文”。

（2）执行“文件”→“发送到”→“桌面快捷方式”命令，或在选定的对象上单击鼠标右键，在弹出的快捷菜单中执行“发送到”→“桌面快捷方式”命令，如图2－28所示，即可为文件夹“毕业论文”在桌面上创建一个快捷方式，如图2－29所示。

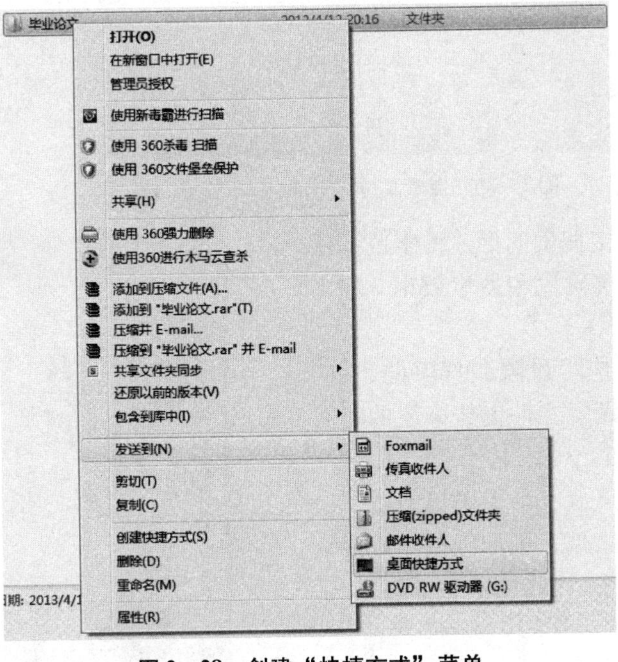

图2－28 创建“快捷方式”菜单

图2－29 快捷方式图标

【说明】

（1）可将对象的快捷方式拖到桌面上或方便使用的文件夹中。

（2）若在“开始”→“程序”子菜单中，有用户要创建快捷方式的应用程序，右键单击该应用程序，在弹出的快捷菜单中执行“创建快捷方式”命令，系统会将创建的快捷方式添加到“程序”子菜单中。将该快捷方式拖到桌面上，即在桌面上创建了该应用程序的快捷方式。

(3) 快捷方式并不能改变对象在计算机中的位置，它也不是副本，只是一个指针，使用它可以更快地打开对象，并且删除、移动或重命名快捷方式均不会影响原有的对象。

2.4.4 搜索文件和文件夹

有时用户需要查看某个文件或文件夹的内容，却忘记了该文件或文件夹存放的具体位置或具体名称，Windows 7 操作系统提供了智能、快捷的文件搜索功能。

假如用户只记得在计算机的 E 盘中有一个文件的文件名的一部分是“Word”，但又不记得具体在哪一个文件夹中了，就可以打开计算机的 E 盘，在窗口右上角的搜索框中输入“word”，然后从搜索的结果中判断要找的文件，如图 2－30 所示。

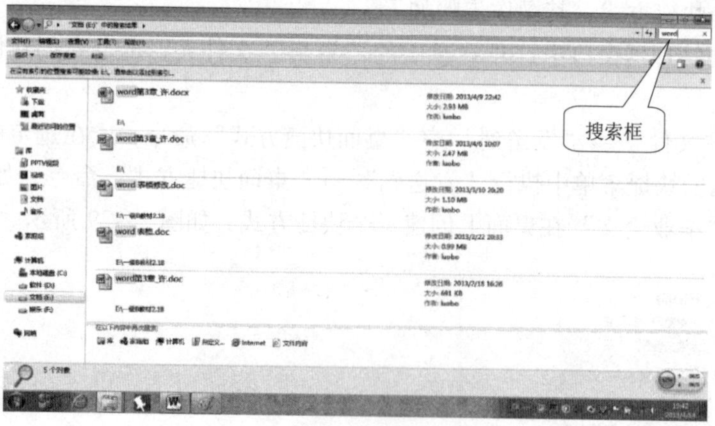

图 2－30 搜索文件

如果在“计算机”窗口中直接搜索的话，搜索范围就是整个计算机，为了提高搜索的准确度和搜索效率，应当尽量缩小文件的搜索范围。

为了加快文件搜索的速度，应尽量限制搜索的条件，输入完整关键字的同时，还可以设置文件创建修改的时间区域、文件的类型以及大小等条件。

在 Windows 7 操作系统的“开始”菜单中也新增了一个标有“搜索程序和文件”的搜索框，用户直接在该搜索框中输入要查找的条件即可，如图 2－31 所示。

图 2－31 “开始”菜单中的搜索框

2.4.5 案例总结

本节主要介绍了文件、文件夹的相关操作，以及回收站的应用。在操作过程中要遵循“先选定，后操作”的原则。一些操作可以有几种方法实现，可以通过菜单命令、工具栏中的按钮、快捷菜单或者是键盘上的快捷键。读者在运用过程中，可以根据自己的习惯，选择任意一种即可。

2.5 Windows 7 个性化设置

2.5.1 更改主题

Windows 7 操作系统增加了对布景主题的支持，除了设置窗口的颜色和桌面背景，Windows 7 的布景主题还包括音效设置、屏幕保护程序以及桌面背景支持和投影片放映自动切换。所有的设置可以“个性化”，同时也可以从微软的官方网站上下载并安装更多的背景主题。

设置桌面主题的步骤如下。

(1) 在桌面上任意位置单击鼠标右键，在弹出的快捷菜单中选择“个性化”命令，如图 2 - 32 所示。

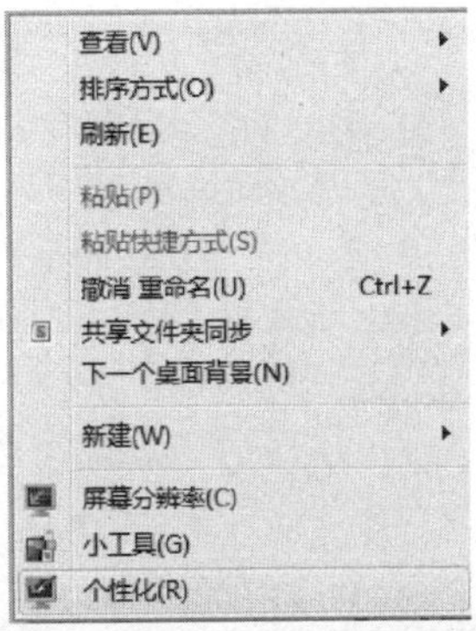

图 2 - 32 选择“个性化”命令

微课：设置个性化桌面

(2) 在打开的“个性化设置”窗口的“更改计算机上的视觉效果和声音”列表框中选择系统主题（如“风景”），如图 2 - 33 所示，系统就会把桌面主题改为“风景”。

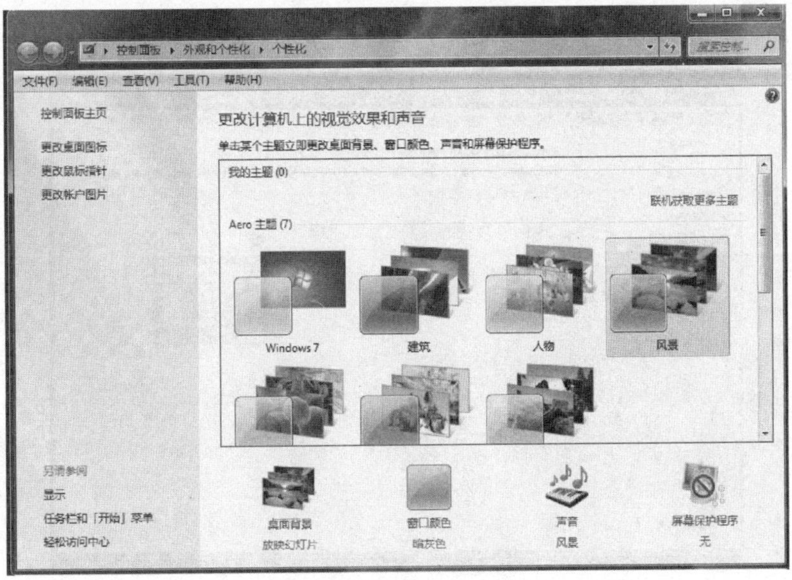

图 2 - 33 选择系统主题

（3）可以单击“联机获取更多主题”超链接，到微软官方网页中下载更多的主题。

2.5.2 更改显示设置

更改 Windows 7 的显示设置包括更改屏幕上的文本或其他项目的大小，以及调整屏幕分辨率等。其操作步骤如下。

（1）执行“开始”→“入门”→“更改文字大小”菜单命令，如图 2－34 所示。

图 2－34　“更改文字大小”菜单命令

（2）在打开的“显示设置”窗口中，选择其中的一个选项来更改屏幕上的文本大小以及其他选项，如图 2－35 所示。

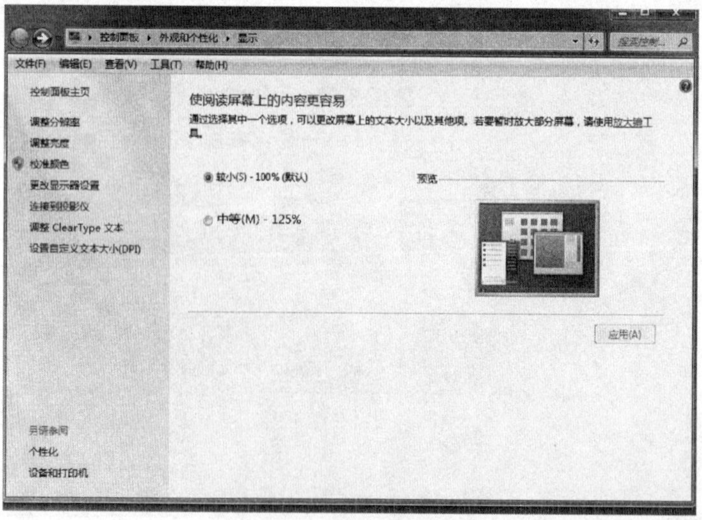

图 2－35　更改屏幕上的文本大小

(3) 如果需要调整屏幕分辨率，可以单击该窗口左侧的“调整分辨率”超链接打开“屏幕设置”窗口，在该窗口中，单击“分辨率”框右边的下拉按钮，拖动滑块，选择所需的分辨率，如图 2－36 所示。

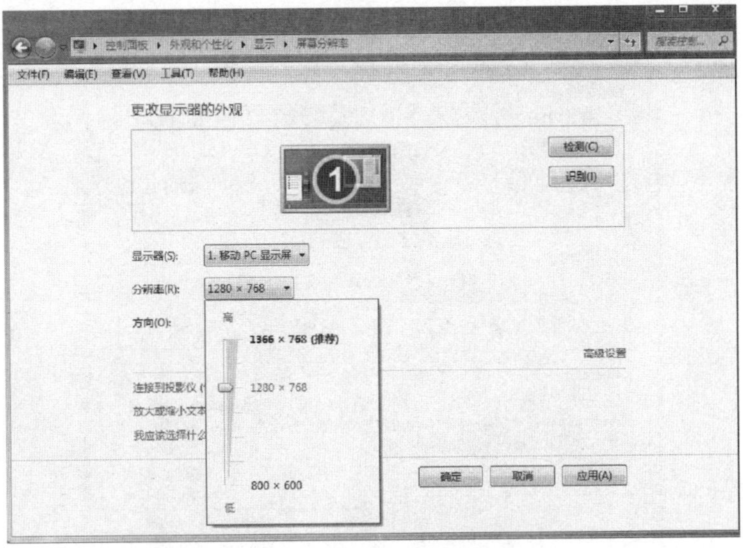

图 2－36 调整屏幕分辨率

2.5.3 调整鼠标和键盘

鼠标和键盘是操作计算机过程中使用最频繁的设备之一，几乎所有的操作都要用到鼠标和键盘。用户可以根据个人的喜好和习惯对鼠标和键盘进行一些调整。

1. 调整鼠标

调整鼠标的具体操作如下。

(1) 执行“开始”→“控制面板”命令，打开“控制面板”窗口，在该窗口中单击“硬件和声音”超链接，如图 2－37 所示。

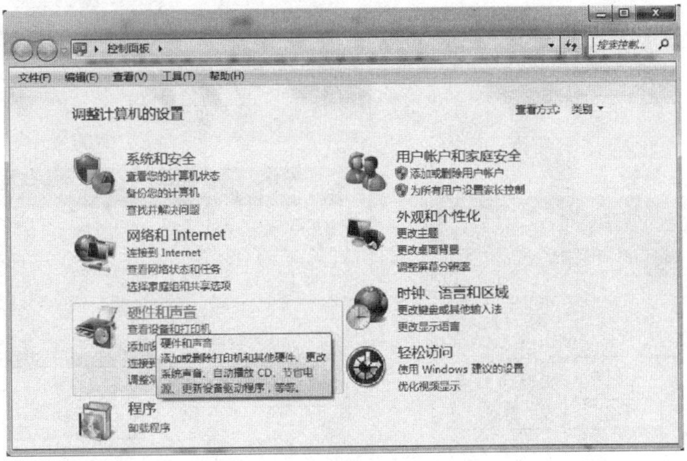

图 2－37 “控制面板”窗口

（2）在打开的“硬件和声音”窗口中，单击“鼠标”超链接，打开“鼠标属性”对话框，如图2－38所示，在“按钮”选项卡的“鼠标键配置”选项组中，系统默认为“习惯右手”，用户可以设置为“习惯左手”。

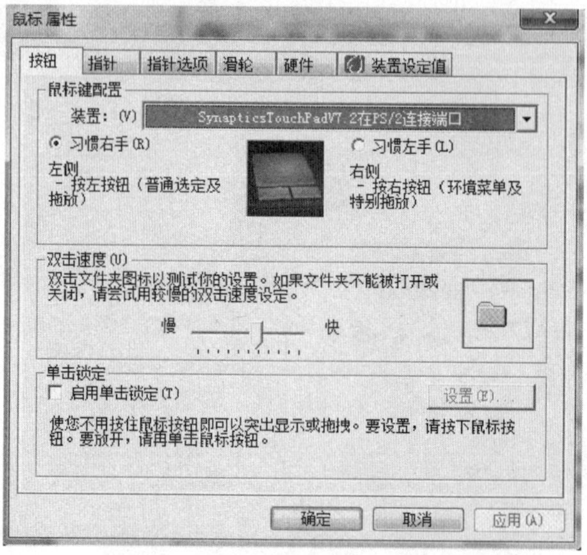

图2－38　“鼠标 属性”对话框

（3）在“双击速度”选项组中拖动滑块可调整鼠标的双击速度，双击旁边的文件夹可检验设置的速度。

（4）在“单击锁定”选项组中，若选中“启用单击锁定”复选框，则在移动对象时不要一直按着鼠标键就可实现。单击右边的“设置”按钮，在弹出的“单击锁定设置”对话框中可调整实现单击锁定需要按下鼠标或轨迹球按钮的时间，如图2－39所示。

（5）单击“指针”选项卡，可以更改鼠标方案，如图2－40所示，单击“方案”下拉列表框，在其中选择一种鼠标方案，此时在“自定义”列表框中将显示出所选方案的内容。

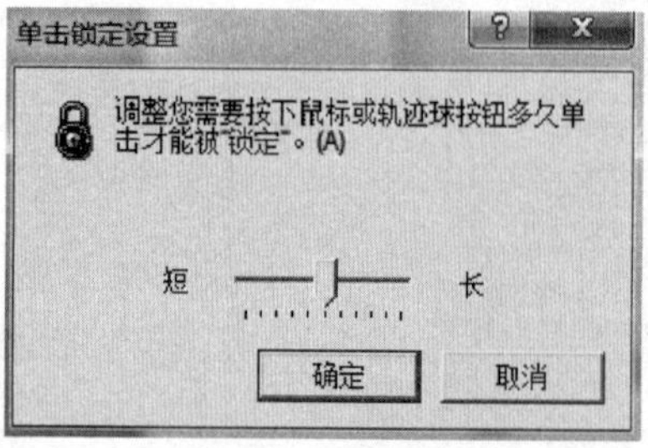

图2－39　“单击锁定设置”对话框

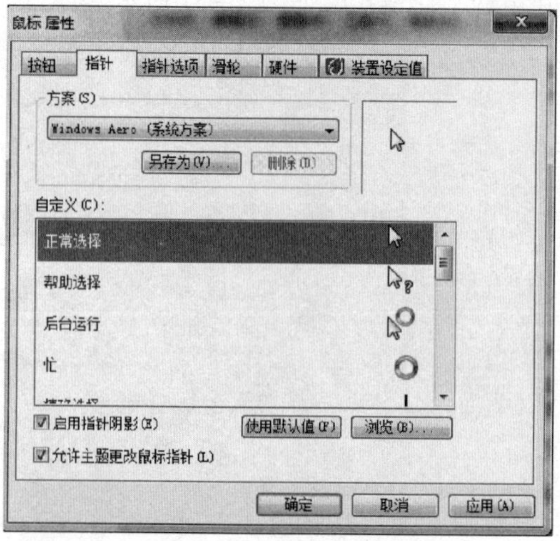

图2－40　更改鼠标方案

（6）单击“指针选项”选项卡，可以设置鼠标的移动速度等。

2. 调整键盘

调整键盘的具体操作如下。

(1) 执行“开始”→“控制面板”命令，打开“控制面板”窗口，在该窗口中单击“时钟、语言和区域”超链接，如图2-41所示。

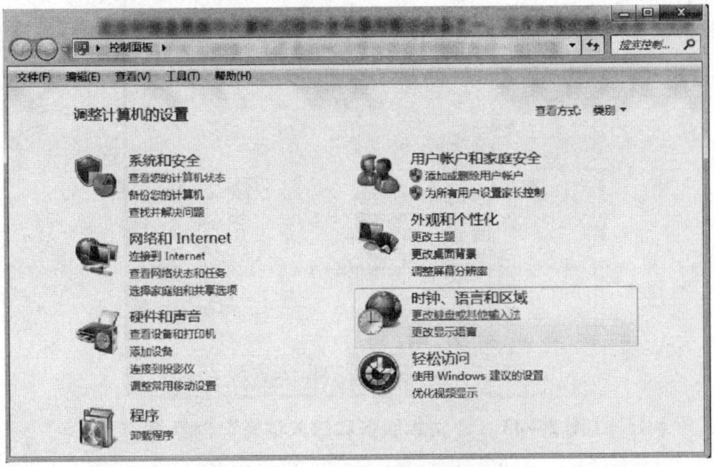

图2-41 “控制面板”窗口

(2) 在弹出的“时钟、语言和区域”窗口中，单击“区域和语言”超链接。

(3) 在弹出的“区域和语言”对话框中选择“键盘和语言”选项卡，如图2-42所示。

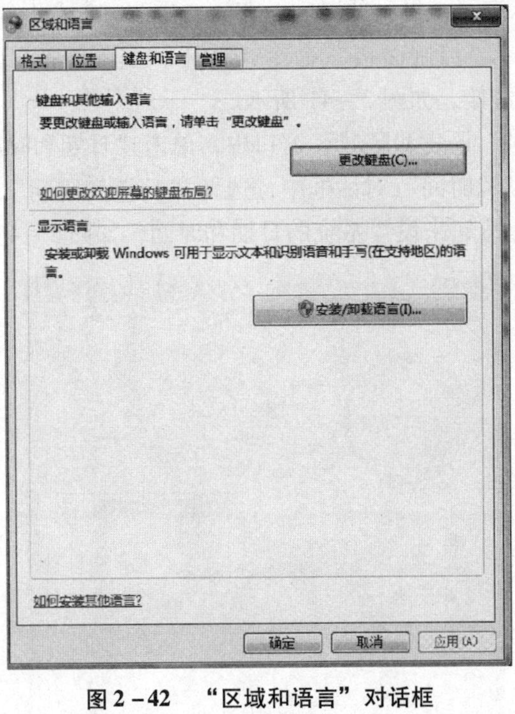

图2-42 “区域和语言”对话框

(4) 单击“更改键盘”按钮，打开“文本服务和输入语言”对话框，选择“常规”选项卡，在“默认输入语言”下拉列表框中可更改默认输入语言，另外，还可以通过单击“添加”按钮来为列表添加更多输入语言，如图2-43所示，设置完成后依次单击“应用”

和“确定”按钮。

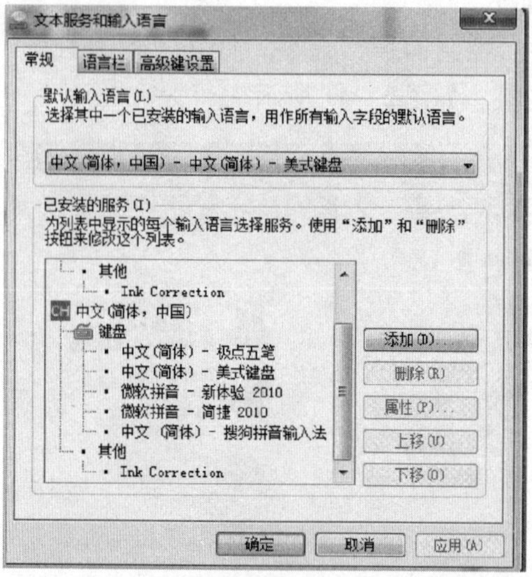

图 2-43　“文本服务和输入语言”对话框

（5）单击“高级键设置”选项卡，可以设置各个语言切换的快捷键。

2.5.4　更改日期和时间

在任务栏的右端显示有系统提供的时间，若需要更改日期和时间，可执行以下操作。

（1）执行“开始”→“控制面板”命令，打开“控制面板”窗口，在该窗口中单击“时钟、语言和区域”超链接，如图 2-41 所示。

（2）在弹出的“时钟、语言和区域”窗口中，单击“日期和时间”超链接。

（3）在打开的“日期和时间”对话框中，选择“日期和时间”选项卡，用户可以通过单击“更改日期和时间”按钮来设置系统的日期和时间，如图 2-44 所示。

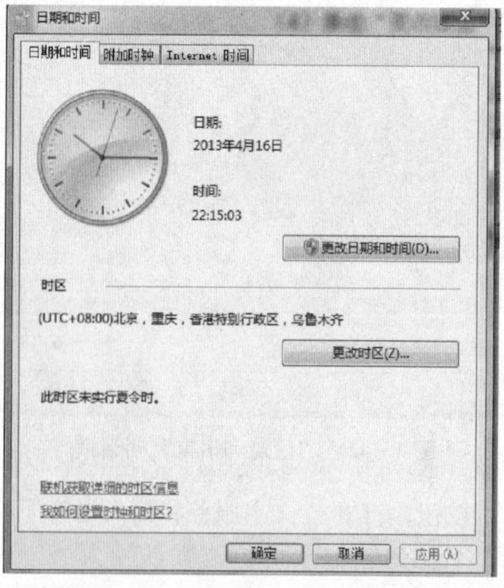

图 2-44　“日期和时间”对话框

（4）在弹出的“日期和时间设置”对话框中，如图 2－45 所示，在“日期”组，可以分别设置年份和月份以及当前的日期，在“时间”组可以设置当前的时间。

（5）如果需要更改时区，则可在图 2－44 的对话框中，单击“更改时区”按钮，进入“时区设置”对话框。

（6）更改完毕后，单击“确定”按钮即可。

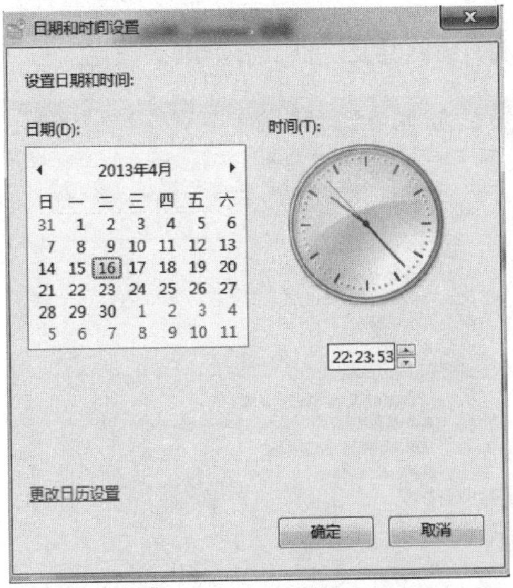

图 2－45　设置日期和时间

2.5.5　安装和删除应用程序

1. 删除应用程序

在如图 2－41 所示的“控制面板”窗口中，单击“程序”超链接，在弹出的程序窗口中选择“卸载程序”超链接，打开如图 2－46 所示的“程序和功能”窗口，在列表框中会显示已安装的工具软件，选择要卸载的程序，然后单击上方的“卸载”按钮。

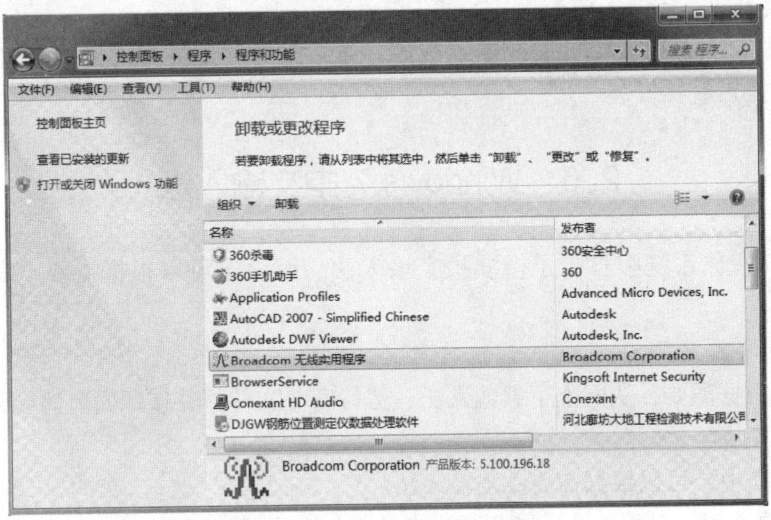

图 2－46　“程序和功能”窗口

【说明】删除应用程序最好不要直接从文件夹中删除，因为一方面不可能删除干净，有些 DLL 文件装在 Windows 目录中；另一方面很可能会删除某些其他程序也需要的 DLL 文件，导致破坏其他依赖这些 DLL 运行的程序。

2. 添加/删除 Windows 组件

在如图 2－46 所示的“程序和功能”窗口中，单击左侧的“打开或关闭 Windows 功能”超链接，打开“Windows 功能”窗口，如图 2－47 所示，若要打开一种功能，则勾选前面的复选框，若要关闭一种功能，清除其复选框，再单击“确定”按钮。

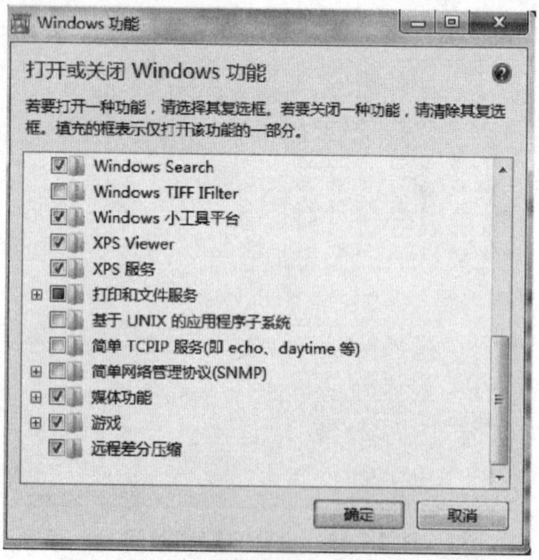

图 2－47　“Windows 功能”窗口

【说明】对于不了解其用途的组件，不要随便删除，否则可能影响系统的正常运行。

3. 安装应用程序的途径

安装应用程序的途径如下。

（1）许多应用程序是以光盘形式提供的，如果光盘上有 Autorun. inf 文件，则根据该文件的指示自动运行安装程序。

（2）直接运行安装盘（或光盘）中的安装程序（通常是 Setup. exe 或 Install. exe）。

（3）如果应用程序是从 Internet 上下载的，通常整套软件被捆绑成一个“. exe”文件，用户运行该文件后直接安装。

2.6　Windows 7 中文输入法

Windows 7 操作系统中自带了微软拼音输入法。用户还可以根据需要，安装或卸载输入法。

1. 安装输入法

用户可以根据需要，从网上下载输入法，运行安装文件，并按照安装向导，把新的输入法安装到系统中。

在图 2－43 中，可以根据需要添加输入法。

【说明】要添加一种输入法，必须首先在计算机上安装了该输入法。

2. 删除输入法

在如图 2－43 所示的“文本服务和输入语言”对话框中的“已安装的服务”列表框中选中要删除的输入法，单击“删除”按钮。

删除输入法并不是从磁盘中删除，而是从系统中删除，如果需要还可以重新安装它，不必使用 Windows 7 的系统盘。

3. 选用输入法

（1）中英文输入法的切换。按 Ctrl ＋空格组合键，可在中文和英文输入法间进行切换。

（2）各种输入法之间的切换。可以使用 Ctrl＋Shift（或 Alt＋Shift）组合键在英文及各种中文输入法之间切换；默认情况下，输入法通常为英文输入状态，此时语言栏的图标显示为，单击该图标弹出“输入法”菜单，如图 2－48 所示，选择自己需要的输入法即可。

（3）中文输入法的屏幕提示。中文输入法选定后，屏幕上会出现一个所选输入法的状态条，它或浮动于桌面上，或显示在语言栏中，如图 2－49 所示是“搜狗拼音输入法”状态条。

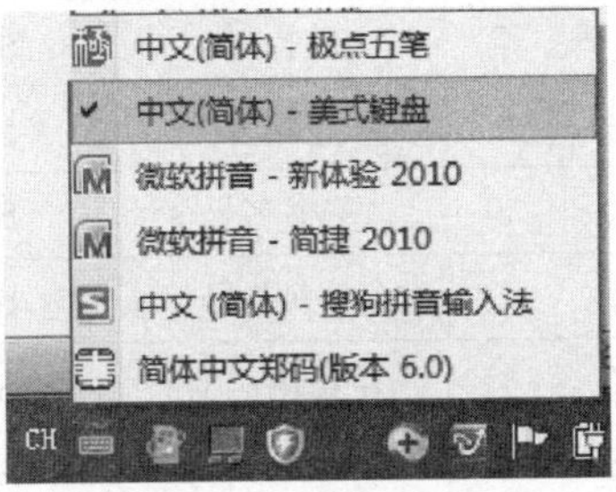

图 2－48 “输入法”菜单

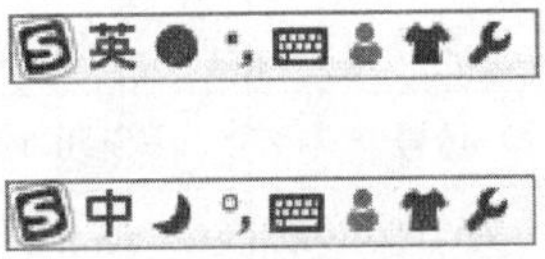

图 2－49 “搜狗拼音输入法”状态条

按钮中：表示当前输入状态为中文输入，单击该按钮，按钮图标将转换为英，此时为英文输入状态，可输入小写英文字母；按“Caps Lock”键，该按钮又转换为A，此时可输入大写的英文字母。

按钮：表示当前为半角字符输入状态，单击该按钮，按钮图标将转换为，表示此时为全角字符输入状态。

按钮：表示当前为中文标点输入状态，单击该按钮，按钮图标将转换为，表示此时为英文标点输入状态。

按钮：软键盘切换按钮，单击此按钮可打开或关闭软键盘，右键单击该按钮，可在弹出的快捷菜单中选择软键盘显示的符号类型，如图 2－50 所示。

通过软键盘可以输入键盘上没有的符号。例如：选中数学符号，就会弹出如图 2－51 所示的软键盘，单击键盘上的相关键，即可输入特殊的数学符号。特殊符号输入完成之后，应该重新选中“PC 键盘”，再次单击输入法状态条上的软键盘切换按钮，关闭软键盘。

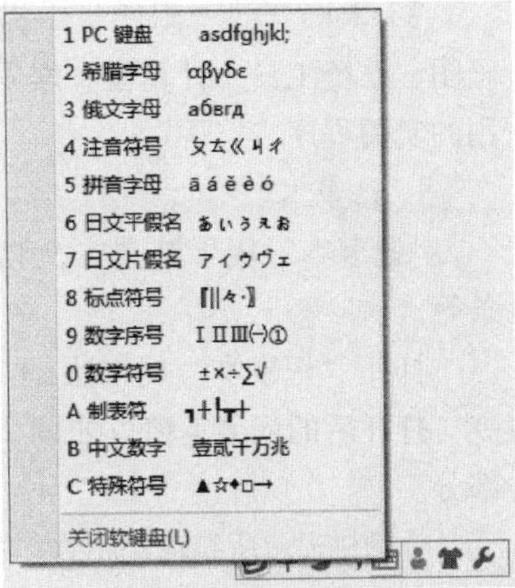

图 2－50 软键盘菜单

图2-51　数学符号软键盘

（4）中文标点键位表。在英文输入法状态下，所有标点符号与键盘一一对应，输入的标点符号为半角标点符号。在中文输入法中需要输入的是全角标点符号（即中文标点符号），中文标点符号的输入需切换至全角标点符号状态。中文标点符号的键位表见表2-3。

表2-3　中文标点符号键位表

标点符号	名称	键盘定义	标点符号	名称	键盘定义
。	句号	.	……	省略号	Shift+6
，	逗号	,	——	破折号	Shift+ -
、	顿号	\	—	连接号	Shift+7
；	分号	;	《	左书名号	Shift+,
：	冒号	Shift+;	》	右书名号	Shift+.
？	问号	Shift+/	〈	左单书名号	Shift+,
“”	双引号	Shift+'	〉	右单书名号	Shift+.
‘’	单引号	‘	·	间隔号	Shift+2
（）	括号	Shift+9或0	￥	人民币符号	Shift+4

2.7　使用Windows 7附件

Windows 7的“附件”中提供了许多实用程序，包括文字处理程序（记事本、写字板）、画图、系统工具、计算器、娱乐等。本节主要介绍“记事本”“计算器”“画图”等几个常用的实用程序。

1. 记事本

“记事本”用于纯文本文档的编辑，适用于编写一些篇幅短小的文件，如备忘录、便条等。

打开“记事本”的方法是：执行“开始”→“所有程序”→“附件”→“记事本”命令，打开后的记事本窗口如图2-52所示。记事本窗口分为标题栏、菜单栏、编辑区3个部分。

标题栏显示所编辑文件的文件名，记事本程序运行后会自动产生一个“无标题”的新文件。

菜单栏中有“文件”“编辑”“格式”“查看”“帮助”5个菜单，可以完成文件编辑的操作。

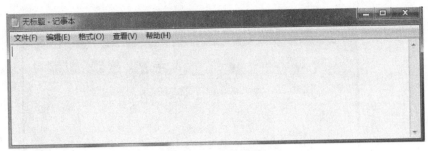

图 2 - 52　记事本窗口

编辑区是编辑文本文件的区域，用户可在其中输入相应的内容。

通过双击一个文本文件的图标也可以启动“记事本”，启动记事本后窗口出现的标题就是该文件的文件名，在编辑区则显示该文件的内容。

2. 计算器

执行“开始”→“所有程序”→“附件”→“计算器”命令，即可启动“计算器”程序，打开如图 2 - 53 所示的“计算器”窗口。首次启动“计算器”时，默认打开的是标准计算器，能够提供生活常用的数学计算。单击计算器中“查看”菜单并执行“科学型”命令，弹出“科学型”计算器窗口，如图 2 - 54 所示。可以进行比较复杂的函数运算、统计运算等。

图 2 - 53　标准计算器窗口

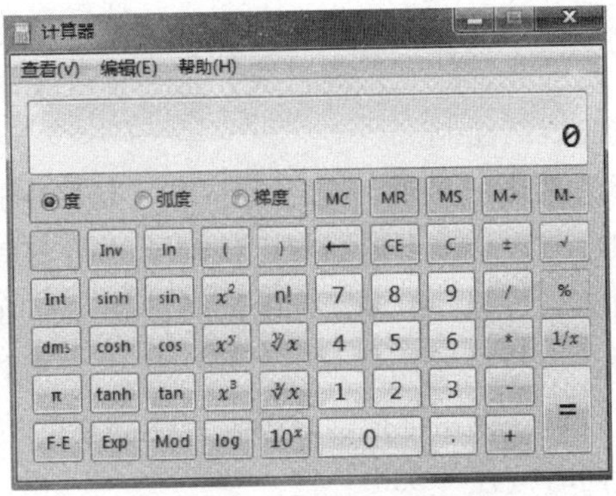

图 2 - 54　科学型计算器窗口

3. 画图

“画图”程序是一个位图编辑程序，可以用来编辑或绘制各类的位图文件，即 BMP 格式文件，编辑完成后，可以用 BMP、JPG、GIF 等格式存档，还可以发送到桌面和其他文档中。

1）画图程序的启动

执行“开始”→“所有程序”→“附件”→“画图”命令，即可运行“画图”程序，打开“画图”窗口，如图 2 - 55 所示。

2）“画图”窗口的组成

“画图”窗口主要由“标题栏”“功能区”“工具栏”“调色板”“状态栏”和“绘图区”组成，如图 2 - 55 所示。“功能区”是画图工具的核心部分，它包含了建立图形的多种工具；“绘图区”是画图的主要区域；“调色板”中包含了可为图形填充的各种颜色，“调色板”最左边的“颜色 1”按钮表示前景色，“颜色 2”按钮表示背景色。

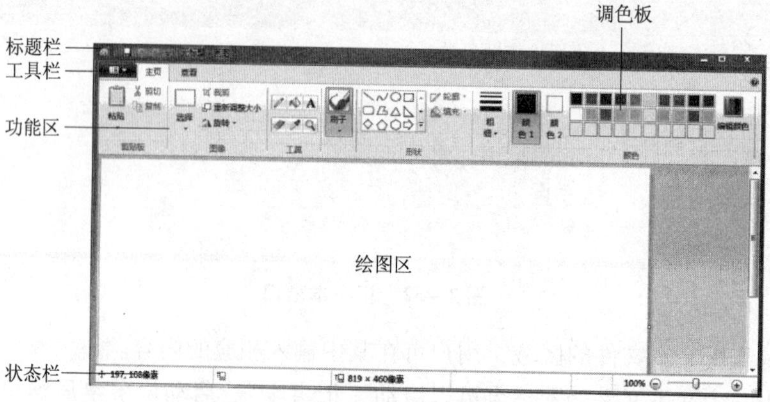

图2－55　“画图”窗口及其组成

3）画图的一些主要操作

（1）直线的绘制：在功能区“主页”选项卡的“形状”组中选中直线按钮，选定好颜色和线型后，将鼠标移到绘图区，按下鼠标左键并拖动，此时鼠标指针呈“十”字形，在达到需要的长度后再释放鼠标。在画线的同时按下［Shift］键可以画出垂直线、水平线和45°角的斜线。

（2）曲线的绘制：选中曲线按钮，选定好颜色和线型后，将鼠标移到绘图区，按下鼠标左键并拖动，先画出一条直线，然后释放鼠标，再将十字光标移动到线条上，按住鼠标左键并拖动光标使其远离直线，直到将直线拖动成满意的曲线后释放鼠标，最后单击鼠标左键完成曲线的绘制。

（3）椭圆（或圆）的绘制：在工具箱中选中椭圆按钮，选定好颜色和线型后，将鼠标移到绘图区，按下鼠标左键从椭圆的左上角向右拖动，到达满意的位置后释放鼠标。如果要绘制圆形，则在拖动鼠标的同时按住［Shift］键。

（4）方框的绘制：在工具箱中选中矩形按钮，选定好颜色和线型后，将鼠标移到绘图区，按下鼠标左键拖动鼠标，到达满意的位置后释放鼠标。如果要绘制正方形，则在拖动鼠标的同时按住［Shift］键。

（5）多边形的绘制：在工具箱中选中多边形按钮，选定好颜色和线型后，将鼠标移到绘图区，按住鼠标左键并拖动，画第一条边，当需要弯曲时松开鼠标，再按住鼠标左键画第二条边，如此反复，直到最后时双击鼠标。

习　题　2

1. 在E盘中新建一个“考生”文件夹，再在“考生”文件夹下新建文件夹“AAA”和文件夹“BBB”。

2. 在“E:\ 考生”文件夹下新建文件“Han. doc”，在“E:\ 考生 \ BBB”文件夹下新建名为“PANG”的文本文件。

3. 为“E:\ 考生 \ BBB”文件夹建立名为“TOUB”的快捷方式，存放在E盘根目录中。

第3章　Word 2010 文字处理软件

Office 2010 是 Microsoft 公司开发并推出的办公套装软件，它包括 Word、Excel、Access、PowerPoint 等应用软件。Word 2010 是一款具有丰富的文字处理功能，图、文、表格混排，所见即所得、易学易用的文字处理软件。

本章主要介绍 Word 2010（以下简称为 Word）的基本概念和使用 Word 编辑文档、排版、页面设置、表格制作和图形绘制等基本操作。通过本章的学习应掌握以下内容。

（1）Word 的基本功能、运行环境，Word 的启动与退出。

（2）文档的创建、打开、输入、保存和打印等基本操作。

（3）文本的选定、插入与删除、复制与移动、查找与替换等基本编辑技术。

（4）字体格式设置、段落格式设置、文档页面设置和文档分栏等基本排版技术。

（5）表格的创建、修改，表格中数据的输入与编辑，数据的排序与计算。

（6）图形和图片的插入，图形的建立和编辑，文本框的使用。

3.1　Word 2010 简介

3.1.1　启动 Word 2010 的方法

常用的启动 Word 2010 的方法有以下两种。

1. 常规方法

常规启动 Word 2010 的过程就是在 Windows 下运行应用程序 Word 2010 的过程。执行“开始”→“程序”→“Microsoft Office”→“Microsoft Word 2010”命令。

2. 快捷方式

双击 Windows 任务栏或桌面上的 Word 快捷方式图标。

微课：Word
基本操作

3.1.2　Word 2010 窗口的组成

Word 窗口由标题栏、菜单栏、功能区、快速访问、工具栏、工作区和状态栏等部分组成，如图 3－1 所示。

1. 标题栏

标题栏是 Word 窗口中最上端的一栏，显示了当前打开的文档的名称。右边是一组程序窗口控制按钮，依次为最小化窗口按钮、最大化按钮（还原按钮）和退出 Word 窗口按钮。

2. 快速访问工具栏

用户可以使用快速访问工具栏实现常用的功能，如保存、撤销、恢复等。快速访问工具

图3－1　Word 2010 窗口的组成

栏如图3－2所示。单击右边的“自定义快速访问工具栏”按钮，在弹出的下拉列表（如图3－3所示）中可以选择快速访问工具栏中显示的工具按钮。

图3－2　快速访问工具栏

3. “文件”选项卡

单击“文件”选项卡弹出下拉列表，可以实现打开、保存、打印、新建和退出等功能，如图3－4所示。

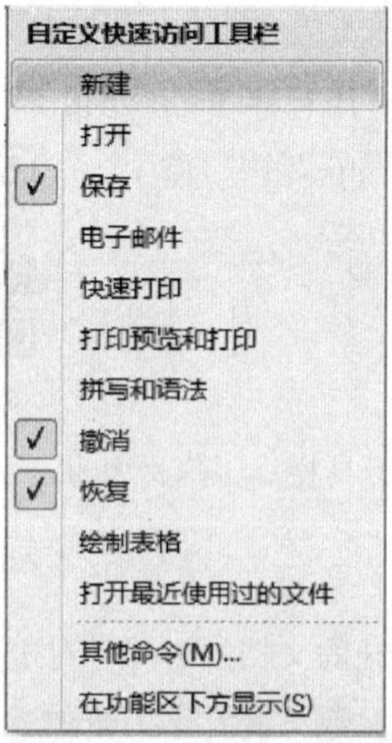

图3－3　自定义快速访问工具列表栏

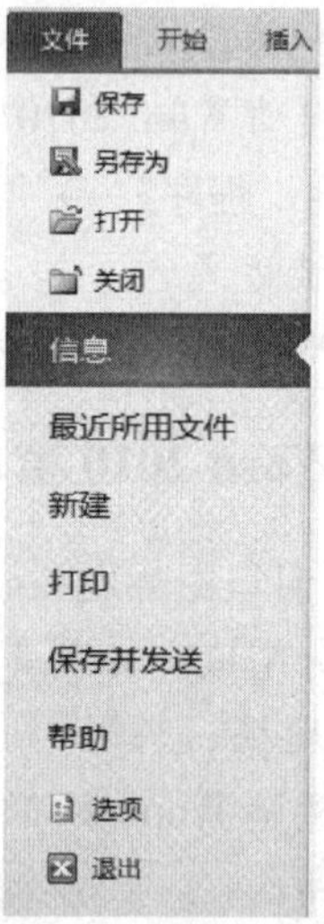

图3－4　“文件”选项卡

4. 功能区

功能区是菜单栏和工具栏的主要显示区，涵盖了所有的命令按钮和对话框。功能区首先将控件对象分为多个选项卡，然后在选项卡中将控件细化为不同的组。它们以形象化的图标表示，Word 对每个命令按钮表示的功能提供了简明的屏幕提示，只要将鼠标指针指向某一命令按钮稍停片刻，就会显示该按钮功能的简明提示。

5. 文档编辑区

占据 Word 窗口大部分的空白区是文档编辑区（或称工作区）。在这里可以打开一个文档，并对它进行文本输入、编辑或排版等操作。

6. 滚动条

滚动条分水平滚动条和垂直滚动条。使用滚动条中的滑块或按钮可滚动工作区内的文档内容。

7. 状态栏

状态栏位于 Word 窗口的最下边，用于显示当前的一些状态，如页码、字数统计、语法检查、改写、视图方式、显示比例等信息。例如：单击“改写”按钮，则切换到“插入”输入方式，单击“插入”按钮，则切换到“改写”输入方式。

8. 插入点和文档结束标记

当 Word 启动后就自动创建一个名为“文档 1”的空文档，其工作区中只有一个闪烁着的垂直条“|”（或称光标），称为插入点。每输入一个字符，插入点自动向右移动一格，指示下一个插入字符的位置。在编辑文档时，可以移动“I”状的鼠标指针并单击来移动插入点的位置，也可以使用光标移动键来将插入点移到所希望的位置。

在普通视图下，还会出现一小段水平横条，称之为文档结束标记。

9. 视图切换按钮

所谓“视图”，简单说就是显示文档的方式。同一个文档可以在不同的视图下查看，虽然文档的显示方式不同，但是文档的内容是不变的。Word 有五种视图，即普通视图、页面视图、Web 版式、大纲视图和阅读版式，可以根据对文档操作需求的不同采用不同的视图。

3.1.3 退出 Word 2010

常用的退出 Word 2010 的方法有以下几种。

（1）单击窗口标题栏右边的关闭按钮。

（2）执行“文件”→“退出”命令。

（3）执行“文件”→“关闭”命令。

（4）按快捷键 Alt + F4。

在执行退出 Word 的操作时，如文档输入或修改后尚未保存，那么 Word 将会出现一个对话框，询问是否保存文档。这时若单击“是”按钮，则保存当前输入或修改的文档，接着 Word 还会给出另一个对话框询问文件夹名、文档名和文档类型；若单击“否”按钮，则放弃当前所输入或修改的内容，并退出 Word；若单击“取消”按钮，则取消“退出”操作，继续工作。

3.2 案例 1——编写“求职自荐信”

任务提出

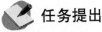

小李是大三的学生，他面临的最重要的任务就是找一份满意的工作。因此想精心制作一

份求职简历，简历中重要的一项就是求职自荐信。一封好的自荐信可以给用人单位留下深刻的第一印象，可以毫不夸张地说，自荐信编写得好坏，直接影响自己的工作机会。为此，小李找了有经验的师兄，在师兄的指点下，小李编写出了一封满意的自荐信。本节以编写个人求职自荐信为例，介绍 Word 的文字处理功能。

相关知识点

（1）文档的创建，Word 文档的录入，文本、段落的选定，字符、段落格式的设置。

（2）文本的查找与替换。

（3）页眉、页脚的设置。

（4）页面边框、打印输出的设置。

（5）页面的保存。

3.2.1　输入文章内容

1. 创建新文档

启动 Word 后，它就会自动打开一个新的空文档并暂时命名为“文档1”。如果在编辑文档的过程中还需要另外再创建一个或多个文档，可以用以下几种方法之一来实现。Word 将对其依次命名为“文档2”“文档3”等。

（1）用“文件”选项卡来创建。其操作步骤如下。

① 单击“文件”选项卡，在左侧的列表中选择“新建”选项；

② 在“新建”窗口中单击“可用模板”列表框中的“空白文档”按钮；

③ 单击“创建”按钮，即可创建一个空白文档。创建界面如图 3－5 所示。

图 3－5　用“文件”选项卡创建新文档

（2）单击快速访问工具栏中的“新建空白文档”按钮。

（3）使用“Ctrl + N”组合键。

2. 输入“自荐信”的内容

(1) 新建好一个文档后，插入点在工作区的左上角闪烁，表明可以输入文本了。首先选择自己熟悉的中文输入法，然后输入如图3-6所示的内容。其具体步骤如下。

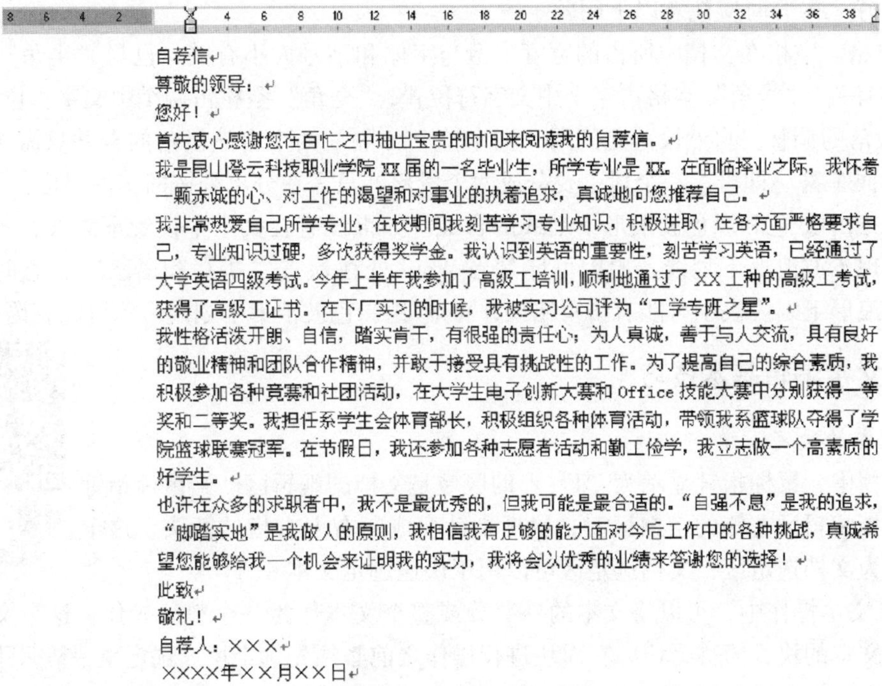
自荐信

尊敬的领导：

您好！

首先衷心感谢您在百忙之中抽出宝贵的时间来阅读我的自荐信。

我是昆山登云科技职业学院xx届的一名毕业生，所学专业是xx。在面临择业之际，我怀着一颗赤诚的心、对工作的渴望和对事业的执着追求，真诚地向您推荐自己。

我非常热爱自己所学专业，在校期间我刻苦学习专业知识，积极进取，在各方面严格要求自己，专业知识过硬，多次获得奖学金。我认识到英语的重要性，刻苦学习英语，已经通过了大学英语四级考试。今年上半年我参加了高级工培训，顺利地通过了XX工种的高级工考试，获得了高级工证书。在下厂实习的时候，我被实习公司评为“工学专班之星”。

我性格活泼开朗、自信，踏实肯干，有很强的责任心；为人真诚，善于与人交流，具有良好的敬业精神和团队合作精神，并敢于接受具有挑战性的工作。为了提高自己的综合素质，我积极参加各种竞赛和社团活动，在大学生电子创新大赛和Office技能大赛中分别获得一等奖和二等奖。我担任系学生会体育部长，积极组织各种体育活动，带领我系篮球队夺得了学院篮球联赛冠军。在节假日，我还参加各种志愿者活动和勤工俭学，我立志做一个高素质的好学生。

也许在众多的求职者中，我不是最优秀的，但我可能是最合适的。“自强不息”是我的追求，“脚踏实地”是我做人的原则，我相信我有足够的能力面对今后工作中的各种挑战，真诚希望您能够给我一个机会来证明我的实力，我将会以优秀的业绩来答谢您的选择！

此致

敬礼！

自荐人：×××

××××年××月××日

图3-6 “自荐信”内容

① 启动自己熟悉的中文输入法；

② 顶格输入文字“自荐信”，按［Enter］键结束当前段落；

③ 用相同的方法输入其他内容，并将文中的“××”用具体内容代替；

④ 日期的输入可以手动输入，也可以自动插入。自动插入的方法：单击“插入”选项卡的“文本”组中的“日期和时间”按钮，打开“日期和时间”对话框，如图3-7所示。

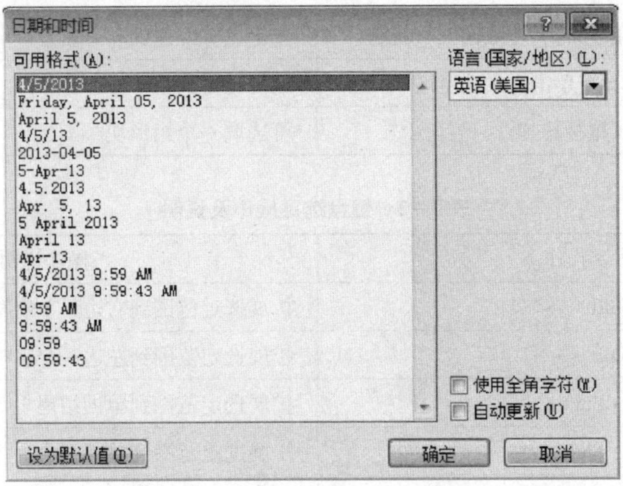

图3-7 “日期和时间”对话框

Word 具有自动换行的功能，当输入到每行的末尾时不必按［Enter］键，Word 就会自动换行，只有要结束一个段落时才按［Enter］键。按［Enter］键标识一个段落的结束，并且另起一行开始一个新的段落。

（2）输入内容时应注意以下问题。

① 空格。空格在文档中所占的宽度不但与字体和字号大小有关，也与“半角”或“全角”空格有关。“半角”空格占半个中文字符位置，“全角”空格占两个中文字符位置；

② 段落的调整。自然段落之间用“回车符”分隔。两个自然段落的合并只需删除它们之间的“回车符”即可。一个段落要分成两个段落，只需在分离处按回车键即可；

③ 文档中红色和绿色波浪形下划线的含义。如果没有在文本中设置下划线，却在文本的下面出现了波浪形下划线，原因可能是当 Word 处在检查“拼写和语法”状态时，Word 用红色波浪形下划线表示可能有拼写错误，Word 用绿色波浪形下划线表示可能有语法错误。

3.2.2 文字编辑基本技巧

微课：文本与段落格式

1. 文本的选定

在文档中，鼠标指针显示为“I”形的区域是文档的编辑区。当鼠标指针移动到文档编辑区左侧的空白区时，鼠标指针变成向右上方指的箭头，这个空白区称为文档选定区，文档选定区可以用于快速选定文本。

Word 文本操作中，可以将文本的一部分或整个文本作为一个整体操作，这个文本整体通常称为文本的块，简称为块。在对块进行操作之前必须先选定块。选定块一般采用鼠标和键盘两种操作方法，分别见表 3－1 和表 3－2。

表 3－1 鼠标选定操作及说明

鼠标操作	操作说明
按左键拖拽	鼠标指针所经过的区域被定义为块
在选取区单击左键	鼠标指针箭头所指向的行将被选定
双击文本选定区	选择鼠标所在段落
单击选定区并按住鼠标向下（或向上）拖拽	选定鼠标经过的若干行
三击选定区（Ctrl + 单击文本选定区）	选定整个文档
Alt + 鼠标拖拽	可选取一个矩形块

表 3－2 键盘选定操作及说明

按键操作	操作说明
Shift + →	扩展选定范围到右边一个字符
Shift + ←	扩展选定范围到左边一个字符
Ctrl + Shift + →	扩展选定范围到单词结尾
Ctrl + Shift + ←	扩展选定范围到单词开头
Shift + Home	扩展选定范围到行首

续表

按键操作	操作说明
Shift + End	扩展选定范围到行尾
Shift + ↓	扩展选定范围到下一行
Shift + ↑	扩展选定范围到上一行
Shift + PageUp	扩展选定范围到上一屏
Shift + PageDown	扩展选定范围到下一屏
Ctrl + Shift + Home	扩展选定范围到文档开头
Ctrl + Shift + End	扩展选定范围到文档结尾

2. 移动文本

移动文本有以下几种方法。

1）利用剪贴板移动文本

（1）选定所要移动的文本。

（2）剪切选定块。执行“开始”选项卡的“剪贴板”组中的“剪切”命令，或按快捷键 Ctrl + X，所选定的文本被剪切掉并保存在剪贴板中。

（3）移动选定文本。将插入点移到文本拟要移动到的新位置，此新位置可以是在当前文档中，也可以在另一个文档上；执行“开始”选项卡的“剪贴板”组中的“粘贴”命令，或按快捷键 Ctrl + V，所选定的文本便移动到指定的新位置上。

2）使用快捷菜单移动文本

（1）选定所要移动的文本。

（2）在选定区域上单击鼠标右键，执行快捷菜单中的“剪切”命令。

（3）将插入点移到文本拟要移动到的新位置。在此新位置上单击鼠标右键，单击快捷菜单中“粘贴选项”命令中的“保留原格式”按钮或“合并格式”按钮或“只保留文本”按钮。

3）使用鼠标拖动来移动文本

（1）选定所要移动的文本。

（2）在选定区域上，单击并拖动鼠标到文本拟要移动到的新位置。

（3）释放鼠标，文本即被移动到新位置。

3. 复制文本

复制文本有以下几种方法。

1）利用剪贴板复制文本

（1）选定所要复制的文本。

（2）执行“开始”选项卡的“剪贴板”组中的“复制”命令，或按快捷键 Ctrl + C 。此时，所选定的文本的副本被临时保存在剪贴板中。

（3）将插入点移到文本拟要复制到的新位置，此新位置可以是在当前文档中，也可以在另一个文档上；执行“开始”选项卡的“剪贴板”组中的“粘贴”命令，或按快捷键 Ctrl + V，所选定的文本的副本便复制到指定的新位置上。

2）使用快捷菜单复制文本

（1）选定所要复制的文本。

（2）在选定区域上单击鼠标右键，执行快捷菜单中的“复制”命令。

（3）将插入点移到文本拟要复制到的新位置。在此新位置上单击鼠标右键，单击快捷菜单中“粘贴选项”命令中的“保留原格式”按钮或“合并格式”按钮或“只保留文本”按钮。

3）使用鼠标拖动来复制文本

（1）选定所要复制的文本。

（2）在选定区域上，按下［Ctrl］键，同时单击并拖动鼠标到文本拟要复制到的新位置。

（3）释放鼠标，文本即被复制到新位置。

4. 查找与替换

Word 的查找功能不仅可以查找文档中的某一指定的文本，而且还可以查找特殊符号（如段落标记、制表符等）。替换命令既可以查找特定文本，又可以用指定的文本替代查找到的对象。

1）查找

使用“查找”命令可以快速查找到需要的文本或其他内容。其操作步骤如下。

（1）单击“开始”选项卡“编辑”组中的“查找”按钮，单击右侧的倒三角按钮，在弹出的下拉菜单中执行“查找”命令，或按快捷键 Ctrl + F，在文档的左侧弹出“导航”任务窗格。

（2）在“导航”任务窗格下方的文本框中输入要查找的内容。这里输入“高级”，此时在文本框的下方提示“6 个匹配项”，并且在文档中查找到的内容都会被涂成黄色。界面如图 3 – 8 所示。

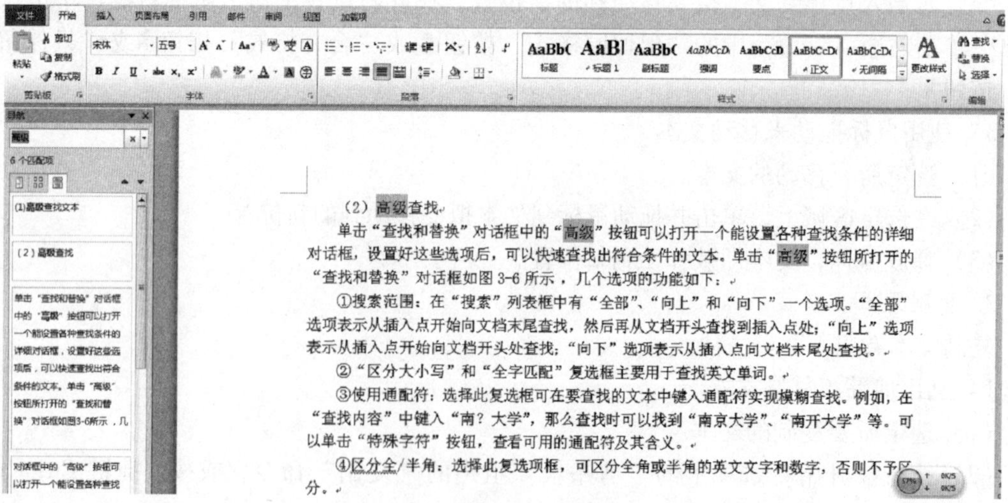

图 3 – 8　查找界面

（3）单击任务窗格中的“下一处”按钮（如图 3 – 9 所示），定位第一个匹配项。再次单击“下一处”按钮就可以快速查找到下一条符合的匹配项。

2）高级查找

执行“高级查找”命令可以打开“查找和替换”对话框，使用该对话框也可以快速查找内容。其操作步骤如下。

（1）单击“开始”选项卡“编辑”组中的“查找”按钮，单击右侧的倒三角按钮，在弹出的下拉菜单中执行“高级查找”命令，打开“查找和替换”对话框，如图3－10所示。

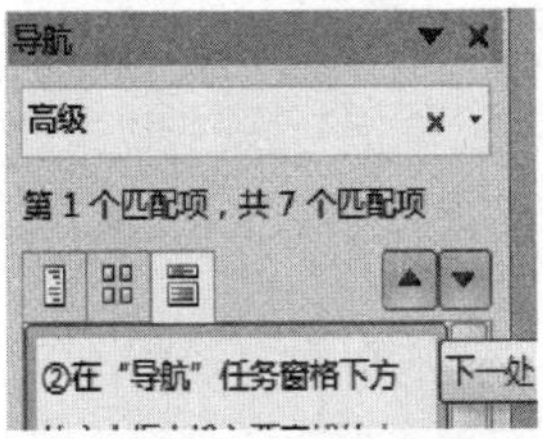

图3－9　窗格中的“下一处”按钮

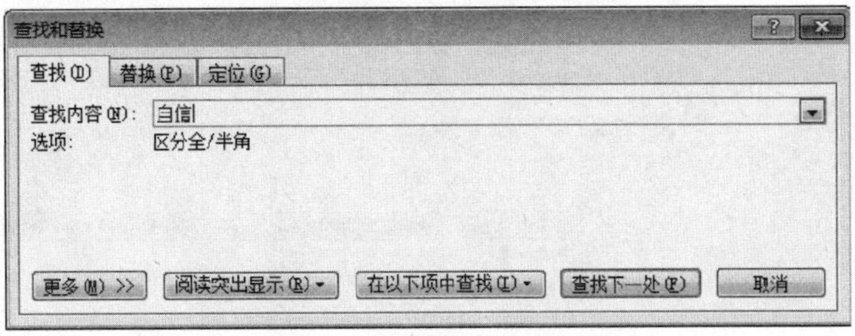

图3－10　“查找和替换”对话框

（2）单击“查找”标签，在“查找内容”列表框中键入要查找的文本，如键入“自信”一词。

（3）单击“查找下一处”按钮开始查找。当查找到“自信”一词后，Word将会定位到该文本位置并将查找到的文本背景用淡蓝色显示，如图3－11所示。

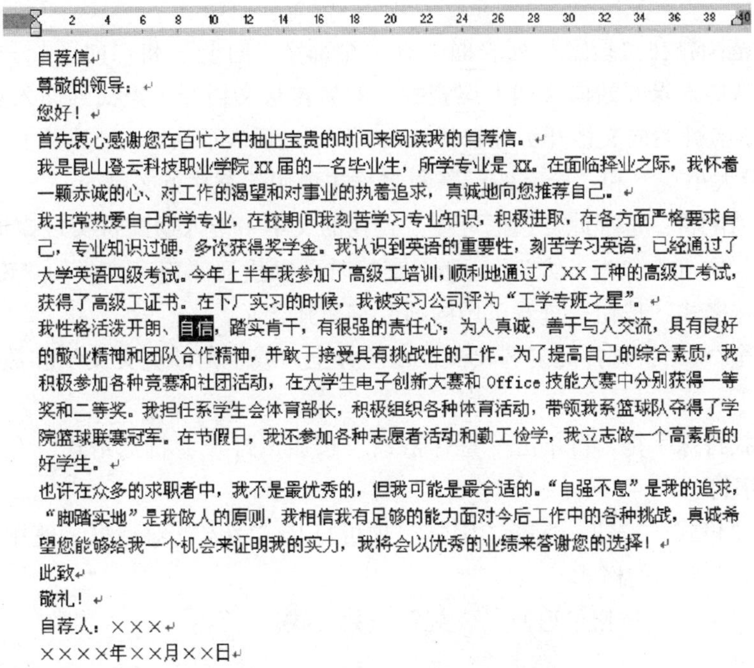

自荐信

尊敬的领导：

您好！

首先衷心感谢您在百忙之中抽出宝贵的时间来阅读我的自荐信。

我是昆山登云科技职业学院XX届的一名毕业生，所学专业是XX。在面临择业之际，我怀着一颗赤诚的心、对工作的渴望和对事业的执着追求，真诚地向您推荐自己。

我非常热爱自己所学专业，在校期间我刻苦学习专业知识，积极进取，在各方面严格要求自己，专业知识过硬，多次获得奖学金。我认识到英语的重要性，刻苦学习英语，已经通过了大学英语四级考试。今年上半年我参加了高级工培训，顺利地通过了XX工种的高级工考试，获得了高级工证书。在下厂实习的时候，我被实习公司评为“工学专班之星”。

我性格活泼开朗、自信，踏实肯干，有很强的责任心；为人真诚，善于与人交流，具有良好的敬业精神和团队合作精神，并敢于接受具有挑战性的工作。为了提高自己的综合素质，我积极参加各种竞赛和社团活动，在大学生电子创新大赛和Office技能大赛中分别获得一等奖和二等奖。我担任系学生会体育部长，积极组织各种体育活动，带领我系篮球队夺得了学院篮球联赛冠军。在节假日，我还参加各种志愿者活动和勤工俭学，我立志做一个高素质的好学生。

也许在众多的求职者中，我不是最优秀的，但我可能是最合适的。“自强不息”是我的追求，“脚踏实地”是我做人的原则，我相信我有足够的能力面对今后工作中的各种挑战，真诚希望您能够给我一个机会来证明我的实力，我将会以优秀的业绩来答谢您的选择！

此致

敬礼！

自荐人：×××

××××年××月××日

图3－11　“自信”背景用淡蓝色显示

（4）如果此时单击“取消”按钮，则关闭“查找和替换”对话框，插入点停留在当前查找到的文本处；如果还需要继续查找下一个的话，可再单击“查找下一处”按钮，直到整个文档查找完毕为止。

3）设置各种查找条件

单击“查找和替换”对话框中的“更多”按钮可以打开一个能设置各种查找条件的详细对话框，设置好这些选项后，可以快速查找出符合条件的文本。单击“更多”按钮所打开的“查找和替换”对话框如图3－12所示，几个选项的功能如下。

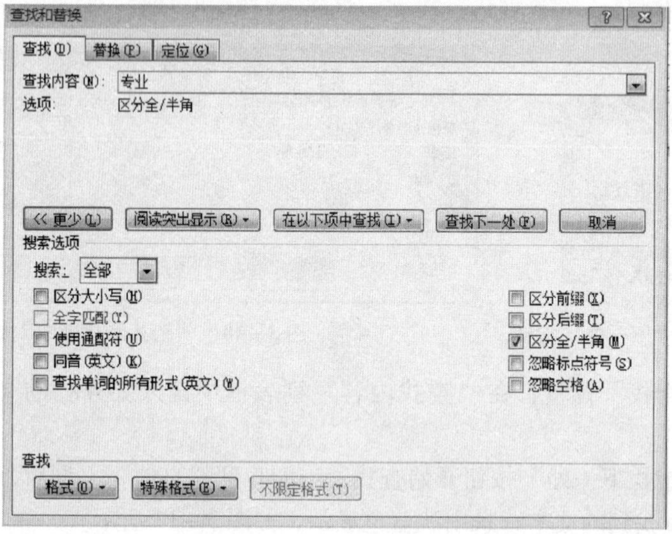

图3－12　设置各种查找条件的“查找和替换”对话框

（1）搜索范围：在“搜索”列表框中有“全部”“向上”和“向下”三个选项。“全部”选项表示从插入点开始向文档末尾查找，然后再从文档开头查找到插入点处；“向上”选项表示从插入点开始向文档开头处查找；“向下”选项表示从插入点向文档末尾处查找。

（2）“区分大小写”和“全字匹配”复选框主要用于查找英文单词。

（3）使用通配符：选择此复选框可在要查找的文本中键入通配符实现模糊查找。例如，在“查找内容”中键入“南？大学”，那么查找时可以找到“南京大学”“南开大学”等。可以单击“特殊格式”按钮，查看可用的通配符及其含义。

（4）区分全/半角：选择此复选项框，可区分全角或半角的英文文字和数字，否则不予区分。

（5）如要找特殊字符，可单击“特殊格式”按钮，打开“特殊格式”列表，从中选择所需要的特殊字符。

（6）单击“格式”按钮，选择“字体”项可打开“字体”对话框，使用该对话框可设置所要查找的指定文本的格式。

（7）单击“更少”按钮可返回“常规”查找方式。

4）替换文本

有时需要将文档中多次出现的某个字（或词语）替换为另一个字（或词语），例如将文中的“自荐信”替换为“自荐书”，就可以利用“查找和替换”功能来实现。其具体步骤如下。

（1）单击“开始”选项卡“编辑”组中的“替换”按钮替换，或按快捷键 Ctrl + H，打开“查找和替换”对话框的“替换”选项卡，如图3－13所示。

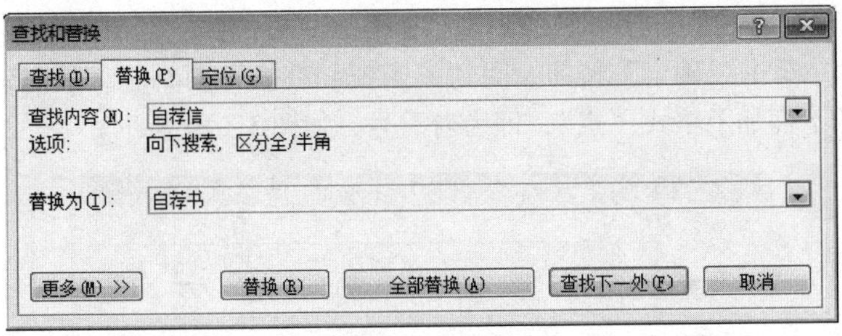

图3-13 “查找和替换”对话框的“替换”选项卡

（2）在“查找内容”列表框中键入“自荐信”。

（3）在“替换为”列表框中键入“自荐书”。

（4）根据情况单击下列按钮之一：

➢ “替换”按钮：替换找到的文本，继续查找下一处并定位；

➢ “全部替换”按钮：替换所有找到的文本，不需要任何对话；

➢ “查找下一处”按钮：不替换当前找到的文本，继续查找下一处并定位。

本例中，可单击“全部替换”按钮，将文中的“自荐信”全部替换为“自荐书”。

5）替换为指定的格式

“替换”操作不但可以将查找到的内容替换成指定的内容，也可以替换为指定的格式，可打开“格式”按钮进行设置。

如：把自荐信中的所有“专业”加着重号，其具体步骤如下。

（1）单击“开始”选项卡“编辑”组中的“替换”按钮或按快捷键 Ctrl + H，打开“查找和替换”对话框的“替换”选项卡。

（2）在“查找内容”列表框中键入“专业”。

（3）在“替换为”列表框中键入“专业”。

（4）单击“更多”按钮，选中“替换为”列表框中的“专业”，单击“格式”按钮，打开格式菜单，并选中“字体”子菜单，如图3-14所示。

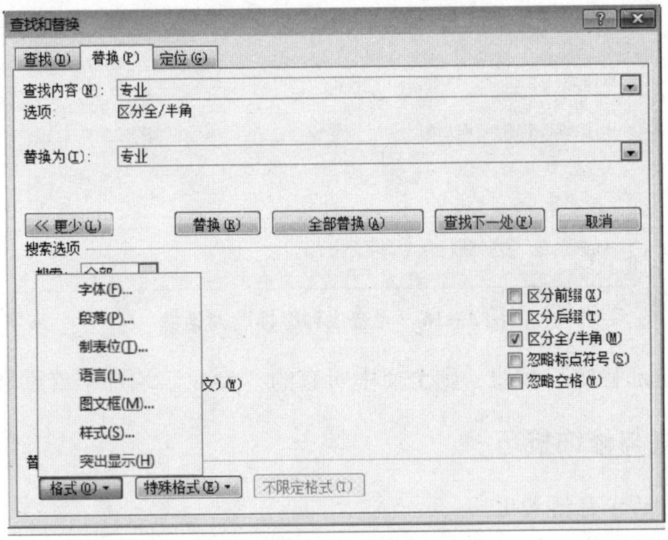

图3-14 格式菜单的设置

（5）在打开的“替换字体”对话框中，选择着重号，在预览框中，将看到预览效果，如图3－15所示，单击“确定”按钮，回到“查找和替换”对话框，此时，对话框中“替换为”列表框的下面加了格式“点”，即为着重号，如图3－16所示。

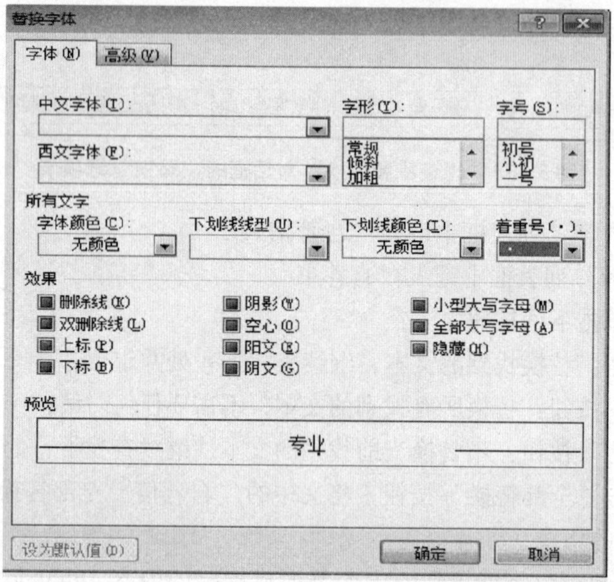

图3－15　“替换字体”对话框

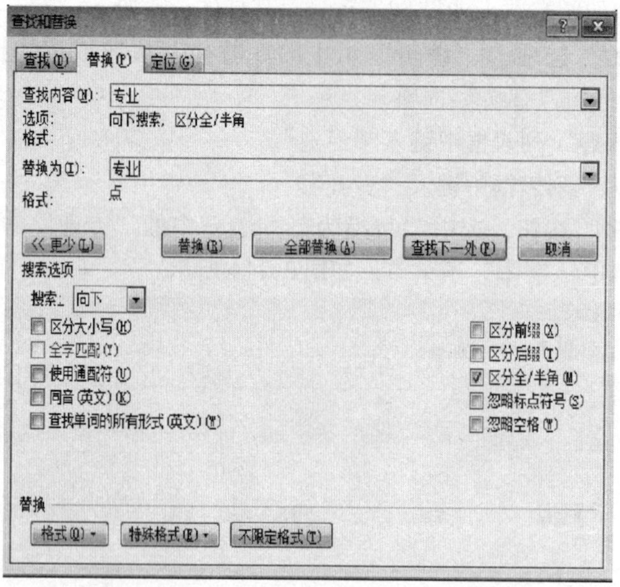

图3－16　“查找和替换”对话框

（6）单击“全部替换”按钮，则全文中所有的“专业”均加了着重号。

3.2.3　文章格式与修饰技巧

1. “自荐信”的字符格式化

字符格式化功能包括对各种字符的大小、字体、字形、颜色、字间距和各种修饰效果等进行定义。

如果要对已经输入的文字进行字符格式化设置，必须先选定要设置的文本。

在如图3－6所示的“自荐信”样文中，将标题“自荐信”设置为仿宋、二号、加粗，字符间距加宽10磅；正文内容设置为宋体五号。其具体操作步骤如下。

（1）选定要设置的标题文本“自荐信”。

（2）单击“开始”选项卡“字体”组右下角的“字体”按钮，如图3－17所示。

图3－17　“开始”选项卡“字体”组右下角的“字体”按钮

（3）在弹出的“字体”对话框中选择“字体”选项卡，在“中文字体”下拉列表框中选择“仿宋”，在“字形”下拉列表框中选择“加粗”，在“字号”下拉列表框中选择“二号”，如图3－18所示。

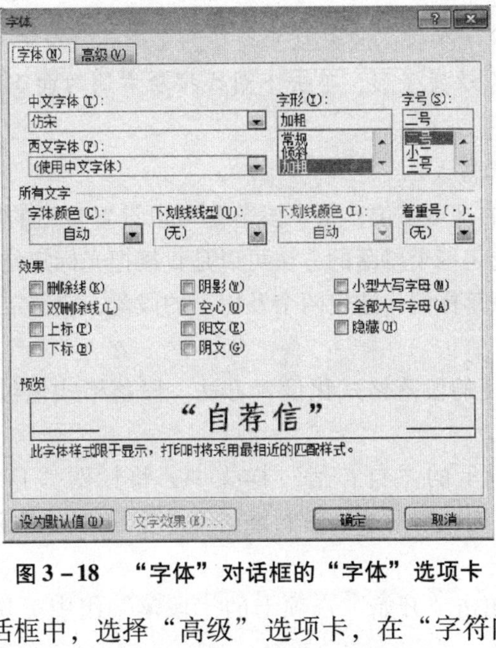

图3－18　“字体”对话框的“字体”选项卡

（4）在“字体”对话框中，选择“高级”选项卡，在“字符间距”选项组的“间距”下拉列表框中选择“加宽”，在对应的“磅值”数字框内输入“10磅”，如图3－19所示。单击“确定”按钮，完成对“自荐信”格式的设置。

（5）选中正文内容，在“字体”对话框中，分别选择“宋体”“五号”，单击“确定”按钮，完成对正文格式的设置。

【说明】 用户可以在选中的文本上单击鼠标右键，然后在快捷菜单中选择“字体”菜单打开“字体”对话框；也可以通过“开始”选项卡的“字体”组中的工具栏命令按钮直接设置文字的格式，如图3－17所示。

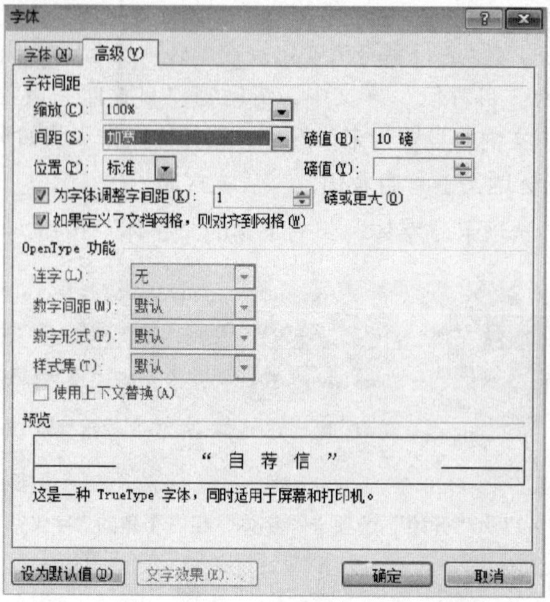

图 3－19　“字体”对话框的“高级”选项卡

单击更改字体按钮右侧的向下小箭头，在弹出的列表中选择所需字体；单击更改字号按钮右侧的向下小箭头，在弹出的列表中选择所需字号；单击加粗按钮 **B** 对字体进行加粗，倾斜按钮 *I* 改变字形，单击下划线按钮右侧的向下小箭头，在弹出的列表中选择所需的下划线。

2. “自荐信”的段落格式化

Word 以段落为排版的基本单位，每个段落都可以设置自己的格式。要对段落进行格式化，必须先选定段落。选定一个段落的方法可以是直接把光标定位到段落中，也可以是选定这个段落的所有文字及段落标记；选定两个及以上的段落，应选定这些段落的所有文字及段落标记。

Word 提供了灵活方便的段落格式化设置方法。段落格式化包括段落对齐、段落缩进、段落间距、行间距等。

（1）在如图 3－6 所示的“自荐信”样文中，将标题“自荐信”设置为“居中对齐”；将正文各段落设置为两端对齐、首行缩进 2 个字符、1.75 倍行距。其具体操作步骤如下。

① 选定标题段落，单击“开始”选项卡的“段落”组中工具栏上的“居中对齐”按钮；

② 选定正文各段落，单击“开始”选项卡“段落”组右下角的“段落”按钮，如图 3－20 所示，打开“段落”对话框；

③ 在“段落”对话框中的“缩进和间距”选项卡中，单击“对齐方式”下拉列表框，选择“两端对齐”；

④ 在“缩进”选项组的“特殊格式”下拉列表框中选择“首行缩进”，在“磅值”数字框中选择或输入“2 字符”；

图3－20　“开始”选项卡“段落”组右下角的“段落”按钮

⑤ 在“间距”选项组内的“行距”下拉列表框中选择“多倍行距”，在“设置值”数字框中输入“1.75”，如图3－21所示。

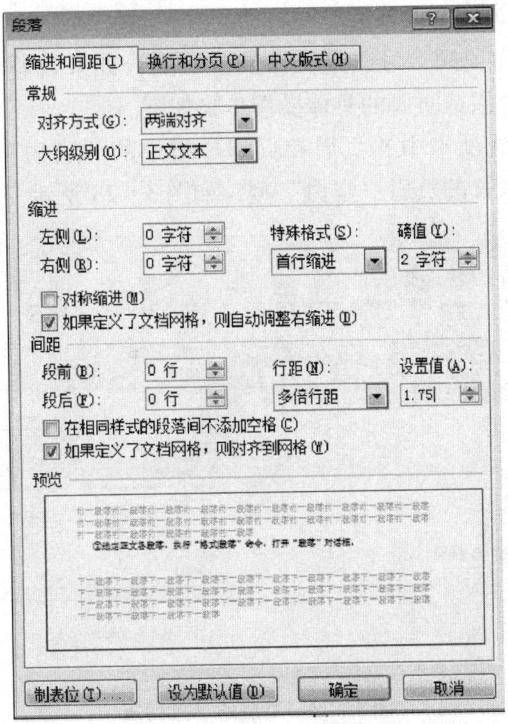

图3－21　“段落”对话框的“缩进和间距”选项卡

(2) 在如图3－6所示的“自荐信”样文中，按照信件的格式，利用水平标尺将“尊敬的领导：”和“敬礼!”段落的“首行缩进”取消。其具体操作步骤如下。

① 选中段落“尊敬的领导：”；

② 向左拖动水平标尺上的“首行缩进”标记到与“左缩进”重叠处（拖动时文档中显示一条虚线表明新的位置），如图3－22所示，释放鼠标；

图3－22　利用水平标尺取消“首行缩进”

③ 用同样的方法，取消段落“敬礼!”的“首行缩进”。

（3）在如图3－6所示的“自荐信”样文中，将最后两段（“自荐人：×××”和“××××年××月××日”所在的段落）设置为右对齐，再在“自荐人：×××”段落前面加两空白行。其具体操作步骤如下。

① 选中最后两段落；

② 单击“开始”选项卡的“段落”组中工具栏上的“右对齐”按钮；

③ 将光标定到“自荐人：×××”段落中“自”的前面，按两次回车键，即在该段落前加了两空白行。

3. 给“自荐信”添加页眉或页脚

为了使整个页面更加美观，可以给页面加上页眉，如果自荐信有几页，就应该加上页脚。添加页眉或页脚的具体操作步骤如下。

微课：页眉和页脚

（1）执行“插入”选项卡中“页眉和页脚”组中的“页眉”命令，在弹出的下拉列表中选择内置的页眉“空白”型，如图3－23所示。

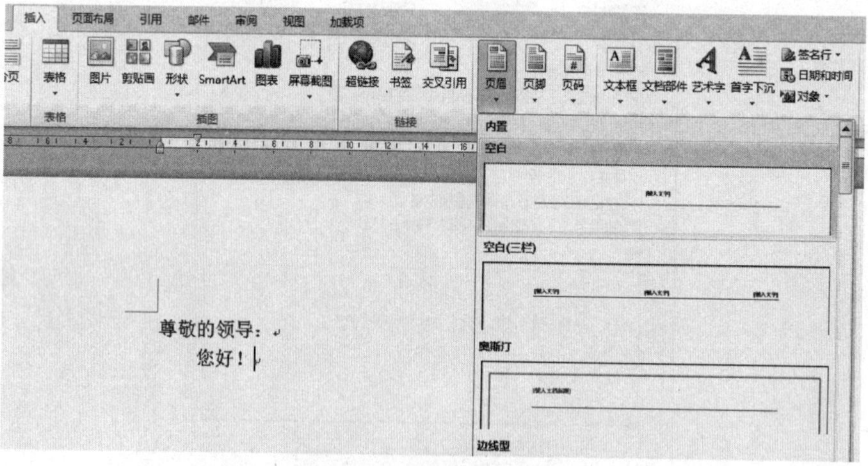

图3－23　页眉的下拉列表

（2）在光标处录入文字“昆山登云科技职业学院”作为页眉，如图3－24所示。

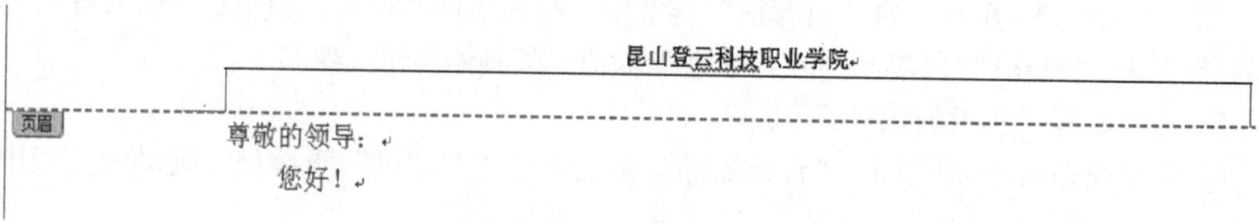

图3－24　设置页眉

（3）单击“页眉和页脚工具—设计”上“导航”组的“转至页脚”按钮，如图3－25所示，再进行页脚的设置；或者直接把光标定到页脚的位置，进行页脚的设置。页脚上既可以输入文字，也可以插入页码。

（4）单击“页眉和页脚工具—设计”上“页眉和页脚”组中的“页码”按钮，在下拉列表中选择“设置页码格式”选项，如图3－26所示。

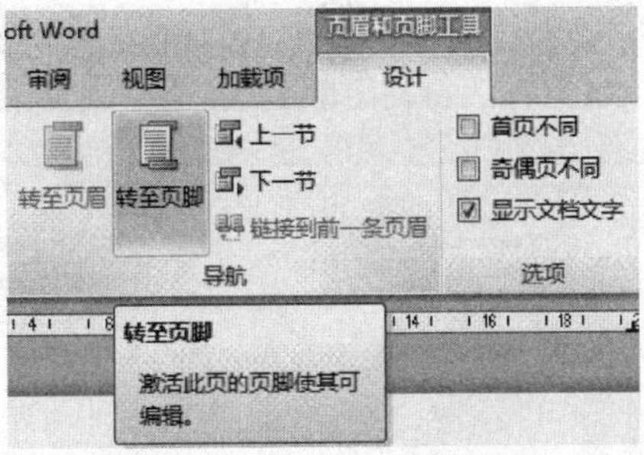

图 3－25　“转至页脚”按钮

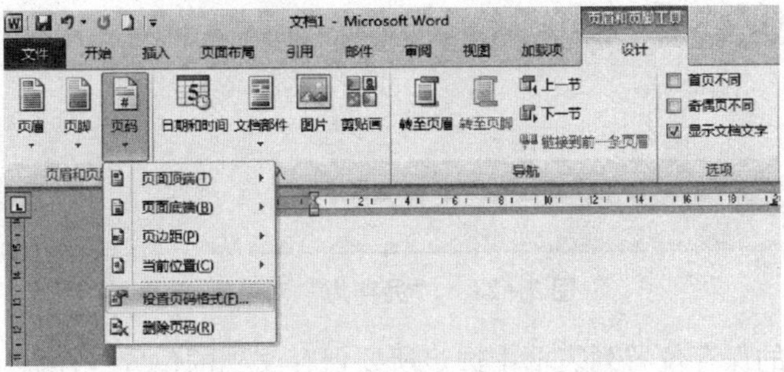

图 3－26　选择“设置页码格式”选项

(5) 在打开的“页码格式”对话框中，如图 3－27 所示，可以对页码的数字格式进行选择，还可以对起始页码进行设置。

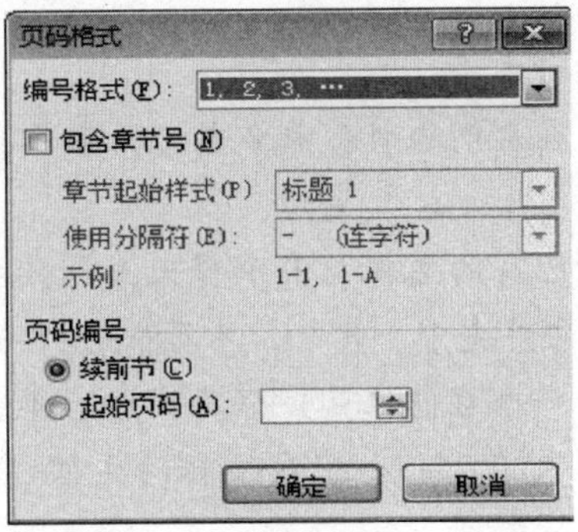

图 3－27　“页码格式”对话框

(6) 单击如图 3－26 所示的“页面底端”选项，在其子菜单中选择合适的位置，即可在页脚上插入每页的页码。

(7) 设置完成后，单击“页眉和页脚工具—设计”上“关闭”组中的“关闭”按钮。

3.2.4　保存与输出文稿

1. 保存“自荐信”

“自荐信”的内容制作好了之后，需要对其进行保存，其操作步骤如下。

(1) 单击“快速访问工具栏”的“保存”按钮，第一次保存文档时，会弹出如图 3－28 所示的“另存为”对话框。

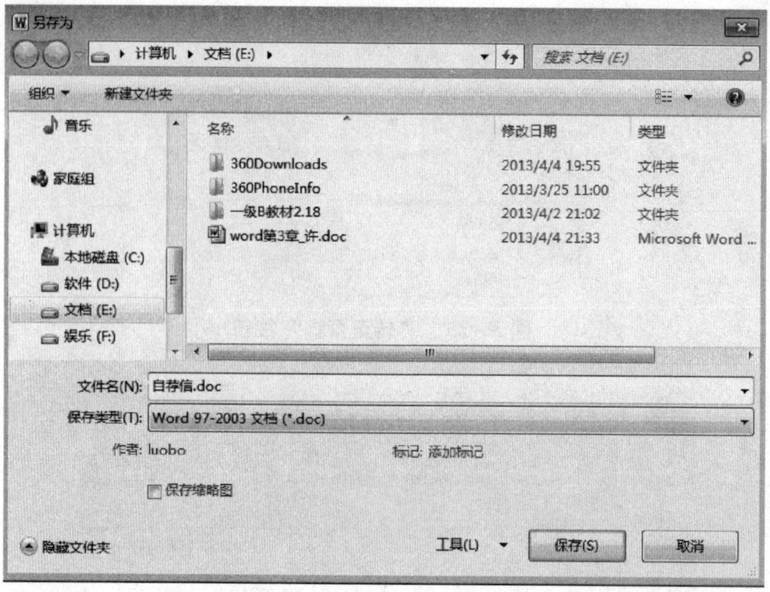

图3－28　“另存为”对话框

（2）在对话框的保存位置列表框中选定所要保存文档的位置（E盘）。

（3）在“文件名”列表框中输入文件名“自荐信.doc”，保存类型默认为Word文档。

（4）单击“保存”按钮。文档保存后，该文档窗口并没有关闭，可以继续输入或编辑该文档。

【说明】

（1）保存文件还有以下两种方法。

➢ 单击“文件”选项卡，在左侧的列表中单击“保存”按钮；

➢ 直接按快捷键Ctrl＋S。

（2）保存已有的文档。对已有的文件打开和修改后，同样用上述方法将修改后的文档以原来的文件名保存在原来的文件夹中。此时，不再出现“另存为”对话框。

（3）用另一文档名（或另一个存储位置）保存文档。单击“文件”选项卡，在左侧的列表中单击“另存为”按钮，可以把一个正在编辑的文档以另一个不同的名字（或位置）保存起来，而原来的文件依然存在。

2. 打印“自荐信”

在打印“自荐信”前要先进行页面的设置，设置上下页边距为3cm，左右页边距为2.5cm，方向为纵向，打印纸张为A4纸；再预览一下打印效果，最后打印输出。其操作步骤如下。

（1）单击“页面布局”选项卡中“页面设置”组中的“页边距”按钮。

（2）在弹出的下拉列表中拖动鼠标选择需要调整的页边距的大小，如图3－29所示。

（3）如果在下拉列表中找不到需要调整的页边距，则单击“页边距”下拉列表中的“自定义边距”按钮，打开“页面设置”对话框，选择“页边距”选项卡，在页边距栏中输入相应值，方向选择为纵向，如图3－30所示。

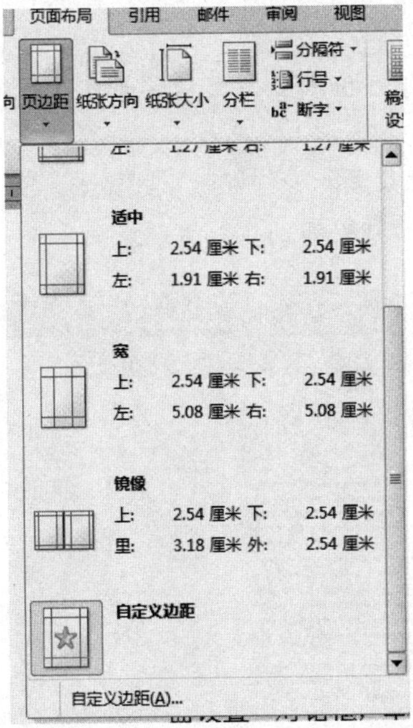

图 3－29 “页边距”按钮及下拉菜单

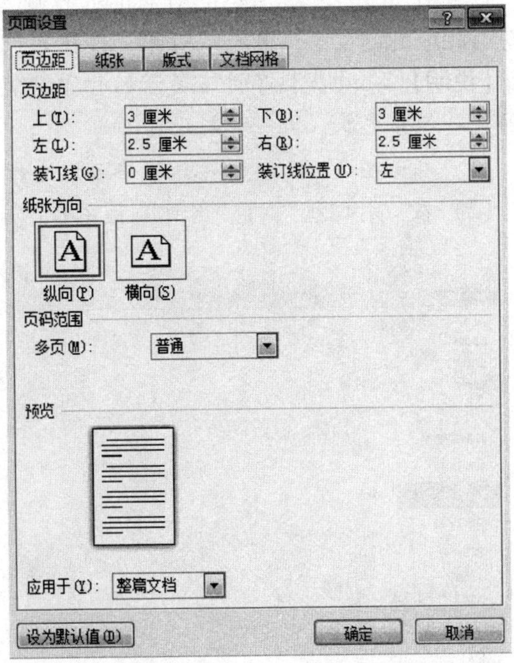

图 3－30 “页面设置”对话框的“页边距”选项卡

（4）单击“页面设置”对话框中的“纸张”选项卡，在“纸张大小”下拉列表框中选择 A4，如图 3－31 所示。

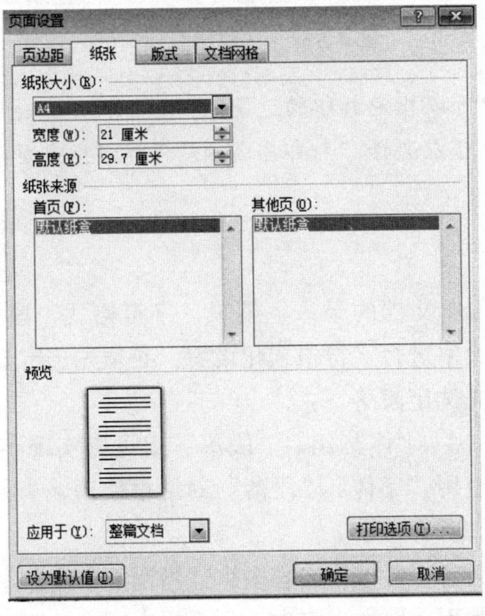

图 3－31 “页面设置”对话框的“纸张”选项卡

（5）设置完成后，单击“确定”按钮；

（6）单击“文件”选项卡，在左侧的列表中选择“打印”选项，打开如图 3－32 所示的对话框。

（7）在如图3－32所示的对话框的右侧为预览区，可以看到打印的效果，在该对话框中进行相应的设置后，单击“打印”按钮。

【说明】Word提供了许多灵活的打印功能，可以打印一份或多份文档，也可以打印文档的某一部分文本、某一页或几页。

（1）在如图3－32所示对话框中可以进行打印份数的设置。

（2）在“打印机”的“名称”框中可以选择所使用的打印机。

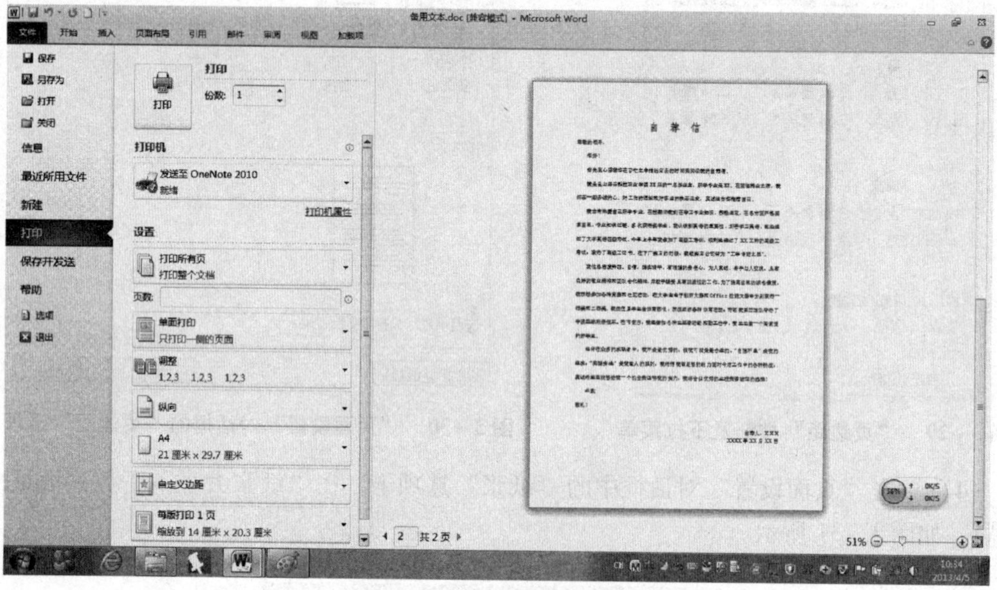

图3－32　“打印”对话框

（3）在“页数”框中可以指定打印的范围。

（4）在“设置”组中可以选择“打印当前页”“打印指定页面”“打印所选内容”等。

3.2.5　案例总结

本节主要介绍了对Word文档的录入、编辑、字符格式、段落格式和页面格式的设置等。如果要对已经输入的文字进行字符格式化设置，必须先选定要设置的文本；如果要对段落进行格式化设置，必须先选定段落。

通过“开始”选项卡中“字体”组、“段落”组可以实现字符、段落的基本设置，字符、段落的复杂设置则应使用“字体”“段落”对话框实现，“字体”“段落”对话框集中了字符、段落进行格式化的所有命令。

对字符及段落进行排版时，要根据内容多少适当调整字体、字号及行间距、段间距，使内容在页面中分布合理，既不要留太多空白，也不要太拥挤。

另外，需要补充几个常用的知识点。

1. 打开已存在的文档

当要查看、修改、编辑或打印已存在的Word文档时，首先应该打开它。

打开一个或多个Word文档的常用方法如下。

(1) 单击快速访问工具栏中的“打开”按钮。

(2) 执行“文件”选项卡中的“打开”命令。

(3) 按快捷键 Ctrl + O。

执行“打开”命令时，Word 会显示一个“打开”对话框。在“打开”对话框“查找范围”列表框下方的文件名列表框中，选定要打开的文档名即可。如果选定多个文档名，则可同时打开多个文档。

2. 格式刷的使用

当需要使文档中某些字符或段落的格式相同时，可以使用格式刷来复制字符或段落的格式，这样既可以使排版风格一致，又可以提高排版效率。

在如图 3 - 6 所示的“自荐信”样文中，将“尊敬的领导:”“自荐人：×××”“××××年××月××日”设置为“仿宋、四号”，其具体操作步骤如下。

(1) 用前面所讲方法，把“尊敬的领导:”设置为“仿宋、四号”。

(2) 选定“尊敬的领导”。

(3) 单击“开始”选项卡中“剪贴板”组上的“格式刷”按钮。

(4) 当鼠标指针变成格式刷形状时，选择目标文本“自荐人：×××”“××××年××月××日”，同时“格式刷”按钮自动弹起，表明格式复制功能自动关闭。

3. 项目符号和段落编号的设置

编排文档时，在某些段落前若加上编号或某种特定的符号（称项目符号），可以提高文档的可读性，手工输入段落编号或项目符号不仅效率不高，而且在增、删段落时还需要修改编号顺序，容易出错。在 Word 中，可以在键入文本时自动给段落创建编号或项目符号，也可以给已键入的各段文本添加编号或项目符号。

(1) 自动创建编号或项目符号。自动创建段落编号的方法：在键入文本时，先键入如“1.”“(一)”“第一、”或“A.”等格式的起始编号，然后输入文本。当按下 [Enter] 键时，在新的一段开头处就会根据上一段的编号格式自动创建编号。重复上述步骤，可以对键入的各段建立一系列的段落编号。如果要结束自动创建编号，那么按 BackSpace 键删除插入点前的编号即可（或者再按一下 [Enter] 键）。在这些已建立编号的段落中，删除或插入某一段落时，其余的段落编号会自动修改，不必人工干预。

在键入文本时，自动创建项目符号的方法是：键入文本前，先输入一个星号“*”，再输入一个空格，星号会自动变成黑色的项目符号“●”，然后再输入文本。当输完一段文本按 [Enter] 键后，将在新的一段开始处自动添加同样的项目符号。这样，以后输入的每一段前都会有一个项目符号，最后新的一段（指未曾输入文本的一段）前也有一个项目符号。如果要结束自动添加项目符号，那么按 BackSpace 键删除插入点前的项目符号即可（或者再按一下 [Enter] 键）。

(2) 给已键入的各段落添加项目符号或编号。

① 首先选定要添加项目符号或编号的段落；

② 单击“开始”选项卡中“段落”组中的“项目符号”按钮或“编号”按钮右侧的小三角形，打开“项目符号”列表或“编号”列表，如图 3 - 33 所示；

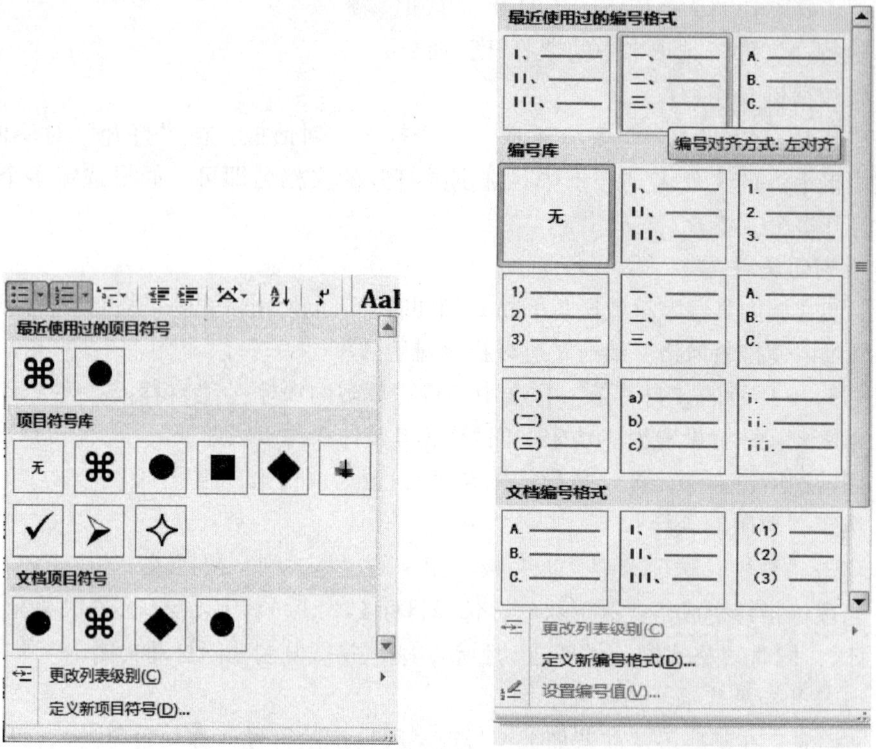

图 3-33　“项目符号”和“编号”列表

③ 在列表中选择所需的“项目符号”或“编号”；

④ 单击“定义新项目符号”按钮或“定义新编号格式”可以选择并定义新的项目符号或编号。

3.3　案例2——使用表格制作班级成绩表

任务提出

期末考试结束后，班主任老师要统计全班同学的成绩，求出每位同学的总分，还要对全班同学按总分进行排序，作为评定奖学金的一个依据。本节以制作班级成绩表为例，介绍Word 中表格的相关操作。

相关知识点

（1）表格的创建，表格行、列、单元格的编辑。

（2）表格数据的排序和计算。

（3）表格边框和底纹的设置。

（4）自动套用格式的设置。

3.3.1 创建表格

微课：
绘制表格

1. 创建表格

方法一：利用插入表格命令创建表格，其操作步骤如下。

（1）打开插入表格对话框。单击“插入”选项卡的“表格”组中的“表格”按钮，在弹出的下拉列表中选择“插入表格”选项，打开“插入表格”对话框，如图 3－34 所示。

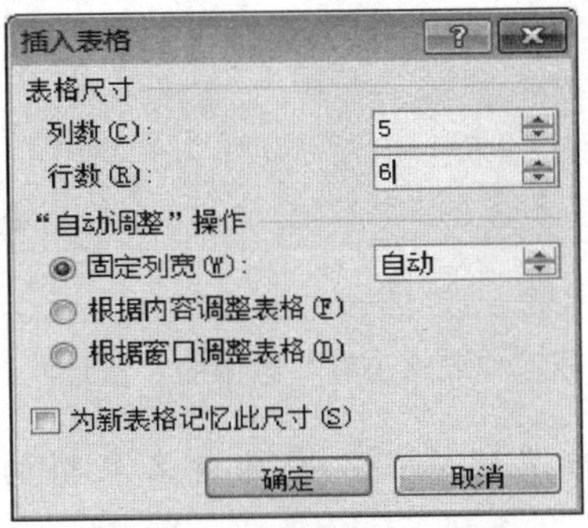

图 3－34 “插入表格”对话框

（2）确定表格行、列数。在表格尺寸选项区域中，将表格的列数设置为 5，行数设置为 6。然后单击“确定”按钮，页面中表格如图 3－35 所示。

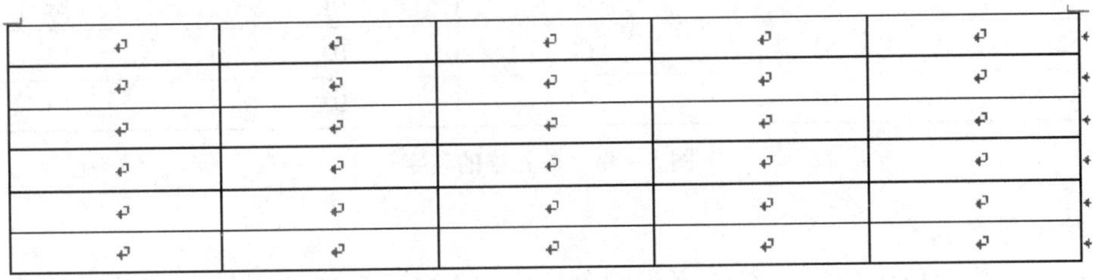

图 3－35 插入的表格

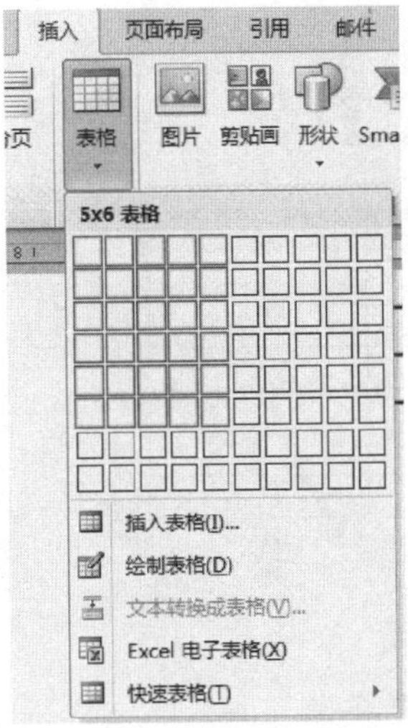

图 3－36 拖动插入 6 行 5 列表格

方法二：使用内置行、列功能创建表格，其操作步骤如下。

（1）光标移到要插入表格的位置。

（2）单击“插入”选项卡的“表格”组中的“表格”按钮，在弹出的下拉列表中选择“插入表格”选项上方的网格显示框。

（3）将鼠标指向网格，向右下方向拖动鼠标，选定 6 行 5 列，如图 3－36 所示，松开鼠标，表格会自动插入到当前光标的位置。

方法三：手动创建表格，其操作步骤如下。

（1）单击“插入”选项卡的“表格”组中的“表格”按钮，在弹出的下拉列表中选择“绘制表格”选项，鼠标指针变为一根铅笔的形状。

（2）移动笔形鼠标指针到文本区域，然后按住鼠标左键不放把鼠标拖拽到适当的位置，释放鼠标左键后即可绘制出一个矩形，即表格的外围边框。

（3）再用“铅笔”在空表内画横线即可添加行，画竖线即可添加列。

（4）若想删除某一条线，则可以将光标置于表格内，在弹出的“表格工具”组中单击“设计”选项卡中的“擦除”按钮，如图3－37所示，此时鼠标指针变成“橡皮”的形状，沿着要删除的线条拖动“橡皮擦”即可将其删除。

注意：手动创建表格，可以手工绘制斜线，该方法可以方便地在任意单元格中的两个对角间绘制一条斜线。

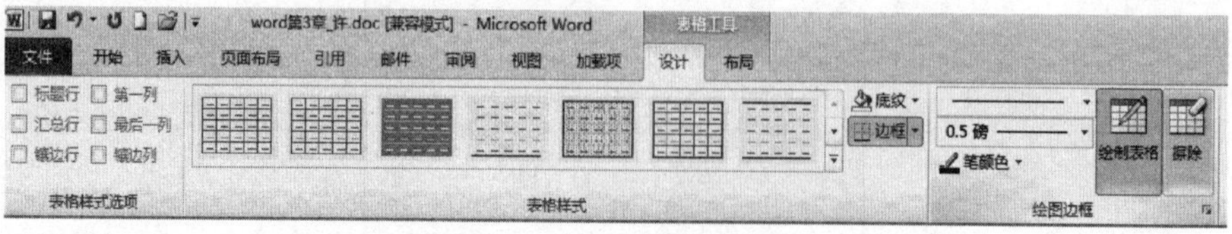

图3－37　“表格工具”组中的“设计”选项卡

【说明】表格中单元格的命名规则：以字母命名表格的列，从左到右依次为A、B、C、…；以数字命名表格的行，从上到下依次为1，2，3，…；单元格的名字由单元格所在的列名和所在的行序号组合而成，如第2行第3列的单元格名为C2。各单元格的名字如图3－38所示。

A1	B1	C1	D1	E1
A2	B2	C2	D2	E2
A3	B3	C3	D3	E3

图3－38　单元格的名字

2. 绘制斜线表头

（1）将光标定位到要插入斜线表头的单元格（A1），单击“设计”选项卡的“表格样式”组中的“边框”按钮，在弹出的下拉列表中选择“斜下框线”选项，如图3－39所示。

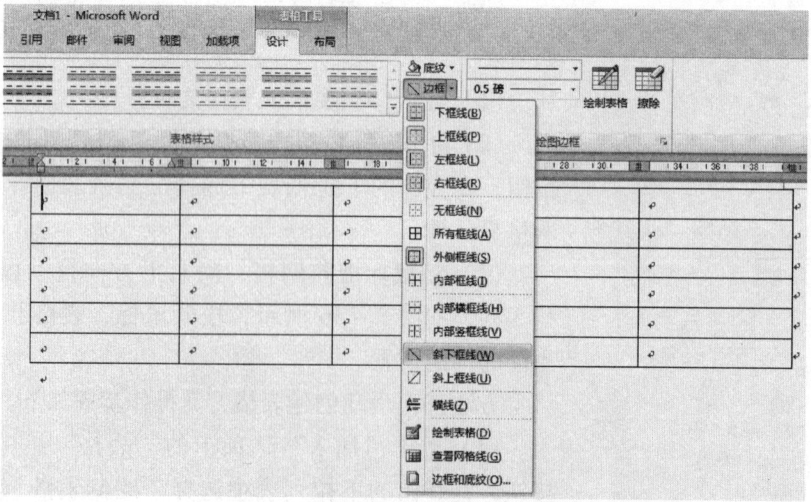

图3－39　选择“斜下框线”选项

（2）此时可以看到已向表格中插入了斜线。向表格中输入“成绩”，并连续按两次Enter键；再输入“姓名”，完成表头的绘制。

3.3.2 编辑与调整表格结构

所谓表格的编辑与调整表格结构主要包括表格的选定，调整行高和列宽，插入或删除行、列和单元格，单元格的合并与拆分等。

1. 选定表格

为了对表格进行修改，首先必须选定表格待修改的部分。用鼠标选定表格的单元格、行或列的操作方法如下。

（1）选定单元格：把鼠标指针移到要选定的单元格左边界处，当指针变为选定单元格指针时（黑色向右上角指的箭头），单击左键，就可选定所指的单元格。选定的单元格背景呈淡蓝色。

注意：单元格的选定与单元格内全部文字的选定的表现形式是不同的。

（2）选定表格的行：把鼠标指针移到文档窗口的选定区，当指针变成白色向右上角指的箭头时，单击左键就可选定所指的行。若要选定表格的连续多行，只要从要选定的开始行拖动到要选定的最末一行，放开鼠标左键即可。

（3）选定表格的列：把鼠标指针移到表格的顶端，当鼠标指针变成向下的黑色箭头时，单击左键就可选定箭头所指的列。若要选定表格的连续多列，只要从要选定的开始列拖动鼠标到要选定的最末一列，放开鼠标左键即可。

（4）选定全表：单击表格移动控制点，如图3－40所示，可以迅速选定全表。显然，用上述拖动鼠标的方法也可以选定全表。

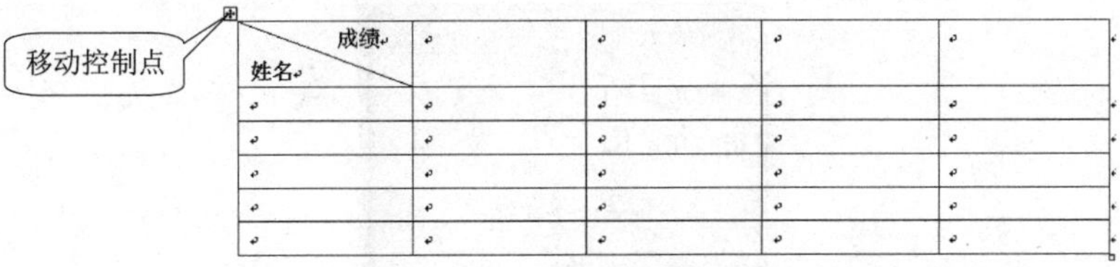

图3－40 表格移动控制点

2. 修改表格的结构

（1）合并单元格。选中B1：D1单元格，右键单击执行“合并单元格”命令，如图3－41所示，可将这三个单元格合并成一个单元格。合并后的效果如图3－42所示。

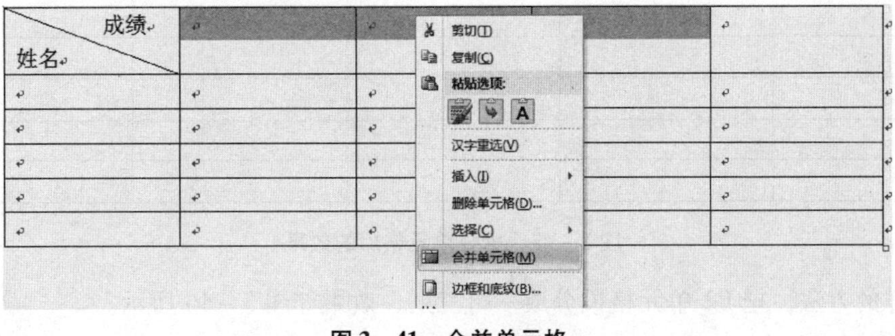

图3－41 合并单元格

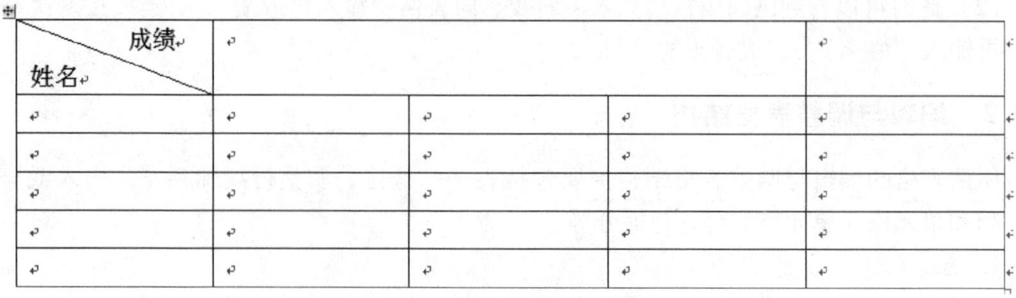

图 3－42　合并单元格后的效果

（2）拆分单元格。选中要拆分的单元格，右键单击执行“拆分单元格”命令，如图3－43所示，打开“拆分单元格对话框”，如图3－44所示，在列数和行数框中分别输入数字1和2，单击“确定”按钮，把单元格拆分成两行一列，拆分效果如图3－45所示。

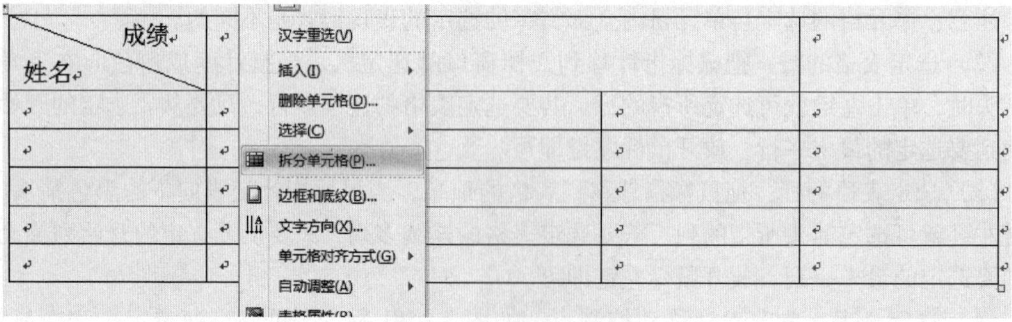

图 3－43　拆分单元格

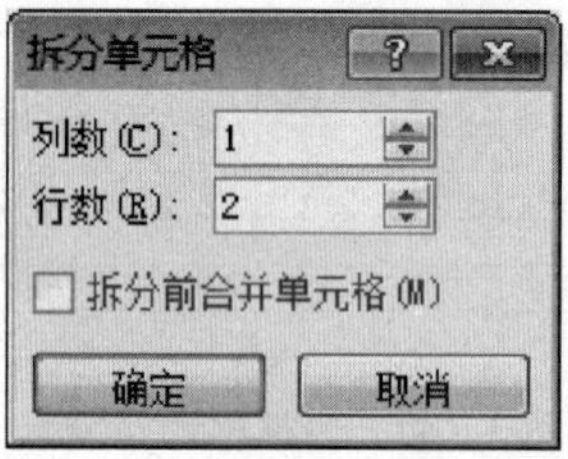

图 3－44　拆分单元格对话框

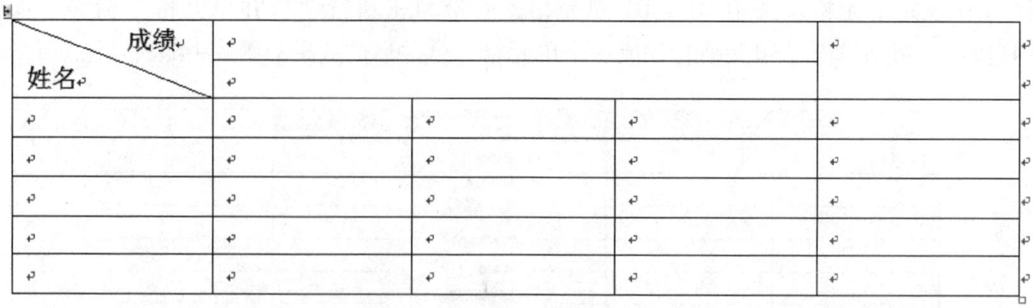

图 3－45　拆分单元格后的效果

用同样的方法，把B2单元格拆分成一行三列，效果如图3－46所示。

成绩 / 姓名				

图 3－46　将 B2 单元格拆分后的效果

3. 添加表格文字

输入表格内文字，要求将字体设置为宋体、五号，对齐方式为水平居中、垂直居中（中部居中），标题行字体为加粗，设置后的效果如图 3－47 所示。其具体操作步骤如下。

成绩 / 姓名	**各科成绩**			**总分**
	计算机基础	**大学英语**	**高等数学**	
张文梅	90	84	79	
李彬彬	93	86	84	
许佳佳	92	93	85	
王巧凤	86	79	76	
宋逸飞	82	75	90	

图 3－47　输入表格内容

（1）在各单元格内输入相应内容，并设置为“五号”“宋体”，标题行字体设为加粗。

（2）选中表格内所有内容，在表格内单击鼠标右键，在弹出的快捷菜单中选择“单元格对齐方式”选项，在子菜单中选择“中部居中”选项，如图 3－48 所示。

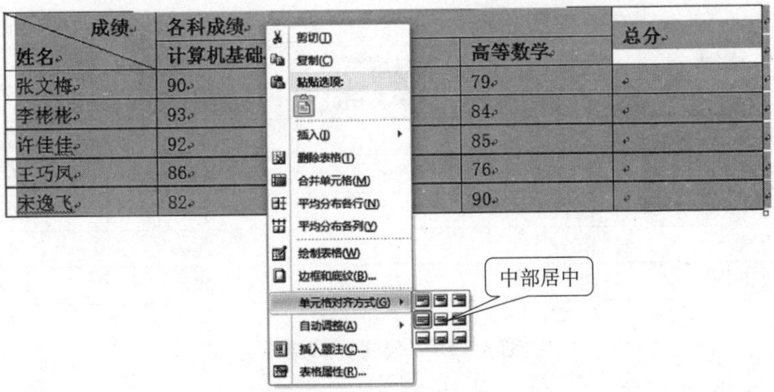

图 3－48　单元格对齐方式设置

如要修改已经输入的内容，只要将光标插入到单元格中，双击该单元格，新输入的内容将把原有的内容覆盖。

3.3.3　表格中数据的排序和计算

Word 提供了对表格中的数据进行简单计算和排序的功能。

1. 计算

Word 提供了一些对表格数据诸如求和、求平均值等常用的统计计算功能，利用这些计算功能可以对表格中的数据进行计算。计算如图 3－47 所示的学生考试成绩的总分的操作步骤如下。

（1）将插入点移到存放总分的单元格中，本例中是放在第三行的最后一列，即求张文梅的总分。单击“布局”选项卡的“数据”组中的“公式”按钮，打开如图 3－49 所示的“公式”对话框。

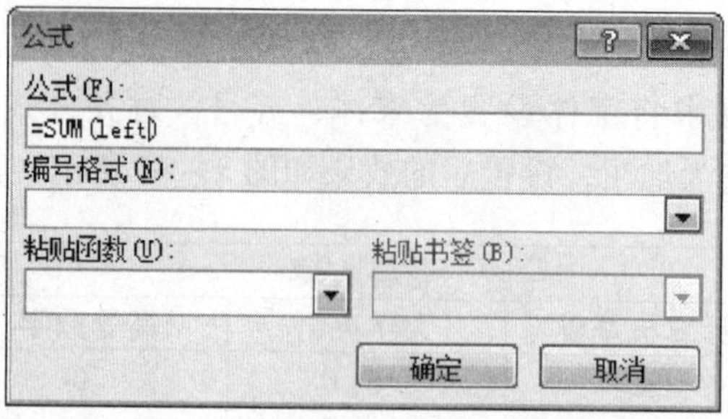

图 3－49　“公式”对话框

（2）在“公式”列表框中显示“＝SUM（left）”，表明要计算左边各列数据的总和，公式名也可以在“粘贴函数”列表框中选定。

【说明】常见的函数有 SUM（）求和、AVERAGE（）求平均值、COUNT（）计数、MAX（）求最大值、MIN（）求最小值。above 指对上面所有数字单元格计算；left 指对左边所有数字单元格计算；right 指对右边所有数字单元格计算。

（3）单击“确定”按钮，得出计算结果，同样的操作可以求得以下各行的总分，如图 3－50 所示。

成绩 / 姓名	各科成绩			总分
	计算机基础	大学英语	高等数学	
张文梅	90	84	79	253
李彬彬	93	86	84	263
许佳佳	92	93	85	270
王巧凤	86	79	76	241
宋逸飞	82	75	90	247

图 3－50　公式计算结果

【说明】

（1）函数的参数可以用单元格名称表示。用逗号分隔独立的单元格；用冒号分隔某设定范围中第一个和最后一个单元格。如：上例中，求张文梅的总分公式内容可为：＝SUM（B3：D3）。

（2）如果想查看某一存放运算结果的单元格的定义公式，可选中该单元格的内容，按 Shift＋F9 键，可显示此域的计算公式；再按一次 Shift＋F9 键，又还原为显示运算结果。

2. 排序

在 Word 中，数据排序通常总是针对表格中的某一列数据而言的，它可以将表格中某一列的数据（可以是数值或文字）按照某一规则排序，并按排序结果重新组织各行数据在表格中的顺序。以下对如图 3－50 所示的班级成绩表按总分对全班同学进行递减排序，当两个学生的总分成绩相同时，再按大学英语成绩递减排序。

排序的操作步骤如下。

（1）插入点移入要排序的表格中，或者选中要排序的行或列。

【说明】 因为如图 3－50 所示的成绩表中有合并的单元格，所以排序时，不要选中合并的单元格，只选中要排序的单元格，即选中第三行到第七行。

（2）单击“布局”选项卡的“数据”组中的“排序”按钮，打开“排序”对话框，如图 3－51 所示。

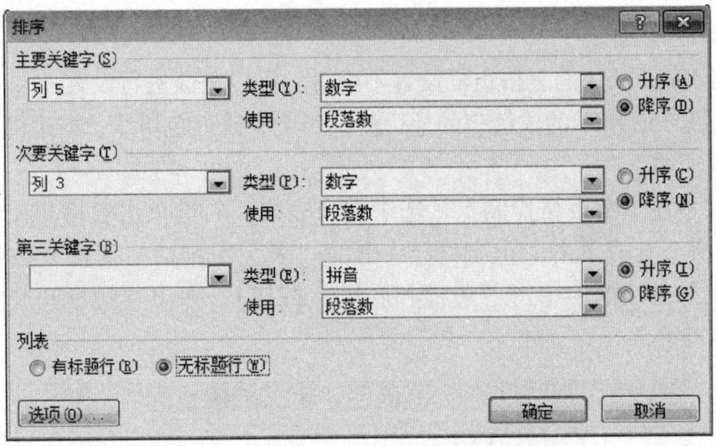

图 3－51　排序对话框的选项设置

（3）在“主要关键字”列表框中选定“列 5”项（即总分列），在其右边的“类型”列表中选定“数字”，再单击“降序”单选框。

（4）在“次要关键字”列表框中选定“列 3”项（即大学英语列），在其右边的“类型”列表框中选定“数字”，再单击“降序”单选框。

（5）在“列表”选项组中，单击“无标题行”单选框。

（6）设置完毕后，单击排序对话框中的“确定”按钮。排序后的结果如图 3－52 所示。

成绩 / 姓名	各科成绩			总分
	计算机基础	大学英语	高等数学	
许佳佳	92	93	85	270
李彬彬	93	86	84	263
张文梅	90	84	79	253
宋逸飞	82	75	90	247
王巧凤	86	79	76	241

图 3－52　排序后的结果

【说明】选项卡中的选项设置：

主要关键字——设置排序的主要依据，即指定根据哪一列数据排序，类型框中选定按数字的大小排序或按笔画的多少排序，并设置按升序或降序排序。

次要关键字——设置排序的次要依据，即当主要关键字相同时，按次要关键字进行排序，类型框中选定按数字的大小排序或按笔画的多少排序，并设置按升序或降序排序。

第三关键字——当主要关键字和次要关键字都相同时，按第三关键字排序。

列表——有两个单选项，其中“有标题行”表示排序表格有标题行，“无标题行”表示排序表格无标题行。

3.3.4 表格的修饰

为了使创建的表格更加美观，通常要对表格的格式进行一定的设置，下面介绍几个常用的操作。

1. 设置表格边框

如果用户对Word默认的表格边框设置不满意，可以重新进行设置。

要求将如图3－52所示的成绩表的外边框设为1.5磅红色单线，内边框设为0.5磅红色单线，其操作步骤如下。

（1）单击表格左上角表格控制点，选中整个表格。右键单击表格，在快捷菜单中执行“边框和底纹”命令（或单击“布局”选项卡的“表”组中的“属性”按钮，弹出“表格属性”对话框，在对话框中单击“边框和底纹”按钮），弹出“边框和底纹”对话框，如图3－53所示。

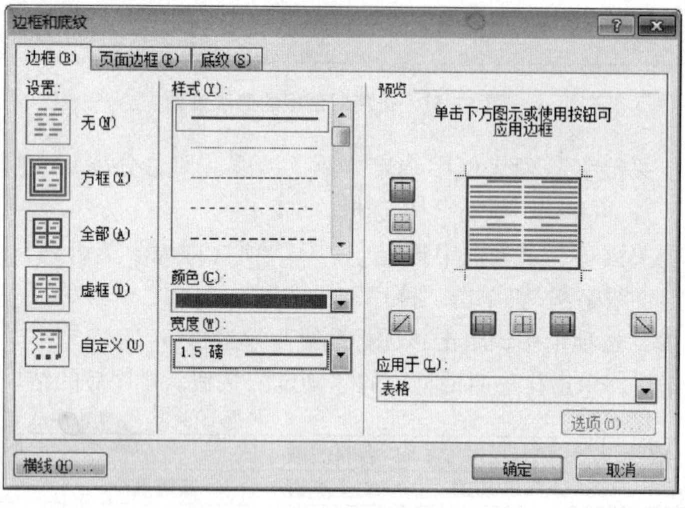

图3－53 “边框和底纹”对话框

（2）选中“边框”标签，为了设置外边框，在“设置”组中选中“方框”，“样式”选中“单实线”，在“颜色”下拉菜单中选择“红色”，在“宽度”下拉列表中选择1.5磅。

（3）在“应用于”下拉列表中，选择“表格”选项，即可在“预览”框看到设置效果，如图3－53所示。

（4）单击“确定”按钮，完成外边框的设置。

(5) 重新打开“边框和底纹”对话框，选中“边框”标签，为了设置内边框，在“设置”组中，选中“自定义”标签，“样式”选中“单实线”，在“颜色”下拉菜单中选择“红色”，在“宽度”下拉列表中选择 0.5 磅，单击“预览”框中的内边框按钮，其设置如图 3－54 所示。

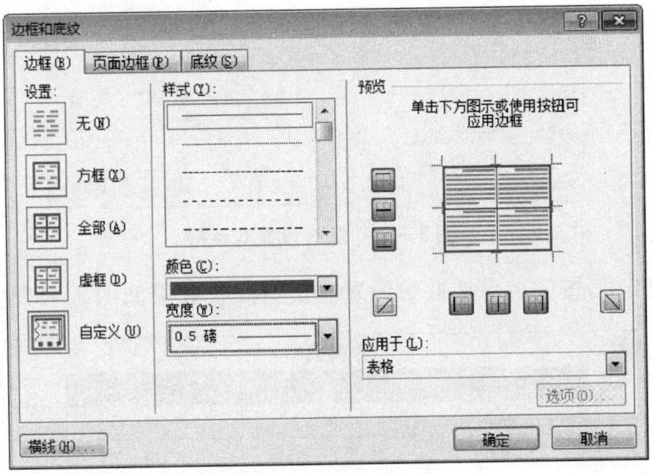

图 3－54　内边框的设置

(6) 单击“确定”按钮，设置好内边框，最后的设置效果如图 3－55 所示。

成绩 / 姓名	各科成绩			总分
	计算机基础	大学英语	高等数学	
许佳佳	92	93	85	270
李彬彬	93	86	84	263
张文梅	90	84	79	253
宋逸飞	82	75	90	247
王巧凤	86	79	76	241

图 3－55　边框设置效果图

2. 设置表格底纹

要求对如图 3－55 所示的成绩表的三门课程名称单元格设置底纹，底纹颜色为浅蓝色，图案样式为 15%，黄色。其操作步骤如下。

(1) 选中要设置底纹的单元格（B2：D2），在选中的区域里单击鼠标右键，执行快捷菜单中的“边框和底纹”命令（或单击“布局”选项卡的“表”组中的“属性”按钮，弹出“表格属性”对话框，在对话框中单击“边框和底纹”按钮），弹出“边框和底纹”对话框。

(2) 选中“底纹”选项卡，在“填充”色卡中选择“浅蓝”；“图案”组的“样式”下拉菜单中选择“15%”，“颜色”下拉色卡中选择“黄色”。

(3) 在“应用于”组中，选择“单元格”，在“预览框”可以看到如图 3－56 所示的设置效果。

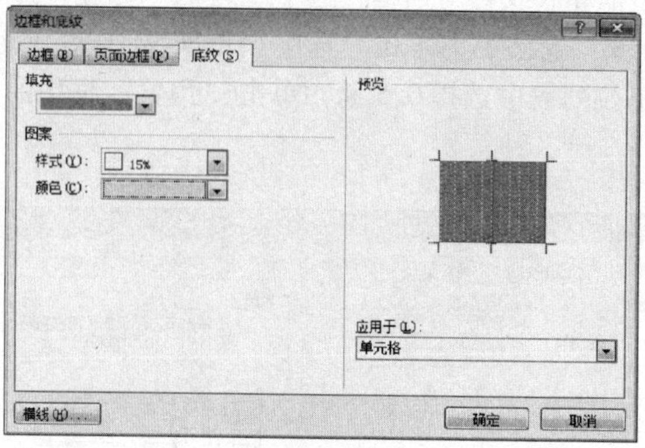

图 3－56　底纹设置对话框

（4）单击“确定”按钮，完成底纹设置。最后设置效果如图 3－57 所示。

成绩 姓名	各科成绩			总分
	计算机基础	大学英语	高等数学	
许佳佳	92	93	85	270
李彬彬	93	86	84	263
张文梅	90	84	79	253
宋逸飞	82	75	90	247
王巧凤	86	79	76	241

图 3－57　底纹设置效果

3. 自动套用格式

Word 2010 提供了多种预置的表格格式供用户选择，用户可以根据需要把创建的表格设定为其中的某种格式。

要求将如图 3－57 所示的成绩表设置为“中等深浅底纹 1－强调文字颜色 3”的格式，操作步骤如下。

（1）选中表格（或将光标定到表格内），单击“设计”选项卡的“表格样式”组中的“中等深浅底纹 1－强调文字颜色 3”图标，如图 3－58 所示。

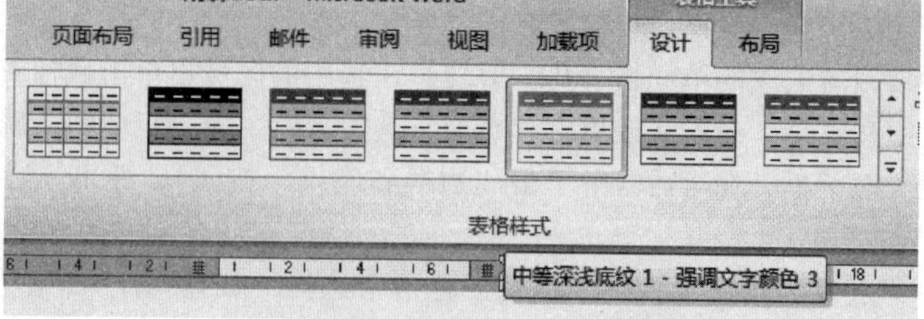

图 3－58　“表格样式”组按钮

【说明】单击“表格样式”组中表格样式右边的▾按钮，可以向下翻页继续选择其他的表格样式，单击▾按钮，则可以弹出所有的表格样式。

（2）成绩表即设置为所需样式，效果如图 3－59 所示。

成绩 姓名	各科成绩			总分
	计算机基础	大学英语	高等数学	
许佳佳	92	93	85	270
李彬彬	93	86	84	263
张文梅	90	84	79	253
宋逸飞	82	75	90	247
王巧凤	86	79	76	241

图 3-59 “中等深浅底纹 1-强调文字颜色 3”设置效果

4. 重复表格的表头

当表格很长，需要分页输出时，通常需要在每页重复同一表头。其具体操作步骤如下。

（1）选中表格。

（2）单击“布局”选项卡的“数据”中的“重复标题行”按钮，即可在输出的各页上都加上表头。

3.3.5 案例总结

本案例通过制作班级成绩表，主要介绍了 Word 表格的操作。包括表格创建的多种方法，表格单元格、行、列及整个表格的选定，表格结构调整中的单元格合并和拆分，表格文字的对齐方式，表格中数据的排序与计算，表格边框、底纹的设置及自动套用格式等。

另外，需要补充以下几个常用的知识点。

1. 调整单元格的宽度和高度

表格中的行高和列宽通常是不用设置的，在输入文字时会根据单元格的内容自动设定。但在实际应用中，为了表格的整体效果，往往需要对它们进行调整。

改变表格的行高和列宽的方法有以下几种。

（1）将鼠标置于要改变的行或列的边框线上。当鼠标外观变为双向箭头时，按住左键拖动到目标位置即可。若要精确调节，可以按住 Alt 键后拖动。

（2）调整某列的列宽时，往往会影响相邻列的宽度，只要在调整宽度的时候按下［Shift］键，然后再用鼠标进行调节，在调整列宽时不会影响邻列的宽度。

（3）利用“表格”菜单调整，操作步骤如下。

① 选中要调整的行或列；

② 单击“布局”选项卡的“表”组中的“属性”按钮，弹出“表格属性”对话框，如图 3-60 所示；

③ 进行指定行高（或列宽）的设置，并输入具体值；

④ 单击“确定”按钮，完成设置。

【说明】 在不规则的表格中，可以单独设置某个单元格的列宽。除了用鼠标拖动外，也可以在“表格属性”对话框的“单元格”标签中进行设置。

2. 插入或删除单元格、行、列和表格

1）插入单元格

（1）将光标定位到需要插入单元格的位置。

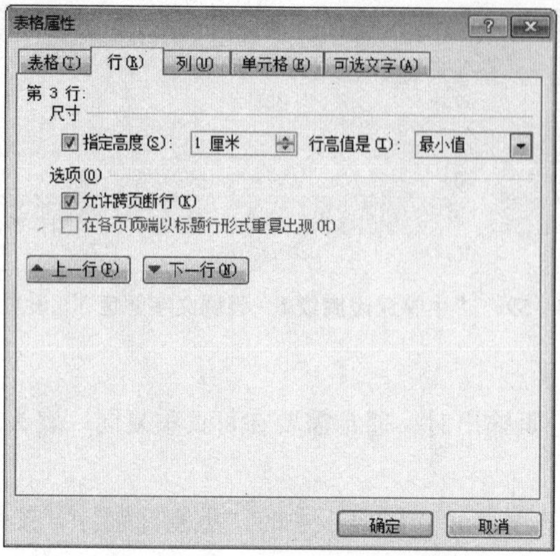

图 3－60　“表格属性”对话框

（2）单击“布局”选项卡的“行和列”组右下角的按钮，打开“插入单元格”对话框，如图 3－61 所示。

（3）在对话框中选择需要的选项，并单击“确定”按钮。

2）插入行/列

（1）将光标定位到需要插入行/列的位置。

（2）单击“布局”选项卡的“行和列”组中相应的按钮，即可插入所需的行或列，如图 3－62 所示。

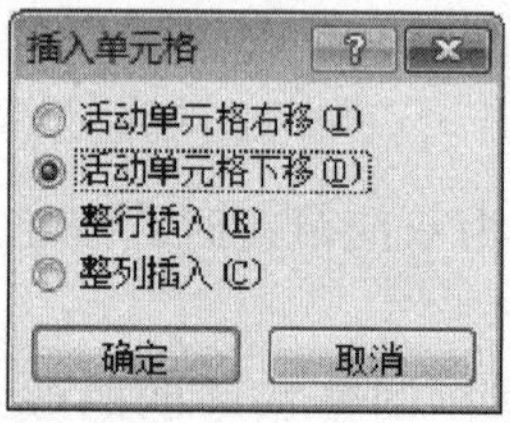

图 3－61　“插入单元格”对话框

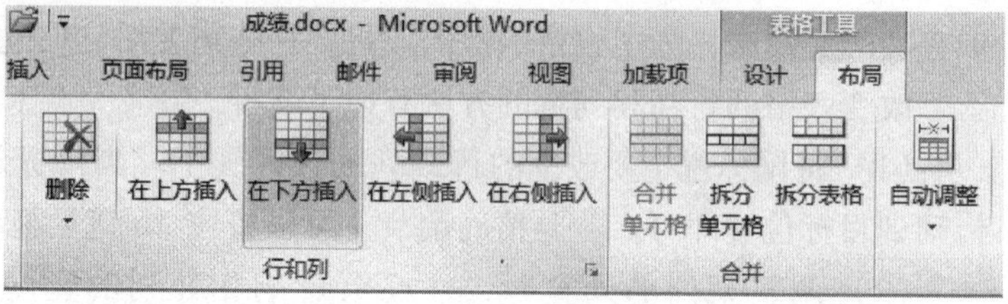

图 3－62　“布局”选项卡的“行和列”组中相应的按钮

【说明】将光标插入点定位到表格最后一个单元格内，单击 Tab 键，可在表尾追加一空白行；或将光标插入点定位到表格最后一个单元格外，单击［Enter］键，可在表尾追加一空白行。

3）插入表格

（1）将光标定位到需要插入表格的单元格。

（2）单击“插入”选项卡的“表格”组中的“表格”按钮，在弹出的下拉列表中选择“插入表格”选项，打开“插入表格”对话框，如图 3－34 所示。

（3）设置好行数和列数后，单击“确定”按钮，就可以在单元格中插入一个嵌套的表格。

4）删除单元格

（1）将光标定位到需要删除单元格的位置。

（2）单击“布局”选项卡的“行和列”组中的“删除”按钮，在弹出的下拉列表中选择“删除单元格”选项，打开“删除单元格”对话框，如图 3－63 所示。

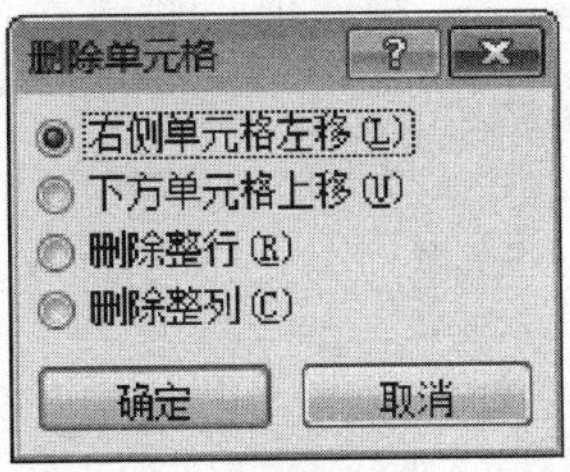

图 3－63　“删除单元格”对话框

（3）在对话框中选择需要的选项，并单击“确定”按钮。

5）删除行、列、表格

选中要删除的行、列或整个表格，单击“布局”选项卡的“行和列”组中的“删除”按钮，在弹出的下拉列表中执行相应命令即可。

【说明】选定表格后，若按［Delete］键，只会删除表格中的内容，不会删除表格。

3. 表格属性的设置

1）利用表格属性，设置表格的宽度、表格的对齐方式及文字的环绕方式

（1）将光标移动到表格中。

（2）单击“布局”选项卡的“表”组中的“属性”按钮，弹出“表格属性”对话框，如图 3－64 所示。

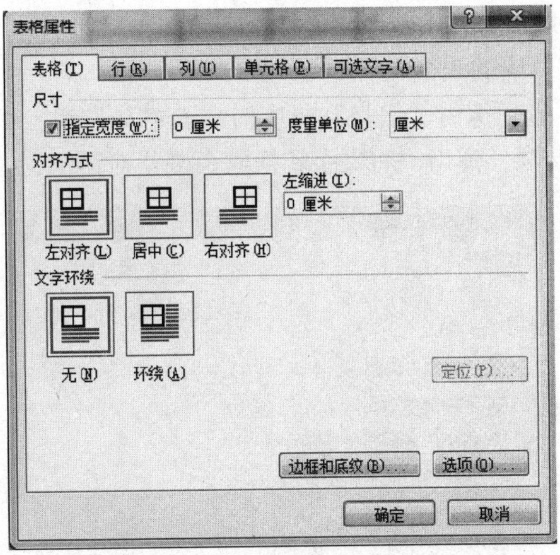

图 3－64　“表格属性”对话框

（3）在“尺寸”组中，如选择“指定宽度”复选框，则可设定具体的表格宽度。

（4）在“对齐方式”组中，选择表格对齐方式；在“文字环绕”组中选择“无”或“环绕”。

（5）最后，单击“确定”按钮。

2）利用表格属性设置单元格边距

所谓边距，是指单元格内文字或数字距离某条边线的距离，设置的操作步骤如下。

（1）打开如图3－64所示的“表格属性”对话框。

（2）单击“选项”按钮，打开“表格选项”对话框，如图3－65所示。

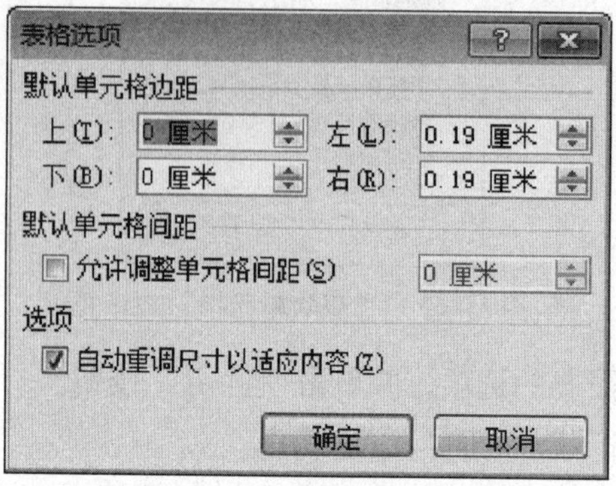

图3－65 “表格选项”对话框

（3）在“默认单元格边距”组中设置上下左右边距。

（4）单击“确定”按钮，返回如图3－64所示的“表格属性”对话框，最后再单击“确定”按钮，完成设置。

【说明】单击如图3－64所示的“表格属性”对话框中的“边框和底纹”按钮，也可以进行表格边框和底纹的设置。

4. 表格和文本之间的转换

有些用户习惯于在输入文本时将表格的内容同时输入，并利用设置制表符将各行表格内容上、下对齐，输入好后再把文本转换成表格。其操作步骤如下。

（1）选定用制表符分隔的表格文本。

（2）单击“插入”选项卡的“表格”组中的“表格”按钮，在弹出的下拉列表中选择“将文本转换成表格”选项，弹出“将文字转换成表格”对话框，如图3－66所示。

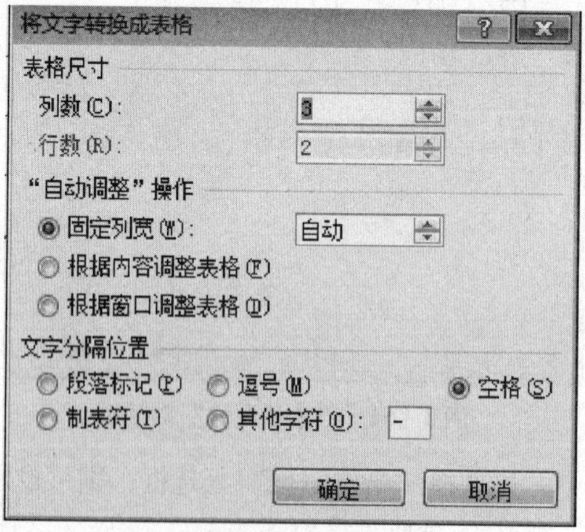

图3－66 “将文字转换成表格”对话框

（3）在“列数”“行数”框中键入具体的数值。

（4）在“文字分隔位置”组中，选定“制表符”选项。

（5）单击“确定”按钮，就实现了文本到表格的转换。

【说明】

(1) 表格文本各列之间除了用制表符分隔外，还可以使用英文的“逗号”(指英文状态下的逗号)、“空格”字符等来分隔。

(2) 在转换的对话框中，Word 已将所转换的表格的行、列数作了测定，一般情况下，其测定是符合要求的，当然，也可以修改。

(3) 反之，对选定的表格，单击“布局”选项卡的“数据”组中的“转换成文本”按钮，弹出“将表格转换成文本”对话框，选中要作为文字分隔符的单选项，单击“确定”按钮，可将表格转换成文本。

3.4 案例 3——系周报艺术排版

任务提出

小钱刚刚担任系学生会的宣传部部长，上任后的第一项工作就是要制作一期“系周报”。

经过几天的准备，小钱终于把所有的素材收集完备，准备开始排版了。开始，他很有信心，但随着制作过程的深入，他发现问题并不是想象的那么简单，很多效果制作不出来，而且版面上的图片和文字也变得越来越不听话，尤其是图片，稍不注意就跑得无影无踪。还有很多技术问题不知该如何解决，例如：怎样给文章加上艺术边框？怎样制作艺术横线？怎样让文字坚排？小钱同学只好向王老师请教，王老师告诉他，报刊的排版关键是要先做好版面的整体设计，也就是所谓的宏观设计，然后再对每个版面进行具体的排版。在王老师的指导下，小钱同学制作出了一篇图文并茂的系报。如图 3 – 67 所示。本节以制作系周报为例，主要介绍 Word 的图片处理功能。

相关知识点

(1) 文本框的插入及应用。

(2) 插入图片的方法，包括艺术字、艺术横线、自选图形等。

(3) 图文混排的方法。

(4) 表格在图文混排中的应用。

微课：图文混排

3.4.1 制作系周报的版面布局

与许多报刊一样，系周报版面最大的特点是各篇文章（或图片）都是根据版面均衡协调的原则划分为若干“条块”进行合理“摆放”，这就是版面布局，也叫版面设计。每篇文章分到某个条块后，再根据文章自身的特色进行细节编排。

根据如图 3 – 67 所示的版面的特点，可以用表格或文本框进行版面布局，即用表格或文本框对版面进行分割，给每篇文章划分一个大小合适的方格，然后把相应的文字放入对应的方格中。

1. 用“文本框”设计版面布局

用“文本框”设计版面布局的操作步骤如下。

图 3－67　“系周报”效果图

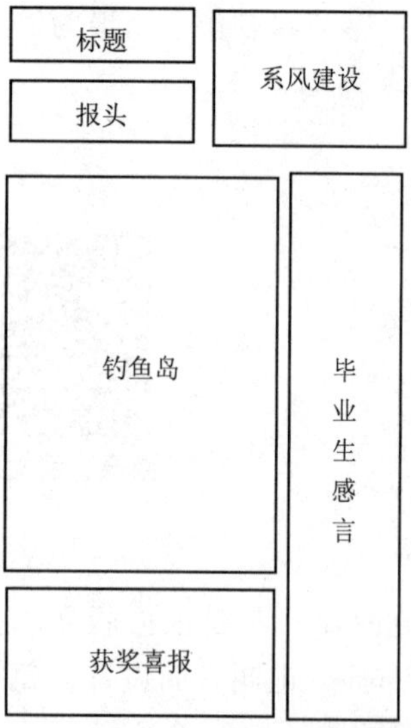

图 3－68　用文本框设计版面布局

（1）单击“插入”选项卡的“文本”组中的“文本框”按钮，在弹出的下拉列表中选择“绘制文本框”或“绘制竖排文本框”选项，在适当位置绘制出如图 3－68 所示的每个文本框，绘制出整体布局的基本轮廓。

（2）将各篇文章的素材复制到相应的文本框中。调整各个文本框的大小，直至每个文本框的空间都比较紧凑，不留空位，同时又刚好显示出每篇文章的所有内容。

（3）选中“文本框”，单击“格式”选项卡的“形状样式”组中的“形状填充”按钮，在弹出的下拉列表中选择“无填充颜色”选项，如图3－69 所示。

（4）选中“文本框”，单击“格式”选项卡的“形状样式”组中的“形状轮廓”按钮，在弹出的下拉列表中选择“无轮廓”。

2. 用“表格”设计版面布局

用“表格”设计版面布局的操作步骤如下。

（1）单击“插入”选项卡的“表格”组中的“表格”按钮，在弹出的下拉列表中选择“绘制表格”选项，绘制出如图 3－70 所示的表格，即版面的整体布局的基本轮廓。

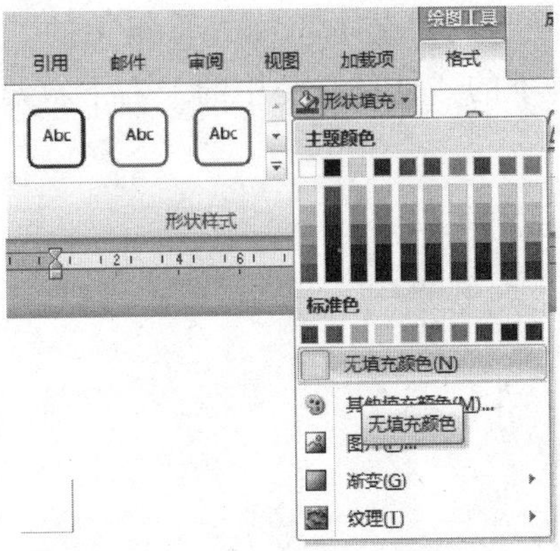

图 3-69 “形状填充”下拉列表

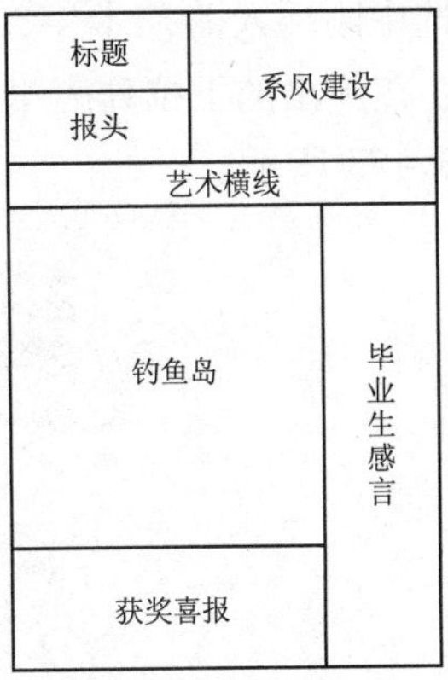

图 3-70 用表格设计版面布局

(2) 将各篇文章的素材复制到相应的单元格中。调整表格线的位置直至每个单元格比较紧凑，单元格内尽量不留空位，又刚好显示出每篇文章的所有内容。

(3) 选定整个表格，单击鼠标右键，在弹出的快捷菜单中选择“边框和底纹”选项，将表格边框设为“无”。

【说明】 比较表格与文本框的版面布局，可以发现两者各有特点。表格布局快速方便，对单元格的拆分比文本框容易，但用表格排版的主要问题是各单元格会互相影响，比如，调整其中任何一个单元格的大小都可能会引起整个表格的变化。而文本框正好可以克服这个缺点，因为各个文本框彼此分离、互不影响，便于单独处理，而且设置文本框的艺术框线比表格更方便。

3.4.2 报头艺术设置

系报的标题，相当于系报的眼睛，因此设计时必须突出艺术性，做到美观协调。

1. 插入艺术字标题

艺术字是 Word 广泛使用的图形对象，效果美观。Word 中的艺术字是一种特殊的图形，它以图形的方式来展示文字，增强了文字的表现效果。设计“信息系周报”艺术字的操作步骤如下。

(1) 将插入点定位于“标题”文本框中。

(2) 单击“插入”选项卡的“文本”组的“艺术字”按钮，在弹出的下拉列表中选择第 4 行第 2 列艺术字样式，如图 3-71 所示。

(3) 在文档中将会出现一个带有“请在此放置您的文字”字样的文本框，在文本框中输入“信息系周报”几个字，如图 3-72 所示。

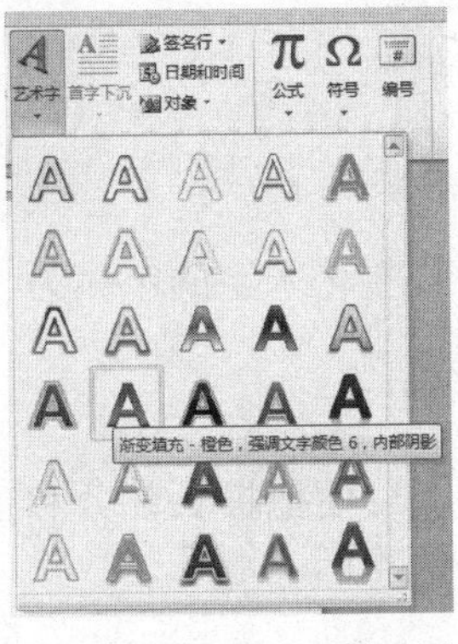

图 3-71 艺术字下拉列表

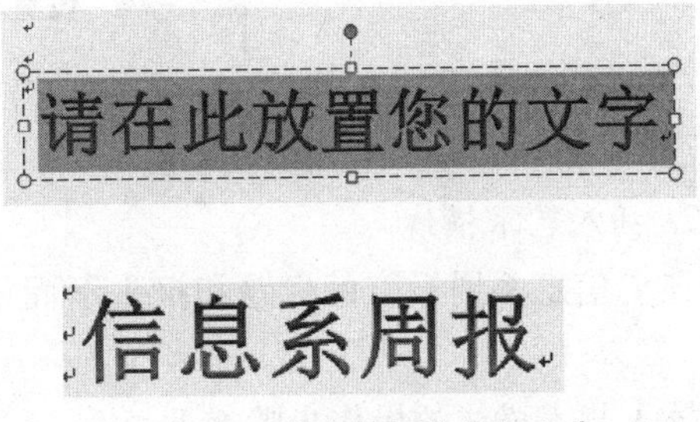

图 3-72 在文本框中输入文字

（4）选中刚插入的艺术字，单击“格式”选项卡的“艺术字样式”组中的“文本效果”按钮，在弹出的下拉列表中选择“阴影”选项下的“外部”组中的“右下斜偏移”选项，如图3－73所示。

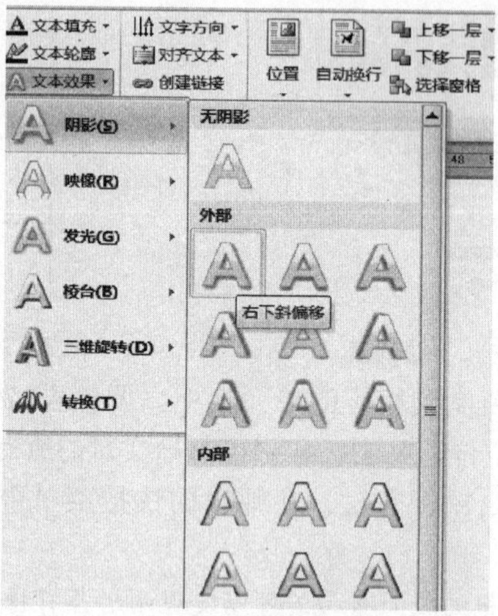

图3－73　设置艺术字的“阴影”效果

（5）单击“格式”选项卡的“艺术字样式”组中的“文本效果”按钮，在弹出的下拉列表中选择“转换”选项下的“弯曲”组中的“正方形”选项，如图3－74所示。

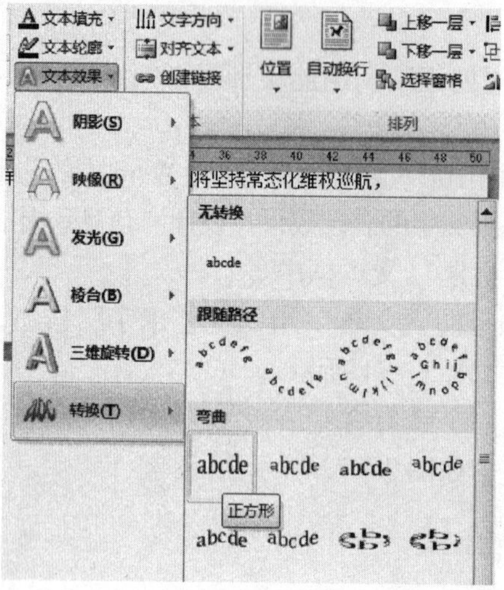

图3－74　设置艺术字的“转换”效果

（6）在“开始”选项卡的“字体”组中更改文字字体。设置艺术字的字体为“方正舒体”、字号为“小初”、字形“加粗”。

2. 插入艺术横线

在“信息系周报”的标题和报头下面插入一条艺术横线，以便把报头部分和正文部分隔开。

插入艺术横线的操作步骤如下。

（1）将插入点定位到要放置艺术横线的位置。

（2）单击“页面布局”选项卡的“页面背景”组中的“页面边框”按钮，打开“边框和底纹”对话框，如图3－75所示。

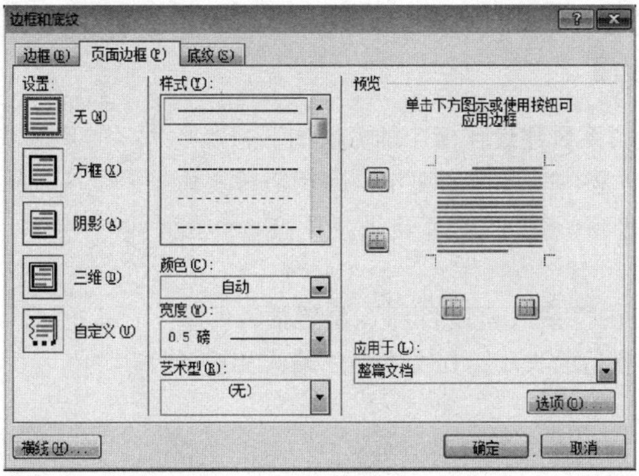

图3－75 “边框和底纹”对话框

（3）在对话框中单击按钮 横线(H)... ，打开“横线”对话框，在对话框中找到所需样式，如图3－76所示，单击“确定”按钮，插入如图3－77所示的横线。

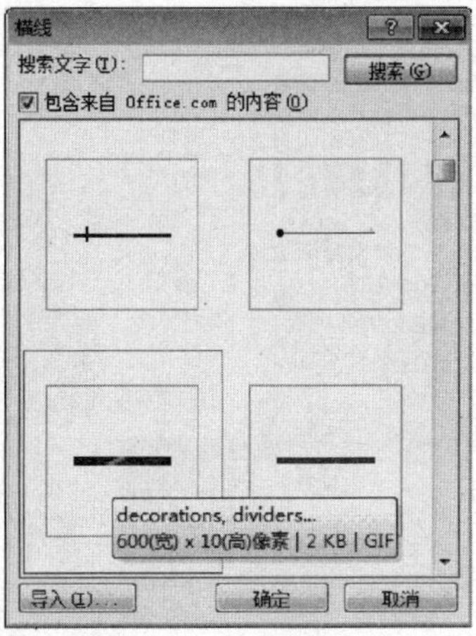

图3－76 “横线”对话框

图3－77 插入的艺术横线

（4）选中艺术横线，周围出现六个小正方形的控制点，把鼠标移到控制点上，根据放置横线的空间大小，拖动鼠标把横线调整到合适的长度。

3. 利用双行合一命令设置文字

利用双行合一命令，可以把两行文字设置成在一行显示。报头部分的主办单位，就采用了这种设置。其操作步骤如下。

（1）单击“开始”选项卡的“段落”组中的“中文版式”按钮，在弹出的下拉列表中选择“双行合一”选项，打开“双行合一”对话框，如图3－78所示。

（2）输入文字“学生会团委”，在预览框中可以看到预览效果，单击“确定”按钮。

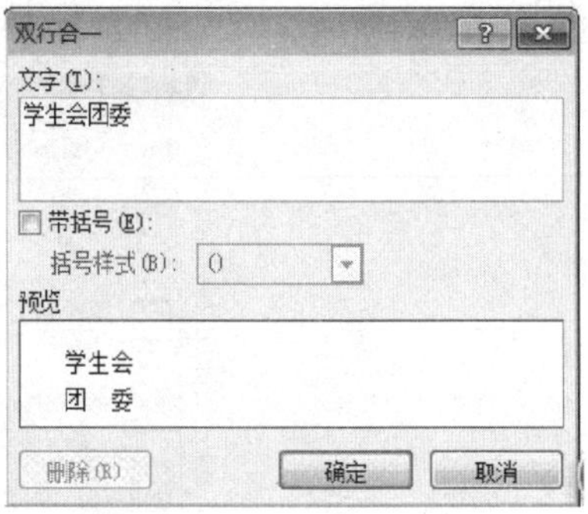

图3－78　“双行合一”对话框

3.4.3　文本框的设置

利用文本框设置“系风建设目标”的方法如下。

“系风建设目标”是一段竖排的文字，利用竖排文本框进行设置，可以达到一定的艺术效果。其操作步骤如下。

（1）输入文字。在“系风建设目标”位置插入一竖排空文本框，拖动到合适的大小，在文本框中输入相应的文字。

（2）改变文本框的填充效果。选中文本框，单击“格式”选项卡中“形状样式”组中“形状填充”按钮，在弹出的下拉菜单中选择“纹理”菜单项，再在下一级菜单中选择“白色大理石”，如图3－79所示。

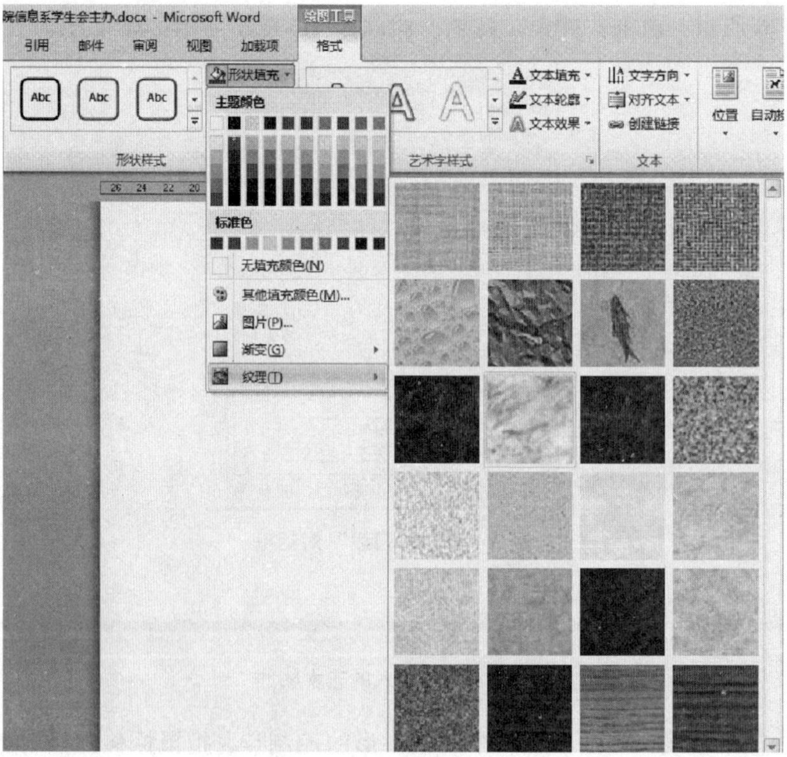

图3－79　设置文本框的形状填充

（3）改变文本框的形状轮廓。选中文本框，单击“格式”选项卡中“形状样式”组中“形状轮廓”按钮，设置文本框的轮廓线为“小圆点虚线”，颜色为“蓝色”。

【说明】“毕业生感言”和“获奖喜报”两个条块文本框的线条也都设置为小圆点虚线。

3.4.4 添加图片

报纸杂志一般都会插入一些图片，一幅赏心悦目的图片在文章中可以起到画龙点睛的作用。Word 能够在文档中插入各种图片图形，实现图文混排。这些图形既可以由其他绘图软件创建后，通过剪贴画或以文件的形式插入到文档中，也可以利用 Word 提供的绘图工具绘制图形或创建特殊效果的图形文字。这些功能大大丰富了文档的视觉效果，为单调的文本增添了亮色。

1. 插入图片

在“钓鱼岛”文本框中插入图片文件，其操作步骤如下。

（1）将插入点定位到要放置图片的位置。

（2）单击“插入”选项卡的“插图”组中的“图片”按钮，打开“插入图片”对话框，在对话框中找到要插入的图片文件，如图 3－80 所示，单击“插入”按钮。

图 3－80 “插入图片”对话框

（3）选中插入的图片，单击“格式”选项卡的“大小”组的按钮，打开“布局”对话框，选中“大小”选项卡，对图片进行大小调整，如图 3－81 所示；选中“文字环绕”选项卡，设置图片与文字的环绕方式，如图 3－82 所示。

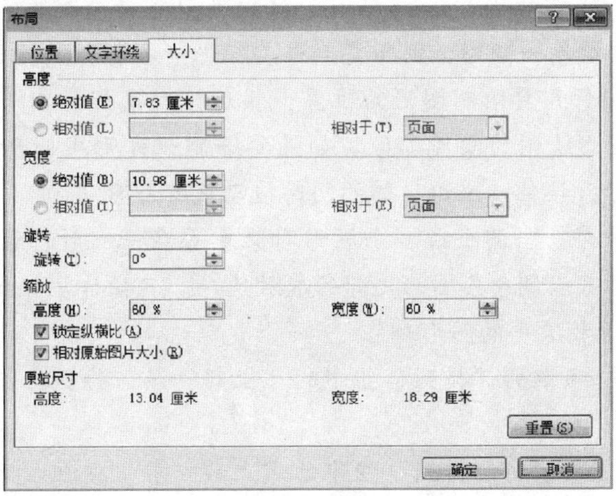

图 3－81 “布局”对话框的“大小”选项卡

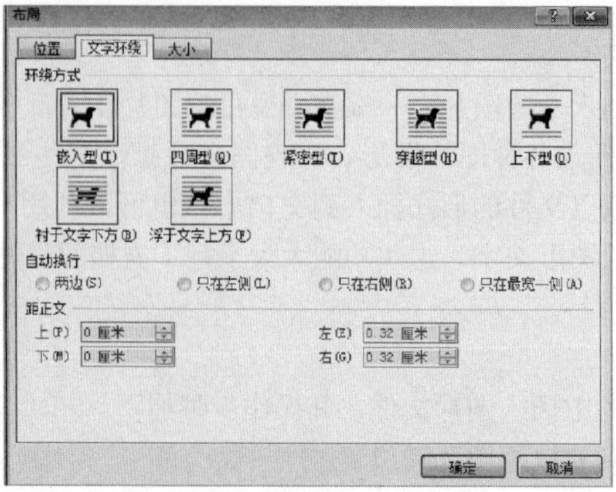

图 3－82 “布局”对话框的“文字环绕”选项卡

2. 插入自选图形

在“获奖喜报”文本框中插入自选图形，其操作步骤如下。

（1）将插入点定位到要放置自选图形的位置。

（2）单击“插入”选项卡“插图”组中的“形状”按钮，在弹出的下拉列表中选择“星与旗帜”组中的“竖卷形”选项，如图 3－83 所示。

（3）在要插入图形的位置拖动鼠标，画出图形，可以用鼠标拖动图形周围的控制点，调整到所需的大小。

（4）选中图形，单击“格式”选项卡的“形状样式”组中“形状填充”按钮，设置填充色为“黄色”。

（5）单击“格式”选项卡中“形状样式”组中“形状轮廓”按钮，设置线条颜色为“紫罗兰”。

（6）右键单击图形，在弹出的快捷菜单中选择“添加文字”选项，如图 3－84 所示，插入点移到图形内部，输入文字“获奖喜报”，并调整文字之间的间距到合适的位置。

【说明】“插入”选项卡“插图”组的“形状”按钮下拉列表中有许多按钮，它们可以满足用户的多种需要。

（1）“直线”“箭头”“矩形”和“椭圆”按钮可以直接绘制简单的直线、箭头、矩形和椭圆等图形。如果要绘制一矩形，则只要单击“矩形”按钮，鼠标指针变成“十”字形，移动“十”字形鼠标指针到要绘制图形的位置，然后拖动鼠标拉出一个矩形，到合适的大小时放开鼠标。其他图形绘制的操作类似。如果要绘制正方形或圆形，则只要在单击“矩形”或“椭圆”按钮后，按住［Shift］键的同时拖动鼠标即可。

（2）图形的叠放次序。当两个或多个图形对象重叠在一起时，最近绘制的那一个总是覆盖其他的图形。此时可以调整各图形之间的叠放次序。其操作步骤如下。

① 选中需要调整叠放次序的图形对象；

② 单击“格式”选项卡的“排列”组中的“上移一层”按钮，即可将图形叠放次序上移一层；

③ 单击“格式”选项卡的“排列”组中的“上移一层”按钮右侧的倒三角按钮，在弹出的下拉列表中选择“置于顶层”选项，所选的图形将被放置到最上层；

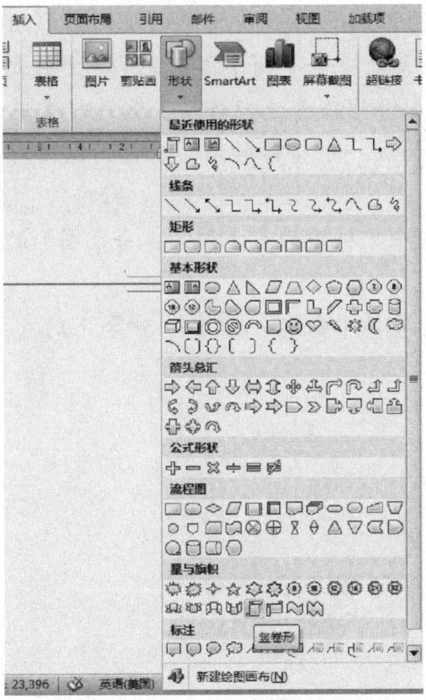

图 3 – 83　插入“竖卷形”图形

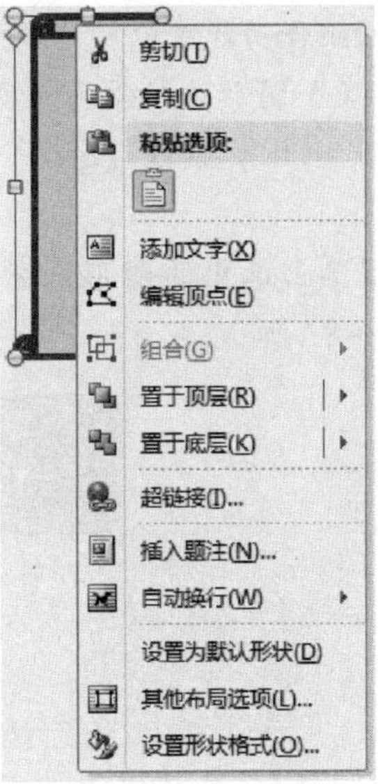

图 3 – 84　添加文字菜单

④ 单击“格式”选项卡的“排列”组中的“下移一层”按钮，即可将图形叠放次序下移一层；

⑤ 单击“格式”选项卡的“排列”组中的“下移一层”按钮右侧的倒三角按钮，在弹出的下拉列表中选择“置于底层”选项，所选的图形将被放置到底层，如图 3 – 85 所示。

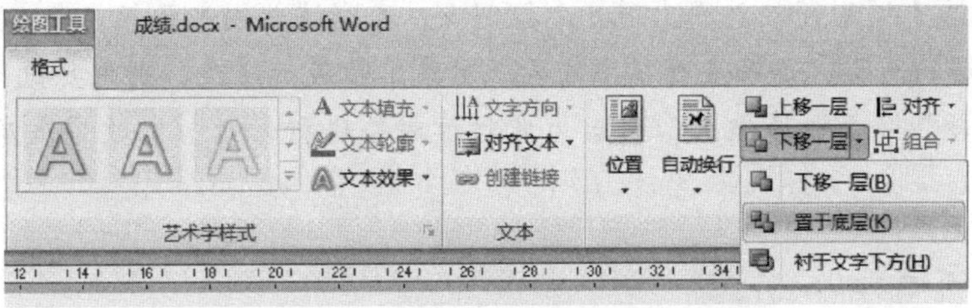

图 3 – 85　“下移一层”按钮及下一级菜单

从“下移一层”命令下一级菜单中可以看到，利用它还可以确定图形与文字之间的叠放次序关系。图形可以下移一层、置于底层，也可以衬于文字下方。如图 3 – 86 所示为两个图形之间不同的叠放关系的效果。

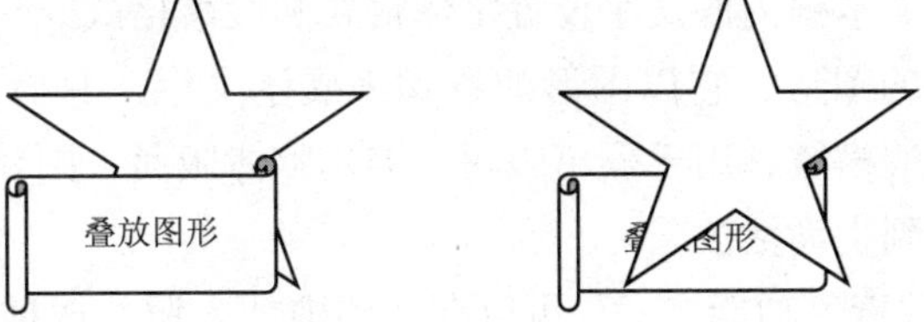

(a)　(b)

图 3 – 86　叠放效果

(a) 星形在第二层；(b) 星形在第一层

(3) 多个图形的组合。任何一个复杂的图形总是由一些简单的几何图形组合而成。当用多个简单的图形组成一个复杂的图形后，实际上每一个简单图形还是一个独立的对象。这时，若要移动整个图形，就必须把每一个独立的对象都进行移动，这是非常麻烦的。利用Word提供的组合功能可以将许多简单图形组合成一个整体的图形对象，以便对图形进行移动和旋转。多个图形的组合操作步骤如下。

① 按下［Ctrl］键或［Shift］键后依次选中文档中的多个图形，每个图形的周围会出现8个控制点；

② 右键单击选中的图形，在弹出的快捷菜单中执行“组合”命令下的“组合”子命令，如图3-87所示；

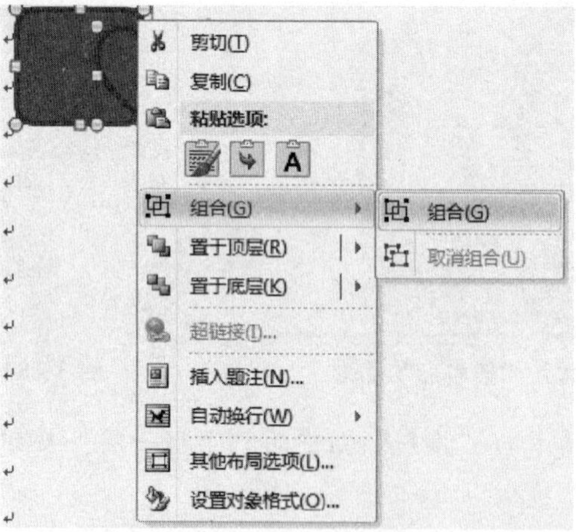

图3-87　组合图形命令

③ 此时在选中图形的最外围出现8个控制点，表明这些图形已经组合成为一个整体。

对于组合后的图形，如果要对其中的某一对象单独进行修改，则先要执行如图3-87所示的“取消组合”命令取消组合，然后才能对该对象进行修改，修改完成后，再把它们重新组合起来。

3.4.5　案例总结

本节通过对“信息系周报”的排版，综合介绍了Word中的各种排版技术，如文本框、表格、艺术字、图片、自选图形等。

文本框是Word中可以放置文本的容器，使用文本框可以将文本放置在页面的任意位置。文本框也属于一种图形对象，因此可以为文本框设置各种边框格式、选择填充色、添加阴影，也可以为放置在文本框内的文字设置字体格式和段落格式。

艺术字是一种特殊的图形，它以图形的方式来展示文字，具有美术效果，能够美化版面；艺术横线是图形化的横线，用于隔离版块，美化整体版面；图片的插入可以丰富版面形式，实现图文并茂，做到生动活泼。

图文混排是Word的特色功能之一。可以在文档中插入照片或插入由其他软件制作的图片，也可以插入Word的绘图工具绘制的图形，使一篇文章具有图文并茂的效果。

下面，补充几个本案例未使用到的常用排版技能。

1. 分栏

分栏是文档排版中常用的一种版式，在各种报纸和杂志中广泛运用。它使页面在水平方向分为几栏，文字逐栏排列，填满一栏后转到下一栏，文档内容分列于不同栏中。这种分栏方法使页面排版灵活，阅读方便。

设置分栏的具体操作步骤如下。

(1) 如要对整个文档进行分栏，则将插入点移到文本的任意处；如要对部分段落分栏，则应先选定这些段落。

(2) 单击“页面布局”选项卡的“页面设置”组中“分栏”按钮，在弹出的下拉列表中可以选择预设好的“一栏”“两栏”“三栏”“偏左”“偏右”选项，如图 3-88 所示，也可以选择“更多分栏”选项，打开“分栏”对话框，如图 3-89 所示。

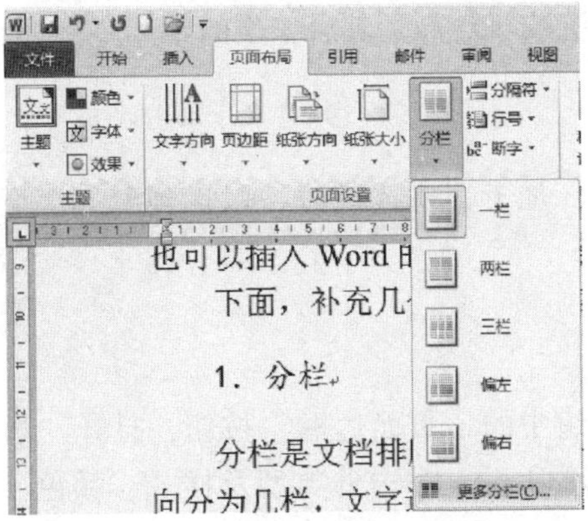

图 3-88 “分栏”按钮及下拉列表

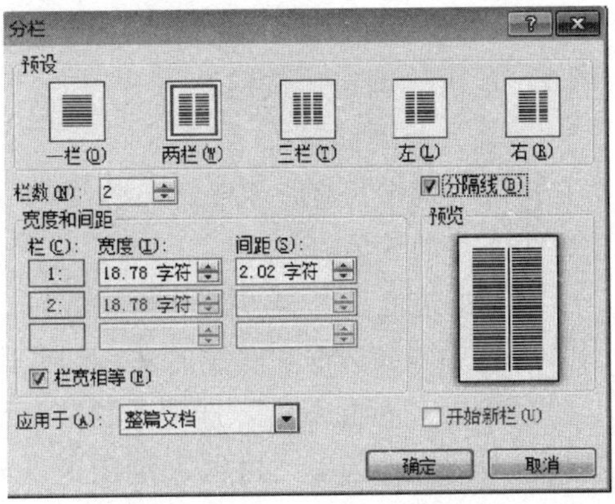

图 3-89 “分栏”对话框

(3) 选定“预设”框中的分栏格式，或在“栏数”文本框中输入分栏数，在“宽度和间距”框中设置栏宽和间距。

(4) 单击“栏宽相等”复选框，则各栏宽相等，否则可以逐栏设置宽度。

(5) 单击“分隔线”复选框，可以在各栏之间加一条分隔线。

(6) 应用范围可根据具体情况，选择“整篇文档”或“所选文字”等，最后单击“确定”按钮。

注：若要对整个文档（或最后一段）进行分栏，显示结果未达到预期的效果，改进的办法是先在文档结束处插入一分节符（或不选中文档最后的分节符），然后再分栏。

【说明】“信息系周报”案例中用文本框来分隔整个版面，文本框中的所有文字被认为是不可分割的一个栏目，因此不能把文本框中的文字再进行分栏。

2. 首字下沉的设置

首字下沉在各种报纸和杂志中广泛运用，可以改变文字排版的单一效果。其操作步骤如下。

(1) 将插入点移到要设置或取消首字下沉的段落的任意处。

(2) 单击“插入”选项卡的“文本”组中的“首字下沉”按钮，在弹出的下拉列表中选择下沉方式，或单击“首字下沉选项”按钮，如图 3-90 所示，打开“首字下沉”对话框，如图 3-91 所示。

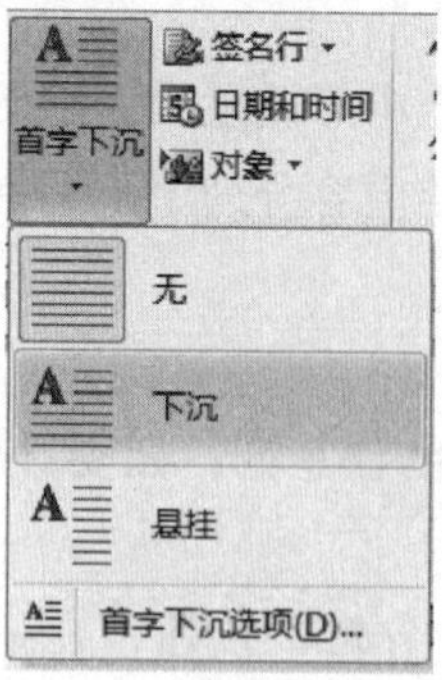

图3－90　首字下沉按钮及下拉列表

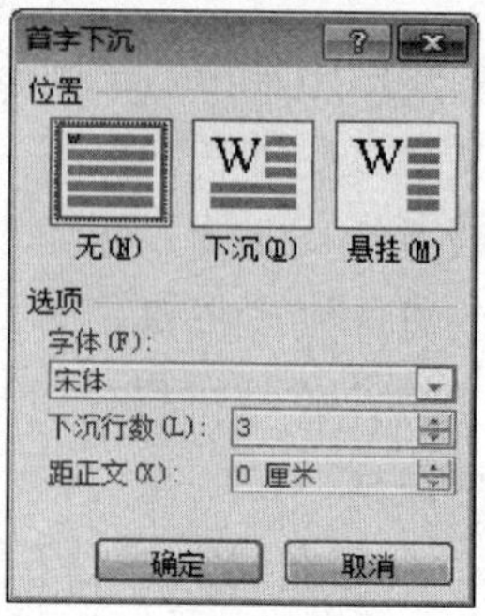

图3－91　“首字下沉”对话框

（3）在“位置”框的“无”“下沉”“悬挂”三种格式选项中选定一种。

（4）在“选项”组中选定首字的字体，填入下沉的行数和距其后正文的距离。

（5）单击“确定”按钮。

3. 给文字加边框和底纹

在排版过程中，有时需要对一些文字（或段落）加上边框或底纹，以达到引人注意或美化整个文章的效果。

给文字加边框和底纹的操作步骤如下。

（1）选中要加边框和底纹的文字（或段落）。

（2）单击“页面布局”选项卡的“页面背景”组中的“页面边框”按钮，打开“边框和底纹”对话框，选中“边框”选项卡，如图3－92所示，对边框类型及样式、颜色、宽度进行相关的设置，“应用于”组中选择“文字”。

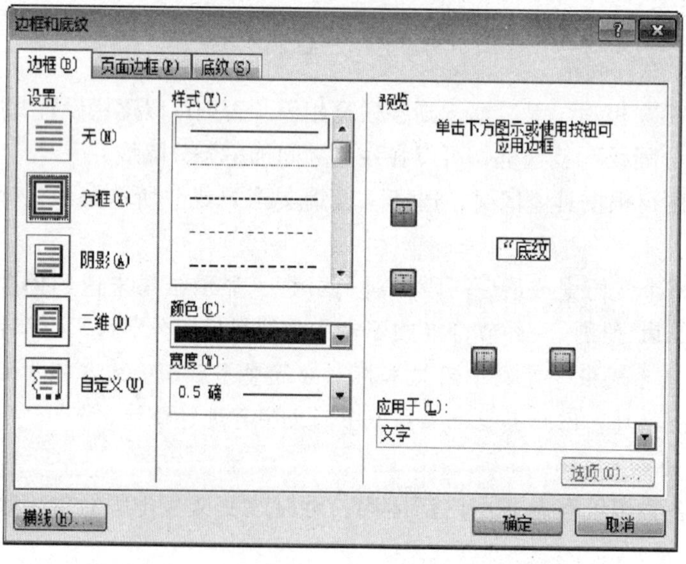

图3－92　“边框和底纹”对话框的“边框”选项卡

（3）选中“底纹”选项卡，如图3－93所示，进行相关的设置。

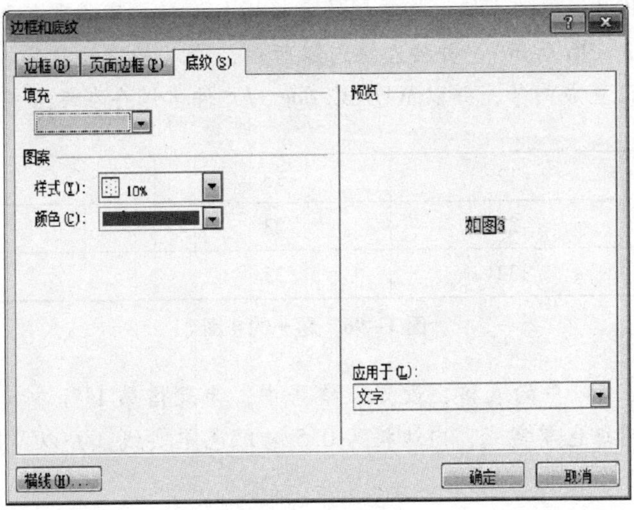

图 3－93　“边框和底纹”对话框的“底纹”选项卡

习　题　3

上机实训

1. 设计出下列宽度是 14cm、高度是 5cm 的方框，输入下列文字（如图 3－94 所示），并将全部文字的字体、字号分别设置为宋体、五号，将“第二文化”字符串的字体格式设置为加粗、倾斜、加下划线（单线），并以 TEST. doc 为文件名保存在考生文件夹下。

随着计算机技术的发展与普及，计算机已经成为各行各业最基本的工具之一，而且正迅速进入千家万户，有人还把它称为“第二文化”。随着计算机技术的发展与普及，计算机已经成为各行各业最基本的工具之一，而且正迅速进入千家万户，有人还把它称为“第二文化”。

图 3－94　题一的 1 图

2. 按下列文字指出的字型和字体输入下列文字，并在各段前加上相应的项目符号，以 WD16A. doc 为文件名保存在考生文件夹下。

- 五号黑体字。
- 四号楷体 GB 2312 字。
- 20 磅宋体字。
- 14 磅仿宋 GB 2312 字。

3. 按照图 3－95 所示的 2 行 4 列表格设计一个相同的表格，将列宽度设置为 3cm，行高自动设置，字体、字号分别设置为 Times New Roman、五号，字体格式设置成粗体、倾斜，并以 WD16B. doc 为文件名保存在考生文件夹下。

11	12	13	14
21	22	23	24

图 3－95　题一的 3 图

4. 复制 WD16B. doc 中的表格，将复制的表格增加一行，变成 3 行 4 列、各列宽度改为 2cm 的表格（如图 3－96 所示），并按表格内容所示，输入相应的数字。将整个表格的字体设置成黑体，字号设置成四号，并以 WD16C. doc 为文件名保存在考生文件夹下。

11	12	13	14
21	22	23	24
31	32	33	34

图 3－96　题一的 4 图

5. 复制 WD16C. doc 中的表格，设置表格居中，为表格第 1 行添加“－15%”灰色底纹，外边框为 1.5 磅绿色单实线，内边框为 0.5 磅绿色单实线，并以 WD16D. doc 为文件名保存在考生文件夹下。

第 4 章　Excel 2010 电子表格软件

电子表格软件 Excel 2010 是 Microsoft Office 2010 软件中的重要成员。使用 Excel 可以制作出美观实用的电子表格，广泛应用在财务管理、统计分析、工程计算等方面。在 Excel 中，用户可以高效地输入数据，通过公式和函数计算数据，对数据进行排序、筛选、分类汇总等处理，还能轻松地将数据转化为各种图表。

本章主要介绍 Excel 2010 的数据输入、电子表格美化、公式计算、数据处理和图表汇总等基本操作。通过本章案例的学习应掌握以下内容。

（1）数据输入和编辑。

（2）电子表格格式的设置和美化修饰。

（3）简单公式的编写，常用函数的使用。

（4）数据处理：排序、汇总、筛选和高级筛选、透视分析、合并计算。

（5）图表的制作。

4.1　案例 1——制作学生信息表

利用 Excel 制作学生信息表格，通过本案例的学习初步掌握 Excel 电子表格数据输入和编辑的功能操作。

任务提出

某班级需要制作一张全班同学的信息表格，首先要在工作表中输入各种类型的数据信息，再对数据进行一系列操作，包括行、列调整，复制与移动数据以及删除数据，查找、替换数据等。

微课：制作学生基本信息表

相关知识点

（1）如何打开电子表格软件 Excel 2010。

（2）如何向电子表格输入数据。

（3）如何编辑电子表格行、列数据。

（4）如何实现单元格合并后居中与自动换行。

基本概念

（1）工作簿是处理和存储数据的 Excel 文件，扩展名为 xlsx。每个工作簿由多张工作表组成，最多可包含 255 个工作表。默认情况下，每个工作簿由 Sheet1、Sheet2、Sheet3 三张工作表组成。用户可以对工作表重命名，也可根据需要添加或删除工作表。

（2）工作表是由行和列构成的电子表格。行号用数字 1 ~65 535（共 65 535 行）表示，列号用字母 A、B、C、…、Z，AA、AB、AC、…、AZ，BA、…、IV（共 256 列）表示。

当前被选中的工作表称之为当前工作表，其标签显示为白色。

（3）单元格是工作表中行和列相交处的小方格，它是 Excel 处理信息的最小单位。单元格内可存放文字、数值、日期、时间、公式和函数等。

每个单元格的名称取决于它所在的行号与列号。例如，第 F 列（第 6 列）第 5 行处交叉的单元格的名称是 F5。

4.1.1 制作 Excel 表格

为了制作工作表，首先应该启动 Excel 2010，执行“开始”→“程序”→“Microsoft Office”→“Microsoft Excel 2010”或者双击任一工作簿文件，就可以打开如图 4 – 1 所示的 Excel 工作界面。

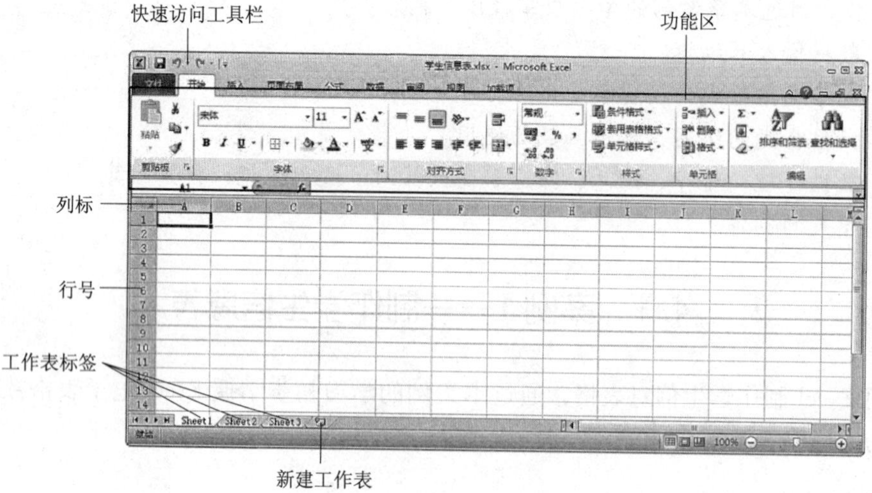

图 4 – 1 Excel 工作界面

4.1.2 向 Excel 表输入数据

工作表中可以输入中文、英文和数字等内容。

1. 数据类型

（1）数值：数值包含“0 ~9”数字符号，还包括 +（正号）、–（负号）、（）（括号）、.（小数点）、,（千位分隔符）、%（百分号）、$ ¥（货币符号）等特殊字符。默认情况下向右对齐。若数据长度超过 11 位，系统将自动转换为科学计算法表示；若要输入分数，应先输入 0 和空格，再输入分子/分母。

（2）文字：文字是键盘上可输入的任何符号，默认情况下向左对齐。对于数字形式的文字数据，如身份证号、学号、电话号码等，应在数字前加上单引号（英文状态下输入）。

（3）日期和时间：Excel 中有多种日期格式，比较常见的有年/月/日、年 – 月 – 日。可以在单元格格式中设置不同格式。时间格式为时：分：秒，若要以 12 小时制输入时间，需在时间数字后空一格，并键入字母 a、am（上午）或 p、pm（下午）。否则 Excel 会以 24 小时制来处理时间。

（4）公式：公式格式为“=函数（参数）”，具体内容见 4.3 节。

用户直接在单元格中输入数据，按回车键确认，活动单元格直接换入下一单元格。

2. 输入数据

1）输入表格标题和列标题

单击 A1 单元格，输入“学生信息表”。在 A2：G2 中依次输入“序号”“姓名”“学号”“性别”“年级”“专业”“班级”“出生年月”，结果如图 4－2 所示。

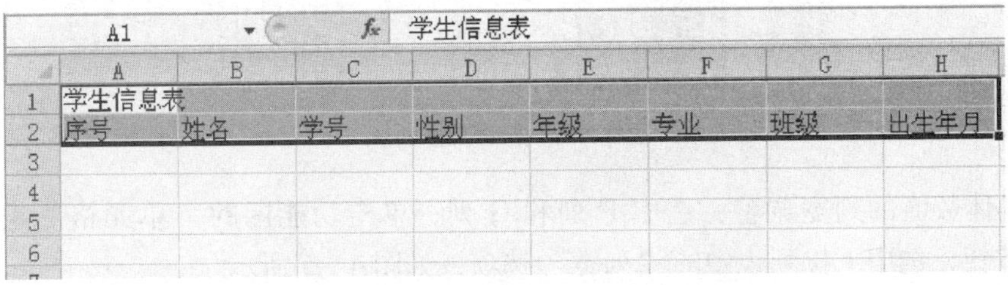

A1 f_x 学生信息表

	A	B	C	D	E	F	G	H
1	学生信息表							
2	序号	姓名	学号	性别	年级	专业	班级	出生年月
3								
4								
5								
6								

图 4－2　输入图表标题和列标题

2）输入“姓名”“学号”“性别”

在 B3 单元格中输入“孙建东”，按回车键依次切换到 B4～B10，分别输入其他学生姓名。同法输入“学号”和“性别”。

3）填充输入数据

在 Excel 中输入数据时，对于连续的重复数据，或具有一定规律的数据，可以使用填充方式快速输入。如图 4－3 所示，在 A3 单元格中输入“1”，将指针指向单元格右下角填充柄上，按下鼠标左键拖动鼠标到 A10 单元格，松开鼠标，选择自动填充选项为“填充序列”，可以看到 A4：A10 单元格中输入了 2～8 的数据序列。学号的输入方法同上，年级、专业和班级列自动填充选项为“复制单元格”。

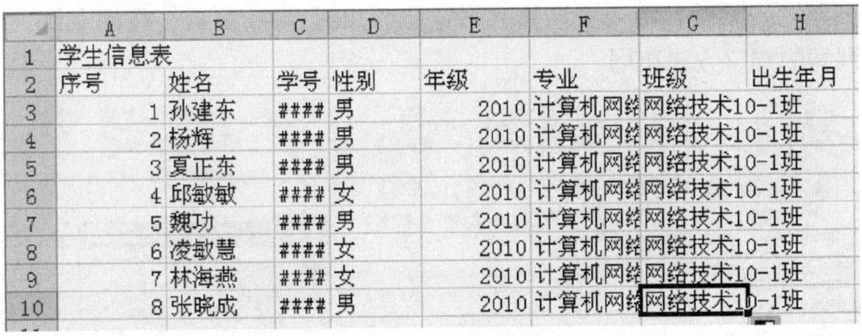

	A	B	C	D	E	F	G	H
1	学生信息表							
2	序号	姓名	学号	性别	年级	专业	班级	出生年月
3	1	孙建东	####	男	2010	计算机网络	网络技术10-1班	
4	2	杨辉	####	男	2010	计算机网络	网络技术10-1班	
5	3	夏正东	####	男	2010	计算机网络	网络技术10-1班	
6	4	邱敏敏	####	女	2010	计算机网络	网络技术10-1班	
7	5	魏功	####	男	2010	计算机网络	网络技术10-1班	
8	6	凌敏慧	####	女	2010	计算机网络	网络技术10-1班	
9	7	林海燕	####	女	2010	计算机网络	网络技术10-1班	
10	8	张晓成	####	男	2010	计算机网络	网络技术10-1班	

图 4－3　填充数据

4.1.3　行、列编辑

1. 行高、列宽

在输入数据后，为了使制作出的数据表更加规范，可以对数据表的行高和列宽进行相应调整，从而使数据表的结构更加合理，也更利于数据的查看。

如图 4－4 所示，将鼠标指针移动到列 C 的列线上，按住鼠标左键不放向右侧拖动鼠标，拖动到合适位置后松开鼠标，完成列宽的拖动调整。

图 4-4　拖动调整列宽

对于具体数值的列宽调整：选中 F 列和 G 列，单击功能区的“单元格”组中的“格式”下拉按钮，选中下拉列表中的“列宽”选项，如图 4-5 所示。

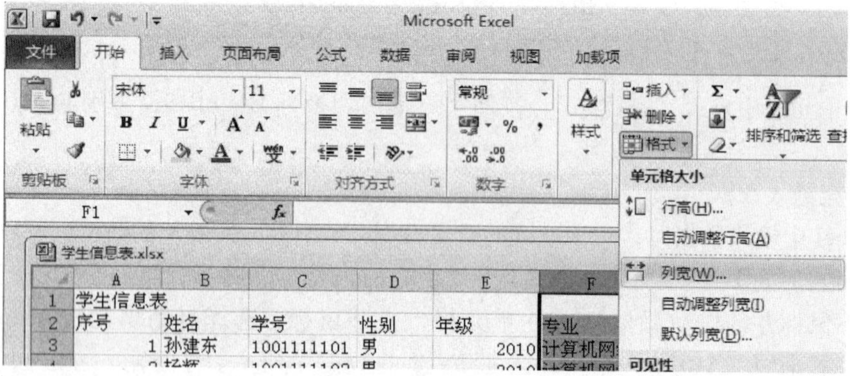

图 4-5　调整列宽选项

弹出“列宽”对话框，输入要调整的列宽值，如图 4-6 所示，按回车键完成调整。行高的调整与列宽的调整方法相同。

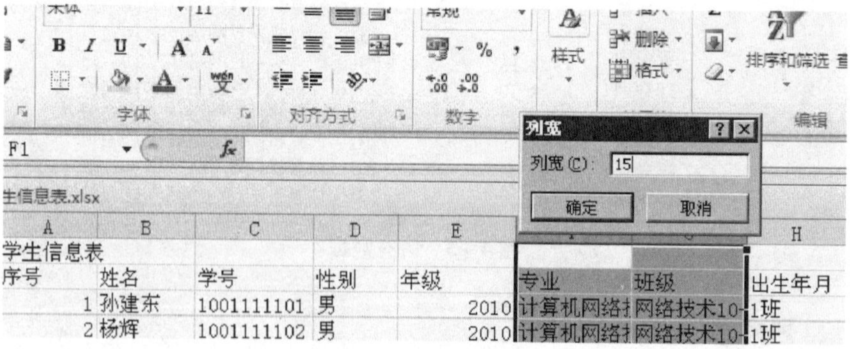

图 4-6　列宽对话框

2. 行、列插入和删除

在编辑数据表的过程中，可能由于疏忽而遗漏一些数据，当数据表编辑完成后再补充遗漏的数据时，可能需要在工作表中插入相应的行、列或单元格，然后在其中输入要补充的数据。

选中 A3 单元格，选择“单元格”组中“插入”下拉按钮中的“插入工作表行”选项，即可在第 3 行插入一个空行，原第 3 行中的数据将向下移动到第 4 行，下方的数据依次向下移动一行。在空行中依次输入“1”“黄梅”“1001111101”“女”“2010”“计算机网络技术”“网络技术 10 - 1”。选中 D2 单元格，选择“单元格”组中“插入”下拉按钮中的“插入工作表列”选项，即在 D 列插入一列，原数据右移，如图 4 - 7 所示。

行、列删除的操作同插入相似，不再赘述。

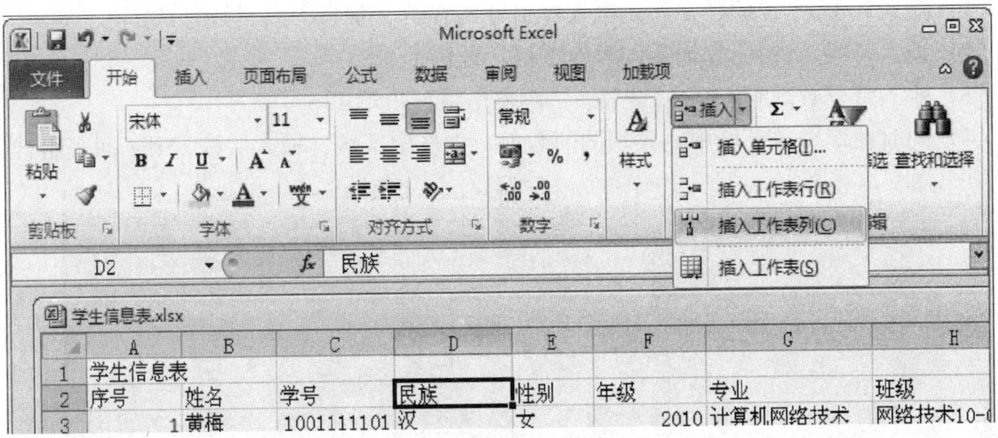

图 4 - 7　插入列操作

4.1.4　单元格合并后居中与自动换行

所谓“合并后居中”就是将多个单元格合并为一个单元格，并设置对齐方式为居中，多用于表格标题的输入；自动换行是指在一个单元格中写入较多数据时，将数据分为多行显示在该单元格中。

1. *单元格合并后居中*

选中连续的单元格 A1 : I1，单击“对齐方式”功能组中的下拉按钮，选择“合并后居中”选项，如图 4 - 8 所示，即可实现标题行的居中显示。

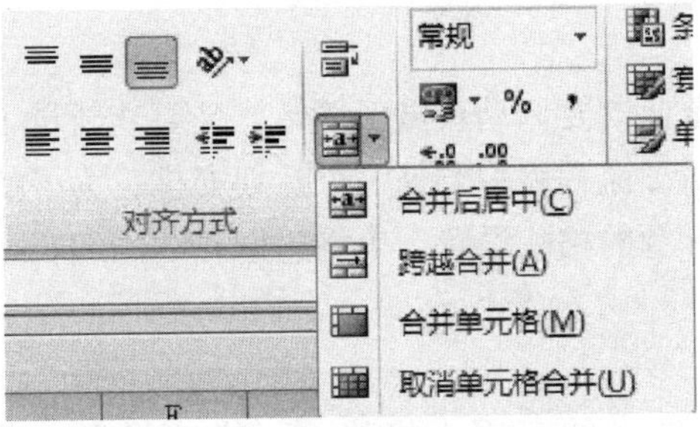

图 4 - 8　合并后居中及自动换行

2. *单元格自动换行*

选中需要自动换行的单元格，单击“对齐方式”组中的“自动换行”按钮（在“合并后居中”的正上方，如图 4 - 8 所示），即可完成自动换行。

4.1.5 案例总结

在本案例的制作过程中，我们主要学习了输入数据过程中常用的一些基本操作，如：输入数值、文字、时间，插入工作表行和列等。通过如图4-9所示学生信息表的制作，可以制作出员工信息表、培训课程安排表、商场进货表等类似电子表格。

另外，补充说明以下几种特殊格式的输入。

（1）输入大于15位的数字。先输入单引号（在英文状态下），再输入数字。

（2）输入分数。1/4：先输零，再输空格，再输1/4。

（3）输入带分数。5又1/6：先输5，再输空格，再输1/6。

（4）同时在多个单元格中输入相同的数据。先选中区域，输入后按Ctrl+回车组合键。

学生信息表

序号	姓名	学号	民族	性别	年级	专业	班级
1	黄梅	1001111101	汉	女	2010	计算机网络技术	网络技术10-0班
2	孙建东	1001111102	汉	男	2010	计算机网络技术	网络技术10-1班
3	杨辉	1001111103	汉	男	2010	计算机网络技术	网络技术10-1班
4	夏正东	1001111104	汉	男	2010	计算机网络技术	网络技术10-1班
5	邱敏敏	1001111105	汉	女	2010	计算机网络技术	网络技术10-1班
6	魏功	1001111106	汉	男	2010	计算机网络技术	网络技术10-1班
7	凌敏慧	1001111107	汉	女	2010	计算机网络技术	网络技术10-1班
8	林海燕	1001111108	汉	女	2010	计算机网络技术	网络技术10-1班
9	张晓成	1001111109	汉	男	2010	计算机网络技术	网络技术10-1班

图4-9 学生信息表

4.2 案例2——新员工入职培训流程及评估表

在工作表中输入数据后，为了使制作出的表格更加规范美观，需要对数据表格的格式进行相应设置，主要包括设置数据格式、表格格式以及套用表格样式和单元格样式。下面以制作“新员工入职培训流程及评估表”为例，介绍设置数据表格式和自动套用样式的操作。

任务提出

对于新员工的到来，企业既要调动新员工情绪，又要让新员工适应企业环境，因此新员工培训就十分重要。入职培训流程表主要是一个计划安排，为了使表格更加美观，我们需要做一些美化编辑，如表格标题的格式设置、表格边框底纹的编辑、套用表格样式等操作。

相关知识点

（1）通过选择Excel提供的套用表格格式，快速设置一组单元格的格式，转换为Excel表。

（2）通过选择预定义样式，快速设置单元格格式。

（3）自定义单元格样式，包括字体、对齐方式、数字、样式、单元格边框等。

（4）设置打印格式，完成表格的打印。

4.2.1 单元格样式设置

1. 标题设置

选中标题“新员工入职培训流程及评估表”，将其设置为 24 号并加粗，结果如图 4－10 所示。

	A	B	C	D	E	F	G
1	新员工入职培训流程及评估表						
2	部门:	人力资源部				岗位:	员工关系经理
3	新员工姓名:						
4	序号	培训内容	课程性质	培训人	培训日期	完成确认（培训师签名）	培训评估
5	1	企业文化与行为礼仪熟悉与学习	通用必修课	张瑜	2011-3-1		
6	2	员工手册、考勤制度培训	通用必修课	朱业业	2011-3-2		
7	3	人力资源部制度与工作岗位内容熟悉与学习	岗位必修课	朱业业	2011-3-3		
8	4	员工关系事实务的熟悉	岗位必修课	徐淇	2011-3-4		
9							
10	部门负责人签名:						

图 4－10　表格标题设置

2. 日期格式设置

选中培训日期列，打开“设置单元格格式”对话框的“数字”选项卡，选中数据类型为日期，设置日期格式操作如图 4－11 所示。

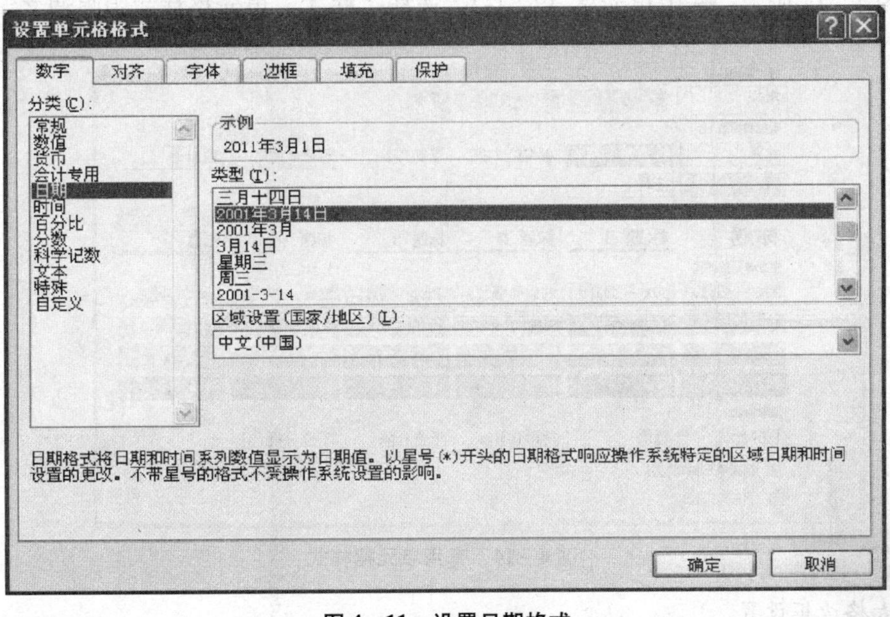

图 4－11　设置日期格式

4.2.2 表格格式的套用和设置

1. 套用表格格式

如图 4－12 所示，选中 A4：G8，打开“开始”选项卡，选择“样式”组中的“套用表格格式”选项，选择“表样式浅色 2”，结果如图 4－13 所示。

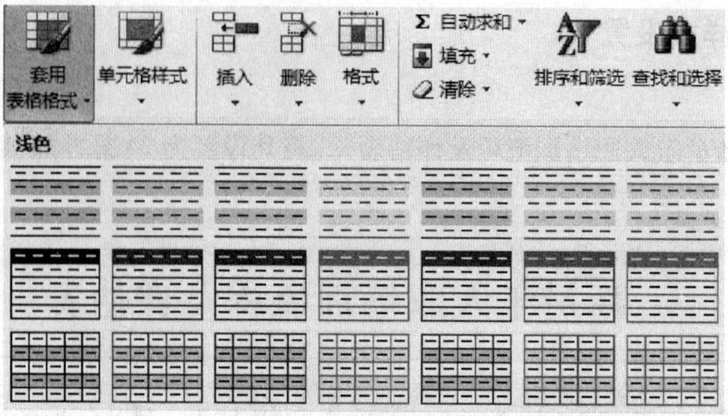

图 4-12　套用表格格式

图 4-13　套用“表样式浅色 2”的效果

2. 单元格样式设置

如图 4-14 所示，选中单元格 A2：G2，选择“样式-单元格样式为强调文字颜色 1”选项。

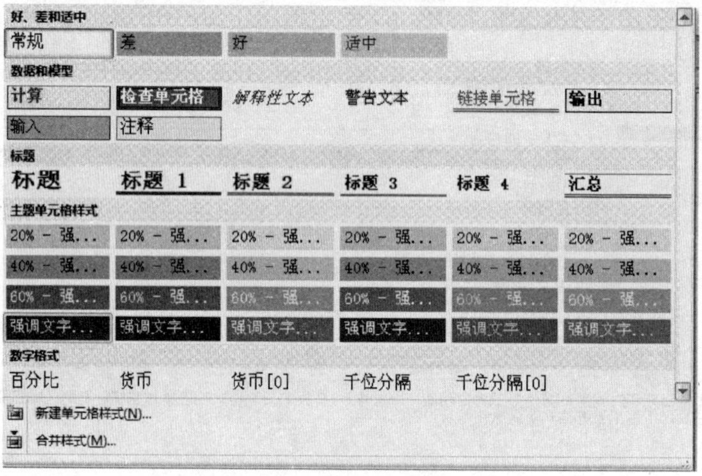

图 4-14　套用单元格样式

3. 表格边框设置

表格外边框设置为粗实线，内边框设置为细实线。如图 4-15 所示，选中单元格 A2：G8，在“设置单元格格式”对话框中选择“边框”选项卡。

首先选择外边框的线条为粗实线（第 2 列第 5 行），颜色为深蓝，文字 2，深色 25%，选择预置中的“外边框”即可完成外边框的设置。

其次设置内边框，选择细实线（第 1 列最后一行），颜色为深蓝，文字 2，淡色 80%，选择预置中的“内部”，此时边框设置效果如图 4-16 所示。

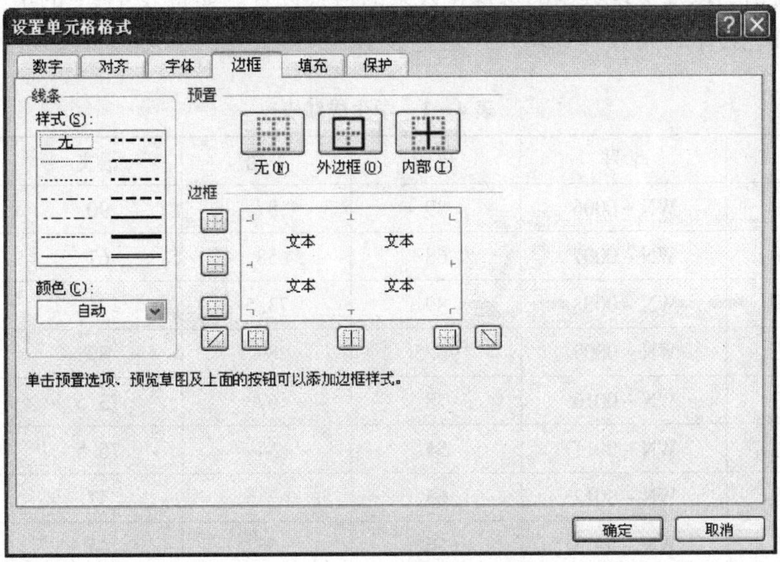

图 4－15　设置边框样式选项卡

新员工入职培训流程及评估表
部门：
人力资源部
岗位：
员工关系经理
新员工姓名：
序号
培训内容
课程性质
培训人
培训日期
完成确认 （培训师签名）
培训评估
1
企业文化与行为礼仪熟悉与学习
通用必修课
张瑜
2011年3月1日
2
员工手册、考勤制度培训
通用必修课
朱业业
2011年3月2日
3
人力资源部制度与工作岗位内容熟悉与学习
岗位必修课
朱业业
2011年3月3日
4
员工关系事实务的熟悉
岗位必修课
徐祺
2011年3月4日
部门负责人签名：

图 4－16　表格边框设置效果

4. 表格的打印设置

打开“文件”选项卡的“打印”菜单，根据需要设置打印活动工作表等，也可以设置打印的页数，以及纸张的选择和方向的设置等，还可以在“页面布局”选项卡中进行相关设置，最后确定打印即可。

4.2.3　案例总结

在本案例的制作过程中，我们主要学习了套用表格样式和单元格样式设置以及表格框线的设置。通过该案例的学习，我们可以完成日常生活或工作中一些常用表格的制作，并且可以做一些美化编辑，相信大家可以完成得更好。

另外，需要补充说明条件格式的使用，即根据条件使用数据条、色阶突出显示相关单元格、强调异常值，以及实现数据的可视化效果的格式设置。如将表 4－1 的学生成绩表中不及格成绩用红色显示，高分（≥90）用蓝色显示。

表 4－1　学生成绩表

班号	学号	政治	外语	语文	物理
外（2）班	WN－0006	89	87	90	56
外（2）班	WN－0007	68	58	67	78
外（3）班	WN－0008	89	73.5	76	85
外（2）班	WN－0009	96.5	89	89	49
外（2）班	WN－0010	78	67	73.5	89
外（2）班	WN－0011	54	54	76.5	89
外（2）班	WN－0012	65	67.5	57	68
外（3）班	WN－0013	56	56	45	89
外（1）班	WN－0014	59	35	65	78
外（3）班	WN－0015	60	83.5	67	78

1. 不及格成绩的突出显示

这是条件格式问题，具体操作如图 4－17 所示。选择“突出显示单元格规则”中的“小于”，打开“小于”的参数设置对话框，输入参数为 60，完成成绩不及格的突出显示设置。

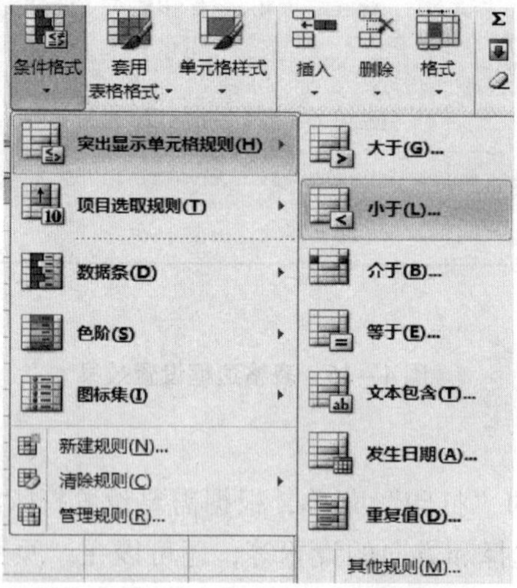

图 4－17　条件格式设置菜单

2. 高分的设置

使用“条件格式”的“新建规则”选项来完成，如图 4－18 所示。

条件格式设置的最终效果如图 4－19 所示，利用条件格式突出了不及格成绩和高分成绩。值得注意的是，条件格式的设置不同于单元格格式的设置，当它的数据值发生改变时相应的突出显示也会随之改变。

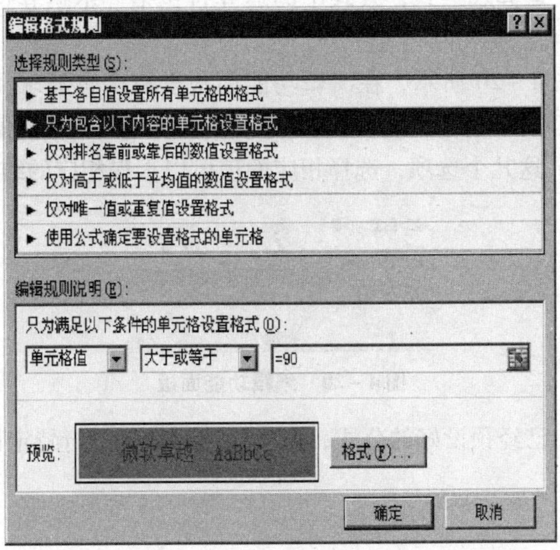

图 4-18 编辑新建规则

班号	学号	政治	外语	语文	物理
外(2)班	WN-0006	89	87	90	56
外(2)班	WN-0007	68	58	67	78
外(3)班	WN-0008	89	73.5	76	85
外(2)班	WN-0009	96.5	89	89	49
外(2)班	WN-0010	78	67	73.5	89
外(2)班	WN-0011	54	54	76.5	89
外(2)班	WN-0012	65	67.5	57	68
外(3)班	WN-0013	56	56	45	89
外(1)班	WN-0014	59	35	65	78
外(3)班	WN-0015	60	83.5	67	78

图 4-19 条件格式设置的效果

4.3 案例 3——学生成绩统计表

计算是 Excel 的强大功能之一。下面以制作学生成绩统计表为例，介绍 Excel 电子表格自动计算和手动编写简单公式计算的功能操作。

任务提出

大家对学生成绩统计表应该都很熟悉，那么表中的数据是如何计算的呢？本案例的制作可以解开这个疑问。

相关知识点

（1）引用是指在公式中使用工作表不同部分的数据，或者在多个公式中使用同一单元格的数值。

（2）公式就是一个运算表达式，公式中的运算符包括算术运算符、比较运算符和文本链接符三种类型。

（3）自动计算如图4－20所示，在编辑功能面板上有个自动求和按钮，对所设定的单元格自动求和。单击其右侧的倒三角，弹出菜单，有“求和”“平均值”“计数”“最大值”“最小值”“其他函数”这几个选项，选择相应的项可以求得相应的结果。

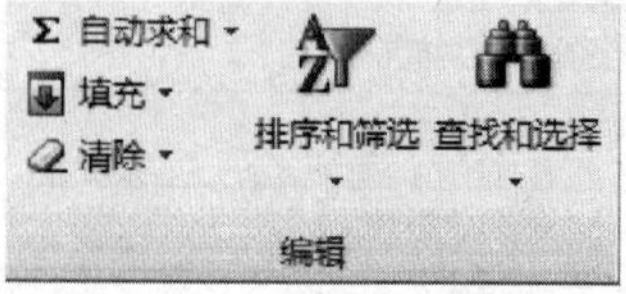

图4－20　编辑功能面板

（4）函数是Excel已经预设好的公式，用于快速对数据进行特定计算。

4.3.1　单元格引用

1. 相对引用

单元格使用“列标＋行号”的引用类型表示。列标用大写字母表示，行号则用阿拉伯数字表示。例如，D20表示引用了列D和行20交叉处的单元格；A11：F15表示引用了从A列第11行到F列第15行的单元格区域。

在创建公式时，单元格或单元格区域的引用通常是相对于包含公式的单元格的相对位置的。相对引用单元格后，如果复制或剪切公式到其他单元格，那么公式中引用的单元格地址会根据复制或剪切的位置而发生相应改变。比如单元格B1包含公式“＝A2”，则B1单元格在A2单元格中查找数值；当复制公式到B2时，B2单元格的公式则为“＝A3”。

如图4－21所示，单元格的引用格式为：＝单元格。具体操作：在显示结果的单元格中输入“＝”，鼠标选中引用数据的单元格，按回车键完成。

	A	B	C	D	E	F	G	H	I	J
1	学号	姓名	数学	语文	英语	物理	化学	政治	生物	总分
2	990001	李明	82	75	87	91	78	92	88	=C2
3	990002	钱梦飞	52	75	81	64	77	69	72	
4	990003	施俞芬	93	82	79	85	92	94	71	
5	990004	周玉	97	91	93	89	90	87	88	
6	990005	祁军	84	79	73	50	47	61	73	
7	990006	张栋	92	89	97	90	89	80	89	
8	990007	史宾	79	82	88	67	89	69	82	
9	990008	丁晓	81	77	82	94	78	87	82	
10	990009	郭仪	88	81	89	63	78	92	85	
11	990010	包天亮	91	90	99	92	94	99	90	
12	990011	陈明志	79	62	50	77	81	64	45	
13	990013	刘晓正	71	66	48	52	78	61	70	
14	990012	王平平	71	66	78	65	70	82	85	
15	990014	华玲玉	89	87	93	90	82	88	73	
16	990015	邹明	97	92	99	94	87	90	85	
17	990016	李小非	78	70	82	87	69	89	74	

图4－21　相对引用

相对引用使用非常广泛，如在一行或一列的指定单元格中建立公式，然后复制到其他行或列，便无须重新输入公式。

2. 绝对引用

绝对引用是指无论引用单元格的公式位置如何改变，所引用的单元格均不会发生变化。

绝对引用的形式是在单元格的行列号前加上符号“＄”，如图 4－22 所示，计算各地区一月份销售量占总销售量的比例。为 C2 单元格中的公式“＝B2/B6”的“B6”添加绝对引用符号“＄”，公式变为“＝B2/＄B＄6”，将公式复制到 C3 单元格后，公式所引用的分母依旧为“＄B＄6”，绝对引用的快捷操作是在单元格或编辑栏上将光标移动到引用单元格地址上，按下 F4 键。

	A	B	C
1	地区	一月	所占比例
2	华北	1011	=B2/$B$6
3	华南	2200	
4	华东	1370	
5	华中	1080	
6	总量	5661	

图 4－22　绝对引用

4.3.2　Excel 公式

1. 运算表达式

单元格以“列标＋行号”表示的公式就是一个运算表达式，公式中的运算符包括算术运算符、比较运算符和文本链接符三种类型。

算术运算符：有“＋”“－”“＊”“/”“%”“^”六种。

比较运算符：有“＝”“<”“>”“>＝”“<＝”“<>”，如“D5＞＝60”就是一个比较公式（条件），当单元格 D5 的值大于或等于 60 时，其值为真，否则为假。

文本链接符：只有一个运算符号“&”，它把前后两个文本链接成一个文本。

2. 编写公式计算成绩

根据分值权重计算总分＝数学＋语文＋英语＋（物理＋化学）＊0.8＋（政治＋生物）＊0.5，选中 J3 单元格，输入公式：“＝C3＋D3＋E3＋（F3＋G3）＊0.8＋（H3＋I3）＊0.5”，如图 4－23 所示，得到结果 469.2，余下计算直接填充数据完成。选中 J3 单元格，在编辑栏可以看到该结果的公式，这是学习公式编写的方法之一。

J3　fx　=C3+D3+E3+(F3+G3)*0.8+(H3+I3)*0.5

	A	B	C	D	E	F	G	H	I	J
1						学生成绩统计表				
2	学号	姓名	数学	语文	英语	物理	化学	政治	生物	总分
3	990001	李明	82	75	87	91	78	92	88	469.2
4	990002	钱梦飞	52	75	81	64	77	69	72	
5	990003	施俞芬	93	82	79	85	92	94	71	
6	990004	周玉	97	91	93	89	90	87	88	
7	990005	祁军	84	79	73	50	47	61	73	
8	990006	张栋	92	89	97	90	89	80	89	
9	990007	史宾	79	82	88	67	89	69	82	
10	990008	丁晓	81	77	82	94	78	87	82	
11	990009	郭仪	88	81	89	63	78	92	85	
12	990010	包天亮	91	90	99	92	94	99	90	
13	990011	陈明志	79	62	50	77	81	64	45	
14	990013	刘晓正	71	66	48	52	78	61	70	
15	990012	王平平	71	66	78	65	70	82	85	
16	990014	华玲玉	89	87	93	90	82	88	73	
17	990015	邹明	97	92	99	94	87	90	85	
18	990016	李小菲	78	70	82	87	69	89	74	
19										
20	总分=数学+语文+英语+（物理+化学）*0.8+(政治+生物)*0.5									

图 4－23　编写公式结果

3. 自动计算

可以使用自动计算求学生成绩的最高分和平均分等数据。选中需要返回结果的单元格，打开“公式”选项卡，可以看到“自动求和”功能按钮，如图 4－24 所示。

图 4－24　“公式”选项卡面板

选中 C19，单击自动计算的平均值功能，按回车键得到数学成绩平均值。如图 4－25 所示，在编辑栏中可以看到求平均值的公式：= AVERAGE（C3：C18），AVERAGE 即求平均值的函数，C3：C18 即数学成绩列的数据区域。

最高分的计算与平均分计算相同，最高分的公式：= MAX（C3：C18）。自动计算还可以求出最小值，或进行计数。

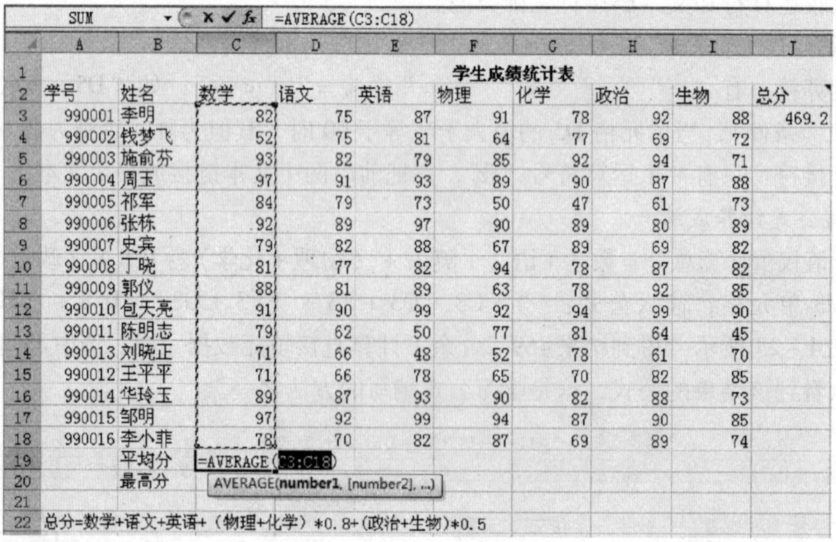
SUM　=AVERAGE(C3:C18)

	A	B	C	D	E	F	G	H	I	J
1						学生成绩统计表				
2	学号	姓名	数学	语文	英语	物理	化学	政治	生物	总分
3	990001	李明	82	75	87	91	78	92	88	469.2
4	990002	钱梦飞	52	75	81	64	77	69	72	
5	990003	施俞芬	93	82	79	85	92	94	71	
6	990004	周玉	97	91	93	89	90	87	88	
7	990005	祁军	84	79	73	50	47	61	73	
8	990006	张栋	92	89	97	90	89	80	89	
9	990007	史宾	79	82	88	67	89	69	82	
10	990008	丁晓	81	77	82	94	78	87	82	
11	990009	郭仪	88	81	89	63	78	92	85	
12	990010	包天亮	91	90	99	92	94	99	90	
13	990011	陈明志	79	62	50	77	81	64	45	
14	990013	刘晓正	71	66	48	52	78	61	70	
15	990012	王平平	71	66	78	65	70	82	85	
16	990014	华玲玉	89	87	93	90	82	88	73	
17	990015	邹明	97	92	99	94	87	90	85	
18	990016	李小菲	78	70	82	87	69	89	74	
19		平均分	=AVERAGE(C3:C18)							
20		最高分	AVERAGE(number1, [number2], ...)							
21										
22	总分=数学+语文+英语+（物理+化学）*0.8+(政治+生物)*0.5									

图 4－25　平均分的计算

4.3.3　Excel 函数

Excel 提供了 300 多个函数，分为财务、统计、数学、日期时间、数据库等类别。恰当地使用函数，可以完成很多专业性的工作。

1. 常用函数

SUM 求和：返回所选单元格的和。

AVERAGE 求平均值：返回所选单元格的平均值。

MAX 求最大值：返回所选单元格的最大值。

MIN 最小值、COUNT 计数等都是常用函数。

微课：常用函数使用

如图 4－26 和图 4－27 所示，常用函数的具体操作过程：首先选中需要计算结果的单元格，然后执行“公式”→“插入函数”命令，选择需要使用的函数如 SUM，在“函数参数”对话框中输入单元格区域 B2：C2 或直接拖动鼠标选择区域，按回车键返回结果。

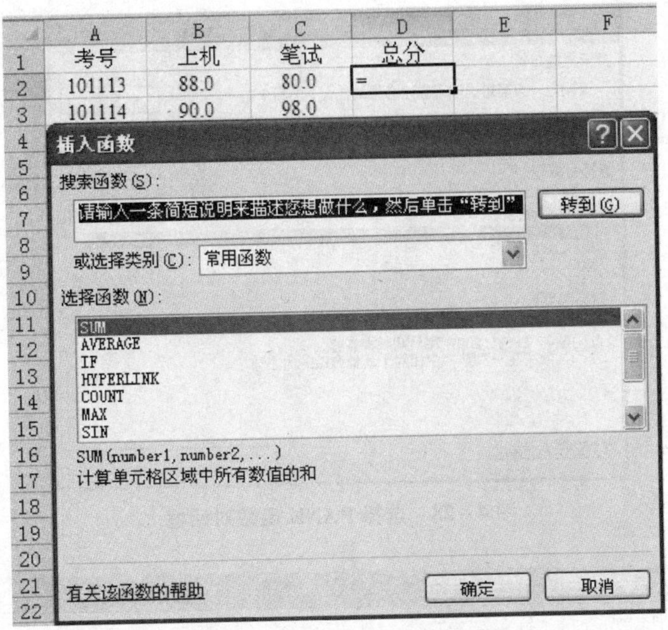

图 4-26 “插入函数”对话框

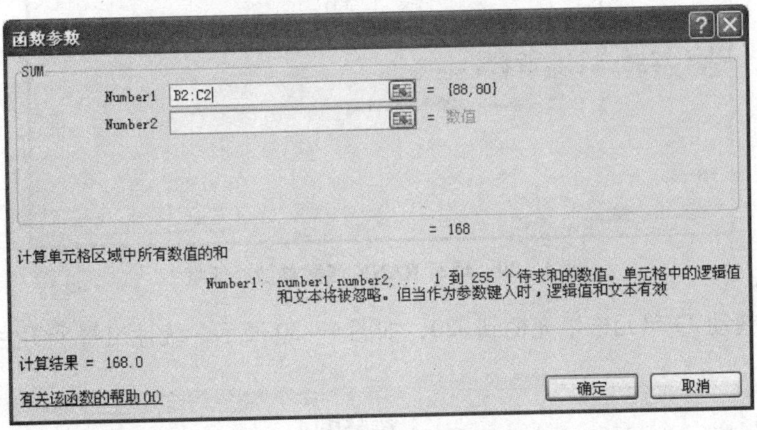

图 4-27 SUM“函数参数”对话框

AVERAGE、MAX、MIN、COUNT 这几个函数的操作及区域选择和 SUM 函数相同，这里不再一一介绍。值得注意的是：COUNT 函数是计数函数，但只对数值型数据进行计数。

2. RANK 函数

排序函数 RANK 用于分析和比较一列数据，并根据数值大小得到数值的排列名次。下面统计“学生成绩统计表”中总分成绩排名，其具体操作如下。

（1）选中 K3 单元格，单击“公式”选项卡中的“插入函数”按钮，如图 4-28 所示，在“选择函数”列表框中选择“RANK”函数，单击“确定”按钮。

（2）打开的参数对话框，如图 4-29 所示，在“Number”框中输入“J3”；在“Ref”框中输入“$J$3：$J$20”（绝对引用），“Order”参数为列表排序的方式，为零或忽略使用降序排名，非零升序，单击“确定”按钮。

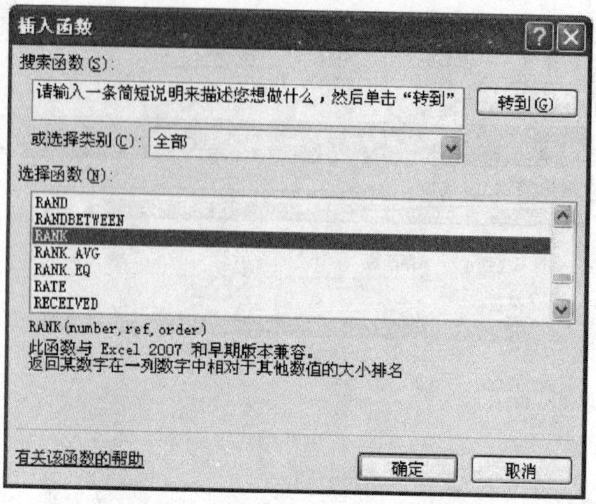

图 4－28　选择 RANK 函数对话框

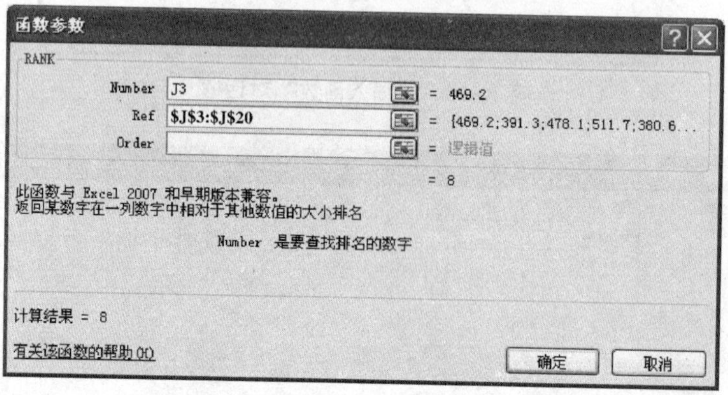

图 4－29　填写 RANK 函数参数对话框

（3）向下拖动 J3 单元格填充柄到 J20，如图 4－30 所示，统计出每个学生的总分排名。

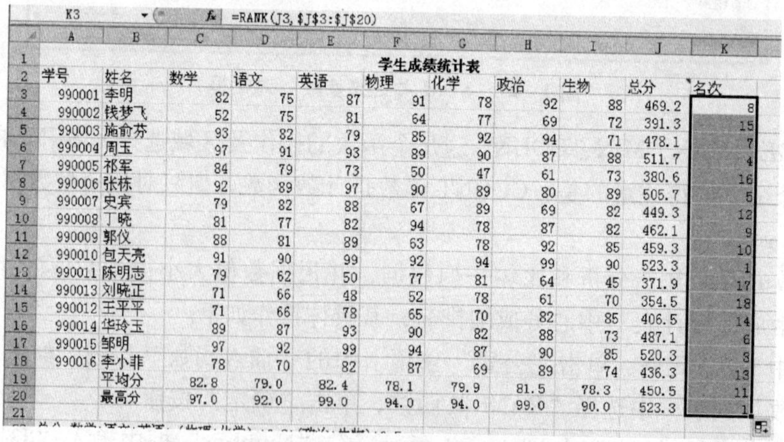

K3　=RANK(J3,$J$3:$J$20)

	A	B	C	D	E	F	G	H	I	J	K
1						学生成绩统计表					
2	学号	姓名	数学	语文	英语	物理	化学	政治	生物	总分	名次
3	990001	李明	82	75	87	91	78	92	88	469.2	8
4	990002	钱梦飞	52	75	81	64	77	69	72	391.3	15
5	990003	施俞芬	93	82	79	85	92	94	71	478.1	7
6	990004	周玉	97	91	93	89	90	87	88	511.7	4
7	990005	祁军	84	79	73	50	47	61	73	380.6	16
8	990006	张栋	92	89	97	90	89	80	89	505.7	5
9	990007	史宾	79	82	88	67	89	69	82	449.3	12
10	990008	丁晓	81	77	82	94	78	87	82	462.1	9
11	990009	郭仪	88	81	89	63	78	92	85	459.3	10
12	990010	包天亮	91	90	99	92	94	99	90	523.3	1
13	990011	陈明志	79	62	50	77	81	64	45	371.9	17
14	990013	刘晓正	71	66	48	52	78	61	70	354.5	18
15	990012	王平平	71	66	78	65	70	82	85	406.5	14
16	990014	华玲玉	89	87	93	90	82	88	73	487.1	6
17	990015	邹明	97	92	99	94	87	90	85	520.3	3
18	990016	李小非	78	70	82	87	69	89	74	436.3	13
19		平均分	82.8	79.0	82.4	78.1	79.9	81.5	78.3	450.5	11
20		最高分	97.0	92.0	99.0	94.0	94.0	99.0	90.0	523.3	1
21											

图 4－30　RANK 函数统计出总分排名结果

3. IF 函数

条件函数 IF 用于判断数据表中的某个数据是否满足指定条件，如果满足，则返回一个特定值，不满足则返回其他值。下面分析“学生成绩统计表”中学生的总分是否达到合格分数 480（ >480），操作步骤如下。

在 L3 单元格中插入 IF 函数，如图 4－31 所示单击“公式”选项卡“函数库”组中的“逻辑”下拉按钮，选择“IF”。

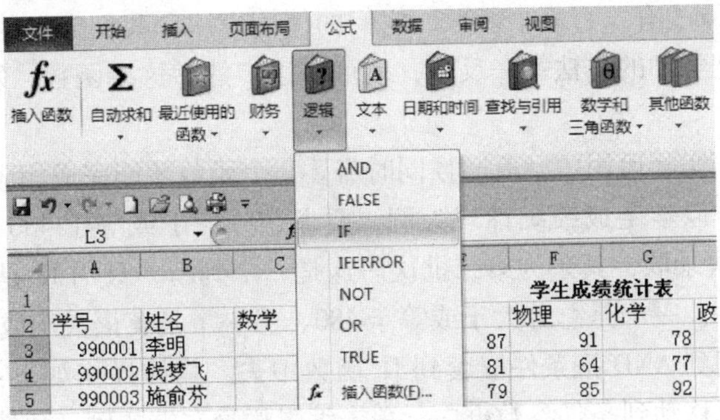

图 4－31　插入 IF 函数

打开“函数参数”对话框，如图 4－32 所示，在“Logical _ test”（条件）框中输入“J3 >480”；在“Value _ if _ true”（满足条件）框中输入“合格”；在“Value _ if _ false”（不满足条件）框中输入“不合格”。拖动填充柄复制到其他单元格，学生成绩是否合格的判断结果如图 4－33 所示。

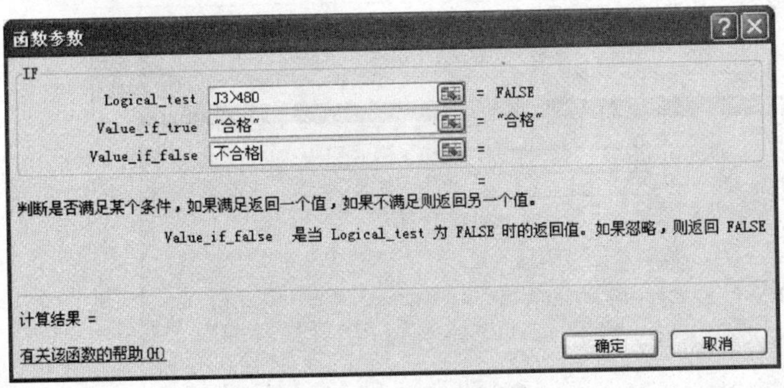

图 4－32　IF 函数参数填写

微课：SUMIF 条件求和函数的使用

L3　=IF(J3>480,"合格","不合格")

学生成绩统计表

学号	姓名	数学	语文	英语	物理	化学	政治	生物	总分	名次	是否合格
990001	李明	82	75	87	91	78	92	88	469.2	8	不合格
990002	钱梦飞	52	75	81	64	77	69	72	391.3	15	不合格
990003	施俞芬	93	82	79	85	92	94	71	478.1	7	不合格
990004	周玉	97	91	93	89	90	87	88	511.7	4	合格
990005	祁军	84	79	73	50	47	61	73	380.6	16	不合格
990006	张栋	92	89	97	90	89	80	89	505.7	5	合格
990007	史宾	79	82	88	67	89	69	82	449.3	12	不合格
990008	丁晓	81	77	82	94	78	87	82	462.1	9	不合格
990009	郭仪	88	81	89	63	78	92	85	459.3	10	不合格
990010	包天亮	91	90	99	92	94	99	90	523.3	1	合格
990011	陈明志	79	62	50	77	81	64	45	371.9	17	不合格
990013	刘晓正	71	66	48	52	78	61	70	354.5	18	不合格
990012	王平平	71	66	78	65	70	82	85	406.5	14	不合格
990014	华玲玉	89	87	93	90	82	88	73	487.1	6	合格
990015	邹明	97	92	99	94	87	90	85	520.3	3	合格
990016	李小菲	78	70	82	87	69	89	74	436.3	13	不合格

微课：COUNTIF 条件函数使用

图 4－33　学生成绩合格与否判断结果

4.3.4 案例总结

在本案例的制作过程中，我们主要学习了如何绝对或相对引用单元格的数据进行各种运算；运算的公式，可以使用算术、比较和文本链接三种运算符编写，也可以直接使用Excel提供的各种函数。Excel有三百多个函数，它们的使用方法和我们介绍的常用函数的使用方法类似，只要我们把学到的方法举一反三，就可以逐步熟悉这些函数，发挥Excel在数据计算上的强大功能。

值得注意的是，实际运用中，有时候同时需要几个函数才能完成相应工作，这时候就需要了解函数的嵌套。以学生成绩统计表为例，要求总分大于或等于480且英语大于或等于80的同学为第一批次录取，其余为第二批次。这是一个判断，只用IF是无法完成的，因为这里有两个判断条件：一个是总分大于或等于480，另一个是英语大于或等于80，条件之间是与的关系，需要用到AND把条件嵌套到IF函数中去。具体操作如下：首先打开IF函数参数对话框，将光标移动到条件参数框内，单击编辑栏最左端的倒三角选择需要嵌套的函数AND（列表中没有的在其他函数中选择），如图4－34所示，在弹出的AND对话框中输入两个条件。注意：这里不可以单击“确定”按钮，而是单击编辑栏公式中的IF部分，可以看到对话框已经换成了IF函数参数对话框，如图4－35所示完成IF的参数设置，一个简单的嵌套就完成了。

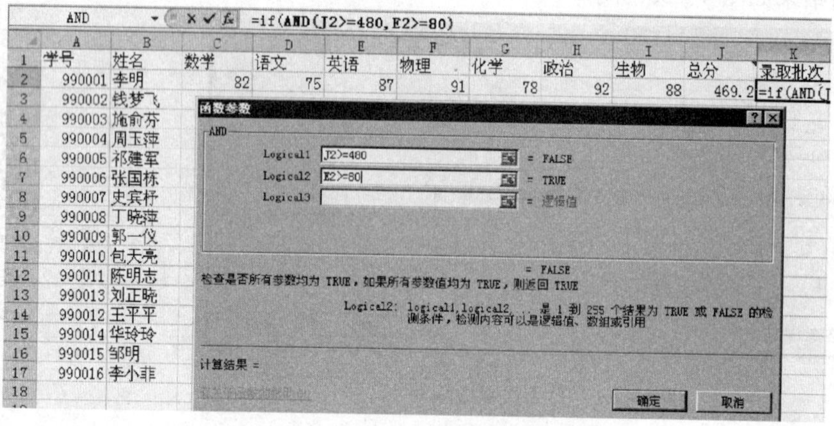

图4－34 函数嵌套对话框操作

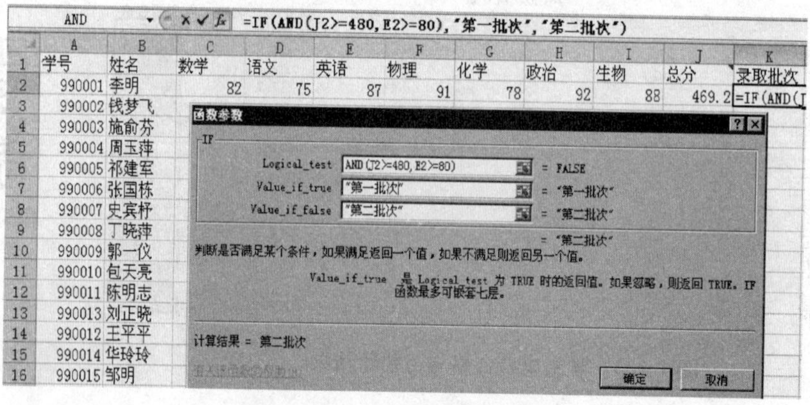

图4－35 IF嵌套函数的参数

如果对函数较熟悉，可以直接手写公式完成函数的嵌套，比如有公式 = IF（F2 = “一车间”，E2 + 100，IF（F2 = “二车间”，E2 + 90，IF（F2 = “三车间”，E2 + 80,）））, 其中 F 列是部门，E 列为奖金，大家可以思考一下该公式可以实现什么功能。

4.4　案例 4——制作电脑配件销售分析表

制作与编排数据表后，通常要对数据进行分析，Excel 提供强大的数据分析功能，能够对数据进行排序、分类汇总以及通过各种类型的图表达到不同的分析目的，以便更直观地分析数据。

任务提出

如要从大量的统计数据得到一些特定的信息，就需要进行分析。以电脑配件销售分析表为例实现数据排序、分类汇总、数据筛选和数据透视等数据分析功能，同时使用 Excel 图表功能更直观地展示数据。

相关知识点

（1）排序与分类汇总是最常用的数据分析功能，排序将数据按照一定规律排序，分类汇总用于对数据进行合理分类，并对数据进行汇总。

（2）筛选是从数据表中筛选出符合指定条件的数据。

（3）数据透视表与数据透视图是按照需要组合数据，能够满足不同的汇总和分类需求。

（4）图表主要用于将数据表中的数据以图表的方式显示出来，更加直观地查看数据的分布、趋势和各种规律。

微课：排序与分类汇总

4.4.1　数据排序和分类汇总

1. 数据排序

数据排序是选择要排序的单元格区域，通常包括标题行和其后的所有数据记录行，然后利用排序命令做相应的选择进行排序。排序主要有两种方式，即升序和降序。如图 4 - 36 所示，对“一季度各部门电脑配件销售表”按“销售额”进行升序排序。

一季度各部门电脑配件销售表				
产品	价格	部门	数量	销售额
硬盘	860	技术	15	12900
硬盘	860	市场	26	22360
硬盘	860	项目	38	32680
显示器	1560	技术	62	96720
显示器	1560	市场	18	28080
CPU	268	技术	102	27336
CPU	268	市场	81	21708
CPU	268	项目	79	21172
主板	810	技术	20	16200
主板	810	市场	56	45360
主板	810	项目	58	46980
显卡	218	技术	26	5668
显卡	218	市场	89	19402
显卡	218	项目	91	19838

图 4 - 36　一季度各部门电脑配件销售表

（1）快速排序是根据数据表中的相关数据或字段名，将数据按照升序或降序的方式进行排序，是最常用的排序方式。其具体操作如下：选中E列任意单元格，打开如图4－37所示的“数据”选项卡，单击“排序和筛选”组中的“升序”按钮，即可将数据表按照“销售额”由低到高排序，排序结果如图4－38所示。

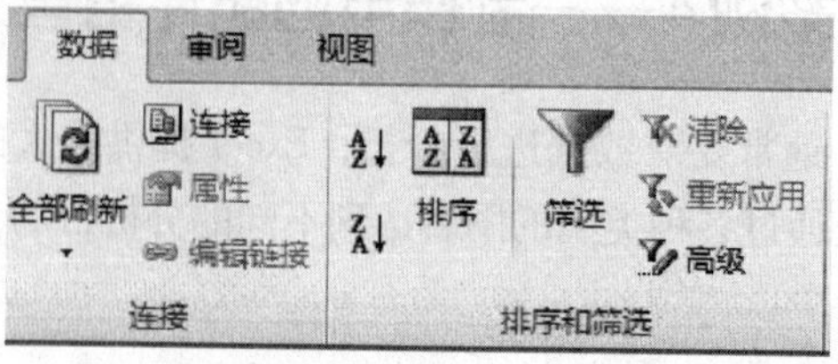

图4－37　“数据”选项卡的“排序和筛选”面板

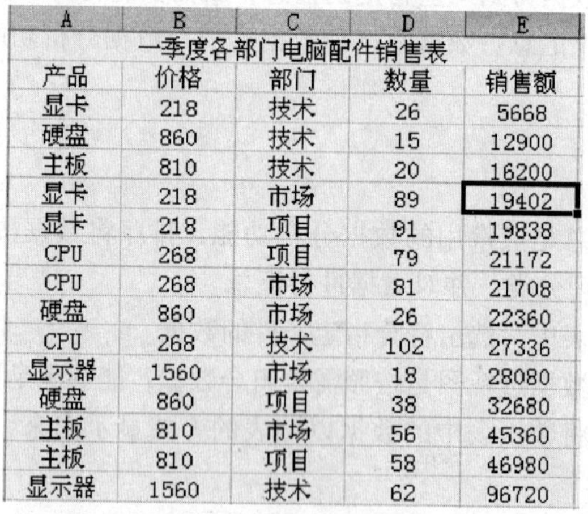

A	B	C	D	E
一季度各部门电脑配件销售表				
产品	价格	部门	数量	销售额
显卡	218	技术	26	5668
硬盘	860	技术	15	12900
主板	810	技术	20	16200
显卡	218	市场	89	19402
显卡	218	项目	91	19838
CPU	268	项目	79	21172
CPU	268	市场	81	21708
硬盘	860	市场	26	22360
CPU	268	技术	102	27336
显示器	1560	市场	18	28080
硬盘	860	项目	38	32680
主板	810	市场	56	45360
主板	810	项目	58	46980
显示器	1560	技术	62	96720

图4－38　快速排序结果

（2）数据组合排序是指按照多个数据列对数据表进行排序，数据表按照一列数据排序后，若排序列中包含重复数据，为了进一步区分数据，可以组合其他列来继续对重复数据分排序。其具体操作如下。

① 选中A2：E16单元格区域；

② 单击“排序和筛选”组中的“排序”按钮；

③ 打开“排序”对话框，如图4－39所示，在“主要关键字”下拉列表中选择“部门”，“次序”为“降序”；

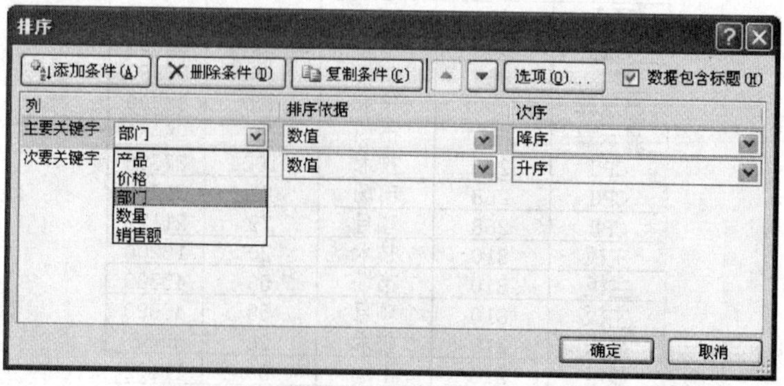

图4－39　设置主要关键字和次要关键字

④ 添加次要排序条件，添加“次要关键字”。“次要关键字”选择“数量”，“次序”为“降序”。

此时即可对数据表先按照“部门”序列降序排序，对于“部门”序列重复的数据，则按照“数量”序列进行降序排序，排序结果如图 4-40 所示。

一季度各部门电脑配件销售表

产品	价格	部门	数量	销售额
显卡	218	项目	91	19838
CPU	268	项目	79	21172
主板	810	项目	58	46980
硬盘	860	项目	38	32680
显卡	218	市场	89	19402
CPU	268	市场	81	21708
主板	810	市场	56	45360
硬盘	860	市场	26	22360
显示器	1560	市场	18	28080
CPU	268	技术	102	27336
显示器	1560	技术	62	96720
显卡	218	技术	26	5668
主板	810	技术	20	16200
硬盘	860	技术	15	12900

图 4-40　组合排序结果

2. 分类汇总

在数据清单中快速汇总同类数据，包括分类进行求和、计数、求平均值、求最值等计算。分类汇总有一个重要的前提，即先要将数据按分类字段进行排序。

打开“数据”选项卡，选择“分级显示”组中的“分类汇总”功能按钮，打开“分类汇总”对话框，如图 4-41 所示，在对话框中，“分类字段”选择“部门”；“汇总方式”选用于分类汇总的函数方式为“求和”；“选定汇总项”选择销售额，汇总结果如图 4-42 所示。

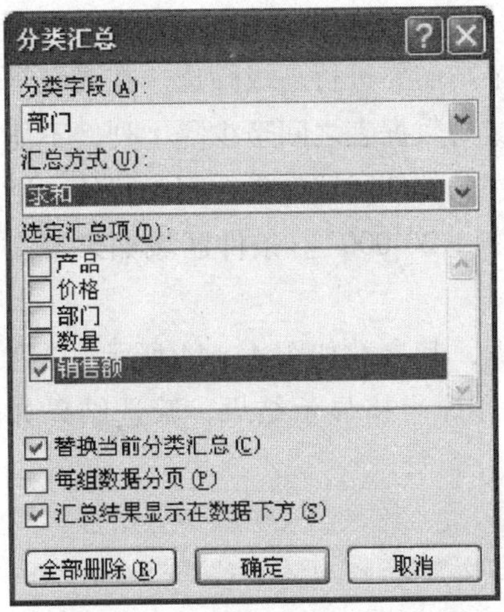

图 4-41　“分类汇总”对话框

一季度各部门电脑配件销售表

产品	价格	部门	数量	销售额
显卡	218	项目	91	19838
CPU	268	项目	79	21172
主板	810	项目	58	46980
硬盘	860	项目	38	32680
		项目 汇总		120670
显卡	218	市场	89	19402
CPU	268	市场	81	21708
主板	810	市场	56	45360
硬盘	860	市场	26	22360
显示器	1560	市场	18	28080
		市场 汇总		136910
CPU	268	技术	102	27336
显示器	1560	技术	62	96720
显卡	218	技术	26	5668
主板	810	技术	20	16200
硬盘	860	技术	15	12900
		技术 汇总		158824
		总计		416404

图 4-42　分类汇总结果

4.4.2　筛选和高级筛选

数据筛选就是从数据表中筛选出符合条件的记录，把不符合条件的记录隐藏起来。Excel 有两种筛选，一种是自动筛选，另一种是高级筛选。

微课：数据筛选

1. 筛选

选择数据表的任一数据单元格，单击“数据”选项卡的“排序和筛选”组中的“筛选”按钮，此时数据表中每一列的标题右边都带有一个三角按钮，单击它可以打开一个下拉菜单，如图 4-43 所示，在“部门”列中选择“技术”和“市场”。

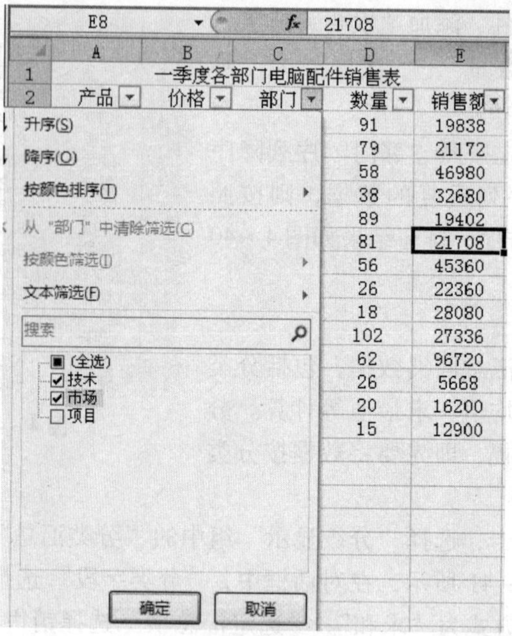

图 4－43　筛选操作

2. 高级筛选

筛选只能筛选条件比较简单的记录，若条件比较复杂则需要进行高级筛选。在高级筛选操作前，需要建立好进行高级筛选的条件区域，条件区域与数据表之间至少隔 1 列，不能直接与数据表相连。条件区域包括属性和满足该属性的条件。条件区域如果在同一行的，则两者之间的关系为“与”，筛选条件为“数量 > 80 且销售额 > 20 000”。条件区域如果不在同一行的，则两者之间的关系为“或”。

筛选销售表中的数量 >80，且销售额 >20 000 的数据，其参数如图 4－44 所示，“列表区域”选择 A5：E19，“条件区域”选择“D1：E2”，在原表格显示结果，筛选结果如图 4－45 所示。

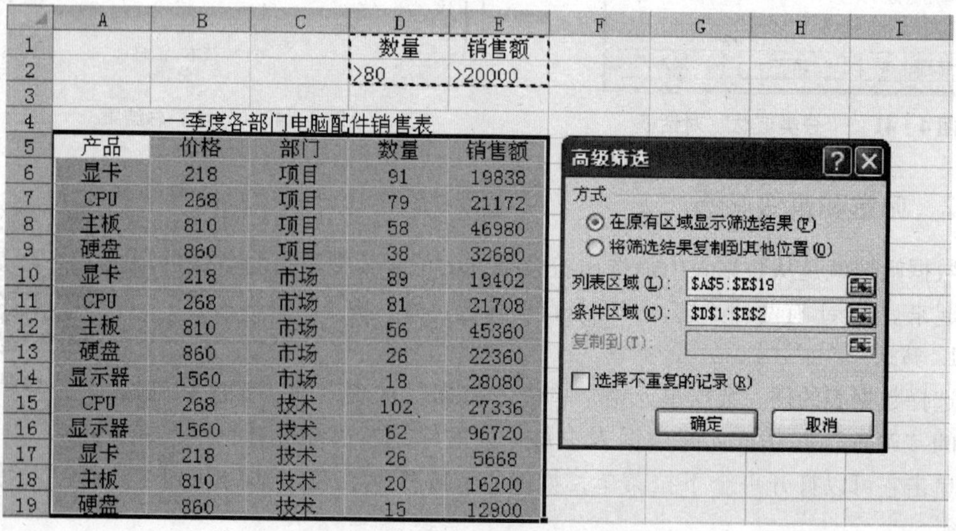

图 4－44　高级筛选参数设置

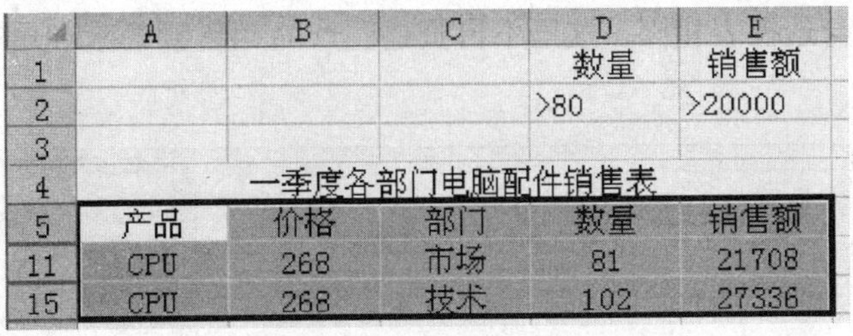

	A	B	C	D	E
1				数量	销售额
2				>80	>20000
3					
4	一季度各部门电脑配件销售表				
5	产品	价格	部门	数量	销售额
11	CPU	268	市场	81	21708
15	CPU	268	技术	102	27336

图 4-45　高级筛选结果

4.4.3　数据透视表和数据透视图

数据透视表用于快速汇总大量数据的交互式表格。用户可以选择其行或列以查看对源数据的不同汇总，还可以通过显示不同的页来筛选数据，或者显示所关心区域的明细数据。当要比较相关的总计值并对每个数字进行多种比较时，可以使用数据透视表报表。其具体操作为：选中 A2：E16，如图 4-46 所示，打开“插入”选项卡的“表格”组的“数据透视表”；打开如图 4-47 所示的窗格，可以根据需要选择需要添加到报表中的字段；拖动“产品”字段到“列标签”，“部门”“Σ数值”到“行标签”，在“Σ数值”中只设置求和项数量和销售额。如图 4-47 所示左边部分直接显示透视结果。

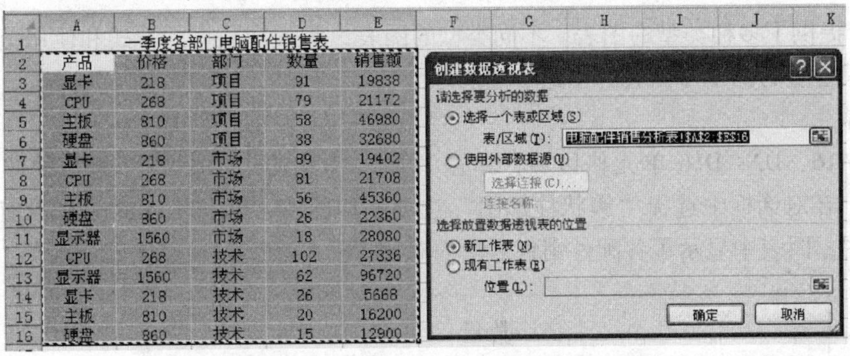

	A	B	C	D	E
1	一季度各部门电脑配件销售表				
2	产品	价格	部门	数量	销售额
3	显卡	218	项目	91	19838
4	CPU	268	项目	79	21172
5	主板	810	项目	58	46980
6	硬盘	860	项目	38	32680
7	显卡	218	市场	89	19402
8	CPU	268	市场	81	21708
9	主板	810	市场	56	45360
10	硬盘	860	市场	26	22360
11	显示器	1560	市场	18	28080
12	CPU	268	技术	102	27336
13	显示器	1560	技术	62	96720
14	显卡	218	技术	26	5668
15	主板	810	技术	20	16200
16	硬盘	860	技术	15	12900

微课：销售数据分析

图 4-46　创建数据透视表

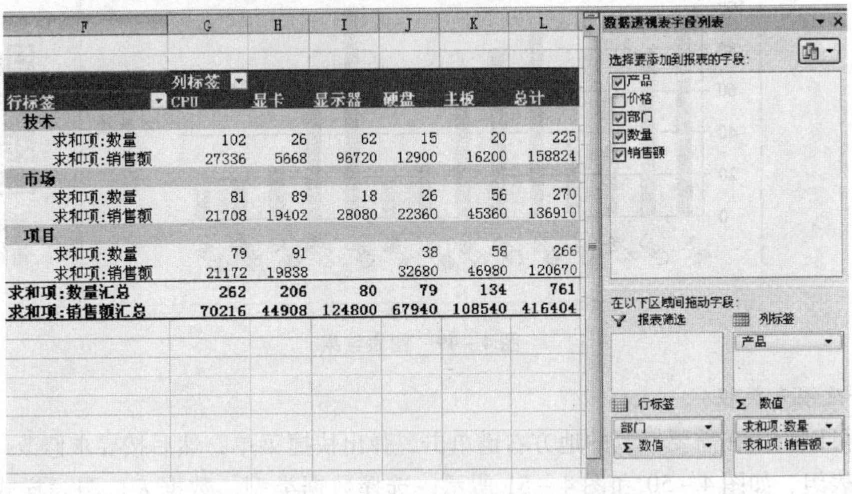

	列标签					
行标签	CPU	显卡	显示器	硬盘	主板	总计
技术						
求和项:数量	102	26	62	15	20	225
求和项:销售额	27336	5668	96720	12900	16200	158824
市场						
求和项:数量	81	89	18	26	56	270
求和项:销售额	21708	19402	28080	22360	45360	136910
项目						
求和项:数量	79	91		38	58	266
求和项:销售额	21172	19838		32680	46980	120670
求和项:数量汇总	262	206	80	79	134	761
求和项:销售额汇总	70216	44908	124800	67940	108540	416404

图 4-47　数据透视表参数设置及结果显示

数据透视图的操作与透视表相同，这里不再赘述。产品销售额的求和透视图结果如图4－48所示。

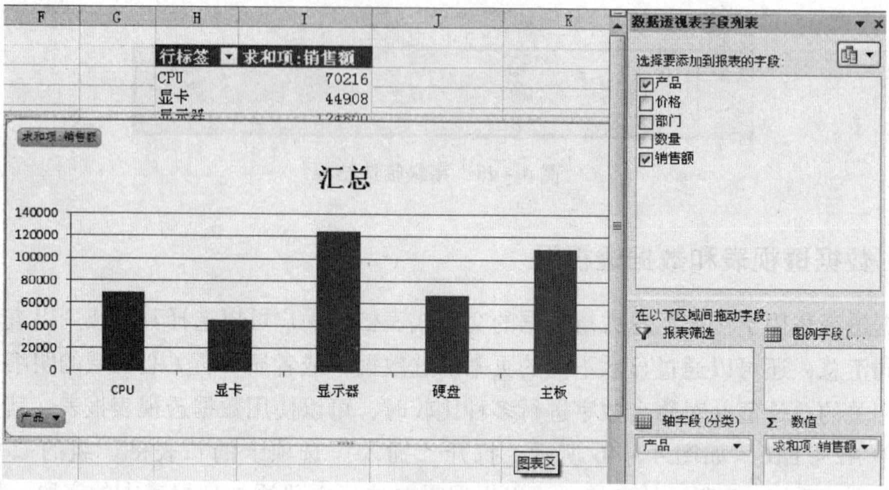

图4－48　数据透视图结果显示

4.4.4　图表

Excel 2010 提供了多种类型的图表。不同类型的图表，其表现数据的方式和使用范围也不同。下面就销售表为例学习图表的创建。

1. 创建图表

选中 A2：A16，D2：D16 单元格区域，单击“插入”选项卡“图表”组中的“柱形图”下拉按钮；在对话框中选择“簇状柱形图”选项。如图 4－49 所示，此时在当前工作表中插入柱形图，图表中显示了各配件销售数量的对比。

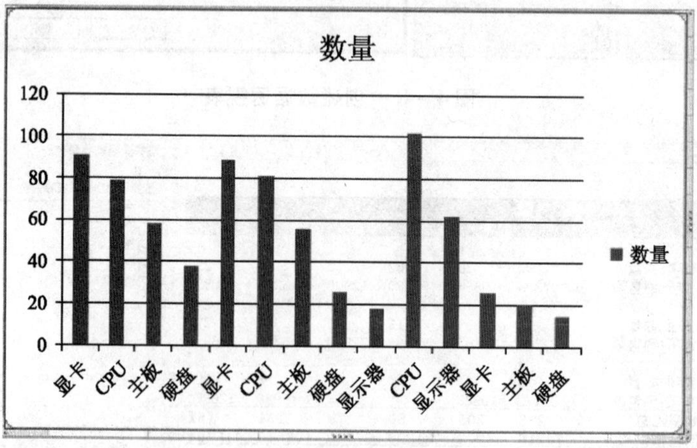

微课：汽车销售统计图制作

图 4－49　图表结果

2. 修改图表数据

我们可以直接在需要修改的地方右键单击，弹出快捷菜单，然后按要求修改。当然也可以利用图表组，如图 4－50 和图 4－51 所示，选择数据类型、数据表、图表样式和图表位置，直接对其进行修改。

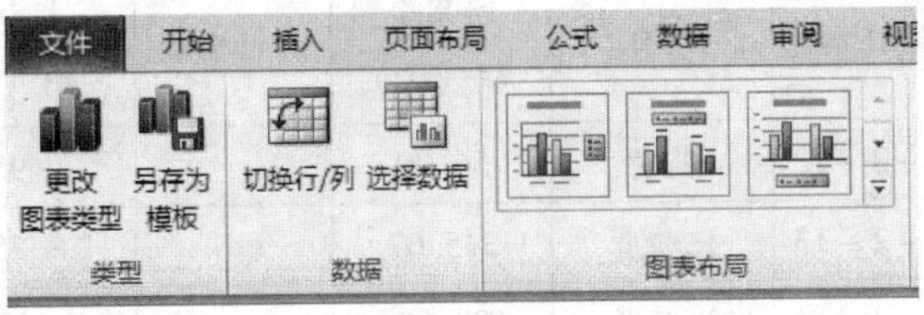

图 4－50　图表组 1

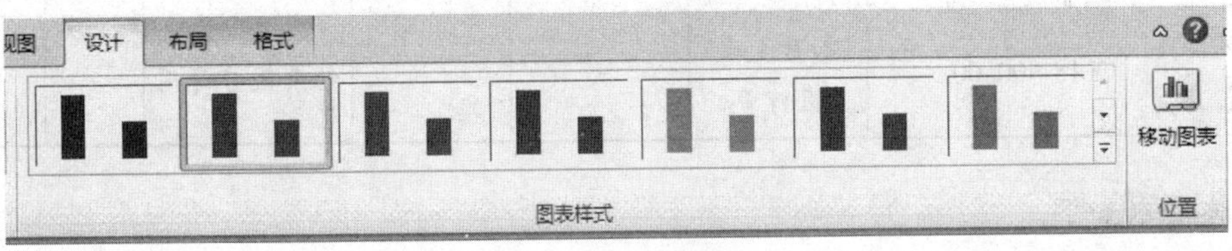

图 4－51　图表组 2

4.4.5　案例总结

通过制作电脑配件销售分析表，主要学习了数据排序、分类汇总、筛选和高级筛选、数据透视图和透视表、图表功能的操作方法。

习　题　4

某企业医疗费用统计表原始表见表 4－2。

表 4－2　某企业医疗费用统计表

报销人	部门	报销日期	项目	实用金额（元）	实报金额	报销比例（%）	工龄	职工编号
朱晓	计划处	2012－2－20	治疗费	89.00		95	10	ZG034
赵哲	厂办	2012－2－3	药费	312.90		75	8	ZG008
张盟	一车间	2012－2－4	化验费	60.00		95	15	ZG090
马芳	二车间	2012－2－5	治疗费	457.00		95	12	ZG078
金晶	宣传处	2012－2－6	化验费	90.00		75	4	ZG234
龚佳	培训处	2012－2－18	治疗费	556.80		95	20	ZG034
陈明	培训处	2012－2－8	化验费	90.60		95	13	ZG135
郑宾	宣传处	2012－2－9	药费	500.89		95	20	ZG036
王晨	劳资处	2012－2－10	化验费	300.00		75	5	ZG137
陈成	计划处	2012－2－11	治疗费	800.00		75	9	ZG238

续表

报销人	部门	报销日期	项目	实用金额（元）	实报金额	报销比例（%）	工龄	职工编号
李思源	厂办	2012－2－12	药费	56.00		95	13	ZG339
戚红	一车间	2012－2－13	化验费	345.67		75	4	ZG540
赵哲	厂办	2012－2－14	治疗费	89.00		75	2	ZG008
朱思思	劳资处	2012－2－25	药费	673.00		75	8	ZG142
上月结存医疗费	¥18 900.00		本月支出医疗费			结余医疗费用		

具体要求如下。

（1）新建工作表（表名："医疗费用统计表"）。复制原始表中的数据，根据报销比例计算每人实报金额、本月支出医疗费（数据居中）和结余医疗费（数据居中），全部使用保留两位小数的会计专用格式。

（2）新建工作表（表名："部门医疗费用统计表"）。复制原始表中的数据，对"部门"和"工龄"进行降序排序；并在排序表的下面筛选出"实报金额"大于200元（含200元）且"工龄"短于10年（不含10年）的数据。

（3）新建工作表（表名："医疗费用情况分析表"）。引用"部门医疗费用统计表"中的数据，按"部门"进行分类汇总，求出各部门实报金额的和。

（4）新建工作表（表名："部门医疗费用综合分析表"）。引用"部门医疗费用统计表"中的数据，利用数据透视表的功能，按"部门"和"项目"对实报金额进行分类汇总。

（5）新建工作表（表名："医疗费用统计情况分析图"）。根据"医疗费用情况分析表"中的数据生成图表，如图4－52所示。

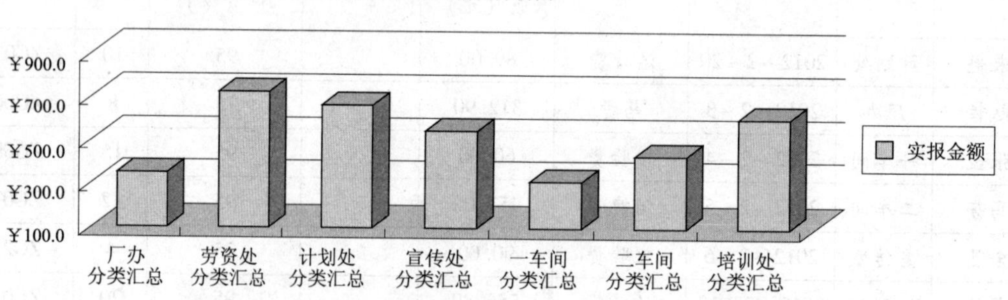

图4－52　习题样图

第 5 章　PowerPoint 2010 演示文稿软件

PowerPoint 2010 是 Office 2010 中另一个重要成员，PowerPoint 用于设计制作各种电子幻灯片，包括专家报告、授课讲稿、产品演示、宣传广告等，这些演示文稿可以通过计算机屏幕或者投影仪播放。本章主要介绍：新建与修改幻灯片，通过分节对幻灯片结构进行划分，为幻灯片添加图形类对象，为幻灯片添加与编辑视频文件，为幻灯片添加音频文件等。

5.1　PowerPoint 2010 概述

1987 年，微软公司收购了 PowerPoint 软件的开发者 Forethought of Menlo Park 公司；1990 年，微软将 PowerPoint 集成到办公套件 Office 中。PowerPoint 2010 作为美国微软公司办公自动化软件 Microsoft Office 2010 家族中的一员，是一个演示文稿工具软件。利用 PowerPoint 2010 可以方便、灵活地把文字、图片、图表、声音、动画和视频等多种媒体元素集成到电子演示文稿中，利用多感官进行演示，始终吸引观众的注意力，从而创造一个轻松、愉快的气氛。用 PowerPoint 2010 制作幻灯片操作简单、轻松，制作周期短，还可以创建投影机幻灯片，打印幻灯片、讲义、备注、大纲文档、Internet 上的 Web 页面等。

PowerPoint 2010 最重要的特点是不需要用户有很深入的计算机知识和任何绘画基础，用户只要依据 PowerPoint 2010 提供的丰富的模板和给出的向导性提示，输入各种元素内容，增强演示效果，就可以做出令人满意的演示文稿。

5.1.1　PowerPoint 2010 的工作界面

启动 PowerPoint 2010，软件窗口与 Word 2010 相似，如图 5－1 所示。

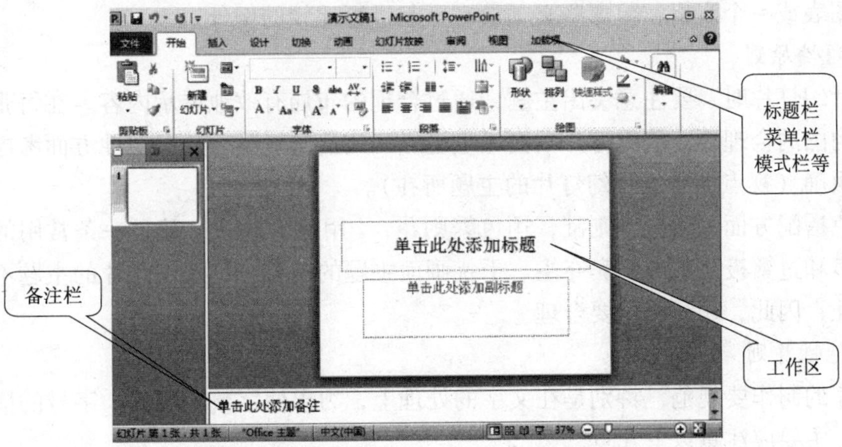

图 5－1　PowerPoint 2010 启动界面

（1）标题栏、菜单栏、常用工具栏、格式工具栏、任务窗格、绘图工具栏、大纲编辑窗口、状态栏与Word 2010相似。

（2）工作区/编辑区：编辑幻灯片的工作区。

（3）备注区：用来编辑幻灯片的“备注”文本。

5.1.2 演示文稿的制作过程

制作演示文稿一般要经历下面几个步骤。

（1）准备素材：主要是准备演示文稿中所需要的一些文字、图片、声音、动画等文件。

（2）确定方案：设计演示文稿的整个构架，确定幻灯片方案，如颜色、模板等。

（3）初步制作：将文本、图片等多媒体元素输入或插入到相应的幻灯片中。

（4）装饰处理：设置幻灯片中相关对象的属性（包括字体颜色、图片大小、位置、动画播放等），对幻灯片进行装饰处理。

（5）预演播放：装饰处理后，播放查看相应的效果，反复测试，满意后正式输出播放。

（6）产品发布：刻盘或打包文件，正式发布产品。

5.1.3 演示文稿的制作原则

制作演示文稿时应遵守以下原则。

1. 整体性原则

幻灯片文字、图片、动画的艺术效果处理，以及幻灯片色彩的配置要合理。幻灯片文件一般是以提纲的形式出现，最忌讳将所有内容全部写在几张幻灯片上，而要将文字做提炼处理，起到简练文字、强化要点、突出重点的效果。减少幻灯片信息量的措施有“浓缩”和“细分”两种。

（1）浓缩。对于文字，尽量使用简短精练的句子，结构简单，使受众一看就懂。一张幻灯片上的文字，行数不多于7行，每行不多于20个字。对于图表和表格，也要精简，通过合并一些相关行列，使图形和表格的行列数为4～5个，否则就显得过于繁杂。

（2）细分。对于文字，把原先置于一张幻灯片上的较多内容加以分解，分别放到几张幻灯片上，每张幻灯片上的内容具有相对独立性。对于图表和表格，基本原则是一张幻灯片只放一幅图表或一个表格，但那些必须放在一起进行比较的例外。

2. 主题性原则

在设计幻灯片时，要注意突出主题，通过合理的布局有效地展示内容。在每张幻灯片内都应注意构图的合理性，使幻灯片画面尽量地做到均衡与对称。从可视性方面考虑，还应当做到视点明确（视点即是每张幻灯片的主题所在）。

在颜色搭配方面，用色多则乱，用色繁则花，“用色不过三”就是一条常用的法则。如果用色太多和过繁极易造成喧宾夺主、干扰画面主题的现象，导致幻灯片的主题不突出和整体效果不佳，因此，切记用色要合理。

3. 规范性原则

幻灯片的制作要规范，特别是在文字的处理上，力求使字数、字体、字号的搭配做到合理、美观。主要应注意以下几点。

（1）字体的选择。各种字体具有各自的风格色彩，根据文稿的不同需求选择不同风格的字体。正文用字多以庄重为宜，通常选用宋体，如果选用仿宋体、楷体或其他一些美术字体为正文用字，易给人不够庄重的感觉。

（2）画面与留白的关系。留白不但有助于阅读，而且还利于稳定视线。画面与留白的关系如同呼吸，画面大小就如同呼吸深浅，过大过小都会有窒息感。在标题、文、图和四周应留有适当的空白，便于主题的突出，使版面清爽，疏密相间，让观众阅读时有透气的地方。

4. 易读性原则

易读性是指要使坐在最后一排的受众都能看清楚屏幕上的信息。通常，计算机屏幕上可以看得很清楚的文字和图表，一旦放映到演示屏幕上常常会不清楚，在制作演示文稿时对这一点要有明确的认识。

5. 醒目原则

通常通过加强色彩的对比度来达到使屏幕信息醒目和悦目的目的。例如，蓝底白字的对比度强，其效果也好；蓝底红字的对比度要弱一些，效果也要差一些；而如果采用红色作为白字的阴影色放在蓝色背景上，那么就会更加醒目和美观。

6. 完整性原则

完整性是指力求把一个完整的概念放在一张幻灯片上，而不要跨越几张幻灯片。这是因为，当幻灯片由一张切换到另一张时，会导致受众原先的思绪被打断。此外，受众习惯上总是认为，在切换以后，上一张幻灯片中的概念已经结束，下面所等待的是另外一个新的概念。

7. 一致性原则

所谓一致性，就是要求演示文稿的所有幻灯片上的背景、标题大小、颜色、幻灯片布局等尽量保持一致。实践表明，与内容无关的任何变化，都会分散受众对演示内容的注意力，削弱演示的效果。

5.2 案例1——演示文稿的创建

任务提出

本案例的主要任务是创作出一个普通的演示文稿，方便我们今后进一步学习 PowerPoint 2010。

相关知识点

（1）PPT 演示文稿的创建、复制、移动和修饰。

（2）PPT 演示文稿的保存。

微课：创建演示文稿

5.2.1 创建演示文稿

要灵活掌握运用 PowerPoint 2010 制作幻灯片，首先要学会 PowerPoint 的基础操作，一份演示文稿通常由一张“标题”幻灯片和若干张“普通”幻灯片组成。

1. 启动 PowerPoint 2010

在 Windows 系统中安装 Microsoft Office 2010 软件包后，默认情况下 PowerPoint 2010 已经包含在其中一起安装了，安装方法请参照 Microsoft Office 2010 安装步骤。

安装完成后，在“开始”菜单的“程序”子菜单中就会生成一个 Microsoft Office PowerPoint 2010 菜单项。单击该选项后，即可启动 Microsoft Office PowerPoint 2010。启动后软件显示界面如图 5－1 所示。

2. 新建幻灯片

默认情况下，在新打开的 PowerPoint 2010 中，会显示一个空白演示文稿，如果用户要添加幻灯片，可以在“幻灯片”组中进行设置，如图5－2 所示。

图 5－2　设置幻灯片

方法一：在功能区中新建幻灯片。

在新打开的演示文稿中切换至“开始”选项卡，在“幻灯片”组中单击“新建幻灯片”下三角按钮，在展开的“库”中选择“标题和内容”样式，如图 5－3 所示，经过操作后，在演示文稿中显示新建的第 2 张幻灯片，如图 5－4 所示。

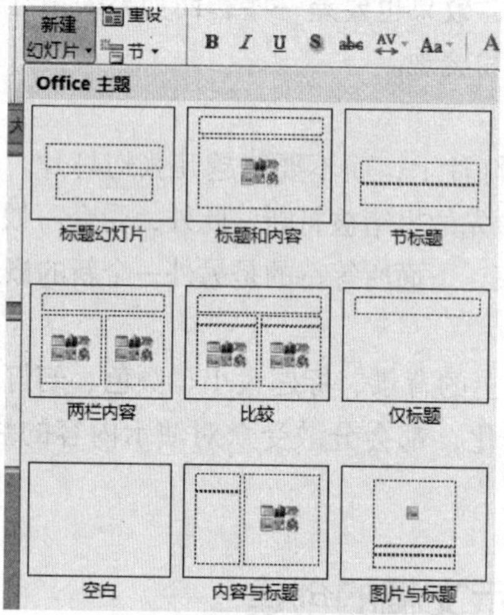

图 5－3　选择新建幻灯片版式

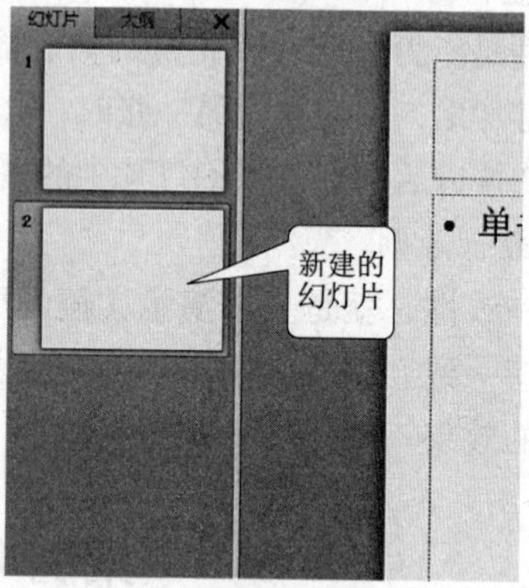

图 5－4　显示新建幻灯片

方法二：使用右键菜单新建幻灯片。

在新打开的演示文稿中右键单击任意一张幻灯片，在弹出的快捷菜单中执行“新建幻灯片”命令，如图 5－5 所示。

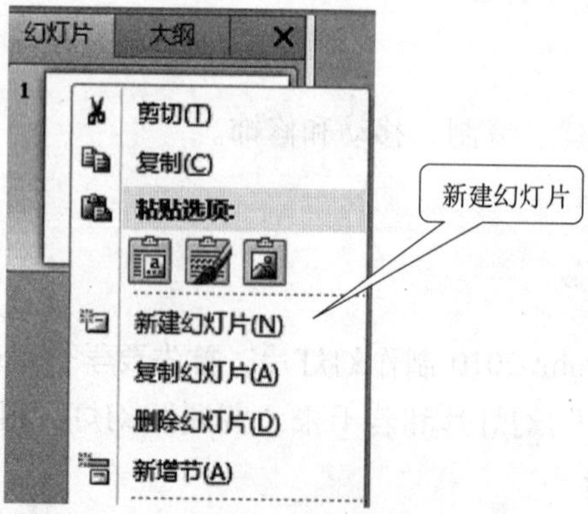

图 5－5　使用右键菜单新建幻灯片

5.2.2 编辑及修饰演示文稿

1. 更改幻灯片版式

PowerPoint 2010 为广大用户提供了内置的幻灯片版式，用户可以对其进行选择和更改。

在演示文稿“幻灯片”窗格中，单击要更改版式的幻灯片，切换至“开始”选项卡，在“幻灯片”组中单击“版式”按钮，在展开的“库”中选择“比较”样式，如图 5－6 所示，经过操作后，该张幻灯片的版式就应用了选择的“比较”样式，如图 5－7 所示。

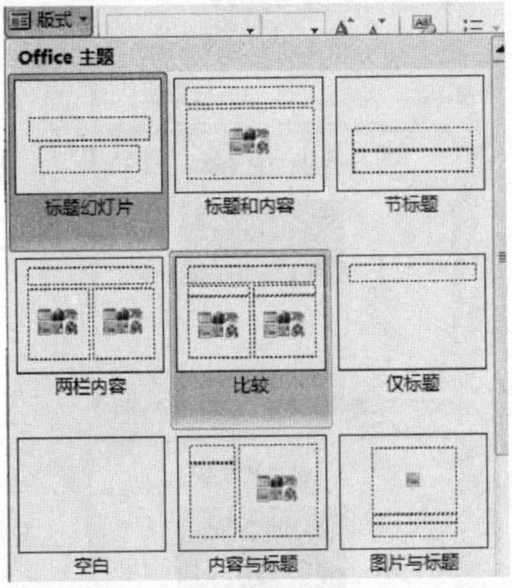

图 5－6　选择更改版式

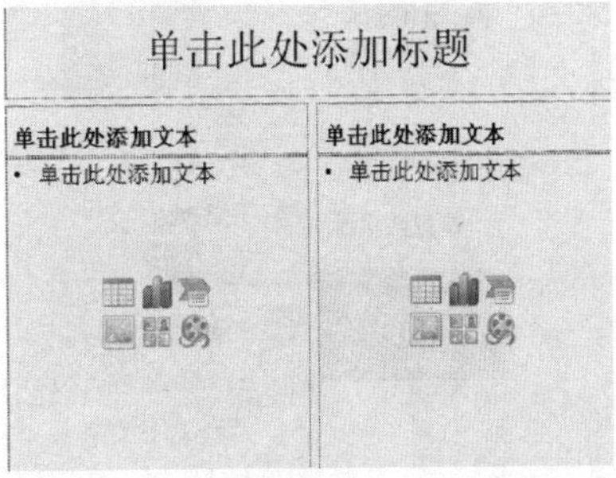

图 5－7　更改后的“比较”版式

2. 移动与复制幻灯片

在使用 PowerPoint 2010 制作幻灯片时，经常需要更改幻灯片的位置，此时可以使用移动幻灯片功能。如果需要制作相同的幻灯片，可以通过复制实现。

1）移动幻灯片

打开幻灯片，在左侧“幻灯片”窗格中，如图 5－8 所示，选择要移动的幻灯片，按住鼠标左键不放移动，此时鼠标指针呈状，拖动鼠标至需要的位置，经过操作后，所选的幻灯片即被移动到指定的位置，如图 5－9 所示。

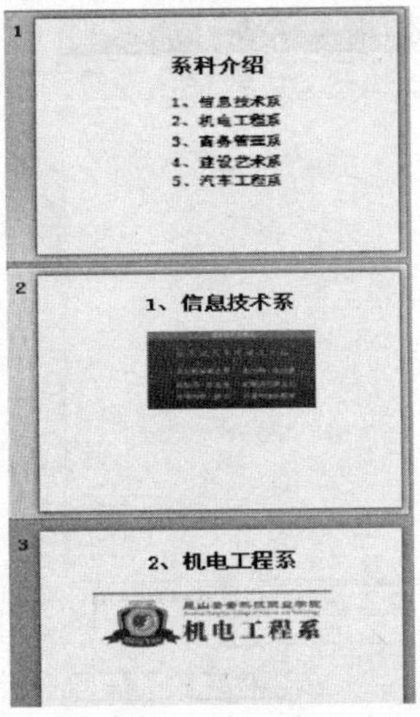

图 5－8　移动幻灯片

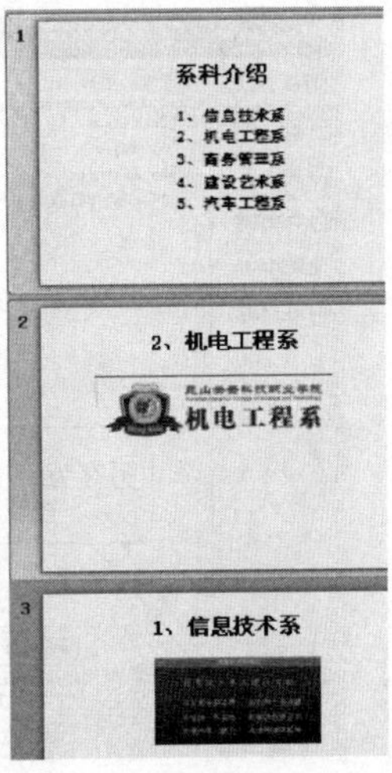

图 5－9　移动后的效果

2）复制幻灯片

在左侧“幻灯片”窗格中，右键单击需要复制的幻灯片，在弹出的快捷菜单中执行“复制幻灯片”命令，如图5－10所示，或者单击选中需要复制的幻灯片，按住［Ctrl］键进行拖动，也可以复制该幻灯片。复制后的效果如图5－11所示。

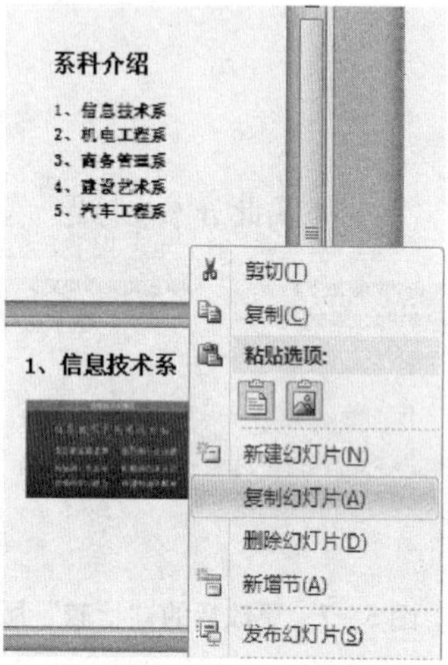

图5－10　复制幻灯片

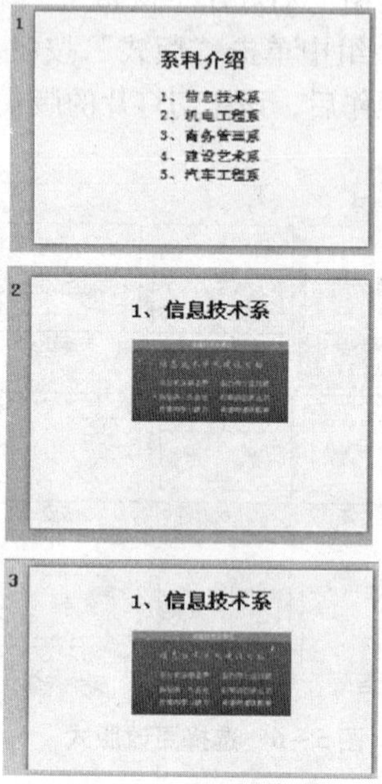

图5－11　复制后的效果

5.2.3　保存、打开、打印演示文稿

1. 保存幻灯片

第一次保存文件时，执行“文件”→“保存”命令，打开“另存为”对话框（如图5－12所示），选定“保存位置”，为演示文稿取一个便于理解的名称，然后单击“保存”按

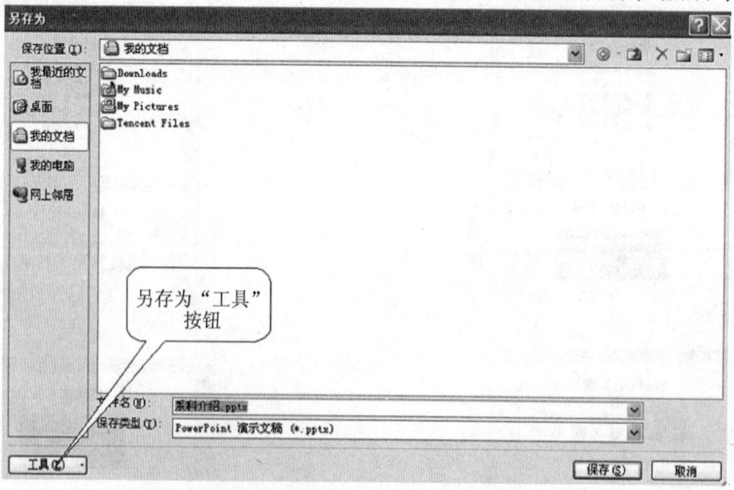

图5－12　“另存为”对话框

钮，将文档保存在计算机里。

在编辑过程中，通过按 Ctrl + S 组合键或执行“文件”→“保存”命令，随时保存编辑成果。

在“另存为”对话框中，单击如图 5 - 12 所示左下角的“工具”按钮，在弹出的下拉列表中，选择“常规选项”选项，打开“常规选项”对话框（如图 5 - 13 所示），在“打开权限密码”或“修改权限密码”中输入密码，单击“确定”按钮返回，再保存文档，即可对演示文稿进行加密。

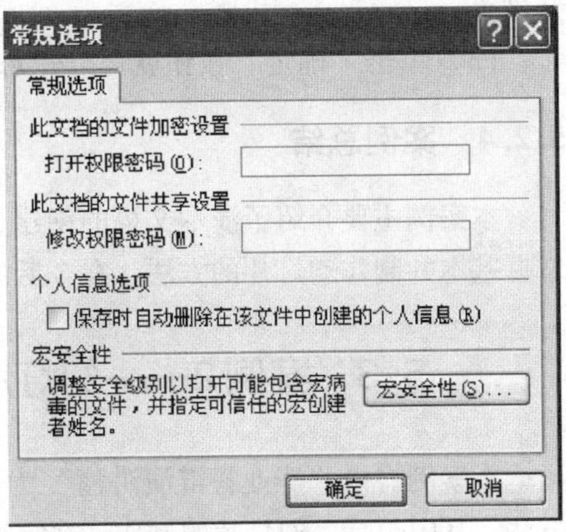

图 5 - 13 “常规选项”对话框

注意：设置了“打开权限密码”，若要打开相应的演示文稿，则需要输入正确的密码；设置好“修改权限密码”，相应的演示文稿可以打开浏览或演示，但是，不能对其进行修改，如果要进行修改，必须输入正确的密码。两种密码可以设置为相同，也可以设置为不相同。

2. 打开演示文稿

PowerPoint 2010 打开演示文稿的方法多种多样，下面简单介绍。

（1）在安装了 PowerPoint 2010 软件的计算机上，直接双击演示文稿。

（2）打开 PowerPoint 2010，然后单击“文件”菜单，在下拉菜单中单击“打开”按钮，根据原保存的路径找到相应的 PPT 文件。

3. 打印演示文稿

演示文稿可以多种形式打印，例如：“幻灯片”“讲义”“备注页”“大纲视图”等。其中“讲义”就是将演示文稿中的若干幻灯片按照一定的组合方式打印出来，以便发给大家参考，这种形式可以节约纸张。下面以“讲义”的形式打印“系科介绍.ppt”，如图 5 - 14 所示，操作步骤如下。

（1）在“文件”菜单中执行“打印”命令，如图 5 - 15 所示。

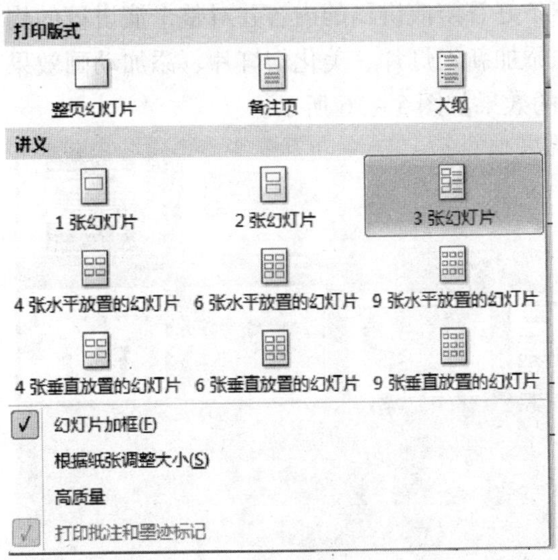

图 5 - 14 讲义版式

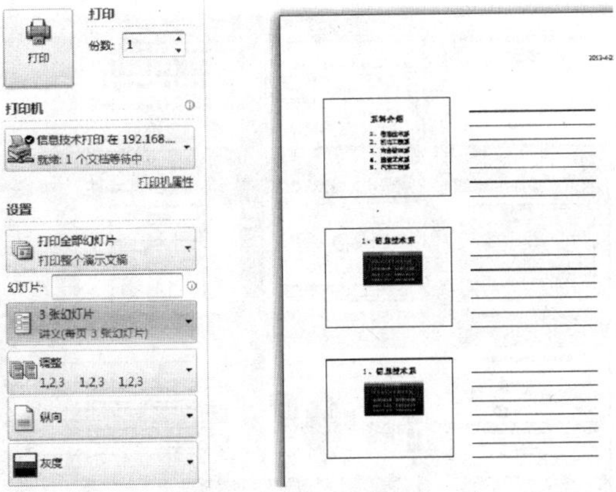

图 5 - 15 打印选项

（2）选择好使用的打印机，在打印"设置"里根据需要选择排序方式，如打印份数、灰度等。

（3）单击"确定"按钮就可以开始打印了。

5.2.4 案例总结

本案例主要介绍了演示文稿的创建、修改、打开、保存及打印等基本操作，要求读者能掌握基本的制作幻灯片的方法，在今后的学习中不断地增强制作技巧。

5.3 案例2——幻灯片的修饰，制作毕业答辩演讲稿

本案例将以"毕业答辩演讲稿"为例，向读者介绍PowerPoint 2010的特有功能和使用方法。其中包括：幻灯片的制作、文字编排、图片的插入、幻灯片版式的应用、设计模板的选用、页眉页脚的设置、背景的设置、配色方案和母版的使用、幻灯片动画效果的设置、幻灯片放映效果及放映方式的设置、交互式演示文稿的创建等。

5.3.1 案例的提出：毕业答辩演讲稿

学生陈彬通过几个月的努力，终于完成了毕业设计。接下来就要进行答辩了。采取什么样的方式，才能使答辩生动活泼、引人入胜呢？

经过老师的引导和分析，陈彬觉得，在Office组件中，Word适用于文字处理，Excel适用于数据处理，只有PowerPoint适用于材料展示，如学术演讲、论文答辩、项目论证、产品展示、会议议程、个人或公司介绍等。这是因为PowerPoint所创建的演示文稿具有生动活泼、形象逼真的动画效果，能像幻灯片一样进行放映，具有很强的感染力。为此，陈彬决定使用PowerPoint 2010制作答辩演讲稿，以期获得最佳效果。下面是他的设计方案。

首先对毕业设计内容进行筛选和提炼，以准备好答辩演讲稿的内容并对整个演讲稿的构架作一个总体设计；然后再通过新建演示文稿、添加新幻灯片、美化幻灯片、添加动画效果等方法，逐步完善"毕业答辩演讲稿"，完成后的效果如图5-16所示。

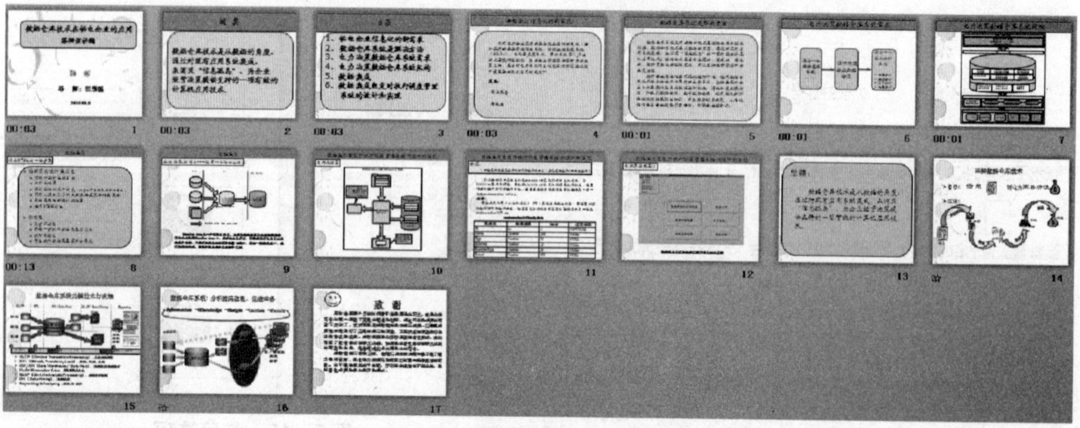

图5-16 毕业答辩演讲稿设计效果图

5.3.2 案例使用的相关知识点

1. 演示文稿与幻灯片

所谓“演示文稿”，是指由 PowerPoint 制作的 . ppt 文件，用来在自我介绍、说明情况、阐述计划与实施方案时向大家展示的一系列材料。这些材料集文字、表格、图形、图像、动画及声音于一体，并以幻灯片的形式组织起来，能够极富感染力地表达出演讲者所要介绍的内容。

在 PowerPoint 2010 中，演示文稿和幻灯片这两个概念是有差别的。演示文稿是一个 . ppt 文件，而幻灯片是演示文稿中的一个页面。一份完整的演示文稿由若干张相互联系并按一定顺序排列的“幻灯片”组成。

2. 占位符

占位符是指幻灯片上一种带有虚线的边框，大多数幻灯片包含一个或多个占位符，用于放置标题、正文、图片、图表和表格等对象。

3. 幻灯片版式

“版式”用于确定幻灯片所包含的对象及各对象之间的位置关系。版式由占位符组成，而不同的占位符中可以放置不同的对象。例如，标题和文本占位符可以放置文字，内容占位符可以放置表格、图表、图片、形状和剪贴画等。

4. 设计模板

设计模板为演示文稿提供设计完整、专业的外观。设计模板是包含演示文稿样式的文件，包括项目符号、字体的类型和大小、占位符大小和位置、背景设计和填充、配色方案以及幻灯片母版和可选的标题母版等。读者可以将模板应用于所有的或选定的幻灯片，而且可以在单个演示文稿中应用多种类型的设计模板。

5. 配色方案

配色方案由幻灯片设计中使用的 8 种颜色（用于背景、文本、线条、阴影、标题文本、填充、强调和超链接等）组成，可以应用于幻灯片、备注页或听众讲义。通过这些颜色的设置可以使幻灯片更加鲜明易读。

6. 母版

母版分为幻灯片母版和标题母版。

(1) 幻灯片母版是一张特殊的幻灯片，包括以下内容。

➢ 标题、正文和页脚文本的字形；

➢ 文本和对象的占位符大小和位置；

➢ 项目符号样式；

➢ 背景设计和配色方案。

利用幻灯片母版可以对演示文稿进行全局更改，并使该更改应用到基于母版的所有幻灯片。

(2) 标题母版专用于存储属于“标题幻灯片”样式信息的幻灯片，其更改只能影响演示文稿中使用“标题幻灯片”版式的幻灯片。

7. 动画效果

动画效果是指给文本或对象添加特殊视觉或声音效果。为演示文稿添加动画效果的目的是突出重点、控制信息流，并增加演示文稿的趣味性。

8. 超级链接

在 PowerPoint 2010 中，超链接可以链接到幻灯片、文件、网页或电子邮件地址等。超链接本身可能是文本或对象（例如图片、图形或艺术字）。如果链接指向另一张幻灯片，目标幻灯片将显示在 PowerPoint 2010 演示文稿中，如果它指向某个网页、网络位置或不同类型的文件，则会在 Web 浏览器中显示目标页或在相应的应用程序中显示目标文件。

5.3.3 演示文稿制作的实现方法

在本节中，我们将依次按照以下步骤完成“毕业答辩演讲稿”的制作。

（1）对毕业设计内容进行精心筛选和提炼。

（2）设计答辩演讲稿的构架。

（3）将准备好的内容添加到演示文稿中。

（4）通过使用幻灯片版式、设计模板、背景、配色方案和母版等美化幻灯片。

（5）设置幻灯片上对象的动画效果、切换效果及放映方式。

（6）创建交互式演示文稿。

（7）根据需要打印演示文稿。

创建演示文稿有多种方法，常用的方法有可用的模板和主题、设计模板和空演示文稿。其中：“可用的模板和主题”是创建新演示文稿最迅速的方法，它提供了建议内容和设计方案，是初学者常用的方式；使用“设计模板”创建的演示文稿具有统一的外观风格；而“空演示文稿”不带任何模板设计，是只具有布局格式的白底幻灯片。本节将采用“空演示文稿”的方法从无到有创建“毕业答辩 . ppt”演示文稿。

1. 制作演示文稿中的第一张幻灯片

制作演示文稿中的第一张幻灯片，操作步骤如下。

（1）启动 PowerPoint 2010，在 PowerPoint 中打开的第一个窗口如图 5 – 17 所示，左侧区域为“幻灯片”选项卡，是当前幻灯片的缩略图版本，可用于在幻灯片之间导航；下方区域为备注窗格，用于在需要时输入演讲者备注；中间区域为幻灯片窗格，是添加幻灯片内容的主要区域。

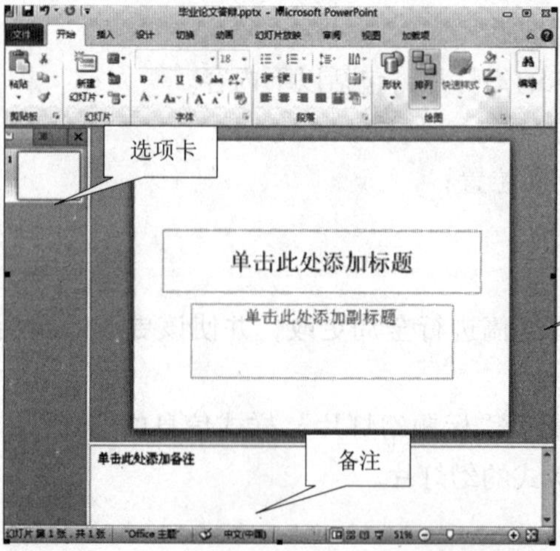

图 5 – 17　毕业答辩稿首页

（2）在标题占位符内输入毕业设计标题“数据仓库技术在供电企业的应用”，在副标题占位符内输入姓名、指导老师、时间等内容。

（3）单击副标题占位符边框，选中该占位符；在格式工具栏上单击“右对齐”按钮，将副标题占位符中的 3 行文本右对齐。

（4）单击常用工具栏上的“保存”按钮，在打开的“另存为”对话框中，将文件名改为“毕业答辩 . ppt”，单击对话框中的“保存”按钮，将文件保存到个人文件夹中。

说明：可以利用 Word 大纲创建 PowerPoint 2010 演示文稿，PowerPoint 2010 将使用 Word 文档中的标题样式。例如，格式设置为“标题 1”的段落将成为新幻灯片的标题，格式为“标题 2”的段落将成为新幻灯片的第一级文本，依此类推。

（5）PowerPoint 2010 有三种常用视图，即普通视图、幻灯片浏览视图和阅读视图。每种视图各有所长，适用于不同的应用场合。执行“视图”菜单中相应的命令，或单击 PowerPoint 2010 窗口左下角的视图切换按钮，可以将演示文稿切换到不同视图下。请读者自行练习以比较各种视图的特点。

注意：在设计演示文稿时应尽量遵循“主题突出、层次分明；文字精练、简单明了；形象直观、生动活泼”等原则，以便突出重点，给观众留下深刻的印象。为此，在创建演示文稿之前，千万不要操之过急，一定要对演讲的内容精心筛选和提炼，切忌把 Word 文档的内容大段大段地复制、粘贴。

2. 添加新幻灯片

打开 PowerPoint 2010 时，演示文稿中只有一张幻灯片，其他幻灯片要由读者自己添加。读者可以逐步添加幻灯片，也可以一次添加多张幻灯片。

在当前演示文稿中添加第二张幻灯片，效果如图 5－18 所示，操作步骤如下。

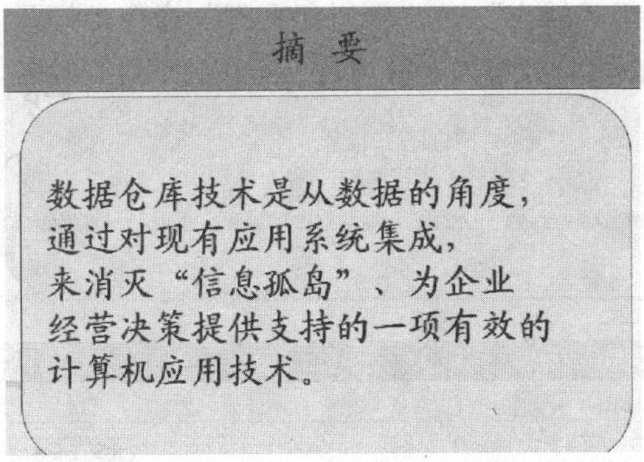

图 5－18　第二张幻灯片效果图

（1）在窗口左侧的“幻灯片”选项卡上，单击第一张幻灯片的缩略图，按［Enter］键或者在空白处右键单击，在快捷菜单上选择“新建幻灯片”选项。

（2）在上面的标题占位符中输入“摘要”，在下方的正文文本占位符中输入其他 5 行内容（每输入一行文本按一次［Enter］键）。

（3）保存演示文稿。

3. 制作“目录”幻灯片

在 Word 中，可以自动生成毕业设计文档的目录，在 PowerPoint 中同样也可以方便地制作演示文稿的目录幻灯片。

为“毕业答辩.ppt”演示文稿添加目录幻灯片，效果如图5－19所示，操作步骤如下。

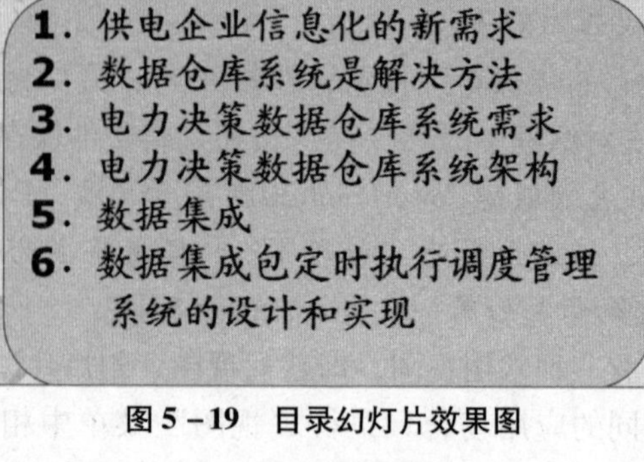

图5－19 目录幻灯片效果图

（1）在菜单栏中执行“视图”→“幻灯片浏览”命令，切换到“幻灯片浏览视图”窗口。

（2）在“幻灯片浏览”工具栏上单击“摘要幻灯片”按钮，则在选中的第一张幻灯片之前插入了一张标题为“摘要幻灯片”的新幻灯片，其内容由所选幻灯片的标题组成。

（3）将标题“摘要幻灯片”更改为“目录”。

5.3.4 设置幻灯片的页眉和页脚

使用页眉和页脚为幻灯片添加日期、时间和编号等，操作步骤如下。

（1）打开“毕业答辩.ppt”演示文稿。

（2）在菜单栏中执行“插入”→“页眉和页脚”命令，打开“页眉和页脚”对话框，如图5－20所示，要求在页脚处将内容改为自己所在的班级与姓名。

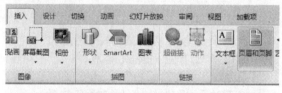

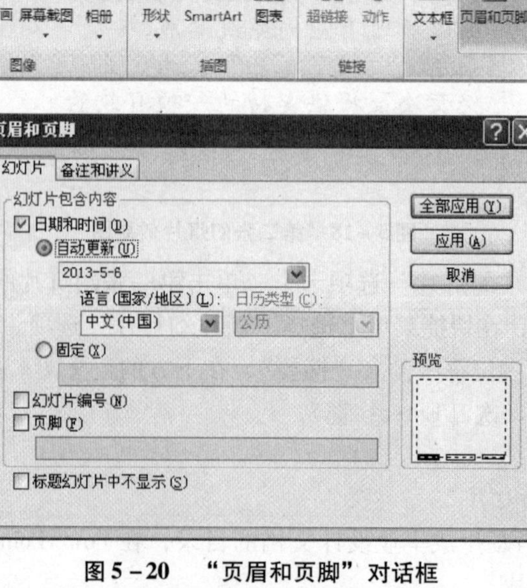

图5－20 “页眉和页脚”对话框

（3）单击“全部应用”按钮，关闭“页眉和页脚”对话框。

（4）保存演示文稿。

【说明】“页眉和页脚”对话框中各项的含义如下。

（1）如果选择“自动更新”单选按钮，则日期与系统时钟的日期一致；如果选择“固定”单选按钮，并输入日期，则演示文稿显示的是用户输入的固定日期。

（2）如果选中“幻灯片编号”复选框，可以对幻灯片进行编号，编号会自动更新。

（3）如果选中“标题幻灯片中不显示”复选框，则版式为“标题幻灯片”的幻灯片不添加页眉和页脚。例如，在上述操作后，在“幻灯片浏览视图”下可以清楚地看到除第一张标题幻灯片外，其他所有幻灯片的底部均添加了页脚信息。

注意，版式为“标题幻灯片”的幻灯片，不一定就是第一张幻灯片。

5.3.5 美化幻灯片外观

本节将以“毕业答辩.ppt”为例，介绍美化演示文稿的方法，内容包括幻灯片版式设计模板的选用、背景的设置、配色方案和母版的使用等。

1. 应用幻灯片版式

到目前为止，所添加的幻灯片均为文字幻灯片，若要在幻灯片上插入图片、表格等对象，可以执行“插入”菜单中的相应命令（其插入方法类似于 Word），此外还可以利用“幻灯片版式”插入各种对象。

幻灯片版式是 PowerPoint 2010 中的一种常规排版格式，应用幻灯片版式可以对文字、图片等对象进行合理的布局。刚启动 PowerPoint 2010 时，第一张幻灯片的默认版式为“标题幻灯片”，而随后添加的幻灯片的默认版式为“标题和文本”，读者可以根据需要重新应用幻灯片版式。

将第 2 张幻灯片的版式改为“标题，文本与内容”，并在其中插入相应的图片，效果如图 5－21 所示，操作步骤如下。

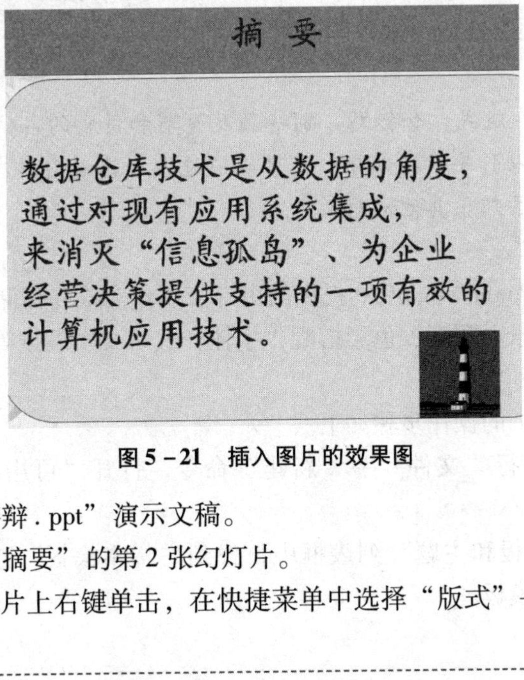

图 5－21 插入图片的效果图

（1）打开“毕业答辩.ppt”演示文稿。

（2）选择标题为“摘要”的第 2 张幻灯片。

（3）在第 2 张幻灯片上右键单击，在快捷菜单中选择“版式”→“标题和内容”选项。

如图5－18所示，幻灯片版式为“标题和文本”，该版式由标题占位符和项目符号列表占位符组成。

(4) 在“幻灯片版式”任务窗格中，向下拖动右侧的垂直滚动条，单击“文字和内容版式”中的“标题，文本与内容”幻灯片版式，该版式由标题占位符、项目符号列表占位符和内容占位符组成。

(5) 单击插入图片图标，打开“插入图片”对话框，选择所要插入的图片，单击“插入”按钮，“摘要”幻灯片上便插入了相应的图片，读者可以对其大小和位置进行适当的调整。

【说明】

(1) PowerPoint 2010的“幻灯片版式”分为“文字版式”“内容版式”“文字和内容版式”及“其他版式”四种类型，如图5－22所示，利用这四类版式可以轻松完成幻灯片的制作。

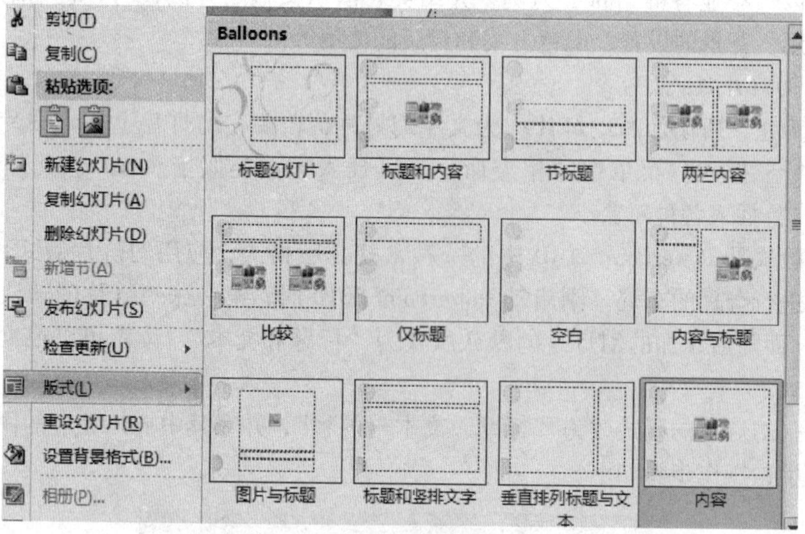

图5－22 版式选择

(2)“标题幻灯片”版式包含标题、副标题及页眉和页脚的占位符。可以在一篇演示文稿中多次使用标题版式以引导新的部分；也可以通过添加艺术图形、更改字形、更改背景色等方法，使这些幻灯片区别于其他幻灯片。

2. 应用设计模板

“设计模板”是由PowerPoint 2010提供的由专家制作完成并存储在系统中的文件。它包含了预定义的幻灯片背景、图案、色彩搭配、字体样式、文本编排等，是统一修饰幻灯片外观最快捷、最有力的一种方法。

应用模板于幻灯片中的操作步骤如下。

(1) 在菜单栏中执行“文件”→“新建”命令，打开“可用的模板和主题”任务窗格，如图5－23所示。

(2) 在“可用的模板和主题”列表框中，找到“样本模板”，选择需要的模板，则所有的幻灯片均应用了该模板。

图 5－23　样本模板的使用

3. 应用背景样式

如果对应用设计模板的幻灯片的色彩搭配不满意，利用背景样式可以方便、快捷地解决这个问题。操作步骤如下。

（1）选择标题为“目录”的幻灯片。

（2）切换到“设计”选项卡，单击“背景样式”按钮，如图 5－24 所示。在“背景样式”下拉列表中，显示出当前设计模板所包含的默认配色方案以及可选的其他配色方案。

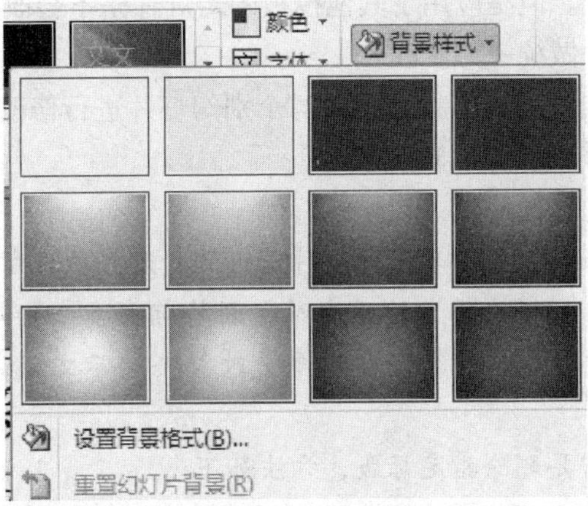

图 5－24　背景样式选项

（3）任选一种背景样式，则“目录”幻灯片的背景、标题、文本等颜色均发生了改变。

4. 应用幻灯片母版

幻灯片母版是一张特殊的幻灯片，可以将它看作是一个用于构建幻灯片的框架。在演示文稿中，所有幻灯片都基于该幻灯片母版创建。如果更改了幻灯片母版，则会影响所有基于母版创建的幻灯片。如果读者想按自己的意愿统一改变整个演示文稿的外观风格，则需要使用母版。使用母版幻灯片不仅可以统一设置幻灯片的背景、文本样式等，还可以使校徽、公司徽标及各类名称等对象应用到基于母版的所有幻灯片中。

使用幻灯片母版的操作步骤如下。

（1）在菜单栏中执行“视图”→“幻灯片母版”命令，如图 5－25 所示，进入幻灯片母版的编辑状态，如图 5－26 所示。

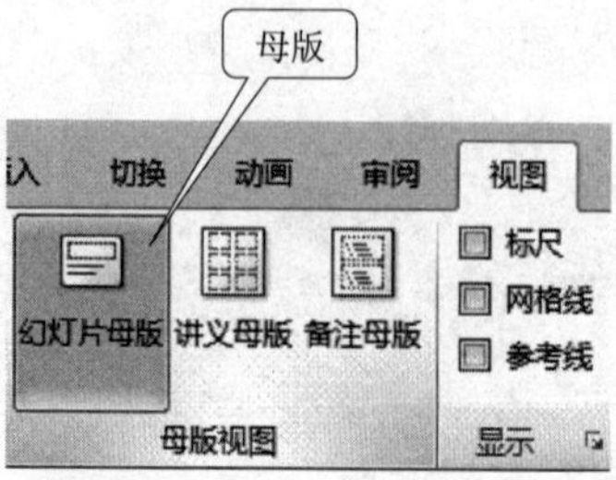

图 5－25　母版视图

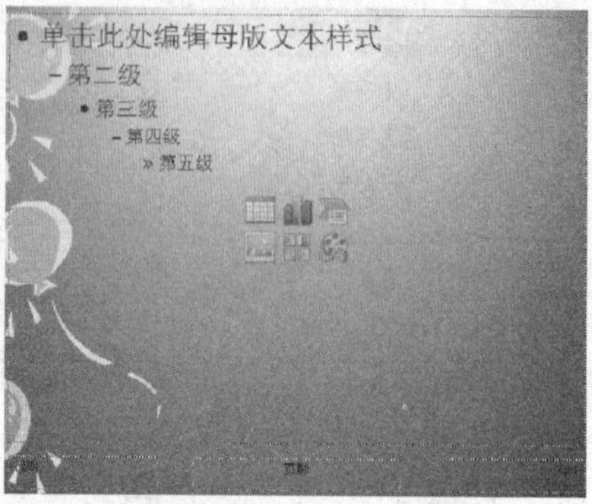

图 5－26　母版编辑状态

（2）选中母版标题样式占位符，设置母版标题样式为“黑体、阴影、32 磅”。

（3）选中母版文本样式占位符，设置第一级文本样式为“楷体_GB 2312”。

（4）插入校徽图片“logo. gif”，并将图片拖动到幻灯片母版的左上角。

（5）返回普通视图，可以看到，应用母版的所有幻灯片中均出现了校徽图片，其相应的标题样式和文本样式也发生了改变。

【特别提示】如果文本格式没有改变，可选中所在的占位符，再按 Ctrl + Shift + Z 组合键即可删除原来设置的格式。但是应用了其他模板的幻灯片是不会改变的。读者可根据需要用相同的方法对其他幻灯片做统一的修改。

（6）在普通视图下，读者可以根据需要对个别幻灯片进行修改，直到满意为止。

（7）保存演示文稿并观看其放映效果。

【说明】

（1）更改幻灯片母版时，已对单张幻灯片进行的更改将被保留。

（2）如果将多个设计模板应用于演示文稿，则将拥有多个幻灯片母版，每个已应用的设计模板对应一个幻灯片母版。所以，如果要更改整个演示文稿，就需要更改每个幻灯片母版。

（3）读者可以根据需要删除指定母版，方法如下。

① 在菜单栏中执行“视图”→“母版”→“幻灯片母版”命令；

② 在左边的缩略图上单击要删除的母版；

③ 在“幻灯片母版视图”工具栏上单击“删除母版”按钮。

一旦删除幻灯片母版，标题母版也将自动随其一起被删除。

5. 设置幻灯片背景

用具有个性色彩的图片作为幻灯片的背景，可以创建风格独特的幻灯片。

将第一张幻灯片的背景设置为校园图片，效果如图 5－27 所示，操作步骤如下。

（1）选择第一张幻灯片。

（2）在第一张幻灯片上单击鼠标右键，在弹出的快捷菜单中执行“设置背景格式”命令，打开“设置背景格式”对话框，如图 5－28 所示。

（3）单击“填充”选项卡，可以看到填充效果有 4 种类型，即纯色填充、渐变填充、图片或纹理填充和图案填充。

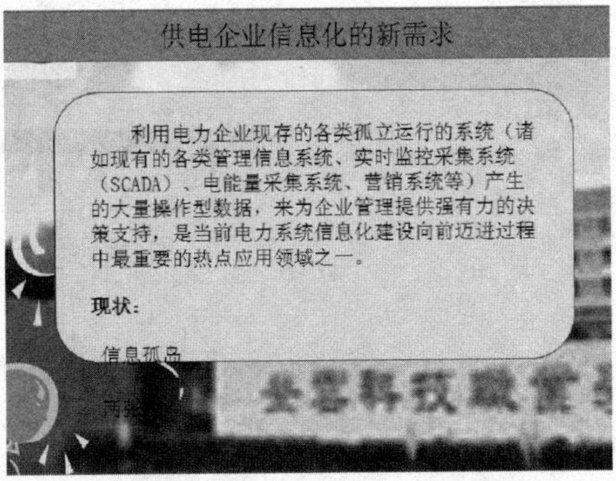

图 5 – 27　添加图片背景效果图

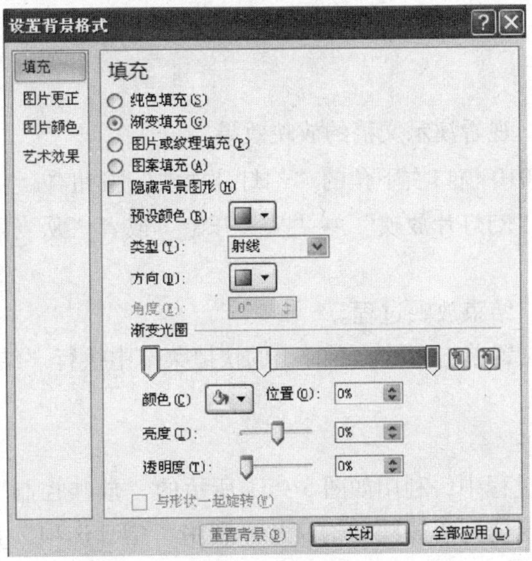

图 5 – 28　“设置背景格式”对话框

（4）单击“图片更正”选项卡中的“选择图片”按钮，从对话框中选择合适的图片，单击“确定”按钮。在“背景”对话框中，单击“应用”按钮，选择的图片就成为标题幻灯片的背景了。

6. 设置项目符号

从前面的幻灯片来看，其默认的项目符号并不美观，现在以标题为“目录”的幻灯片为例来更换项目符号，操作步骤如下。

（1）选定“目录”幻灯片中的文本占位符，或选定文本占位符中的相应文本。

（2）在菜单栏中执行“开始”→“项目符号”命令，单击下拉箭头☰▾，打开“项目符号和编号”下拉列表，如图 5 – 29 所示，选择需要的项目符号。

（3）可以在“项目符号和编号”里下拉列表选择自定义，设置和选择更多种类的项目符号，如图 5 – 30 所示。

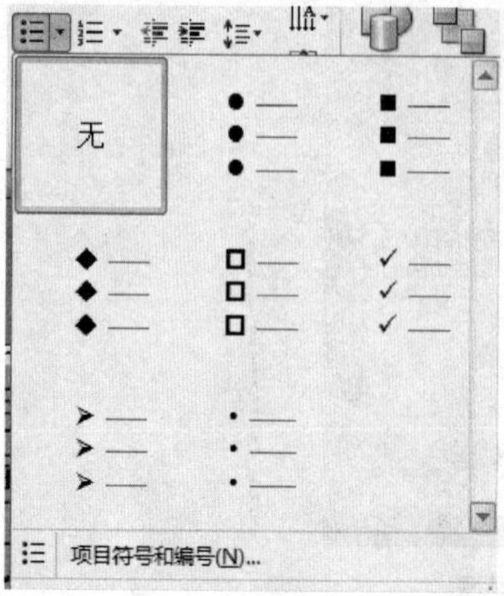

图 5 - 29　“项目符号和编号”下拉列表

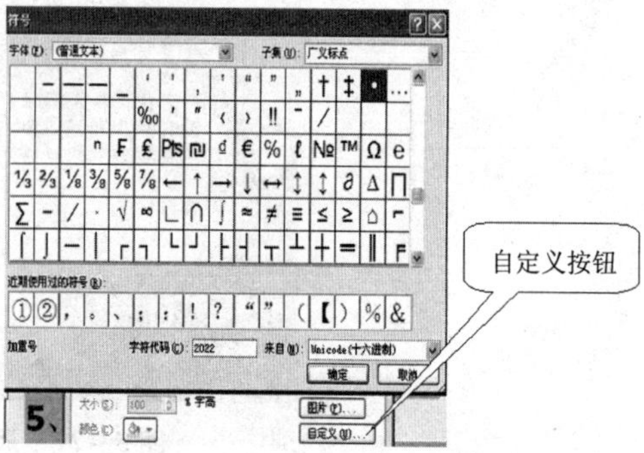

图 5 - 30　自定义项目符号

（4）保存演示文稿。

7. 简单放映幻灯片

使用下列方法之一，观看演示文稿的放映效果。

➢ 单击 PowerPoint 2010 窗口右下角的“幻灯片放映”按钮；

➢ 在菜单栏中执行“幻灯片放映”→“从头开始”或者“从当前幻灯片开始”命令；

➢ 按 F5 键。

使用下列方法之一，结束放映过程。

➢ 在幻灯片的任意位置单击右键，在弹出的快捷菜单中执行“结束放映”命令；

➢ 按 Esc 键。

小技巧：

（1）在幻灯片放映过程中，利用如图 5 - 31 所示的“放映控制”菜单中的“定位至幻灯片”命令，可以随时定位到所放映的幻灯片；利用“指针选项”命令，可以将鼠标指针变成各种笔，在所放映的幻灯片上即时书写，以便突出显示并圈出关键点；写完后，还可以利用“橡皮擦”或“擦除幻灯片上的所有墨迹”命令，擦除所写内容。这些操作大家可以试一试。

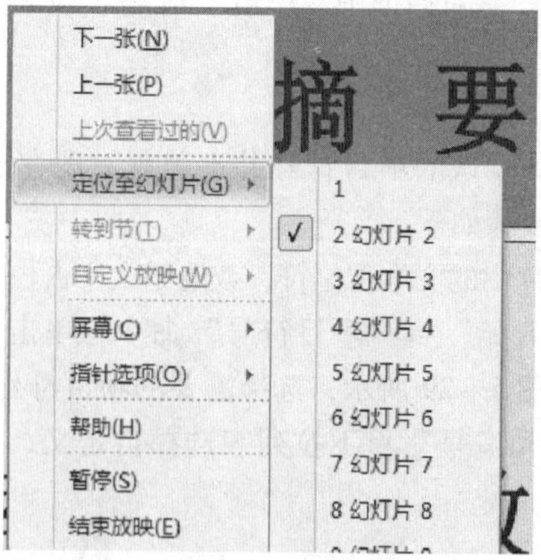

图 5 - 31　“放映控制”菜单

（2）对于经常用到的演示文稿，可以扩展名为 . ppsx 的文件类型存放在桌面上，便于以放映方式直接打开演示文稿，而不用事先启动 PowerPoint 2010。

5.3.6 设置幻灯片的放映效果与切换方式

前面只介绍了制作演示文稿的静态效果，包括幻灯片的基本操作、插入各种版式的幻灯片、编辑幻灯片中的各种对象、对演示文稿进行美化设置等内容。但是真正体现 PowerPoint 2010 的特点和优势的还在于演示文稿的动态效果。本小节将介绍幻灯片动态效果的设置，如幻灯片的切换、动画方案、自定义动画、放映方式等。

1. 利用“动画”方案快速创建动画效果

（1）打开“毕业答辩 . ppt”演示文稿。

（2）选中标题为“摘要”的第 2 张幻灯片。

（3）在菜单栏中执行“动画”菜单命令，打开“动画方案”任务窗格，如图 5 – 32 所示。

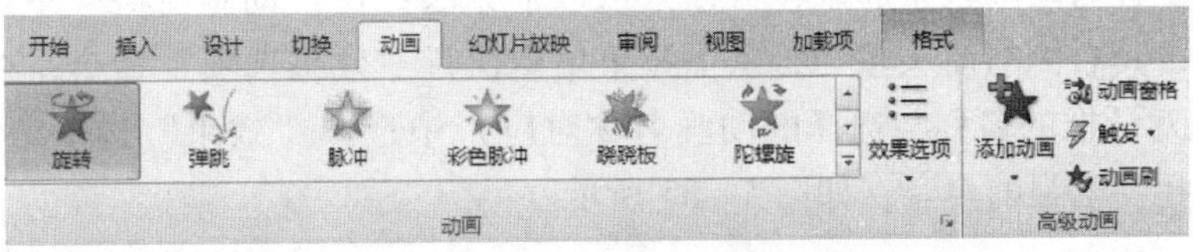

图 5 – 32　动画方案任务窗格

（4）为第二张幻灯片的“摘要”主体部分设置“旋转”动画，其他幻灯片的效果，读者可以自行设定。

（5）删除动画效果。删除自定义动画效果的方法很简单，可以在选定要删除动画的对象后，切换到“动画窗格”窗口，通过下列两种方式来完成。

➢ 在“动画窗格”选项组的“动画样式”列表框中选择“无”选项；

➢ 在“高级动画”选项组中执行“删除”命令，如图 5 – 33 所示。

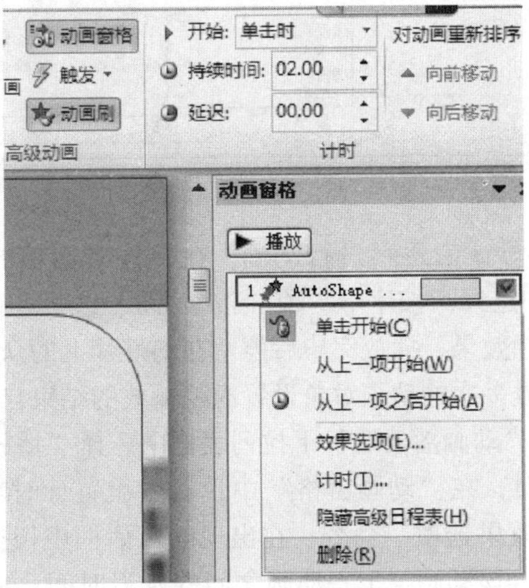

图 5 – 33　删除动画效果

微课：设置放映动画和控制效果

动画的开始方式一般有3种，即单击开始、从上一项开始和从上一项之后开始。在为动画设置开始方式时，要在动画窗格的列表框中单击动画右侧的箭头按钮，从下拉菜单中选择上述3个选项之一。

读者可以单击“动画”选项卡中的“预览”按钮，预览当前幻灯片中动画的播放效果。如果对动画的播放速度不满意，可先在“动画窗格”中选定要调整播放速度的动画效果，再在“动画”选项卡的“计时”选项组的“持续时间”微调框中输入动画的播放时间，如图5-34所示。

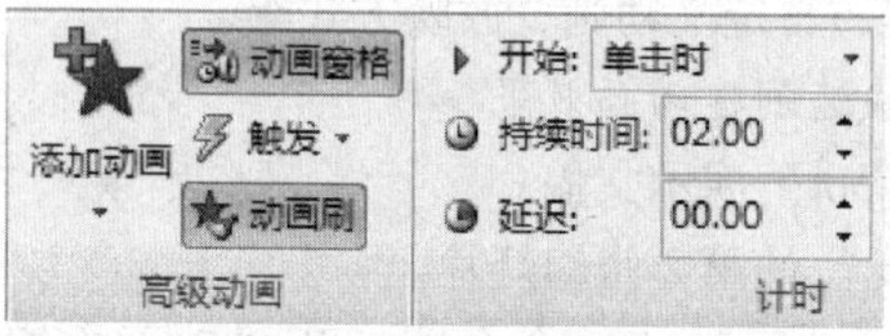

图5-34　设置动画播放时间

如果要将声音与动画联系起来，可以采取以下方法：在“动画窗格”中选定要添加声音的动画，单击其右侧的箭头按钮，从下拉菜单中执行“效果选项”命令，在打开的“飞入”对话框（对话框的名称与选择的动画名称对应）中选择“效果”选项卡，在“声音”下拉列表中选择要增强的声音，如图5-35所示。

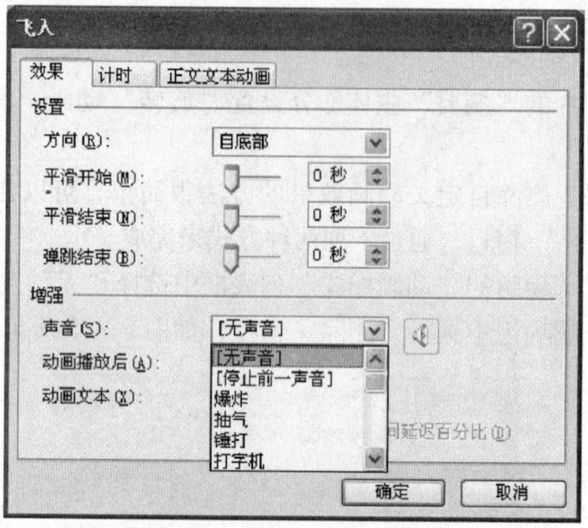

图5-35　为动画添加声音

如果要使文本按照字母或者逐字进行动画，在上述对话框的“效果”选项卡中，在“动画文本”下拉列表框中选择“按字母”或“按字/词”选项。

如果加入了太多的动画效果，播放完毕后停留在幻灯片上的众多对象，将使得画面拥挤不堪。此时，最好将仅播放一次的动画对象设置成随播放的结束自动隐藏，即在上述对话框的“效果”选项卡中，在“动画播放后”下拉列表框中选择“播放动画后隐藏”选项。

在使用动画计时功能时，在“动画窗格”中单击要设置计时功能的动画右侧的箭头按钮，从下拉菜单中执行“效果选项”命令，在出现的对话框中切换到“计时”选项卡。然后在“延迟”微调框中输入该动画与上一动画之间的延迟时间；在“期间”下拉列表框中选择动画的速度；在“重复”下拉列表框中设置动画的重复次数。设置完毕后，单击“确定”按钮。

2. 设置幻灯片的切换效果

所谓幻灯片切换效果，就是指两张连续幻灯片之间的过渡效果。PowerPoint 2010 允许用户设置幻灯片的切换效果，使它们以多种不同的方式出现在屏幕上，并且可以在切换时添加声音。

设置幻灯片切换效果的操作步骤如下。

（1）在普通视图的“幻灯片”选项卡中单击某个幻灯片缩略图，然后选择“切换”选项卡，在“切换到此幻灯片”选项组中的“切换方案”列表框中选择一种幻灯片切换效果，如图 5－36 所示。

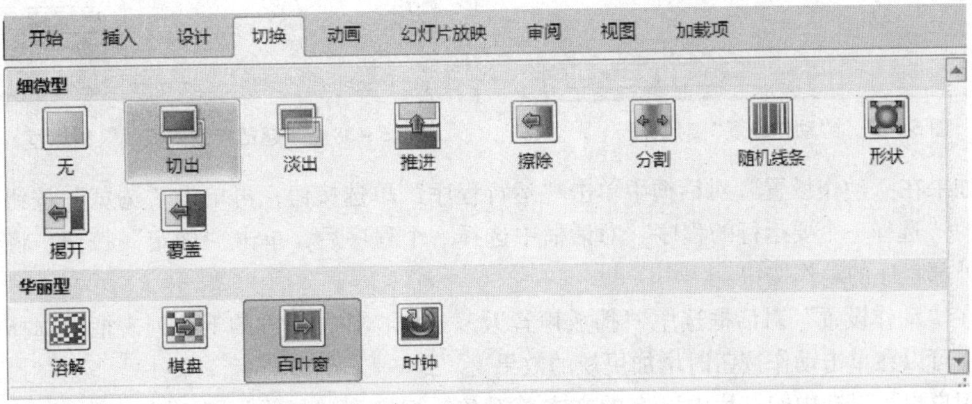

图 5－36　设置幻灯片切换效果

（2）如果要设置幻灯片切换的速度，在“计时”选项组的“持续时间”微调框中输入幻灯片切换的速度值。

（3）如有必要，在“声音”下拉列表框中选择幻灯片换页时的声音。

（4）单击“全部应用”按钮，则会将切换效果应用于整个演示文稿。

3. 设置交互动作

通过使用绘图工具在幻灯片中绘制图形按钮，然后为其设置动作，能够在幻灯片中起到指示、引导或控制播放的作用。

1）在幻灯片中放置动作按钮

在普通视图中创建动作按钮时，先切换到“插入”选项卡，然后在“插图”选项组中单击“形状”按钮，从下拉列表中选择“动作按钮”组中的一个按钮，如果要插入一个预定义大小的动作按钮，只须单击幻灯片；如果要插入一个自定义大小的动作按钮，按住鼠标左键在幻灯片中拖动，将动作按钮插入到幻灯片中后，会打开“动作设置”对话框，如图 5－37 所示，在其中选择该按钮将要执行的动作，然后单击“确定”按钮。

在“动作设置”对话框中单击“超链接到”单选按钮，然后在下面的下拉列表框中选择要链接的目标选项。如果选择“幻灯片”选项，会打开“超链接到幻灯片”对话框，如图 5－38 所示，在其中选定要链接的幻灯片后单击“确定”按钮；如果选择“URL”选项，将打开“超链接到 URL”对话框，在“URL”文本框中输入要链接到的 URL 地址后单击“确定”按钮。

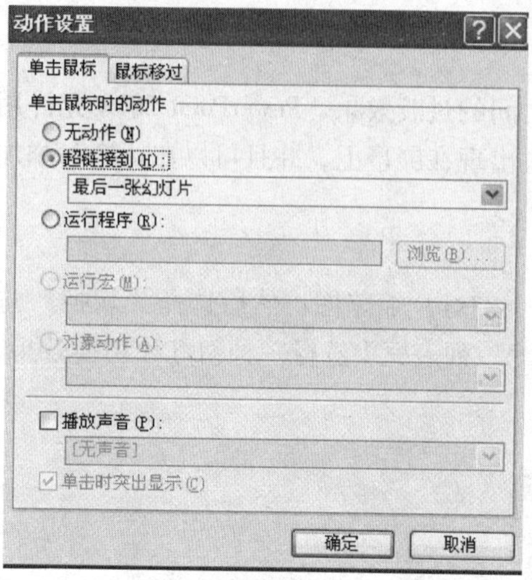

图 5－37 “动作设置”对话框

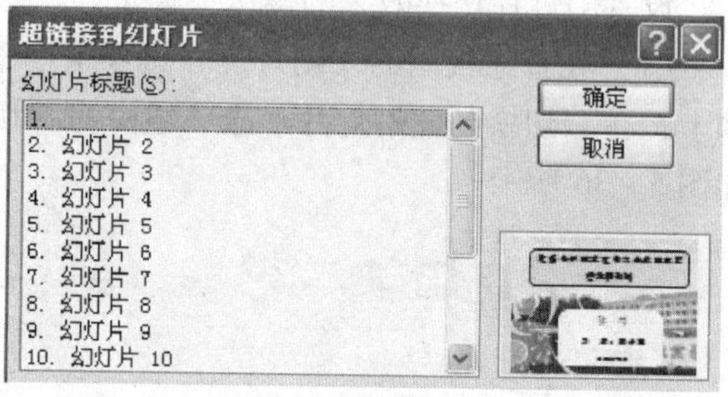

图 5－38 “超链接到幻灯片”对话框

如果在“动作设置”对话框中单击“运行程序”单选按钮，再单击“浏览”按钮，在打开的“选择一个要运行的程序”对话框中选择一个程序后，单击“确定”按钮，将建立运行外部程序的动作按钮。

在“动作设置”对话框选中“播放声音”复选框，并在下方的下拉列表框中选择一种音效，可以在单击动作按钮时增加更炫的效果。

用户也可以选中幻灯片中已有的文本等对象，切换到“插入”选项卡，单击“链接”选项组中的“动作”按钮。在打开的“动作设置”对话框中进行适当的设置。

2）为空白动作按钮添加文本

插入到幻灯片的动作按钮中默认没有文字。右键单击插入到幻灯片中的空动作按钮，在弹出的快捷菜单中执行“编辑文本”命令，然后在插入点处输入文本，即可向空白动作按钮中添加文字。

3）格式化动作按钮的形状

选定要格式化的动作按钮，切换到“格式”选项卡：从“形状样式”选项组中选择一种形状，即可对动作按钮的形状进行格式化。用户还可以进一步利用“形状样式”选项组中的“形状填充”“形状轮廓”和“形状效果”按钮，对动作按钮进行美化。

4. 使用超链接

通过在幻灯片中插入超链接，可以直接跳转到其他幻灯片、文档或 Internet 的网页中。

1）创建超链接

在普通视图中选定幻灯片中的文本或图形对象，切换到“插入”选项卡，在“链接”选项组中单击“超链接”按钮，打开“插入超链接”窗口，在“链接到”列表框中选择超链接的类型。

选择“现有文件或网页”选项，在右侧选择要链接到的文件或 Web 页面的地址，可以单击“当前文件夹”“浏览过的网页”和“最近使用过的文件”按钮，从文件列表中选择所需链接的文件名。

选择“本文档中的位置”选项，可以选择跳转到某张幻灯片上，如图 5－39 所示。

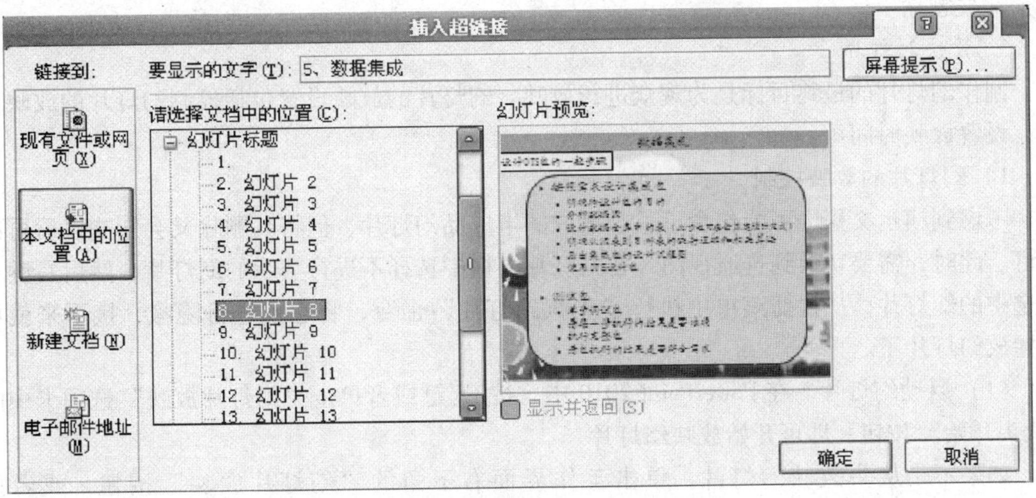

图 5-39 超链接到本文档中的位置

选择“新建文档”选项，可以在“新建文档名称”文本框中输入新建文档的名称。单击“更改”按钮，可以设置新文档所处的文件夹名称，在“何时编辑”组中可以设置是否立即开始编辑新文档。

选择“电子邮件地址”选项，可以在“电子邮件地址”文本框中输入要链接的邮件地址，如输入“mailto:chenbin@sina.com”，然后在“主题”文本框中输入邮件的主题，即可创建一个电子邮件地址的超链接。

单击“屏幕提示”按钮，打开“设置超链接屏幕提示”对话框，设置当鼠标指针位于超链接上时出现的提示内容，如图 5-40 所示。最后单击“确定”按钮，完成超链接的创建。

图 5-40 “设置超链接屏幕提示”对话框

在放映幻灯片时，将鼠标指针移到超链接上，鼠标指针将变成手形，单击即可跳转到相应的链接位置。

2）编辑超链接

在更改超链接目标时，先选定包含超链接的文本或图形，然后切换到“插入”选项卡，单击“链接”选项组中的“超链接”按钮，在打开的“编辑超链接”对话框中输入新的目标地址或者重新指定跳转位置即可。

3）删除超链接

如果仅删除超链接关系，只要右键单击要删除超链接的对象，从快捷菜单中执行“删除超链接”命令即可。

选定包含超链接的文本或图形，然后按［Delete］键，超链接以及代表该超链接的对象将全部被删除。

5. 放映幻灯片

制作幻灯片的最终目标是为观众进行放映。幻灯片的放映设置包括控制幻灯片的放映方式、设置放映时间等。

1）幻灯片的放映控制

考虑到演示文稿中可能包含不适合播放的半成品幻灯片，但将其删除又会影响以后再次修订。此时，需要切换到普通视图，在幻灯片窗格中选择不进行演示的幻灯片，然后右键单击选中的幻灯片，从快捷菜单中执行“隐藏幻灯片”命令，将它们进行隐藏，接下来就可以播放幻灯片了。

（1）启动幻灯片。在PowerPoint 2010中，按F5键或者单击“幻灯片放映”选项卡中的“从头开始”按钮，即可开始放映幻灯片。

如果不是从头放映幻灯片，单击工作界面右下角的“幻灯片放映”按钮，或者按Shift + F5组合键。

在幻灯片放映过程中，按Ctrl + H和Ctrl + A组合键能够分别实现隐藏、显示鼠标指针的操作。

当演示者在特定场合下需要使用黑屏效果时，直接按B键或．（句号）键即可。按键盘上的任意键或者单击鼠标，可以继续放映幻灯片。如果用户觉得插入黑屏会使演示气氛变暗，可以按N键或，（逗号）键，插入一张纯白图像。

另外，切换到“文件”选项卡，执行“另存为”命令，在“另存为”对话框的“保存类型”下拉列表框中选择“PowerPoint 放映”选项，在“文件名”文本框中输入新名称，然后单击“确定”按钮，将其保存为扩展名为.ppsx的文件，之后从“计算机”窗口中打开该文件，即可自动放映幻灯片。

（2）控制幻灯片的放映。查看整个演示文稿最简单的方式是移动到下一张幻灯片，方法如下。

- 单击；
- 按［Space Bar］键；
- 按［Enter］键；
- 按［N］键；
- 按［Page Down］键；
- 按［↓］键；
- 按［→］键；
- 右键单击，从快捷菜单中执行“下一张”命令。
- 将鼠标指针移到屏幕的左下角，单击按钮。

演示者在播放幻灯片时，往往会因为不小心单击到指定对象以外的空白区域而直接跳到下一张幻灯片，导致错过了一些需要通过单击触发的动画。此时，切换到“切换”选项卡，取消选中“换片方式”选项组中的“单击鼠标时”复选框，即可禁止单击换片功能。这样一来，右键单击幻灯片，从快捷菜单中执行“下一张”命令，才能实现幻灯片的切换。如果要回到上一张幻灯片，可以使用以下任意方法。

- 按［BackSpace］键；

➢ 按［P］键；
➢ 按［Page Up］键；
➢ 按［↑］键；
➢ 按［←］键；
➢ 右键单击，从快捷菜单中执行“上一张”命令；
➢ 将鼠标指针移到屏幕的左下角，单击按钮。

在幻灯片放映时，如果要切换到指定的某一张幻灯片，首先右键单击，从快捷菜单中选择“定位至幻灯片”菜单项，然后在级联菜单中选择目标幻灯片的标题。另外，如果要快速回转到第一张幻灯片，按［Home］键。

如果幻灯片是根据排练时间自动放映的，在遇到观众提问、需要暂停放映等情况时，要从快捷菜单中执行“暂停”命令。如果要继续放映，则从快捷菜单中执行“继续执行”命令。

在上述快捷菜单中，执行“指针选项”级联菜单中的“笔”或“荧光笔”命令，可以实现画笔功能，在屏幕上“勾画”重点，以达到突出和强调的作用。如果要使鼠标指针恢复箭头形状，执行“指针选项”级联菜单中的“箭头”命令。

如果要清除涂写的墨迹，在“指针选项”级联菜单中执行“橡皮擦”命令。按 E 键可以清除当前幻灯片上的所有墨迹。

另外，如果演示现场没有提供激光笔，而演示者又需要提醒观众留意幻灯片中的某些地方，按住［Ctrl］键，再按住鼠标左键不放，即可将鼠标指针临时变成红色圆圈，“客串”激光笔的功能。

(3) 退出幻灯片放映。如果用户想退出幻灯片的放映，可以选择下列方法。

➢ 右键单击，从快捷菜单中执行“结束放映”命令；
➢ 按［Esc］键；
➢ 按［－］键；
➢ 单击屏幕左下角的按钮，从弹出的菜单中执行“结束放映”命令。

2）设置放映时间

利用幻灯片可以设置自动切换的特性，能够使幻灯片在无人操作的展台前，通过大型投影仪进行自动放映。

用户可以通过两种方法设置幻灯片放映时间（即幻灯片在屏幕上显示时间的长短）：一种方法是人工为每张幻灯片设置时间，再运行幻灯片放映查看设置的时间是否恰到好处；另一种方法是使用排练计时功能，在排练时自动记录时间。

(1) 人工设置放映时间。人工设置幻灯片的放映时间（例如，每隔 10s 自动切换到下一张幻灯片），可以参照以下方法进行操作。

首先，切换到幻灯片浏览视图中，选定要设置放映时间的幻灯片，选择“切换”选项卡，在“计时”选项组中选中“设置自动换片时间”复选框，然后在右侧的微调框中输入希望幻灯片在屏幕上显示的秒数。

单击“全部应用”按钮，所有幻灯片的换片时间间隔将相同；否则，设置的是选定幻灯片切换到下一张幻灯片的时间。

接着，设置其他幻灯片的换片时间。此时，在幻灯片浏览视图中，会在幻灯片缩略图的左下角显示每张幻灯片的放映时间，如图 5－41 所示。

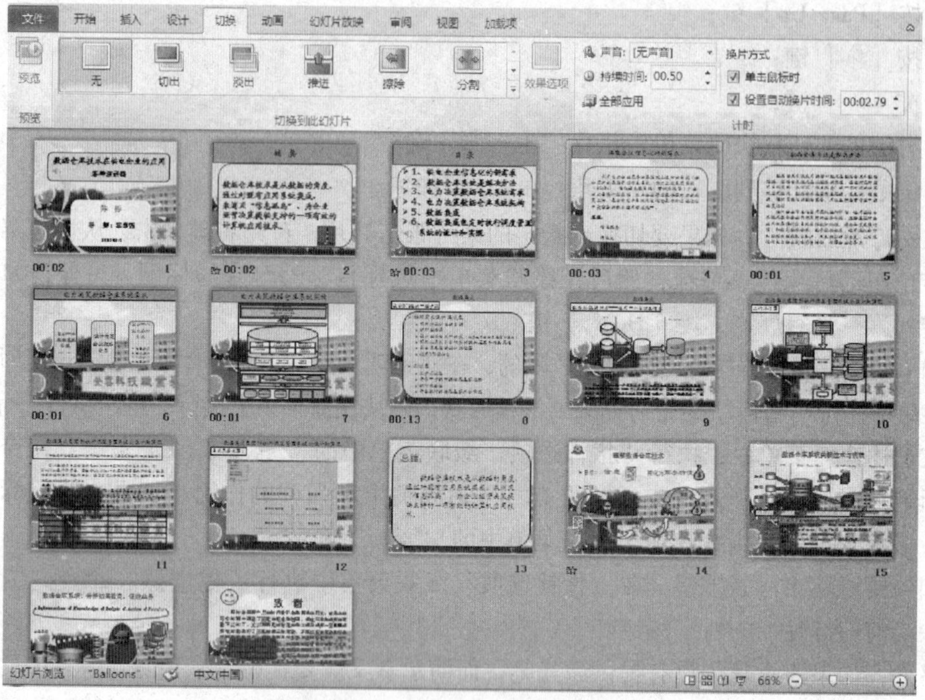

图 5－41　设置幻灯片的放映时间

（2）使用排练计时设置放映时间。使用排练计时可以为每张幻灯片设置放映时间，使幻灯片能够按照设置的排练计时时间自动放映，操作步骤如下。

首先，切换到“幻灯片放映”选项卡，在“设置”选项组中单击“排练计时”按钮，系统将切换到幻灯片放映视图，如图 5－42 所示。

在放映过程中，屏幕上会出现“录制”工具栏，如图 5－43 所示。单击该工具栏中的“下一页”按钮，即可播放下一张幻灯片，并在“幻灯片放映时间”文本框中开始记录新幻灯片的时间。

图 5－42　“设置”选项组

图 5－43　“录制”工具栏

排练放映结束后，在出现的对话框中单击“是”按钮，即可接受排练的时间；如果要取消本次排练，单击“否”按钮即可。

当不需要按照用户设置的排练计时进行放映时，切换到“幻灯片放映”选项卡，取消选中的“设置”选项组中的“使用计时”复选框。此时，再次放映幻灯片，将不会按照用户设置的排练计时进行放映，但所排练的计时设置仍然存在。

另外，PowerPoint 2010 还提供了自定义放映功能，用于在演示文稿中创建子演示文稿。

3）设置放映方式

默认情况下，演示者需要手动放映演示文稿。用户也可以创建自动播放演示文稿，在商贸展示或展台中播放。设置幻灯片放映方式的操作步骤如下。

(1) 切换到“幻灯片放映”选项卡，在“设置”选项组中单击“设置幻灯片放映”按钮，打开“设置放映方式”对话框，如图 5-44 所示。

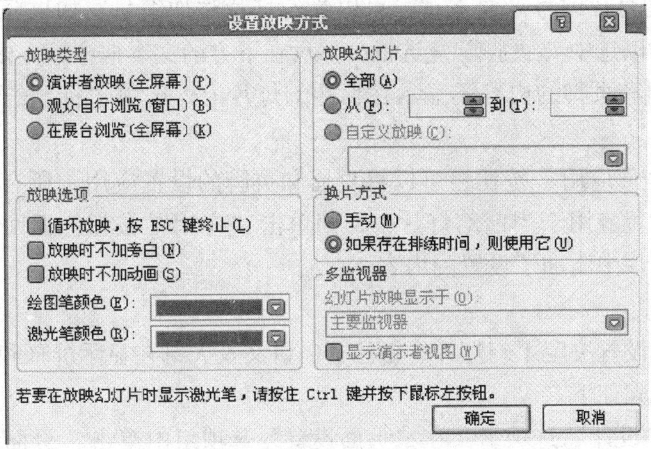

图 5-44 “设置放映方式”对话框

(2) 在“放映类型”栏中选择适当的放映类型。其中，“演讲者放映（全屏幕）”选项可以运行全屏显示的演示文稿；“在展台浏览（全屏幕）”选项可使演示文稿循环播放，并防止读者更改演示文稿。

(3) 在“放映幻灯片”栏中可以设置要放映的幻灯片，即全部放映或部分放映；在“放映选项”栏中可以根据需要选择放映方式，是否循环放映，放映时是否加旁白、是否加动画等；在“换片方式”栏中可以指定幻灯片按手动方式切换，或按排练时间切换。

(4) 设置完成后，单击“确定”按钮。

4) 使用演示者视图

连接投影仪后，演示者的计算机拥有两个屏幕，Windows 系统默认二者处于复制状态，即显示相同的内容。如果演示者播放幻灯片时，需要查看自己屏幕中的备注信息、使用控制演示的各种按钮，也就是使两个屏幕显示为不同的内容，就请使用演示者视图。

在使用演示者视图时，按 Window + P 组合键，显示投影仪及屏幕的设置画面，单击其中的“扩展”按钮，将当前屏幕扩展至投影仪。然后切换到“幻灯片放映”选项卡，选中“监视器”选项组中的“使用演示者视图”复选框即可。

5.3.7 打包与打印演示文稿

如果需要将演示文稿内容输出到纸张上或在其他计算机中放映，在进行演示文稿的打印和打包操作时，可以设置幻灯片的页眉和页脚，并进行页面设置。

1. 设置页眉和页脚

如果要将幻灯片编号、时间和日期、公司的徽标等信息添加到演示文稿的顶部或底部，需要使用设置页眉和页脚功能，操作步骤如下。

(1) 切换到“插入”选项卡，在“文本”选项组中单击“页眉和页脚”按钮，打开“页眉和页脚”对话框。

（2）如果要添加日期和时间，选中“日期和时间”复选框，然后单击“自动更新”或“固定”单选按钮。单击“固定”单选按钮后，可以在下方的文本框中输入要在幻灯片中插入的日期和时间。

（3）选中“幻灯片编号”复选框，可以为幻灯片添加编号。如果要为幻灯片添加一些附注性的文字，可以选中“页脚”复选框，然后在下方的文本框中输入内容。

（4）要使页眉和页脚的内容不显示在标题幻灯片上，选中“标题幻灯片中不显示”复选框。

（5）单击“全部应用”按钮，可以将页眉和页脚的设置应用于所有幻灯片上。如果要将页眉和页脚的设置应用于当前幻灯片中，则单击“应用”按钮。返回到编辑窗口后，用户可以看到在幻灯片中添加了设置的内容。

2. 页面设置

幻灯片的页面设置决定了幻灯片、备注页、讲义及大纲在显示屏幕和打印纸上的尺寸和放置方向，操作步骤如下。

（1）切换到“设计”选项卡，在“页面设置”选项组中单击“页面设置”按钮，打开“页面设置”对话框，如图5－45所示。

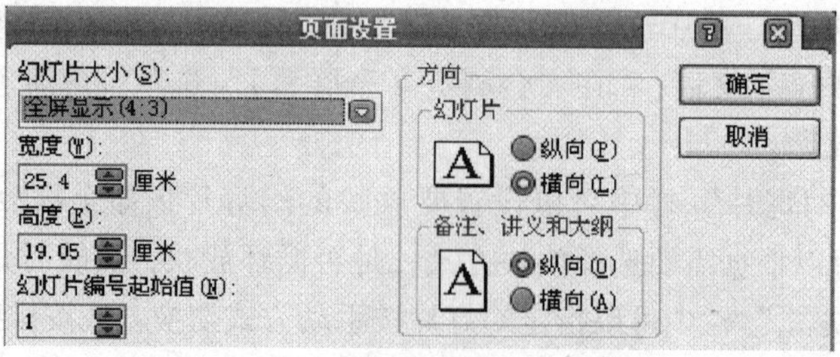

图5－45　“页面设置”对话框

（2）在“幻灯片大小”下拉列表框中选择幻灯片的大小。如果用户要建立自定义的尺寸，可在“宽度”和“高度”微调框中输入需要的数值。

（3）在“幻灯片编号起始值”微调框中输入幻灯片的起始号码。

（4）在“方向”栏中指明幻灯片、备注、讲义和大纲的打印方向。

（5）单击“确定”按钮，完成设置。

3. 打包演示文稿

当用户将制作好的演示文稿复制到U盘中，然后到其他计算机中放映时，别人的计算机有可能并没有安装PowerPoint 2010程序。为了避免出现这样的尴尬场面，保证演示文稿顺利在其他计算机中放映，打包演示文稿功能非常有用。所谓打包，是指将演示文稿与有关的各种文件都整合到同一个文件夹中，只要将这个文件夹复制到其他计算机中，然后启动其中的播放程序，即可正常播放演示文稿。

如果要对演示文稿进行打包，可以参照下列步骤进行操作。

（1）切换到“文件”选项卡，执行“保存并发送”→“将演示文稿打包成CD”命令，然后单击“打包成CD”按钮，打开“打包成CD”对话框，如图5－46所示，在“将CD命名为”文本框中输入打包后演示文稿的名称。

（2）单击“选项”按钮，可以在打开的“选项”对话框中设置是否包含链接的文件，

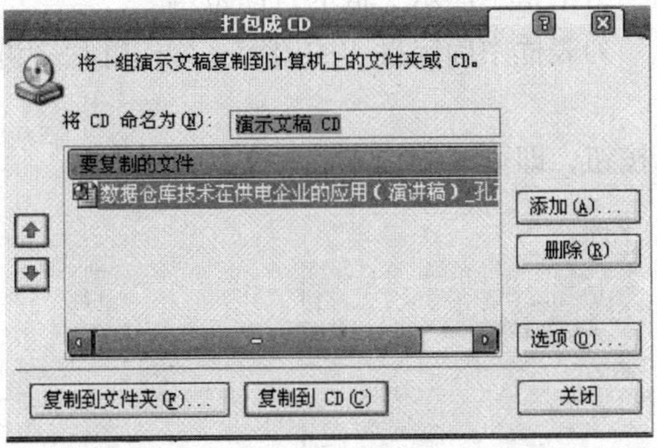

图 5－46　“打包成 CD”对话框

是否包含嵌入的 TrueType 字体，还可以设置打开文件的密码等，如图 5－47 所示。单击“确定”按钮，保存设置并返回“打包成 CD”对话框。

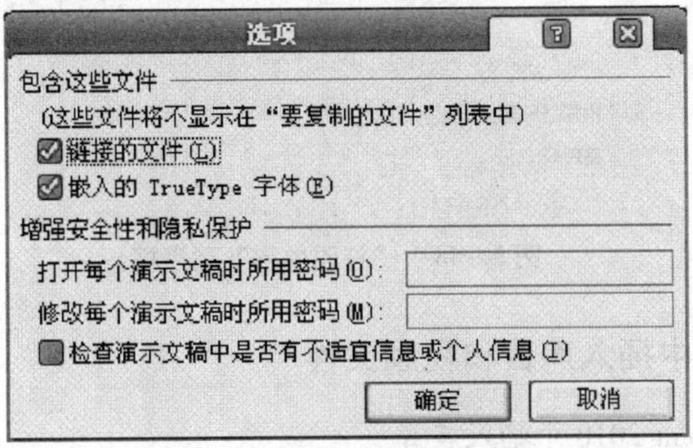

图 5－47　“选项”对话框

（3）单击“复制到文件夹”按钮，打开“复制到文件夹”对话框，可以将当前文件复制到指定的位置。

（4）单击“复制到 CD”按钮，将打开一个对话框，提示程序会将链接的媒体文件复制到计算机中，单击“是”按钮，将打开“正在将文件复制到文件夹”对话框并复制文件。

（5）复制完成后，用户可以关闭“打包成 CD”对话框，完成打包操作。

（6）在“计算机”窗口中打开光盘文件，可以看到打包的文件夹和文件。

此外，用户还可以将演示文稿创建为视频文件，以便于通过光盘、Web 或电子邮件进行分发。创建的视频中包含所有录制的计时、旁白等，并且保留动画、转换和媒体等。

PowerPoint 2010 新增了广播幻灯片的功能，向位于远程的用户通过 Web 浏览器广播幻灯片。远程观众不用安装程序，只需在浏览器中浏览即可。

4. 打印演示文稿

同 Word 和 Excel 一样，用户可以在打印之前预览演示文稿，满意后将其打印，操作步骤如下。

（1）切换到“文件”选项卡，执行“打印”命令，在右侧窗格中可以预览幻灯片打印的效果。如果要预览其他幻灯片，单击下方的“下一页”按钮。

（2）在中间窗格的“份数”微调框中指定打印的份数。

（3）在“打印机”下拉列表框中选择所需的打印机。

（4）在“设置”选项组中指定演示文稿的打印范围。

（5）在“打印内容”列表框中确定打印的内容，如幻灯片、讲义、注释等，如图5－48所示。

（6）单击“打印”按钮，即可开始打印演示文稿。

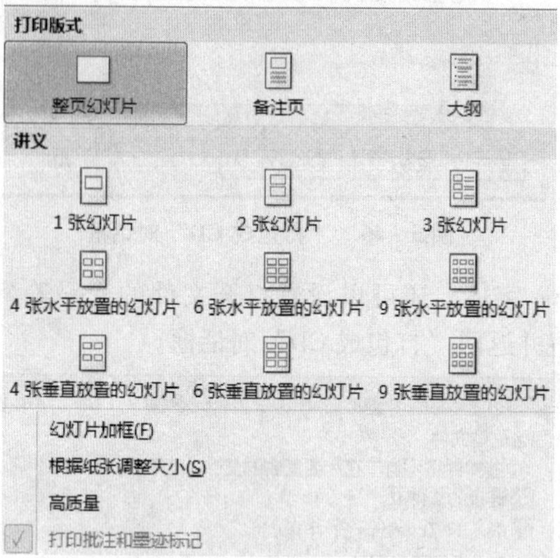

图5－48　“打印内容”列表框

5.3.8　在演示文稿中插入声音和视频文件

1. 如何在PowerPoint 2010中插入声音

这项操作适用于图片欣赏等不需要演示者讲解的幻灯片，一幅幅图片是伴随着声音出现的。插入声音的操作步骤（假如共有5张幻灯片）如下。

（1）在要出现声音的第一张幻灯片中执行“插入”→“音频”命令，选择一个声音文件，在弹出的“是否需要在幻灯片放映时自动播放声音”对话框中单击“是”按钮，在幻灯片上显示一个喇叭图标。

（2）单击该喇叭图标，选择“音频工具”选项，可以根据自己的需要进行一系列设置，如图5－49所示。

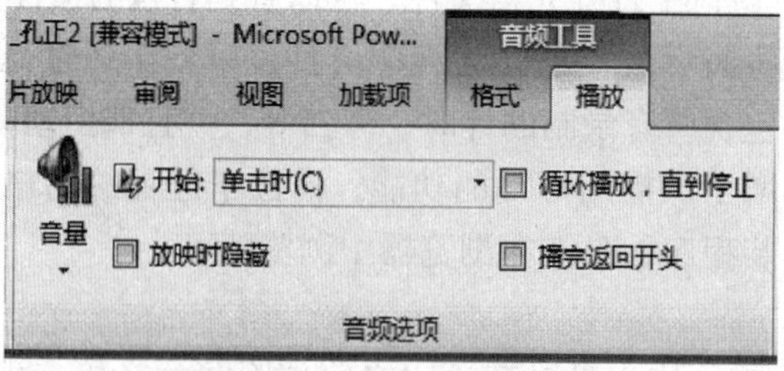

图5－49　“音频工具”选项

2. 插入视频文件

视频是解说产品的最佳方式，可以为演示文稿增添活力。视频文件包括最常见的Windows视频文件（.avi）、影片文件（.mpeg）、Windows media video（.wmv）以及其他类型的视频文件。

（1）添加视频文件。插入视频文件的方法与插入声音文件的方法类似，即首先选中需要插入视频的幻灯片，然后切换到“插入”选项卡，在“媒体”选项组中单击“视频”按钮下方的箭头，从下拉菜单中选择一种插入影片的方法。例如，执行“文件中的视频”命令，打开“插入视频文件”对话框，在其中定位到已经保存到计算机的影片文件，单击“插入”按钮，幻灯片中会显示视频画面的第一帧。

（2）调整视频文件画面效果。在 PowerPoint 2010 中，可以调整视频文件画面的色彩、标牌框架以及视频样式、形状与边框等。方法为：选中幻灯片中的视频文件，单击“大小”选项组中的对话框启动器按钮，打开“设置视频格式”对话框并进行设置，如图5－50所示。

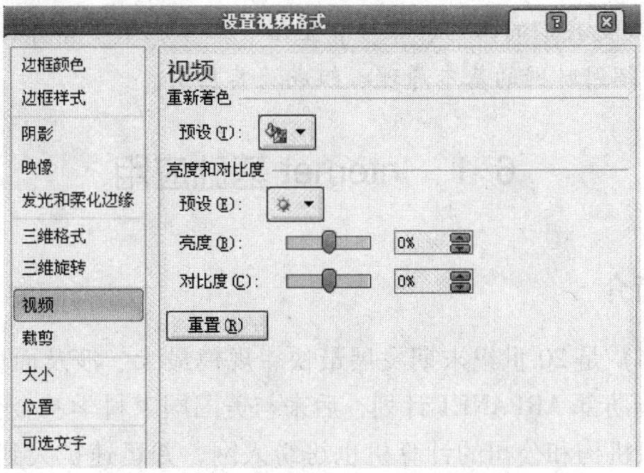

图 5－50 “设置视频格式”对话框

5.3.9 案例总结

本章通过毕业答辩演示文稿的制作介绍了演示文稿静态、动态效果的制作方法。

静态效果的制作，包括幻灯片的基本操作、插入各种版式的幻灯片、编辑幻灯片上的各种对象、对演示文稿进行美化等内容。在幻灯片上插入和编辑各种对象（文本、图片、图表等）的操作类似于 Word 中的操作，读者可以将前面所学的方法应用到 PowerPoint 中。控制幻灯片外观的方法有 3 种，即使用母版、配色方案、设计模板。另外，通过设置背景，也可以起到美化幻灯片的作用。

但是真正体现出 PowerPoint 的特点和优势的还在于演示文稿的动态效果制作，包括在幻灯片中设置动画效果（动画方案和自定义动画）、在幻灯片之间设置切换效果及设置演示文稿的放映方式等。这些功能使幻灯片充满了生机和活力。另外，为了增加幻灯片放映的灵活性，还介绍了通过“动作设置”和“超链接”创建交互式演示文稿的方法。

习 题 5

操作题

1. 收集有关资料，结合故乡特色，制作一个以“可爱的故乡”为主题的演示文稿，要求适当运用动画和幻灯片切换效果，淋漓尽致地描述故乡的优势及特点。

2. 收集有关资料，并结合自身感悟，制作以“岳母刺字”为主题的演示文稿。要求：图文并茂，适当运用动画和幻灯片的切换效果。

第 6 章　网络基础与 Internet 的应用

近十多年来，计算机网络得到了飞速的发展，特别是有十几亿用户的遍布全球的因特网（又称互联网）正在改变我们的工作、学习和生活。本章在第 1 章介绍的计算机网络基础知识的基础上，重点介绍因特网的基本原理、组成及其应用。

6.1　Internet 基础应用

6.1.1　Internet 简介

Internet（因特网）是 20 世纪末期发展最快、规模最大、涉及面最广的科技成果之一。Internet 起源于美国国防部 ARPANET 计划，后来与美国国家科学基金会的科学教育网合并。1990 年起，美国政府机构和公司的计算机也纷纷入网，并迅速扩大到全球约 100 多个国家和地区。据估计，目前 Internet 已经连接数百万个网络，上亿台计算机，用户数目超过 6.5 亿。

中国的 Internet 从 20 世纪 80 年代末开始，已经建成了 4 个骨干网，即中国公共计算机互联网（CHINANET，信息产业部主管）、中国科技技术计算机网（CSTNET，中国科学院主管）、中国教育科研计算机网（CERNET，教育部主管）和中国金桥互联网（CHINAGBN，信息产业部主管）。每个骨干网都接入了数以千计的接入网，并且骨干网之间既相互连接，又各自具有独立的国际出口，分别与美、英、德、日等国家以及港、澳地区互连，形成了真正的国际互联网络。

Internet 使用 TCP/IP 协议将遍布世界各地的计算机网络互连成为一个超级计算机网络。由于其信息资源丰富、收费低廉，目前已成为服务于全球的通用的计算机网络。利用 Internet 可以快速地获取全球范围内的各种最新信息，可以从事教育和接受教育，甚至开展商业和金融活动。Internet 正在改变着人们的工作和生活方式，推动着全球信息化的进程。

6.1.2　网络参数的设置

对于连接 Internet 的每一台主机，都需要有确定的网络参数，包括 IP 地址、子网掩码、网关地址及域名系统（Domain Name System，DNS）和服务器地址。这些参数的设定有手动设置和自动设置两种方式。手动设置适用于计算机数量比较少、TCP/IP 参数基本不变的情况，比如只有几台到十几台计算机。因为这种方法需要在联入网络的每台计算机上设置上述网络参数，一旦因为迁移等原因导致必须修改网络参数，就会给网管和用户带来很大的麻烦。

自动设置就是利用 DHCP 服务器来自动给网络中的计算机分配 IP 地址、子网掩码和默认网关。这样做的好处是，一旦网络参数发生变化，只要更改 DHCP 服务器中相关的设置，网络中所有的计算机就将获得新的网络参数。这种方法适用于网络规模较大、TCP/IP 参数有可能变动的网络。

另外一种自动获得网址的办法是通过安装代理服务器软件（如 MS Proxy）的客户端程序来自动获得，其原理和方法与 DHCP 有相似之处。

6.1.3 主机域名系统

Internet 的每一台主机都有一个 IP 地址，IP 地址用 4 个十进制数字来表示，它不便于人们记忆和使用。因此，希望使用具有特定含义的符号来表示因特网中的每一台主机。如 www. bju. edu. cn 是北京大学的 WWW 服务器主机名，当用户访问北京大学主页时，只需输入这个符号（叫域名或网址），而无须关心它的 IP 地址。

为了便于主机域名的管理和使用，因特网将整个网络的名字空间划分为许多不同的域，每个域又划分为若干子域，子域又分成许多子域（如图 6－1 所示）。域名采用层次结构，入网的每台主机都可以有一个类似的域名，如 lib. bju. edu. cn。

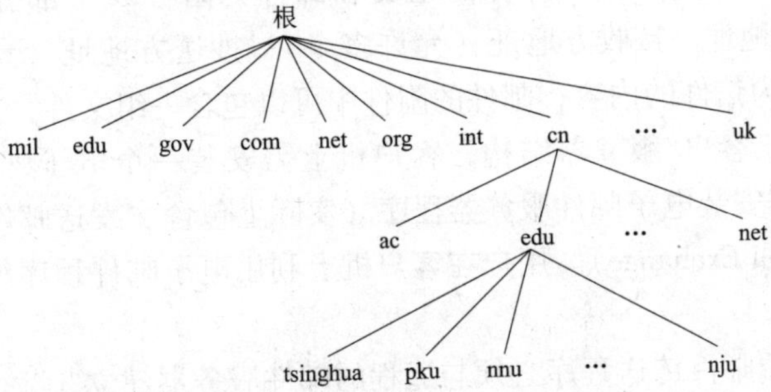

图 6－1 因特网主机名字的命名树

表示中国（cn）教育科研网（edu）中的北京大学校园网（bju）内的一台计算机。域名从左到右级别逐级升高，一般为计算机名、网络名、机构名、最高域名。

除美国以外，其他国家一般采用国家代码作为第一级域名，美国通常以机构或行业名作为第一级域名。如一级域名中 mil 表示美国军队部门；edu 表示美国教育部门；gov 表示美国政府部门；com 表示商业部门；net 表示网络管理机构；org 表示社会团体；int 表示国际性机构；cn 表示中国；uk 表示英国。

在国家顶级域名下注册的二级域名均由该国家自行确定。我国将二级域名划分为“内部域名”和“行政域名”两大类。分别是：ac 表示科研机构；com 表示工、商、金融等企业；edu 表示教育机构；gov 表示政府部门；net 表示互联网、接入网络的信息中心和运行中心；org 表示各种非营利性组织。

行政区域 34 个，适用于我国省、自治区、直辖市。例如 bj 为北京市，js 为江苏省，sh 为上海市等。

一台主机只能有一个 IP 地址，但可以有多个域名（用于不同的目的）。主机从一个物理网络移到另一个网络时，其 IP 地址必须更换，但可以保留原来的域名。

人们习惯于使用域名，但计算机内部仍然需要使用 32 位的 IP 地址。因此必须将域名翻译成 IP 地址，这一工作是由软件完成的，这个软件叫域名系统（Domain Name System,

DNS），运行域名系统的主机叫域名服务器（Domain Name Server），用户通过局域网接入Internet网往往需要设置域名服务器的地址。

6.1.4 因特网提供的服务

因特网为网络用户提供了非常强大的功能（也将其称为服务）。因特网提供的服务有电子邮件（E-mail）、文件传输（FTP）、远程登录、信息服务（WWW）、BBS、专题讨论、在线交谈、游戏等。

1. 电子邮件

使用电子邮件的首要条件是要拥有一个电子邮箱，它由提供电子邮政服务的机构为用户建立。绝大多数用户利用从某个知名网站上免费申请邮箱的方式拥有自己的电子邮箱。每个拥有电子邮箱的人都会有一个电子邮件地址。由于E-mail是直接寻址到用户的，而不是仅仅寻址到计算机，所以个人的名字或有关说明也要编入E-mail地址中。电子邮箱地址组成为"用户名@电子邮件服务器名"。例如，"smith@sina.com"是一个邮件地址，它表示邮箱的名字是"smith"，邮箱所在的主机是"sina.com"。

电子邮件一般由邮件的头部、邮件的正文和邮件的附件3个部分组成。邮件的头部（header）包括发送方地址、接收方地址（允许多个）、抄送方地址（允许多个）、主题等；邮件的正文（body）为信件的内容；邮件的附件中可以包含一组文件，文件类型可以任意。

电子邮件系统基于客户/服务器结构，客户机上需安装一个电子邮件程序（如Outlook Express），服务器上需安装电子邮件服务器程序（实际上包含"发送邮件服务器"和"接收邮件服务器"程序，如Exchange）。用户在客户机上利用电子邮件程序编写、发送和读取邮件。其内部过程如下。

发送邮件：客户端邮件传送程序必须与远程的邮件服务器建立TCP连接，并按照SMTP（Simple Mail Transfer Protocol，简单邮件传输协议）传输邮件，若接收方邮箱在服务器上确实存在，才进行邮件的发送，以确保邮件不会丢失。

接收邮件：按照POP3（Post Office Protocol v3）协议向邮件服务器提出请求，只要用户输入的身份信息（用户名和密码）正确，就可以访问自己的邮箱内容。

邮件服务器上运行的软件一方面执行SMTP协议，负责接收电子邮件并将它存入收件人的邮箱，另一方面还执行POP3协议，鉴别邮件用户的身份，对收件人邮箱的存取进行控制。

2. 远程文件传输

因特网是一个信息资源的大宝库。一般来说，信息资源都是以文件的形式存放的。因此，在因特网上各主机间传送文件，实现资源共享就成为一个很普遍的要求。文件传输协议（File Transfer Protocol，FTP）就是为了规范主机间文件拷贝服务而制定的一个TCP/IP协议簇应用协议。

FTP工作原理：当启动FTP服务从远程计算机往本地计算机复制文件时，事实上启动了两个程序：一个是本地计算机上的FTP客户程序，它提出复制文件的请求；另一个是运行在远程计算机上的FTP服务器程序，它响应请求并把指定文件传送到本地计算机中。FTP采用客户机/服务器工作模式，远程服务器为信息服务的提供者，相当于一个大的文件仓库。本地计算机称为客户机，服务器和客户机之间进行文件的上载（将本地文件拷贝到远程系统）或下载（用户直接将远程文件拷贝到本地计算机）操作，如图 6-2 所示。

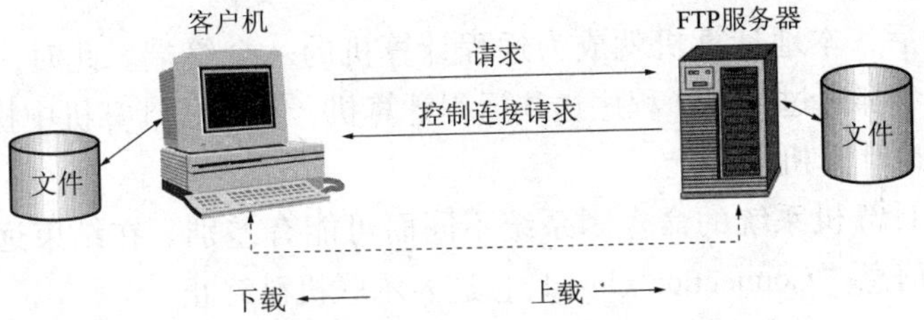

图 6-2 文件传输的原理

FTP 服务器要求用户提供登录名和口令，登录名对应于 FTP 服务器上的一个合法的账户，经服务器验证后，用户才能获得授权，然后就可以进行文件传输了。尽管登录名和口令的使用可以防止文件未经授权就被随意访问，但是这种做法有时并不是很方便。

为了方便使用者，大部分 FTP 主机都提供了一种“匿名”登录的方式（匿名 FTP），使用者不需要有主机的账号和密码即可进入 FTP 主机，浏览和下载文件。要使用匿名 FTP 时，只要以 anonymous 或 guest 作为登录的账号，用有效的电子邮件地址作为密码即可进入主机。这类服务器的目的是向公众提供文件拷贝服务，Internet 上的大部分免费或共享软件均通过这类“匿名”FTP 服务器向公众提供。但因为安全方面的原因，“匿名”用户一般只能进行文件的下载，而不能上传文件（除非你是某服务器的合法用户）。

目前在 Internet 上有许多不同种类的 FTP 客户程序，它们将 FTP 命令集成到一个用户界面中，使用户不必去记那些枯燥无味的 FTP 命令，而只需单击此界面中相应命令按钮即可完成所有的功能操作。WS-FTP 和 CuteFTP 是目前比较流行的一类基于 Windows 环境下的 FTP 客户应用程序。另外，FTP 也可嵌入浏览器程序中，如 IE 浏览器就具有 FTP 功能。

3. 远程登录

用户把自己的机器暂时作为一台终端，通过因特网挂接到远程的大型或巨型机上，然后作为它的用户使用大型或巨型机的硬件和软件资源，因特网提供的这种服务称为远程登录。

登录的计算机用户应该预先申请合法的账户。远程登录成功后，用户即可使用远程计算机的强大的处理能力完成特定的任务，远程计算机会将处理的结果回送给用户，其工作原理如图 6-3 所示。

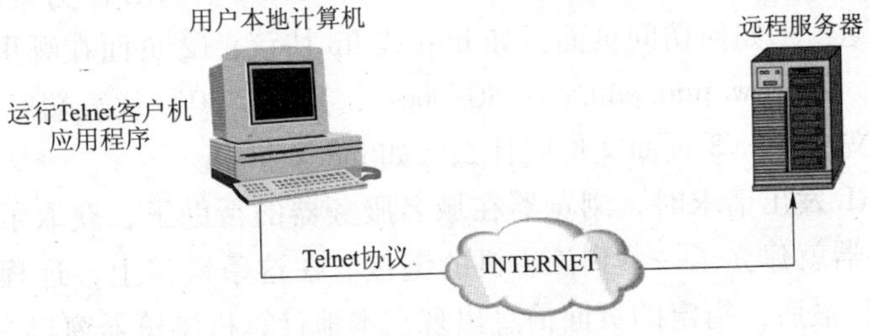

图 6-3 远程登录原理

Telnet 的工作过程如下。

（1）在 TCP/IP 和 Telnet 协议的帮助下，通过本地计算机安装的 Telnet 应用程序向远程计算机发出登录请求。

（2）远程计算机在收到请求后对其响应，并要求本地计算机用户输入用户名和口令。

（3）输入用户名和口令后，远程计算机系统将验证本地计算机用户是否为合法用户，若是合法用户，则登录成功。

（4）登录成功后，本地计算机就成为远程计算机的一个终端。此时，用户使用本地键盘所输入的任何命令都通过 Telnet 程序送往远程计算机，在远程计算机中执行这些命令并将执行结果返回到本地计算机屏幕上。

（5）退出远程计算机系统的命令因系统不同而可能有差别。在结束远程登录之后，本地计算机上会显示信息“Connection closed”，这表示联机已终止。

4. WWW

WWW（World Wide Web）又称万维网、Web 网、环球网、3W 网，起源于 1989 年欧洲粒子物理研究所 CERN，90 年代后以提供超媒体信息服务的万维网（WWW）得到了迅速的发展。

WWW 由 Internet 中被称为 Web 服务器的计算机和安装了 WWW 浏览器软件的计算机所组成。WWW 服务器存放着许许多多以超文本形式组织的信息，分布在不同 WWW 服务器上的这些信息通过链接相互关联，形成了一个全球范围内的信息网络。安装了浏览器（Browser）的用户，可以查询和获取分布在全球范围内的信息资源。

WWW 信息服务是采用客户机/服务器模式进行工作的。在进行 Web 网页浏览时，作为客户机的本地计算机首先与远程的一台 WWW 服务器建立连接，并向该服务器发出申请，请求发送过来一个网页文件，由本地计算机的浏览器软件解释并显示。Netscape Communicator 和 Internet Explorer 是目前两个最流行的浏览器产品。

（1）网页与 HTML 语言。Web 服务器中向用户发布的文档通常称为网页（Web Page），一个单位或者个人的主网页称为主页（Home Page）。网页是一种采用 HTML 语言（超文本标记语言）描述的超文本文件，后缀为 html 或 htm。HTML 使用形如 <xxx> 和 </xxx> 的一对“括号”作为标记，描述文本的标题，文本的分段及格式，文本中的表格类型，文本的分区，文本的背景颜色，文字的颜色、字体和大小，文本页面的边距，文本中插图的位置、大小及图片名称，以及文本中所定义的超链接等。

浏览器在收到 Web 服务器传送来的 HTML 文档后，进行解释，按照文档中的标记规定进行处理。

（2）统一资源定位器（Uniform Resource Locator，URL）。URL 作为页面的世界性名称，目的是解决三个问题：①如何访问页面？如 http 或 ftp 协议；②页面在哪里？即该页面文件存放在哪个服务器，如 www. nnu. edu. cn：80/docs/，其中“80”代表端口号，“/docs/”代表服务器上的具体文件夹；③页面文件叫什么？如 index. html。

当人们通过 URL 发出请求时，浏览器在域名服务器的帮助下，获取了远程服务器主机的 IP 地址后，浏览器就建立了一条到该主机的链接。在这条链接上，远程服务器使用指定的协议发送文件名，最后，指定的页面信息出现在本地计算机浏览器窗口中。

这种 URL 机器不仅仅包含 HTTP 协议，实际上还包括其他常见协议，以下浏览器都支持这些协议的 URL。

超文本 URL：http：//www. cernet. edu. cn

文件传输（FTP）URL：ftp：//ftp. pku. edu. cn

本地文件 URL：/user/liming/homework/word. doc

新闻组（news）URL：news：comp. os. minox

Gopher URL：gopher：//gopher. tc. umn. edu/11/Libraries

发送电子邮件 URL：mailto：liming@263. net

远程登录（Telnet）URL：telnet：//bbs. nnu. edu. cn

（3）超级链接。超级链接（Hyperlink）包含在页面中能够链接到万维网上其他页面的链接信息，也可链接到文档内部标记有书签的地方。这类信息通常采取突出显示，如带有下划线，或使用另一种颜色显示，或二者皆用。访问者可以单击这个链接，跳转到指向的页面上，通过这种方法可以浏览数以百计的相互链接的页面。

超链接的信息组织方式突破了传统介质上信息的顺序组织方式，使人们可以采用联想和跳跃等更符合人类思维方式的形式组织信息。

（4）HTTP 协议与 Web 浏览器。和所有应用层协议一样，HTTP 协议是运行在 TCP/IP 协议之上的。HTTP 协议的工作方式是典型的 C/S 结构的工作方式，即客户机和服务器建立连接、发送请求信息、回复响应信息、关闭连接四个步骤。HTTP 是面向一次连接的网络协议，每次连接只处理一个请求，当服务器处理完客户机发来的 HTTP 请求，并反馈给客户机一个 HTTP 回复后，即断开连接。如果客户机再次发来请求，则需要重新进行连接。

6.1.5 网络信息安全及应用

1. 网络信息安全概述

网络安全的主要目标是保护网络上的计算机资源免受毁坏、替换、盗窃和丢失。信息安全的基本要求是信息安全保密、信息完整性及信息有效性。信息安全保密就是保证只有授权用户可以访问数据，数据保密性分为网络传输保密性和数据存储保密性。信息完整性的目的是保证计算机系统上的数据处于一种完整和未受损害的状态。保证数据可用，首先要保证数据是完整的，其次还要保证系统是正常运转的。信息有效性是指在从事信息优化方面的工作时，所发布的信息都是有效的。

网络信息安全来自多方面的威胁。计算机系统的脆弱性主要来自操作系统的不安全性，在网络环境下，还来源于通信协议的不安全性，另外，人为因素和自然因素也是导致网络信息不安全的重要因素。

对于任一网络来说，绝对安全是没有的，也不一定是必要的。所以使用一个具体网络要对网络面临的威胁及可能承担的风险进行定性与定量相结合的分析，制订一个安全性和实用性折中的方案。一个较好的安全措施往往是多种安全措施适当综合应用的结果。目前主要的安全措施有身份验证、访问控制、数据加密、防火墙技术和审计（记账）几种。

美国国家安全局制定了计算机安全评估准则，把计算机与网络系统的安全级别从低到高分为 4 类 8 级：D、C1、C2、B1、B2、B3、A1 和超 A1。如 DOS、Windows 9X 等个人操作系统的安全级别属于 D 级，这一级的操作系统根本就没有安全防护措施，就像一间门窗大开的房屋。UNIX 系统和 Windows NT 等达到了 C2 级别，安全性远远强于 Windows 9X 操作系统。

2. 身份认证与访问控制

身份认证是安全系统最重要且最困难的工作。为用户设置账号（User ID）和口令（Password）是最常用和最方便的身份认证方法。操作系统常用这种方法验证用户身份，用户必须正确地输入用户账号和口令才能登录系统。但由于 Password 非常容易被偷看或猜出，因此 Password 的管理也成了安全系统中极重要的一项工作。其他更为安全的身份认证方法是一次性 Password、智能卡（SmartCards）等。但这些方法常常需要特殊的硬件和软件，如门禁 IC 卡系统等。

访问控制（Access Control）功能是控制和定义一个对象对另一个对象的访问权限。在面向对象的安全系统中，所有资源、程序甚至用户都是对象。安全系统必须有一组规则，明确规定各种资源能够被哪类用户访问。当用户登录到系统后，用户就获得了一个标识身份的证件，当用户试图访问某个资源时，系统可根据这些规则和用户的证件确定是否允许这一访问，且访问形式是什么。如某用户可以访问某一文件，但只有读的权限而无修改权限。最常见的访问控制是 UNIX 系统的文件与目录的访问权限控制。

3. 数据加密

为了在网络通信即使被窃听的情况下也能保证数据的安全，必须对传输的数据进行加密。加密技术基于把信息转换成一种不可读或不可理解的形式（密文）的算法。解密是使用对应的算法把转化后的密文信息回复成原来形式（明文）的过程。加密在网络上的作用就是防止有价值的信息在网络传输的过程中被窃取和篡改。例如网上购物利用信用卡支付货款时，需输入账号及密码，密码必须加密成密文才能在公网上传输，否则密码非常容易被他人窃取。

加密技术主要有私钥对称加密和公钥非对称加密两大类。

私钥加密具有对称性，即加密密钥也可以用作解密。密钥是使密码算法按照一种特定方式运行并产生特定密文的值。密钥越长，密文越安全。

加密算法可能非常简单，如图 6－4 所示。例如，可以设计一个 Character＋3 的算法，在这个算法中 A 变成了 D、B 变成了 E 等。原始信息（明文）被 Character＋3 算法转换成密文。解密的算法是反函数 Character－3。还可以把这个算法改进得更通用，即 Character＋X，其中 X 为密钥作用的变量，你可以使用 3 作为密钥，也可以在一段时间后使用 8 作为密钥，密钥必须与加密信息分开保存，并尽可能做到秘密、安全地传送给接收者。

图 6－4 数据加密

使用对称密钥加密技术存在的一个很大问题是：对于加密信息所使用的密钥，你需要有一种安全可靠的途径把密钥的副本传送给接收者，使加密信息得以解密。

最有名的对称密钥加密系统就是数据加密标准（DES），这个标准现在由美国国家安全局和国家标准与技术局来管理。另一个系统是国际数据加密算法（IDEA），它比 DES 的加密性好，而且对计算机性能要求不高。

为了避开私钥加密存在的密钥副本传送的问题，安全问题专家提出了“公钥加密”的概念，这种方法也称“非对称加密”。

如图 6－5 所示，公共密钥加密使用两个不同的密钥，因此是一种不对称的加密系统。它的一个密钥是公开的，而系统的基本功能也是有公共密钥的用户才可以访问的，公共密钥可以保存在系统目录内或保存在未加密的电子邮件信息中。它的另一个密钥是专用的，它可以对公共密钥加密的信息解密，也可用来加密信息，但公共密钥可以解密该信息。

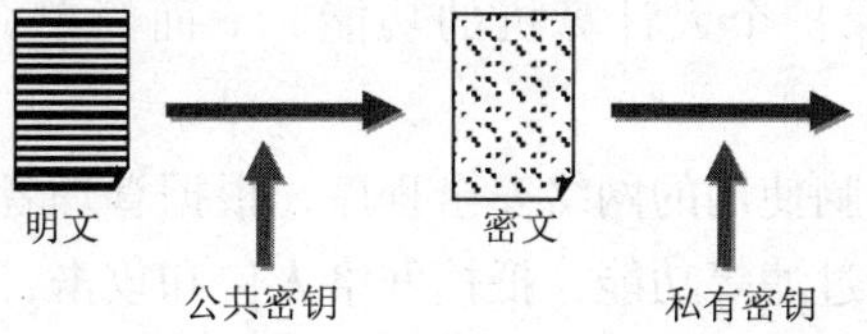

图 6－5　公共密钥加密/解密过程

4. 防火墙

防火墙是在内部网与外部网之间实施安全防范的系统，可被认为是一种访问控制机制，用于确定哪些内部服务允许外部访问，以及允许哪些外部请求访问内部服务。即所有进出的信息必须穿过这个检查点，在这一点上按设置的安全策略检查这些信息，只允许“认可的”和符合规则的信息通过，如图 6－6 所示。防火墙主要是保护内部网络安全。

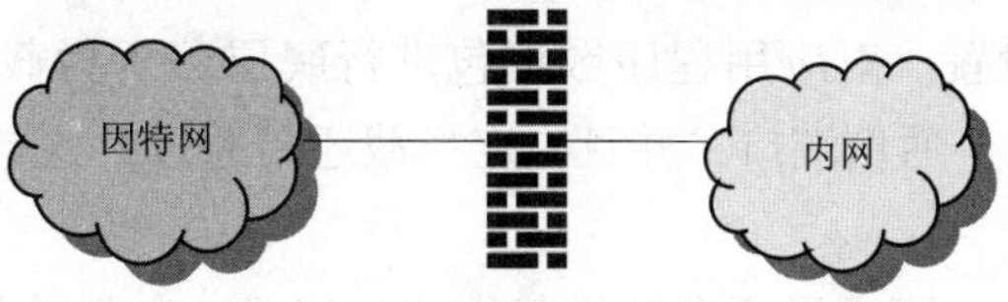

图 6－6　防火墙示意图

防火墙有三种类型，即包过滤防火墙、应用级防火墙和线路级防火墙。

包过滤防火墙也称为网络级防火墙，通常由一个路由器或一台充当路由器的计算机组成。Internet/Intranet 上的所有信息都是以 IP 数据包的形式传输的，IP 数据包包头信息中包含了 IP 源地址、IP 目标地址、TCP/UDP 目标端口及服务类型等信息，因此可以定义哪些 IP 源地址或 IP 目标地址的数据包可以通过防火墙，也可以定义哪些服务类型的数据包可以通过防火墙。例如，可设置包过滤防火墙来限制来自某些 IP 地址的恶意攻击，只允许外部网络对内部网进行 HTTP 访问，而不允许进行 FTP 访问等。

应用级防火墙通常指运行代理服务器软件的一台计算机主机。采用应用级防火墙，内网与外网间是通过代理服务器连接的，二者不存在直接的物理连接，一个网络的数据通信不会直接出现在另一个网络上，而是通过代理服务器进行适当转换然后转发到另一个网络。这种防火墙有效地隐藏了连接源的信息，防止外网用户窥视内网信息。由于代理服务器能够理解网络协议，因此，可以配置代理服务器控制内部网络需要的服务。例如可以设置服务器允许 FTP 文件下载，不允许文件上载。

线路级防火墙也称电路层网关，是一个具有特殊功能的防火墙。电路层网关就像电线一样，只是在内部网络连接与外部网络连接之间来回复制字节，但是由于连接要穿过防火墙，它隐藏了受保护网络的有关信息，防止外网用户窥视内网信息。

上述三种类型的防火墙是按照工作原理进行划分的，但并不是说这三种类型的防火墙只能独立使用。相反地，一个商品化的防火墙软件通常是多种防火墙技术的并用，以更好地实现安全性和可靠性。另外还要注意的是，网络防火墙并非是万能的，如不能防范绕过防火墙的攻击，也不能防止数据驱动式攻击（表面上看来无害的数据被邮寄或复制到主机上），一旦被执行或打开，就会引发隐藏在其中的恶意代码的执行。

目前，市场上还有一种个人计算机防火墙软件，常用的有瑞星个人防火墙、天网防火墙个人版等，它们都具有一定的保护个人计算机的功能。下面简单介绍天网防火墙个人版V2.6 的主要功能。

天网防火墙个人版是个人电脑使用的网络安全程序，根据管理者设定的安全规则把守网络，提供强大的访问控制、信息过滤等功能，抵挡网络入侵和攻击，防止信息泄露。天网防火墙把网络分为本地网和互联网，可针对来自不同网络的信息，设置不同的安全方案，适合以任何方式上网的用户，其主要功能有以下几点。

（1）严密的实时监控。对所有来自外部机器的访问请求进行过滤，发现非授权的访问请求就立即拒绝，随时保护用户系统的信息安全。

（2）灵活的安全规则。设置了一系列安全规则，允许特定主机的相应服务，拒绝其他主机的访问要求。用户还可以根据自己的实际情况，添加、删除、修改安全规则，保护本机安全。

（3）应用程序规则设置。对应用程序数据包进行底层分析拦截，它可以控制应用程序发送和接收的数据包类型、通信端口，并且决定拦截还是通过，这是目前其他很多软件防火墙不具有的功能。

（4）详细的访问记录。可显示所有被拦截的访问记录，包括访问的时间、来源、类型、代码等都详细地记录下来，你可以清楚地看到是否有入侵者想连接到你的机器，从而制定更有效的防护规则。

（5）完善的报警系统。设置了完善的声音报警系统，当出现异常情况的时候，系统会发出预警信号，从而让用户做好防御措施。

设置好一个防火墙系统，通常需要使用者对网络有相当的了解才能达到最佳效果。天网防火墙提供了方便的防火墙系统设置向导，安全级别设置和常用应用程序设置是其中的两个重要设置，分别如图 6－7 和图 6－8 所示。

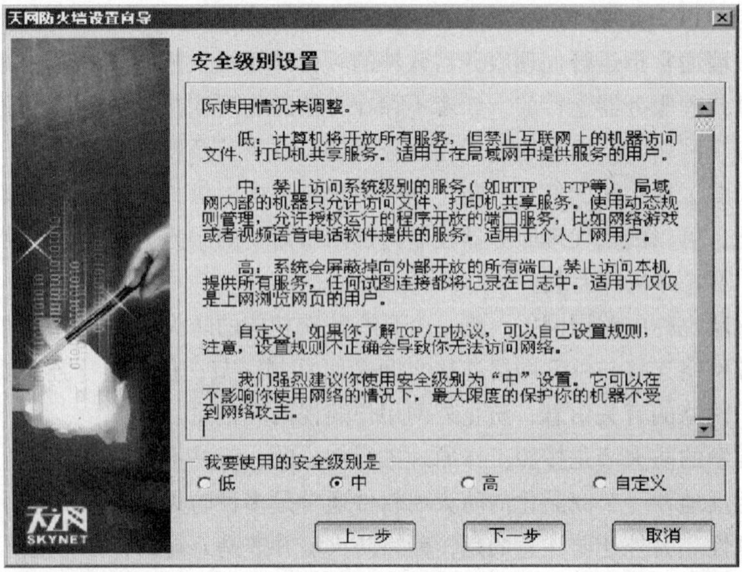

图 6－7　安全级别设置

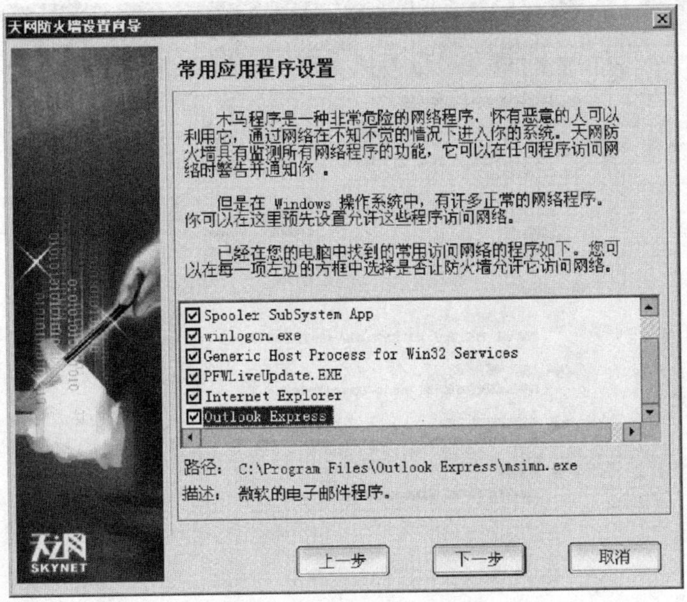

图 6－8　常用应用程序设置

6.2　案例 1——上网前的准备

6.2.1　使用固定 ADSL 拨号上网

如果只有一台计算机，则不需要添购设备，直接使用运营商引入的网线即可，如图 6－9 所示。

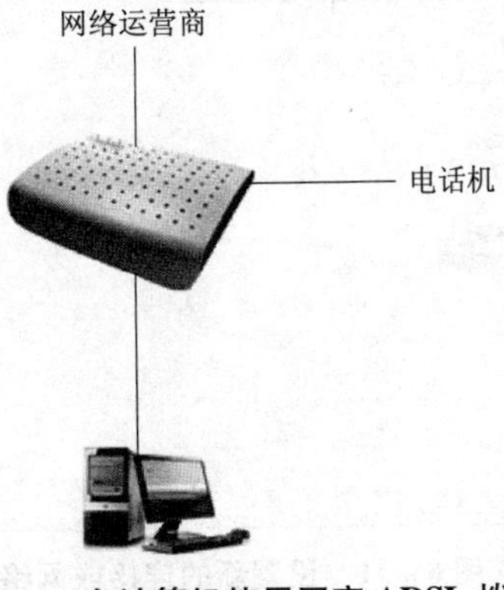

图 6－9　一台计算机使用固定 ADSL 拨号上网

（1）首先进入“控制面板”→“网络和 Internet”→“网络和共享中心”界面，如图 6－10 所示。

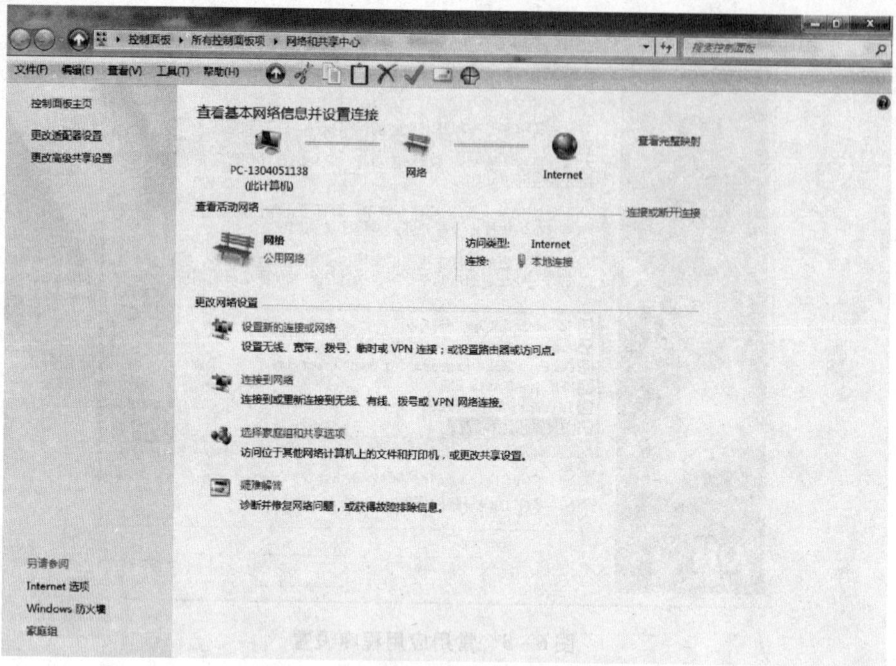

图 6－10　“网络和共享中心”界面

（2）选择“设置新的连接或网络”选项，则会出现新的连接的设置，如图 6－11 所示。

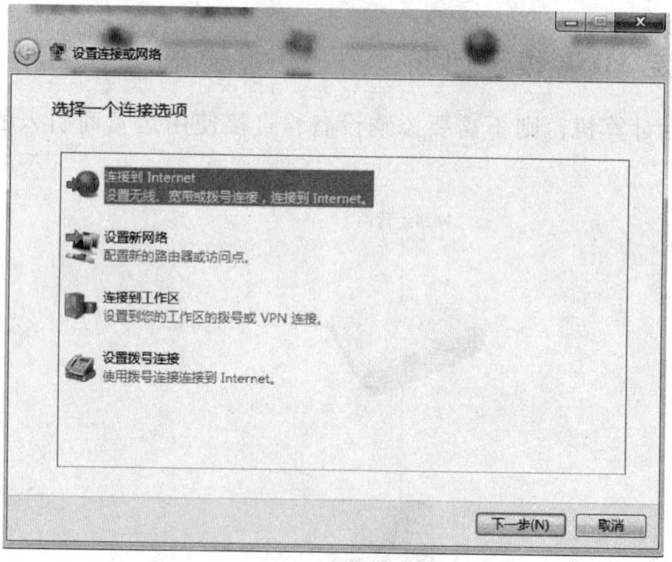

图 6－11　设置新的连接或网络

（3）选择“连接到 Internet”选项，并单击“下一步”按钮，则会出现连接方式的选择，如图 6－12 所示。

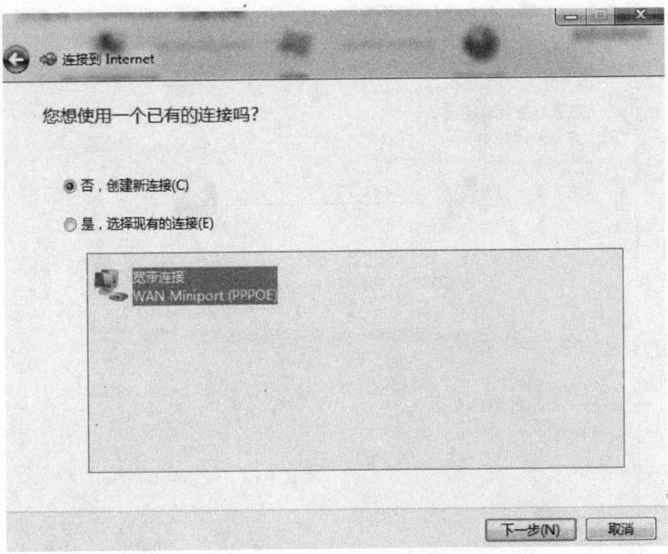

图 6－12　连接方式的选择

（4）单击“宽带连接 WAN Miniport（PPPOE）”选项，则会出现 ADSL 用户名和密码的输入窗口，如图 6－13 所示。

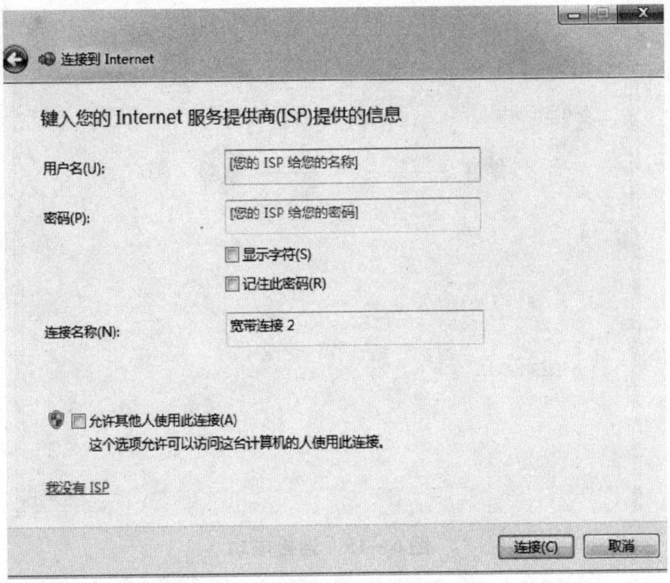

图 6－13　ADSL 用户名和密码的输入窗口

（5）这部分的内容需要参考网络运营商所提供的信息，正确填入后，单击“连接”按钮，则会开始进行拨号连接，如图 6－14 所示。

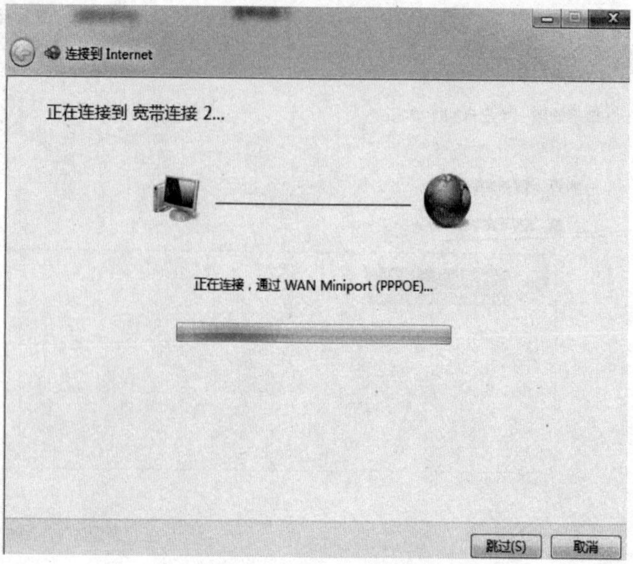

图 6－14　正在进行拨号连接

（6）接着系统会确认用户名和密码是否正确，正确联机后，就会出现如图 6－15 所示的界面。

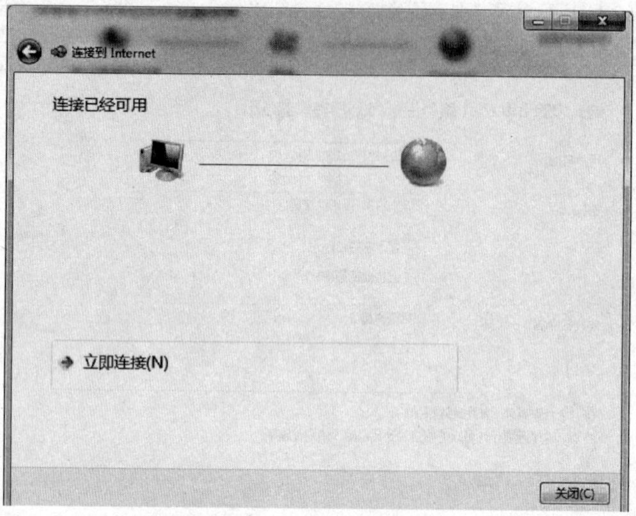

图 6－15　连接成功

（7）单击“关闭”按钮即可完成设置。当下次要使用 ADSL 拨号联机时，可以单击计算机桌面右下角的按钮，会弹出互联网存取快捷工具栏，如图 6－16 所示。

（8）单击“连接”按钮，则会出现“连接宽带连接”对话框，如图 6－17 所示。

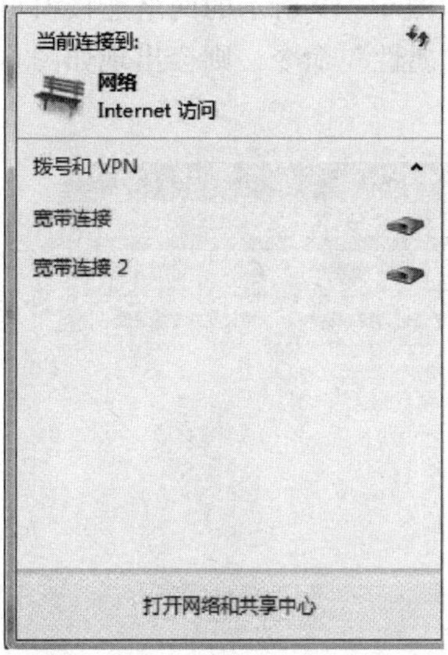

图 6－16　互联网存取快捷工具栏

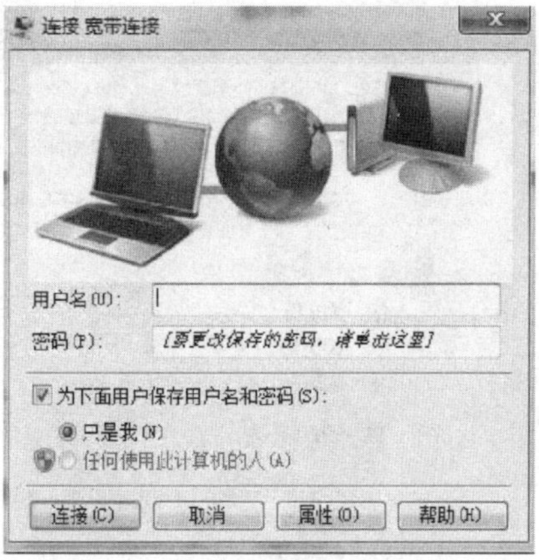

图 6－17　“连接宽带连接”对话框

（9）输入用户名和密码后单击“连接”按钮，则会立刻拨号连接，正确连接后，则会出现已连接的提示，如果要中断连接，可以单击图中的“断开”按钮，即可断开目前连接的 ADSL 网络。

6.2.2　使用固定的 ADSL

如果使用固定地址上网，可通过以下步骤设置 Windows 的网络。

（1）进入“控制面板”→“网络和 Internet”→“网络和共享中心”界面，如图 6－18 所示。

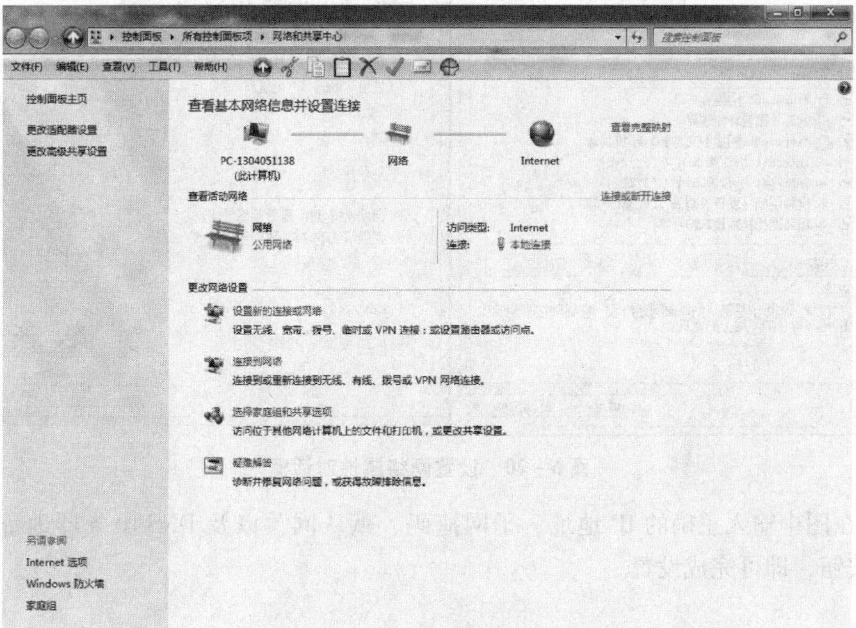

图 6－18　“网络和共享中心”界面

（2）选择“更改适配器设置”选项，则会出现如图6－19所示的网络连接窗口，右键单击“本地连接”选项，在弹出的快捷菜单中执行“属性”命令，则会出现如图6－20所示的对话框。

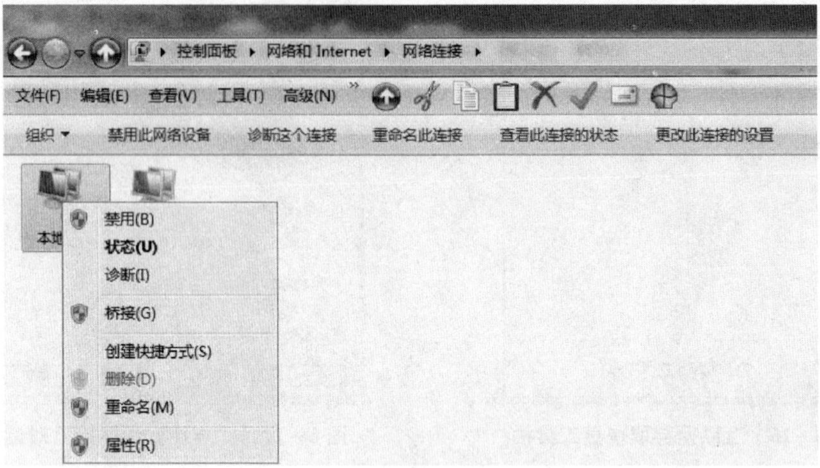

图6－19　更改适配器设置界面

（3）选择“Internet 协议版本4（TCP/IPv4）”选项，则会出现如图6－20所示右侧的对话框。

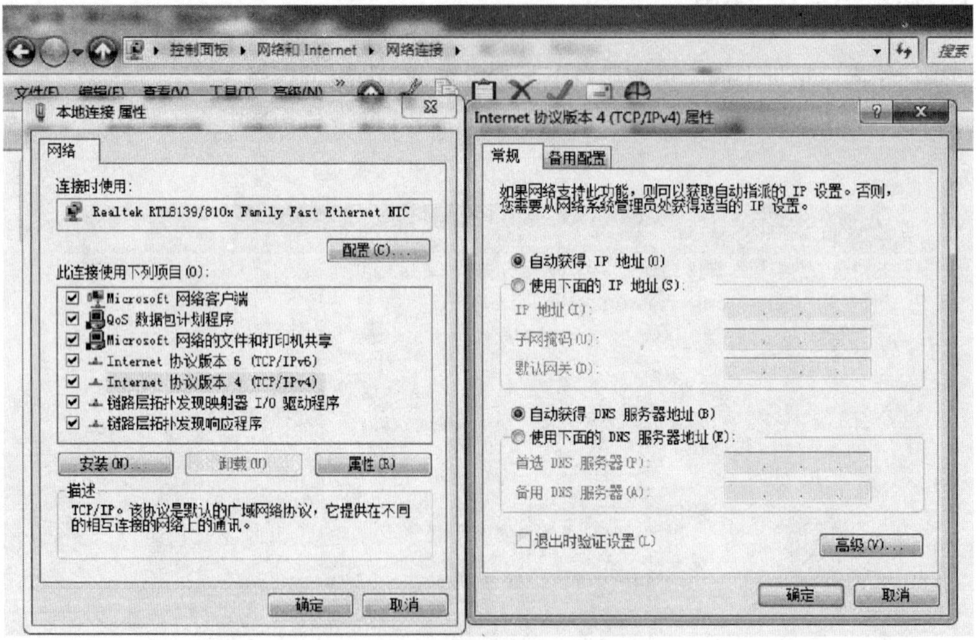

图6－20　设置网络属性对话框

（4）在图中输入正确的IP地址、子网掩码、默认网关以及DNS服务器地址，并单击“确定”按钮，即可完成设置。

6.2.3 无线上网

无线路由器已经越来越普及，大多数笔记本或者智能手机的用户，都希望能直接用WIFI连接上网，既方便又省流量。在一般家庭中，有线网络需要实体的布线，若是没有预留线路管道，则要使用压板来处理外露线路美观的问题，而且一旦实体线路发生状况，有线网络的处理上也较不方便。若是使用无线网络，则无须布线，只需要为台式机购买一台无线路由器和一块无线网卡就可以达到无线上网的目的。若是使用笔记本电脑和智能手机，其CPU有内建Centrino，可以不必再购买无线网卡。无线路由器的安装和硬件设置方式与一般的路由器设置方式完全相同，差异在于对无线的支持。

1. 无线路由器外观

各种无线路由器的接口都大同小异，有时Reset按钮的位置可能不一致，如图6－21所示。

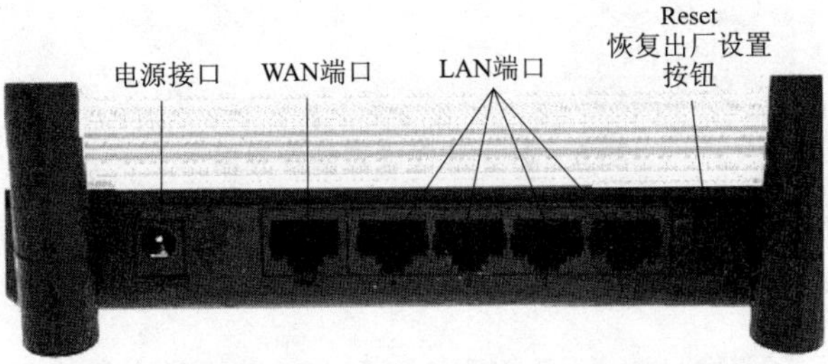

图6－21　无线路由器的接口

将无线路由器连接好后启动路由器。

2. 无线路由器参数设置

用网线将无线路由器和计算机连接起来，当然也可以直接使用无线搜索连接，但是如果是初学者还是建议使用网线直接连接即可。

图6－22　进入无线路由器的设置界面

（1）连接好之后，打开浏览器（建议使用IE），在地址栏中输入192.168.1.1进入无线路由器的设置界面，如图6－22所示。

（2）其他参数需要登录之后才能进行设置，默认的登录用户名和密码都是admin，可以参考说明书，如图6－23所示。

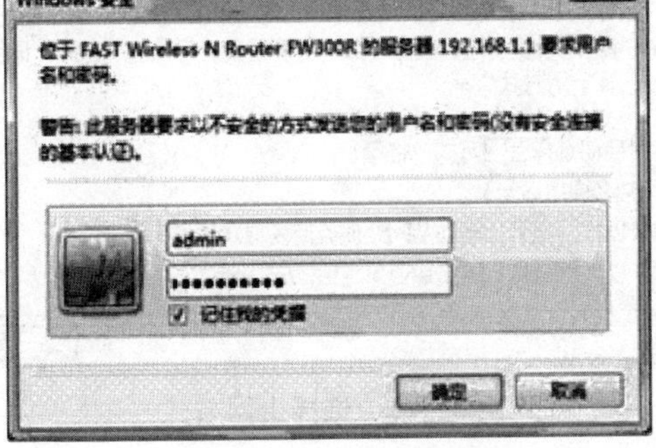

图6－23　用户登录界面

（3）登录成功之后选择设置向导的界面，默认情况下会自动弹出，如图6－24所示。

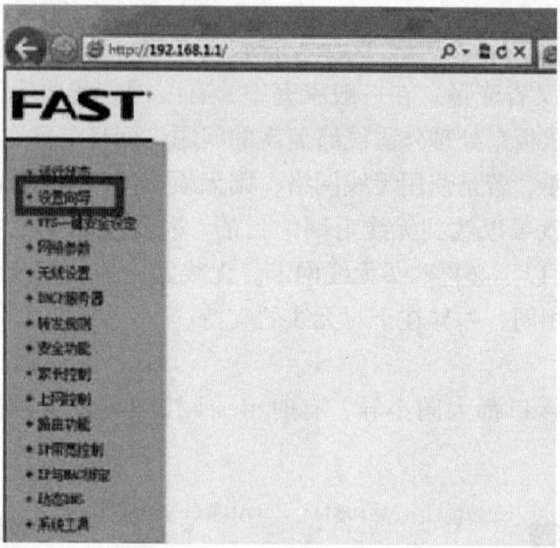

图6－24　选择设置向导界面

（4）选择设置向导之后会弹出一个窗口说明，通过向导可以设置路由器的基本参数，直接单击“下一步”按钮即可，如图6－25所示。

图6－25　设置向导窗口

（5）根据设置向导一步一步进行设置。选择上网方式，通常ADSL用户则选择第二项PPPoE，如果用的是其他的网络服务商，则根据实际情况选择下面两项，如果不知道该怎样选择，则直接选择第一项自动选择即可，方便新手操作，选完后单击“下一步”按钮，如图6－26所示。

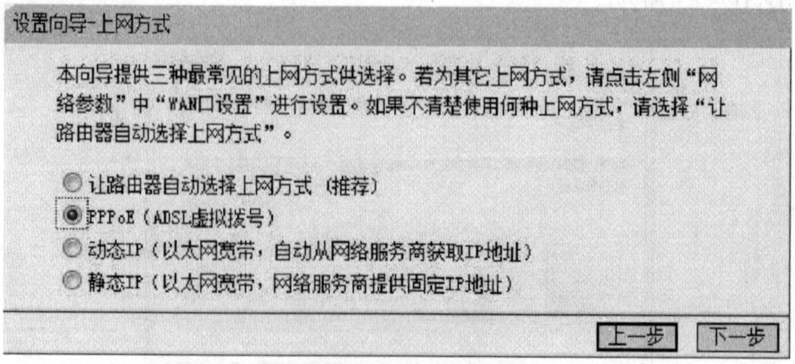

图6－26　选择上网方式

（6）输入从网络服务提供商申请到的账号和密码，输入完成后直接单击“下一步”按钮，如图 6－27 所示。

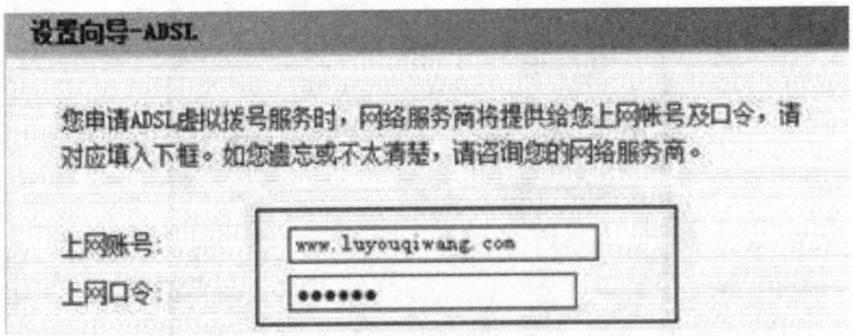

图 6－27　输入账号和密码

3. 无线设置及重启无线路由器

接下来进入无线设置，设置 SSID 名称，这一项默认为路由器的型号，这只是在搜索的时候显示的无线网名称，可以根据你自己的喜好更改，方便搜索。其余设置选项可以根据系统默认，无须更改，但是在网络安全设置项必须设置密码，防止被蹭网，设置完成后单击“下一步”按钮，如图 6－28 所示。

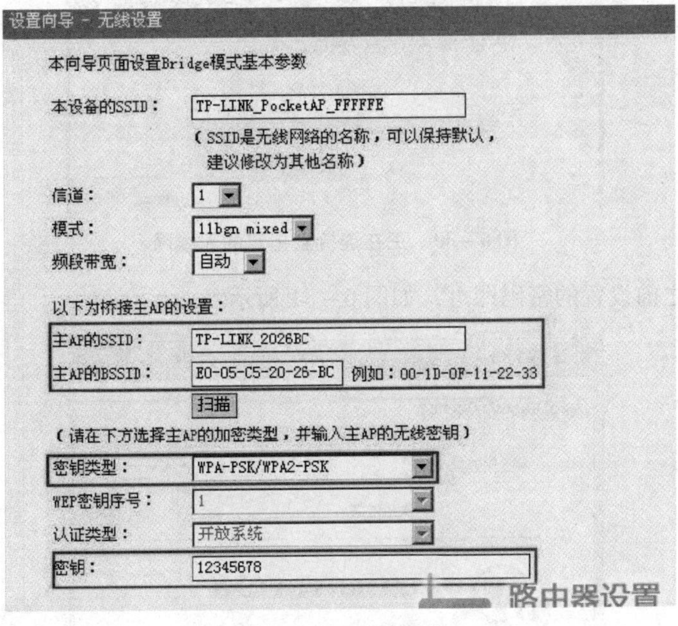

图 6－28　设置密码

至此，无线路由器的设置就大功告成了。重新启动路由器即可连接无线上网了，不同的路由器设置方法大同小异，本方法仅供参考。

4. 搜索无线信号连接上网

无线路由器设置完成后，须开启无线设备，搜索 WIFI 信号，待连接到无线网络后，就可以无线上网了。搜索连接过程说明如下。

启用无线网卡，搜索 WIFI 信号，找到无线路由器的 SSID 名称，双击连接，如图 6－29 所示。

正在获取 WIFI 信息，连接到无线路由器，如图 6－30 所示。

图 6-29　搜索无线网络信号

图 6-30　正在连接到指定的无线网

接下来输入之前设置的密码即可，如图 6-31 所示。

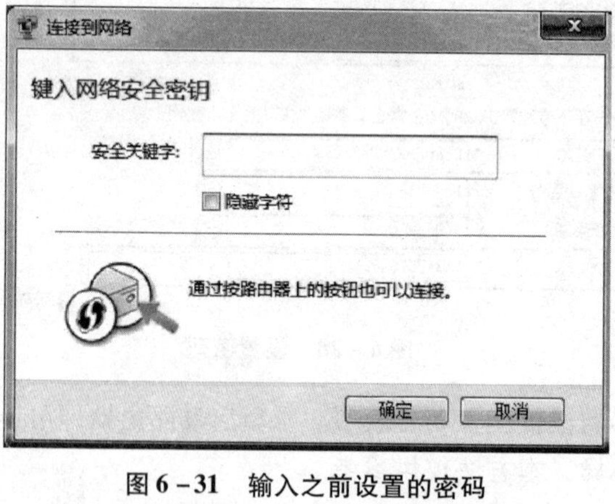

图 6-31　输入之前设置的密码

此时显示正在连接，等待一会，连接上了就可以上网了。

以上是无线路由器设置的基本内容，设置完后，就可以无线上网了。但是路由器的设置还远不止这些简单的内容，登录路由器设置页面之后还有更多的设置选项，例如绑定 MAC 地址、过滤 IP、防火墙设置等，可以让你的无线网络更加安全，防止被蹭网。

6.3 案例2——漫游 Internet

IE 全名为 Internet Explorer，是当前较为普及的网页浏览器，Windows 7 集成了较新版本的 IE 8 浏览器，它为网页浏览提供了更新的体验和更高的安全性。

不同于以往的旧版本，IE 8 采用全新的界面，如图 6-32 所示。

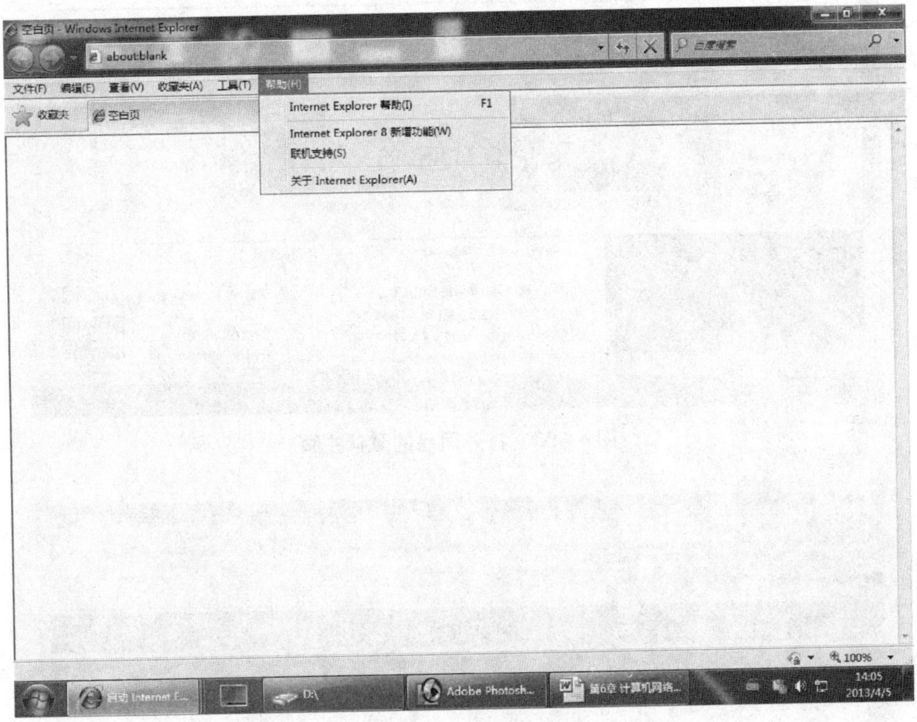

图 6-32　IE 8 浏览器界面

IE 8 推出后，微软公司对其进行了较大的改进，加大了浏览网页的空间。菜单栏预设为隐藏状态，若需要使用，只要按下 Alt 键，就可以将其显示出来。如果发现网页上的文字太小，通过状态栏可及时调整网页的显示比例。当开启的网页太多而又想快速找到某个网页时，则可通过“快速导航”选项卡来浏览、管理网页，从而使用户比以往更轻松地进行操作。

6.3.1 选项卡的使用

以前的 IE 每打开一个新的页面就会弹出一个新的窗口，操作系统下方的任务栏就会被众多的新窗口填满。在 IE 8 中强化了“选项卡”这一功能，大大提高了浏览效率，并增加了一些新特性。

（1）打开 IE 8。单击工具栏上的 IE 图标，例如打开网易的默认主页，如图 6-33 所示。

（2）在网页中选择一处超链接，并右键单击鼠标，在弹出的快捷菜单中选择“在新选项卡中打开”选项，如图 6-34 所示。

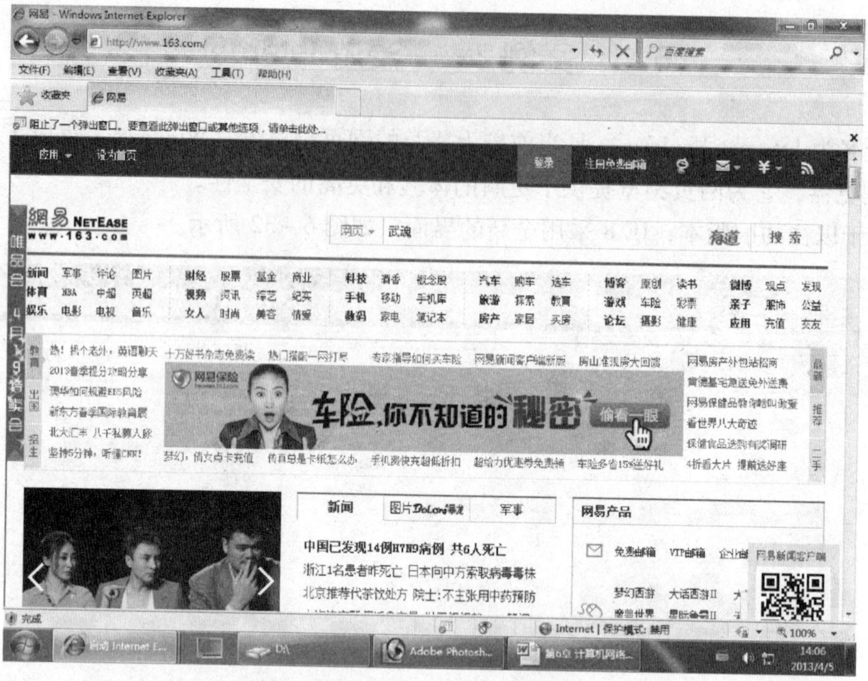

图 6－33　打开网易的默认主页

图 6－34　弹出的快捷菜单

（3）打开新的页面后，可以看见新页面的选项卡在原页面选项卡的右边。此时单击选项卡右侧的关闭按钮，如图 6－35 所示，可关闭当前页面。

（4）从某选项卡网页中开启另一个页面选项卡后，会发现选项卡的颜色改变了，这是 IE 8 推出的新功能：选项卡分组。用颜色区分选项卡分组，就能快速分辨哪些网页是相关联的。

图 6－35　关闭当前页面

6.3.2　将常用的网站设置为主页

开启浏览器后所看到的第一个页面，即为主页。不论打开了何种页面，浏览了哪个国家的网站，只要单击选项卡旁边的，就会马上返回到主页。基于这个特性，可将经常浏览的网站设为主页，例如可把方便搜索资料的百度（www. baidu. com）设为主页，操作步骤如下。

（1）打开浏览器，进入百度网站（http:// www. baidu. com），单击旁边的下拉小箭头，执行“添加或更改主页”命令，在弹出的对话框中选中“将此网页用作唯一主页”单选按钮即可，如图 6－36 所示。

（2）在下次启动 IE 时，会自动加载百度网站的页面。

（3）若在图中选择“将此网页添加到主页选项卡”单选按钮，且之前存在一个已经设为主页的网页，则当前的页面将作为第二主页，在单击主页按钮后，会在浏览器中同时开启两个主页，如图 6－37 所示。

（4）若在图 6－36 中选择“将此网页添加到主页选项卡”单选按钮，且同时开启两个以上的页面选项卡时会弹出选择窗口。

（5）选中“使用当前选项卡集作为主页”单选按钮，则会将当前开启的所有页面都设为主页。

6.3.3　将喜爱的网站添加到收藏夹

将喜爱的网站添加到收藏夹的操作步骤如下。

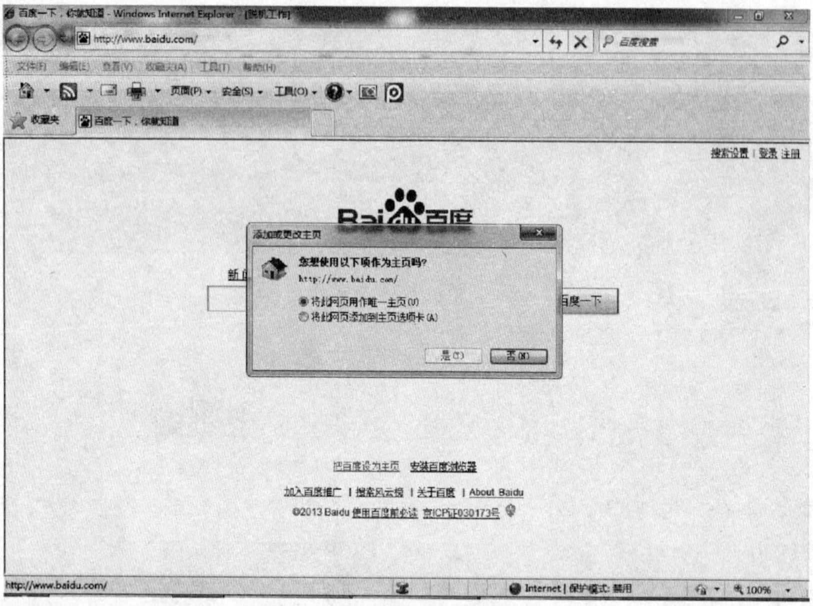

图 6－36　添加或更改主页

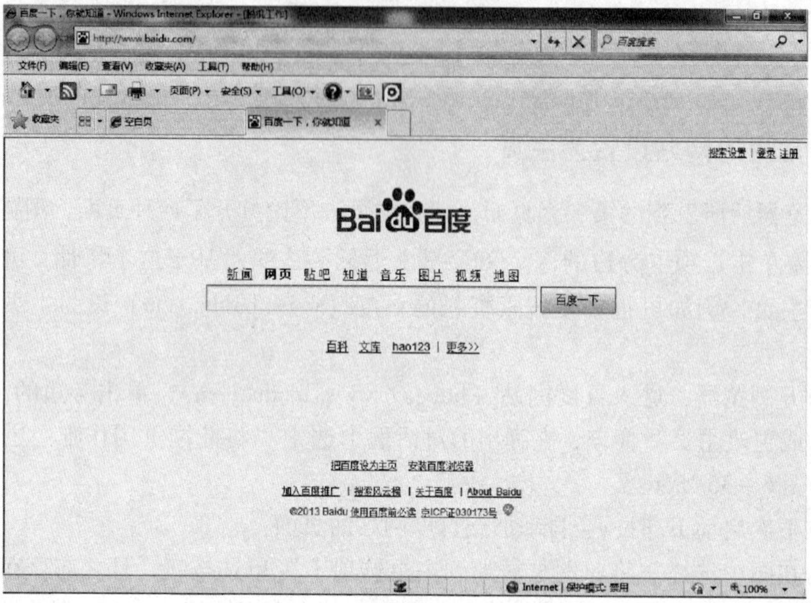

图 6－37　选项卡中同时开启两个主页

（1）单击“收藏夹”按钮，再单击“添加到收藏夹”按钮，弹出“添加收藏”对话框，可以修改网站名称，然后单击“添加”按钮即可，如图 6－38 所示。

（2）将网站添加到“收藏夹”后若要删除此网站，只需要在网站名称上单击右键，在弹出的快捷菜单中执行“删除”命令即可。

（3）在收藏夹中添加网站时，可将不同性质的网站分类放置。若要将网站加入自定义的文件夹，可在开启的“添加收藏”对话框中操作。

（4）在“添加收藏”对话框中，单击“新建文件夹”按钮。

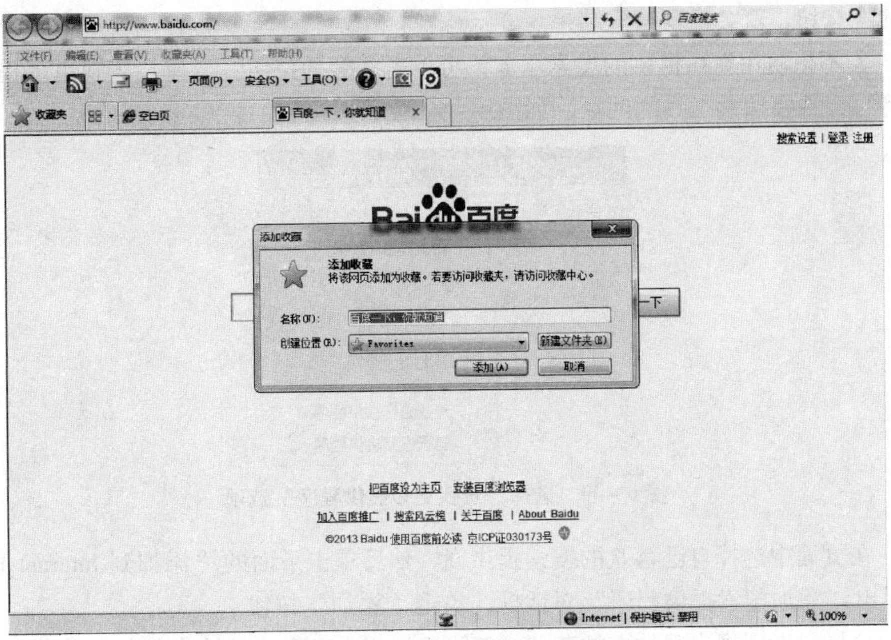

图 6－38 “添加收藏”对话框

（5）输入文件夹的名称，单击“创建”按钮。

（6）在下拉菜单中选择刚才自定义的文件夹，单击“添加”按钮即可。

6.3.4 利用搜索引擎找到感兴趣的内容

利用 IE 右上角的搜索工具条可以方便用户进行快速搜索，操作步骤如下。

（1）打开 IE 8 浏览器，如图 6－39 所示，在搜索工具条中输入想要搜索的关键词，单

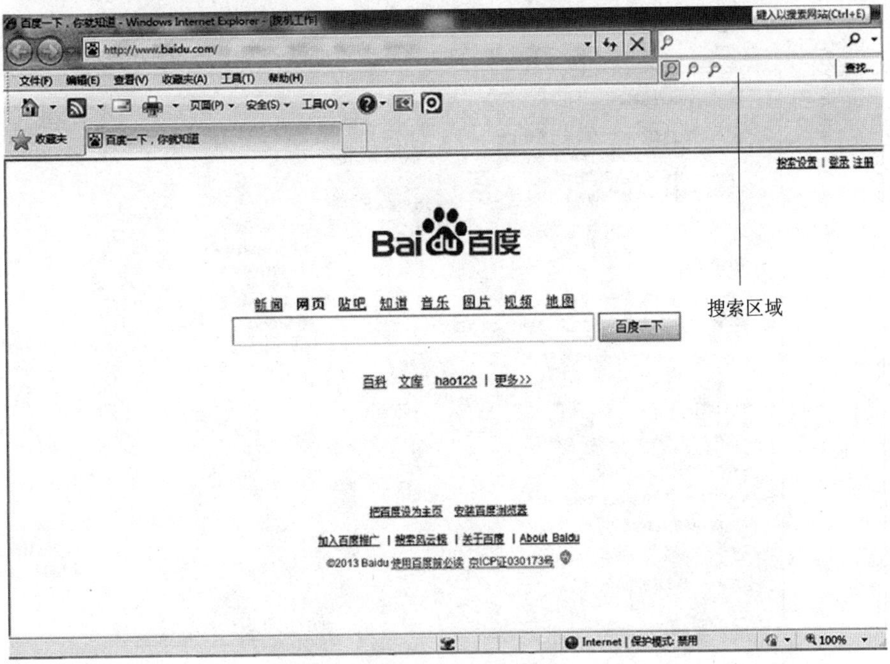

图 6－39 百度主页

击右边的按钮，就会出现搜索结果。

（2）若不想使用默认提供的搜索服务，可单击旁的按钮，选择“查找更多提供程序”选项，将打开选择搜索工具的网页，如图6－40所示。

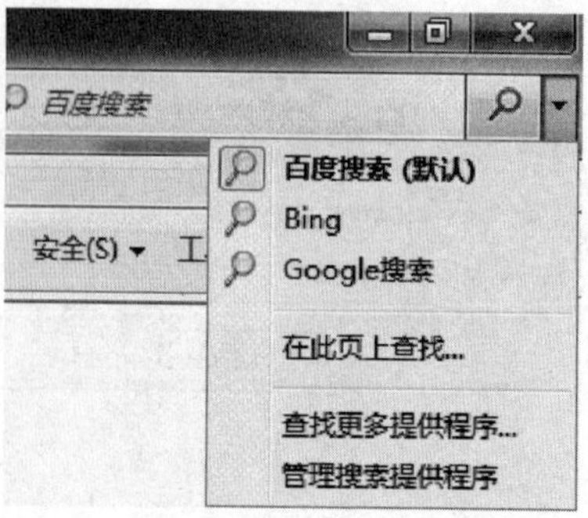

图6－40　选择“查找更多提供程序”选项

（3）在页面中选择自己喜欢的搜索提供商，然后单击下面的“添加到Internet Explorer”按钮，弹出“添加搜索提供程序”对话框，单击“添加”按钮。

（4）这样，在图中出现的下拉菜单中就可以选择自己喜欢的搜索服务提供商了。

6.3.5　利用“加速器”快速查找所需信息

IE 8浏览器提供了全新的“加速器”功能，可不用打开网页就可查找到地址、单词翻译等，例如利用“加速器”翻译网站中的英文单词的操作步骤如下。

（1）选取想要翻译的英文单词（如WIN），单击“所有加速器”按钮，如图6－41所示。

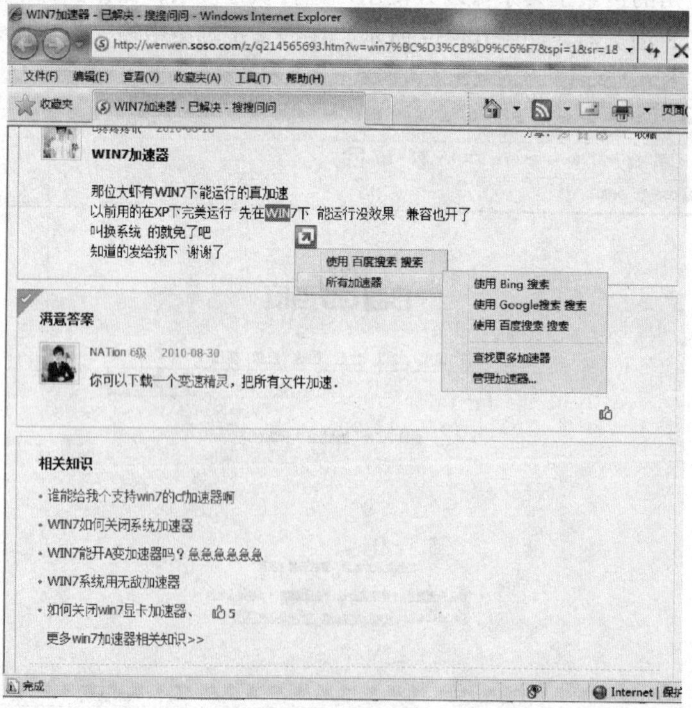

图6－41　加速器

（2）在下拉列表中选择“使用 Bing 搜索”选项，即可在菜单旁边出现翻译结果的悬浮框，如图 6-42 所示。

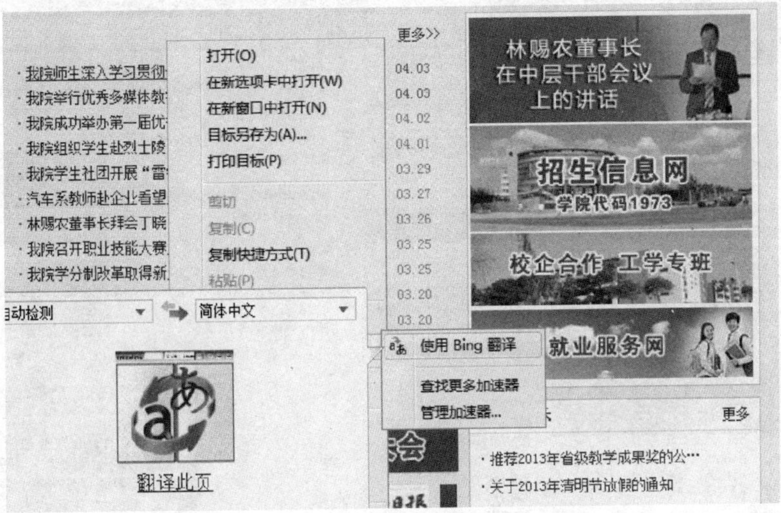

图 6-42 “使用 Bing 翻译”选项

（3）“加速器”功能不仅可用来翻译，只要单击“页面”按钮，执行如图 6-43 所示的“查找更多加速器”命令，即可链接到加速器的下载网页，里面有各种各样的加速器，例如通过 Hotmail 传送电子邮件、Soapbox 肥皂盒影音搜索等，都可以自行选择安装。

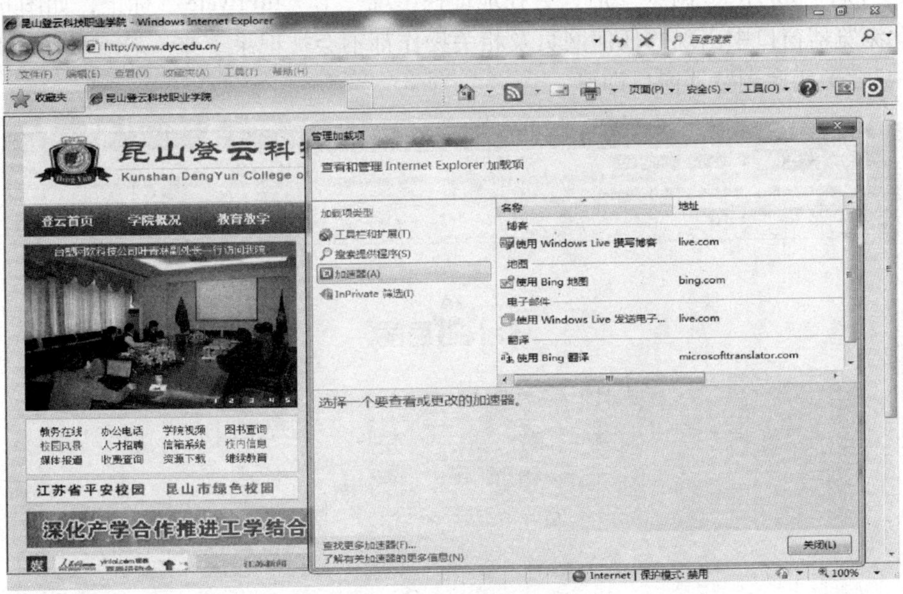

图 6-43 管理加速器

6.3.6 不保留浏览记录

浏览网页时，凡是开启过的网站，登录时使用的账号及密码等信息可能会被浏览器保留下来。IE 8 提供了“InPrivate 浏览”这一功能。它可避免浏览历史、临时文件、填过的表格数据、账号和密码等信息被浏览器保留。

（1）打开 IE 8，单击“安全”按钮，执行“InPrivate 浏览”命令，如图 6－44 所示。

图 6－44　执行“InPrivate 浏览”命令

（2）开启“InPrivate 浏览”后，会在地址栏出现一个“InPrivate”标记，如图 6－45 所示。在此浏览器窗口中出现的任何网页及相关操作都不会被记录下来。若要关闭“InPrivate 浏览”，只要关闭此浏览器窗口即可。

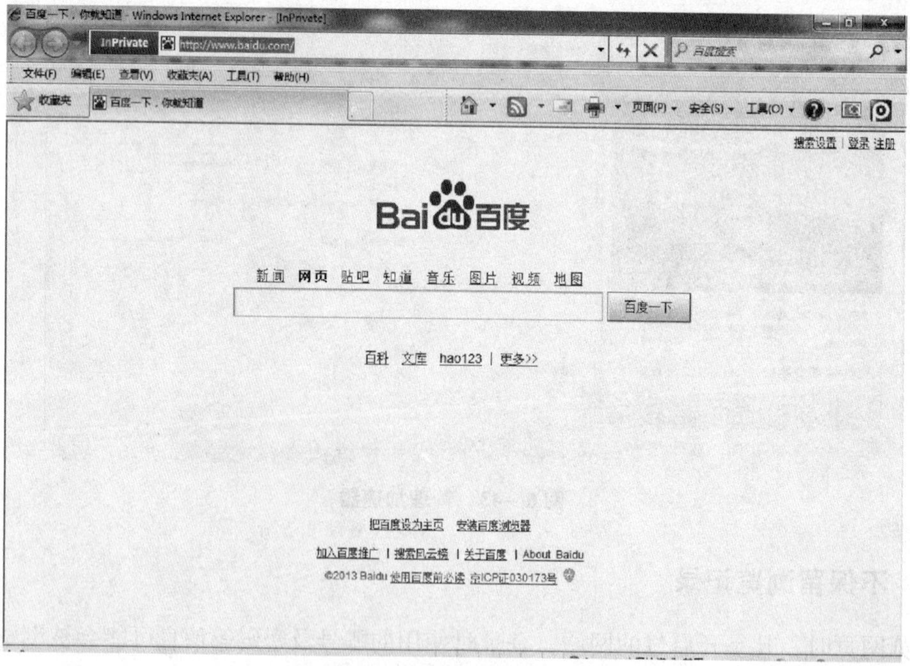

图 6－45　InPrivate 浏览

6.3.7 设置IE浏览器

1. 兼容性视图设置

为了解决IE 8和旧版本网页之间因兼容性问题可能出现的使用错误，IE 8提供了“兼容性视图”功能。使用步骤如下。

（1）打开某些网页，在网页地址栏右边可看见按钮，如图6－46所示。

图6－46 兼容性视图设置

（2）如果不希望每次都手动设置视图，可以将不兼容的网页加入浏览器的兼容性视图清单。执行“工具”→“兼容性视图设置”命令，在弹出的对话框中输入网址，然后单击“添加”按钮，单击“关闭”按钮，即可成功添加网址，如图6－47所示。

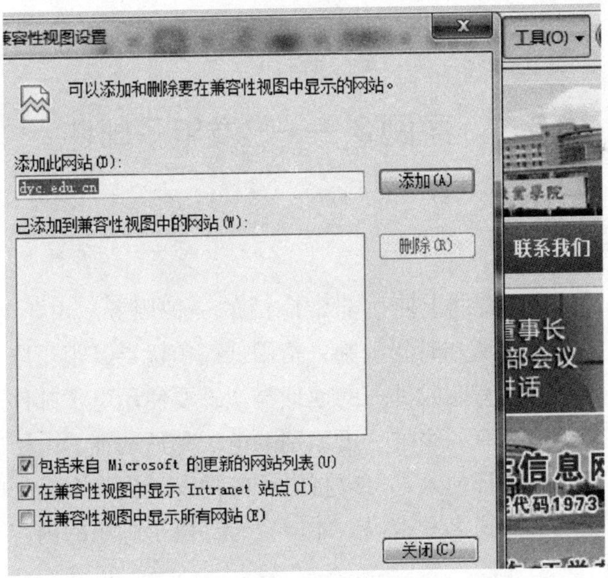

图6－47 添加浏览器的兼容性视图清单

2. 设置网络安全等级

网页上的一些控件或程序代码可能会对计算机有危害，如果想要避免，可以考虑提高网络安全性等级，不过安全性等级太高反而会造成部分无辜的网页无法显示，所以大多数情况下，可以选择浏览器默认的安全等级，而在浏览陌生网站时再适当提高安全性等级。操作步骤如下。

（1）打开 IE 8 浏览器，执行“工具”→“Internet 选项”命令。

（2）切换至“安全”选项卡，如图 6-48 所示。设置安全级别为“高”，单击“确定”按钮。

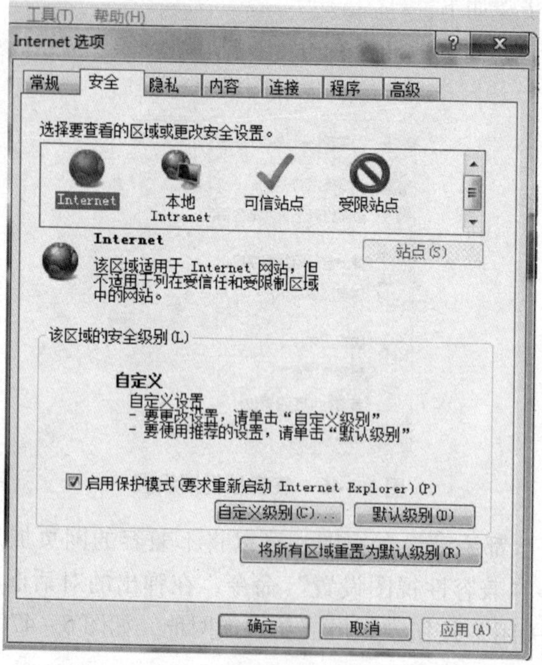

图 6-48　执行“Internet 选项”命令

6.4　案例3——收发电子邮件

6.4.1　电子邮件概述

电子邮件（E-mail）是因特网上使用非常广泛的一种服务。由于电子邮件通过网络传送，具有方便、快速、不受地域和时间限制、费用低廉等优点，很受广大用户欢迎。

与通过邮局邮寄信件必须写明收件人的地址类似，要使用电子邮件服务，首先要拥有一个电子邮箱，每个电子邮箱拥有一个唯一可识别的电子邮件地址。电子邮箱是由提供电子邮件服务的机构为用户建立的。任何人都可以将电子邮件发送到某个电子邮箱中，但是只有电子邮箱的拥有者输入正确的用户名和密码，才能查看到电子邮箱的内容。

1. 电子邮件地址

每个电子邮箱都有一个电子邮件地址，地址的格式是固定的：<用户标识>@<主机域名>。它由收件人用户标识（如姓名或缩写）、字符“@”（读作“at”）和电子邮箱所在计算机的域名 3 部分组成。地址中间不能有空格或逗号。例如“liling@ sohu. com”就是一个电子邮件地址，它表示在“sohu. com”邮件主机上有一个名为“liling”的电子邮件用户。

电子邮件首先被送到收件人的邮件服务器，存放在属于收件人的电子邮箱里。所有的邮件服务器都是24小时工作，随时可以接收或发送邮件，发信人可以随时上网发送邮件，收件人也可以随时连接因特网，打开自己的信箱阅读邮件。由此可知，在因特网上收发电子邮件不受地域或时间的限制，双方的计算机并不需要同时打开。

2. 电子邮件的格式

电子邮件都有两个基本部分，即信头和信体。信头相当于信封，信体相当于信件内容。

1）信头

信头中通常包括收件人、抄送和主题三项。

收件人：收件人的电子邮件地址。多个收件人地址之间用分号（;）隔开。

抄送：表示同时可以接收到此信的其他人的电子邮件地址，假如抄送的有多个收件人，他们的电子邮件地址之间也用分号隔开。

主题：类似一本书的章节标题，它概括描述新建邮件的主题，可以是一句话或一个词。

2）信体

信体就是希望收件人看到的邮件正文，有时还可以包含附件，比如照片、音频、文档等文件都可以作为邮件的附件进行发送。

3. 申请免费邮箱

为了使用电子邮件进行通信，每个用户必须有自己的邮箱。一般大型网站，如新浪（www. sina. com. cn）、搜狐（www. sohu. com）、网易（www. 163. com）等都提供免费邮箱。这里举例简单介绍在网易上注册免费邮箱。当进入网易主页后，选择“邮件”选项，如图6－49所示，就可以进入“网易邮箱”页面，如果还没有账号，则单击“注册免费邮箱”按钮进入注册免费邮箱的页面，然后，按要求逐一填写各项必要的信息，如用户名、口令等进行注册。注册成功后，就可以登录此邮箱收发电子邮件了。

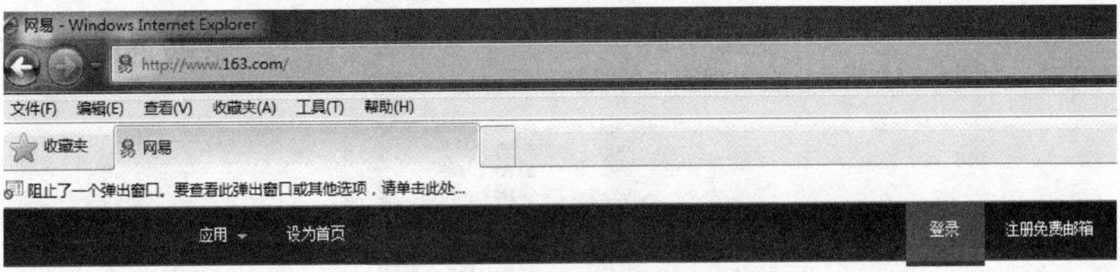

图6－49　申请免费电子邮箱例图

6.4.2　电子邮件的使用和设置

1. Windows Mail 的安装

在 Windows 98 到 Windows XP 的时代，默认的电子邮件程序是 Outlook Express；在 Windows Vista 中，有一款非常好用的电子邮件软件，叫作 Windows Mail。可是到了 Windows 7 中，该软件已经不存在了（微软怕被再次称为垄断，同时也为了避免类似应用程序的混淆）。默认不安装电子邮件客户端软件，但可以从 Windows Live 中安装 Windows Mail，若要安装 Windows Mail，则必须运行 Windows Live 的安装程序，操作步骤如下。

（1）首先联网到 http://download. live. com/，选择 Mail，再选择语言，最后单击“Download now”按钮，如图6－50所示。

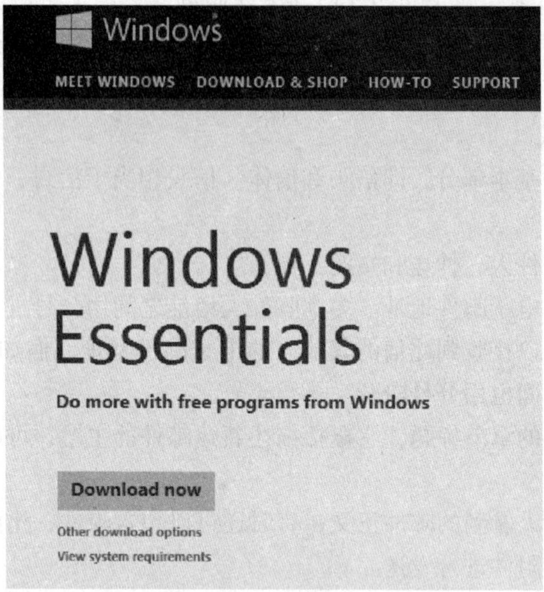

图6－50　下载 Windows Live Mail

（2）下载完成后，单击“运行”按钮后出现 Windows Live 的安装界面，接着出现安装程序的菜单。勾选“Mail”复选框，其他的程序可依据需要勾选，然后单击“安装”按钮，则会下载并安装 Windows Mail，如果开启了浏览器，则根据提示可以关闭。单击“继续”按钮，安装程序就会自动帮助用户关闭开启中的程序，然后继续进行安装步骤，直到安装结束。

2. Windows Mail 的设置

（1）执行“开始”→“程序”，启动 Windows Live Mail 程序，第一次使用 Windows Live Mail 时，如图6－51所示，会出现账户的设置界面。

图6－51　启动 Windows Live Mail

（2）如图6－52所示，在其中填入“电子邮件地址”“密码”和“发件人显示名称”，并勾选下方的“手动配置服务器设置”复选框，并单击“下一步”按钮继续。

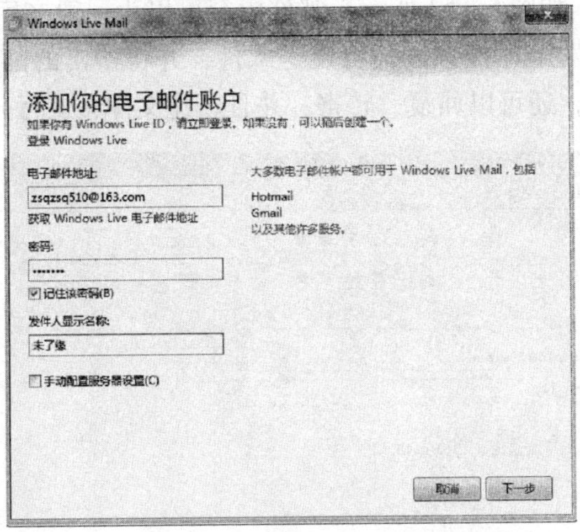

图 6－52　电子邮件账户的服务器设置

（3）在邮件接收服务器可使用默认的“POP3”，并依序输入“待收服务器”“登录ID”以及“待发服务器”，输入完毕后单击“下一步”按钮继续，则完成了电子邮件账户的设置。

3. Windows Mail 的操作

邮件客户端的基本操作不外乎收邮件和发邮件，Windows Mail 打开时，就会自动下载信件，并且自动开启了垃圾邮件筛选器。接着会将疑似垃圾邮件的信件放入“垃圾邮件”的文件夹，如图6－53所示。

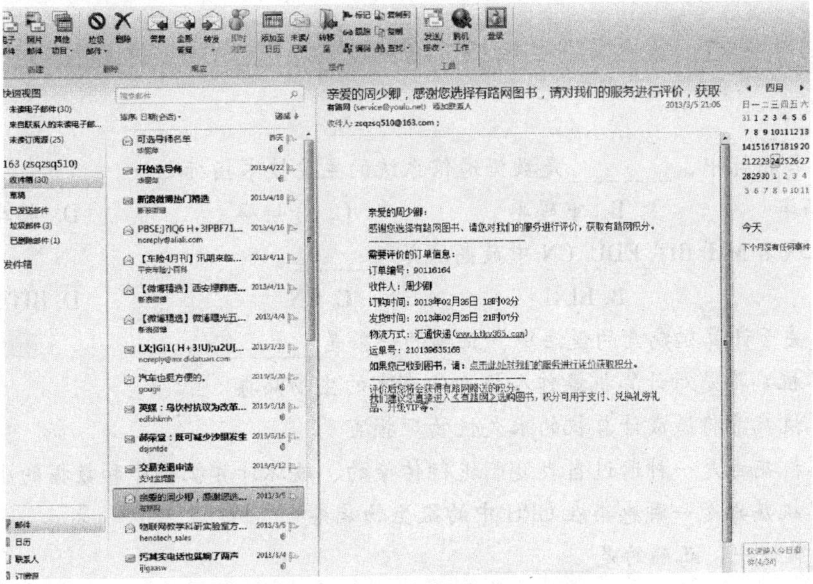

图 6－53　Windows Mail Live 邮件下载

接着单击“下一步”按钮，就可以看到 Windows Mail 的基本界面了，Windows Mail 的基本设置类似于 Outlook Express，但其功能已经类似于 Microsoft Office 中的 Outlook，现在单击“新建”按钮，就可以发送一封新邮件，在邮件内容中填上“收件人（E-mail 地址）”“主题”以及邮件内容，如图 6－54 所示。邮件内容可以为一般文字、图片等，并可附加各种文件，写完后单击“发送”按钮，即可发送邮件，并将寄出的邮件保留一份至“寄件备份”中。对于一般邮件，还可以回复、转寄，并且新建文件夹进行分类存放。

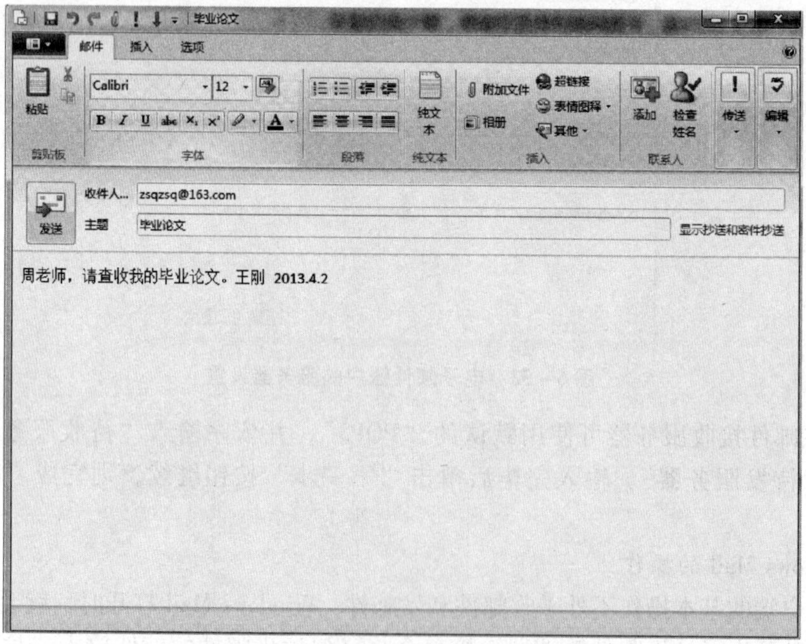

图 6－54　Windows Mail Live 邮件发送

习　题　6

选择题

1. 下列各指标中，________是数据通信系统的主要技术指标之一。

A. 误码率　　B. 重码率　　C. 分辨率　　D. 频率

2. 主机域名 MH. BIT. EDU. CN 中最高域是________。

A. MH　　B. EDU　　C. CN　　D. BIT

3. 下列关于计算机病毒的说法中，正确的一条是________。

A. 计算机病毒是对计算机操作人员身体有害的生物病毒

B. 计算机病毒将造成计算机的永久性物理损害

C. 计算机病毒是一种通过自我复制进行传染的、破坏计算机程序和数据的小程序

D. 计算机病毒是一种感染在 CPU 中的微生物病毒

4. 下列叙述中，正确的是________。

A. 所有计算机病毒只在可执行文件中传染

B. 计算机病毒通过读写软盘或 Internet 网络进行传播

C. 只要把带毒软盘片设置成只读状态，那么此盘片上的病毒就不会因读盘而传染给另

一台计算机

D. 计算机病毒是由于软盘片表面不清洁而造成的

5. 用户在ISP注册拨号入网后，其电子邮箱建在________。

A. 用户的计算机上　　B. 发信人的计算机上

C. ISP的主机上　　D. 收信人的计算机上

6. 域名MH. BIT. EDU. CN中主机名是________。

A. MH　　B. EDU　　C. CN　　D. BIT

7. 能保存网页地址的文件夹是________。

A. 收件箱　　B. 公文包　　C. 我的文档　　D. 收藏夹

8. Internet中，主机的域名和主机的IP地址两者之间的关系是________。

A. 完全相同，毫无区别　　B. 一一对应

C. 一个IP地址对应多个域名　　D. 一个域名对应多个IP地址

9. 在因特网上，一台计算机可以作为另一台主机的远程终端，从而使用该主机的资源，该项服务称为________。

A. Telnet　　B. BBS　　C. FTP　　D. Gopher

10. 下列叙述中，________是正确的。

A. 反病毒软件总是超前于病毒的出现，它可以查、杀任何种类的病毒

B. 任何一种反病毒软件总是滞后于计算机新病毒的出现

C. 感染过计算机病毒的计算机具有对该病毒的免疫性

D. 计算机病毒会危害计算机用户的健康

11. 下列的英文缩写和中文名字的对照中，错误的是________。

A. WAN——广域网　　B. ISP——因特网服务提供商

C. USB——不间断电源　　D. RAM——随机存取存储器

12. Internet提供的最常用、便捷的通信服务是________。

A. 文件传输（FTP）　　B. 远程登录（Telnet）

C. 电子邮件（E-mail）　　D. 万维网（WWW）

第 2 部分　Office 高级应用

第 7 章　Word 2010 高级应用

第 3 章已经对 Word 2010 的基本知识进行了详细的讲解，本章针对全国计算机等级考试二级《MS Office 高级应用》，通过两个案例对 Word 2010 的高级应用进行分析讲解。通过本章的学习应掌握：

（1）页面布局的设置。

（2）根据页面布局的需要，进行文字、段落的设置。

（3）图片的综合应用。

（4）引用 Excel 表格中的内容。

（5）邮件合并。

7.1　案例 1——宣传海报的制作

任务提出

某高校为了使学生更好地了解和使用网络，营造健康的网络使用环境，该校学工处将于 2014 年 3 月 21 日（星期五）18:30—20:30 在校园多功能报告厅举办主题为“预防网络诈骗，营造绿色健康网络”的知识讲座，特别邀请某计算机协会主席王先生担任演讲嘉宾。学生会宣传部部长接到任务，要求针对这一活动制作一份宣传海报。

相关知识点

（1）页面布局的设置。

（2）文字、段落格式的设置。

（3）图片的引用。

（4）引用 Excel 表格中的内容等内容。

7.1.1　页面布局的设置

1. 页面布局的设置

启动 Word 后，打开一个新的空文档，在文档中输入海报的相关文字内容，如图 7－1

所示。

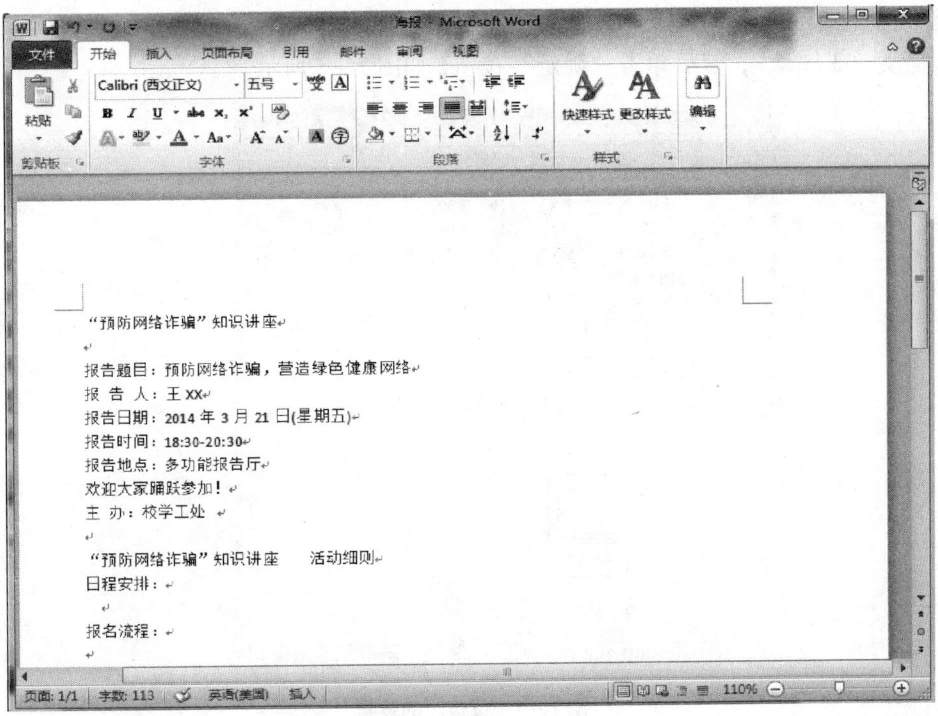

图 7－1　海报文字内容

根据版面的需要进行页面布局，操作步骤如下：

（1）单击“页面布局”选项卡下“页面设置”组中的“页面设置”按钮。打开“页面设置”对话框，在“纸张”选项卡下设置高度和宽度。此处我们分别在“高度”和“宽度”微调框中设置为“35 厘米”和“27 厘米”。设置好后单击“确定”按钮即可，如图 7－2所示。

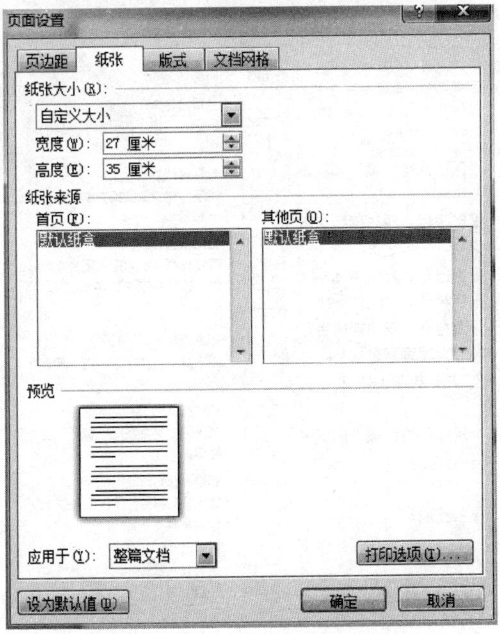

图 7－2　纸张大小的设置

（2）按照上面同样的方式打开“页面设置”对话框中的“页边距”选项卡，在“页边距”选项卡中的“上”和“下”微调框中都设置为“5 厘米”，在“左”和“右”微调框中都设置为“3 厘米”，然后单击“确定”按钮，如图 7－3 所示。

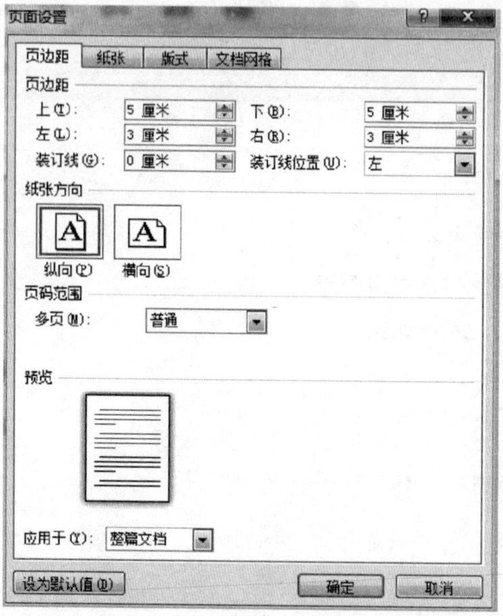

图 7－3　页边距的设置

2. 插入分隔符

在海报的适当位置插入分隔符，操作步骤如下：将鼠标置于“主 办：校学工处”位置后面，单击“页面布局”选项卡下“页面设置”组中的“分隔符”按钮，选择“分节符”中的“下一页”命令即可另起一页，如图 7－4 所示。

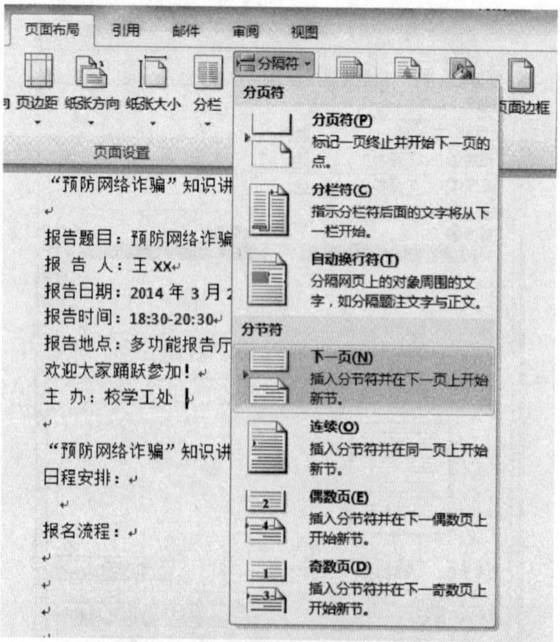

图 7－4　插入“下一页”分节符

3. 对第二页进行页面设置，操作步骤如下：

（1）选择第二页，单击“页面布局”选项卡“页面设置”组中的“页面设置”按钮，弹出“页面设置”对话框，切换至“纸张”选项卡，选择“纸张大小”选项中的“A4”，如图 7－5 所示。

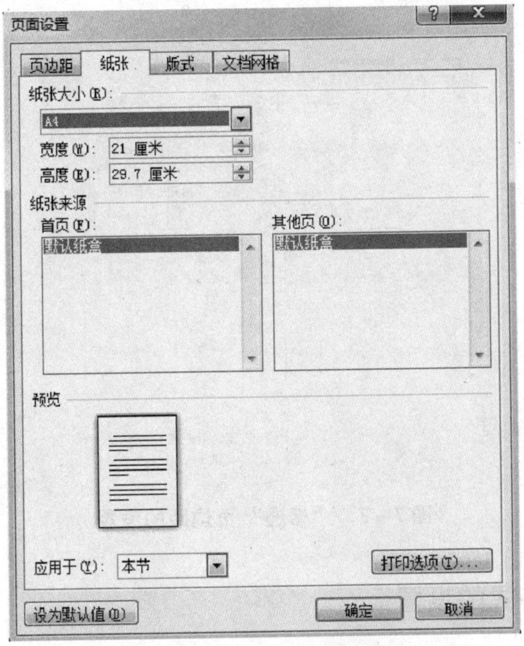

图 7－5　纸张大小的设置

（2）切换至“页边距”选项卡，选择“纸张方向”选项下的“横向”，如图 7－6 所示。

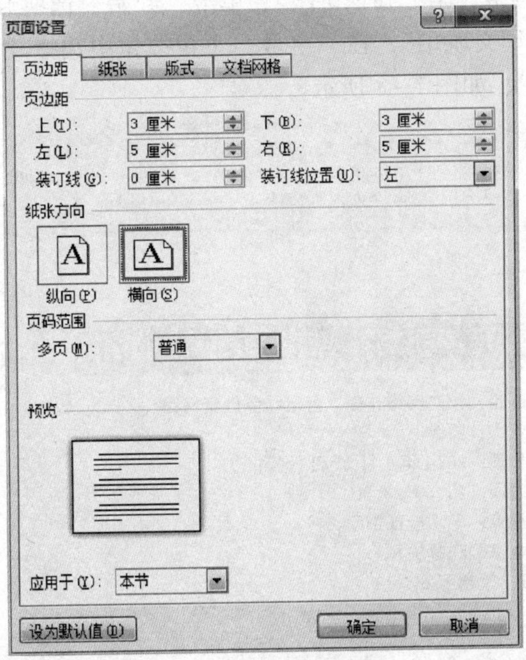

图 7－6　纸张方向的设置

（3）单击“页面布局”选项卡中的“页边距”按钮，在弹出的下拉列表中选择“普通”，如图7－7所示。

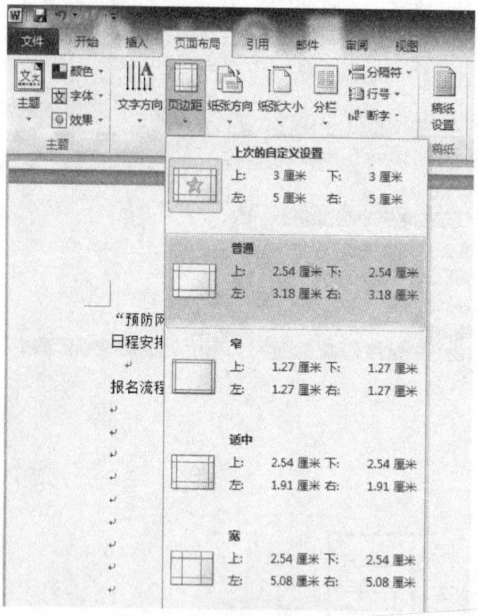

图7－7　“普通”页边距的设置

7.1.2　文字、段落格式的设置

1. 文字格式的设置

根据页面布局的需要，对文字格式进行设置，操作步骤如下：

选中标题“‘预防网络诈骗’知识讲座”，单击“开始”选项卡下“字体”组中的“字体”下拉按钮，选择“华文琥珀”，在“字号”下拉按钮中选择“初号”，在“字体颜色”下拉按钮中选择“红色”，如图7－8所示。

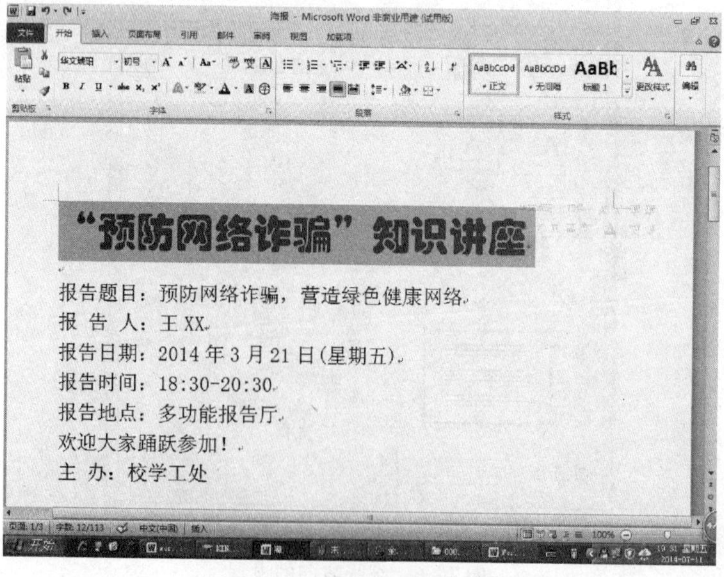

图7－8　标题文字格式的设置

按照同样的方式设置正文部分的字体，这里我们把正文部分设置为“宋体”“二号”，字体颜色为“深蓝”。“欢迎大家踊跃参加!”设置为“华文行楷”“初号”“深蓝”，如图 7－9 所示。

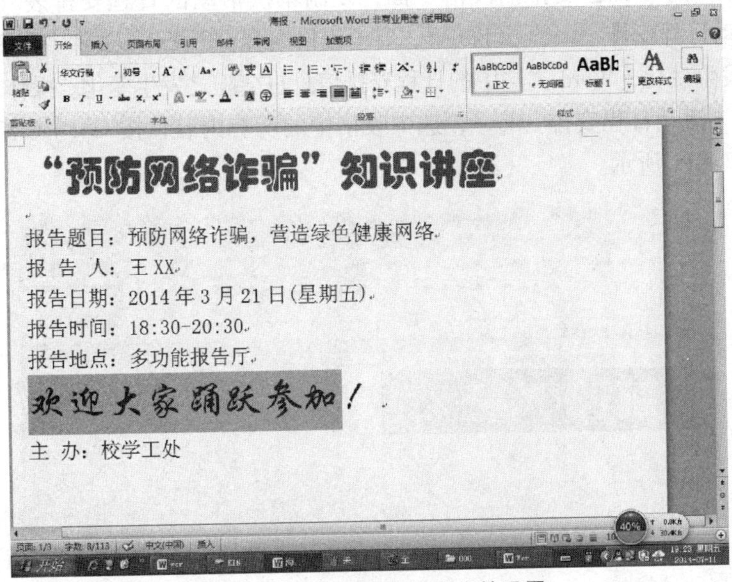

图 7－9　正文部分字体格式的设置

2. 段落格式的设置

根据页面布局的需要，对段落格式进行设置，操作步骤如下：

（1）选中“报告题目”“报告人”“报告日期”“报告时间”“报告地点”所在的段落信息，单击“开始”选项卡下“段落”组中的“段落”按钮，弹出“段落”对话框。在“缩进和间距”选项卡下的“间距”组中，单击“行距”下拉列表选择合适的行距，此处我们选择“单倍行距”，在“段前”和“段后”微调框中都设置为“0 行”。

（2）在“缩进”组中，选择“特殊格式”下拉列表框中的“首行缩进”，并在右侧对应的“磅值”下拉列表框中设置为“3.5 字符”，如图 7－10 所示。

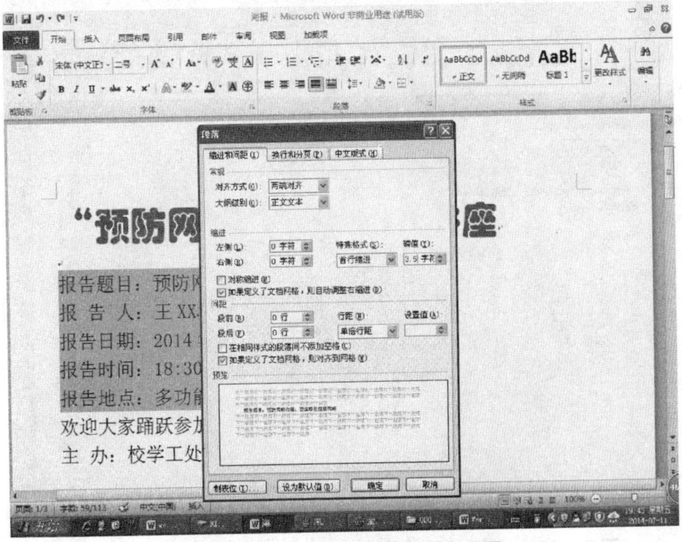

图 7－10　正文段落格式的设置

7.1.3 引用 Excel 表格中的内容

要求在第二页的“日程安排”段落下面，复制本次活动的日程安排表（安排表保存在Excel文件“活动日程安排.xlsx”文件中），要求表格内容引用Excel文件中的内容，如若Excel文件中的内容发生变化，Word文档中的日程安排信息也会随之发生变化。操作步骤如下：

（1）打开“活动日程安排.xlsx”，选中表格中的所有内容，按Ctrl+C组合键，复制所选内容，如图7-11所示。

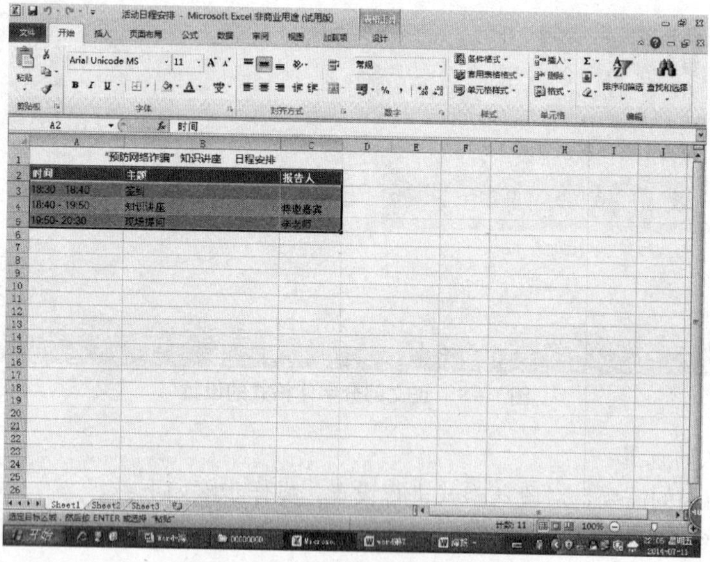

图7-11 复制Excel表格中的内容

（2）切换到Word文件中，光标定到“日程安排”段落下面，单击“开始”选项卡下“剪贴板”组中的“选择性粘贴”按钮，如图7-12所示，弹出“选择性粘贴”对话框。选择“粘贴链接”，在“形式”下拉列表框中选择“Microsoft Excel 工作表 对象”，如图7-13所示。

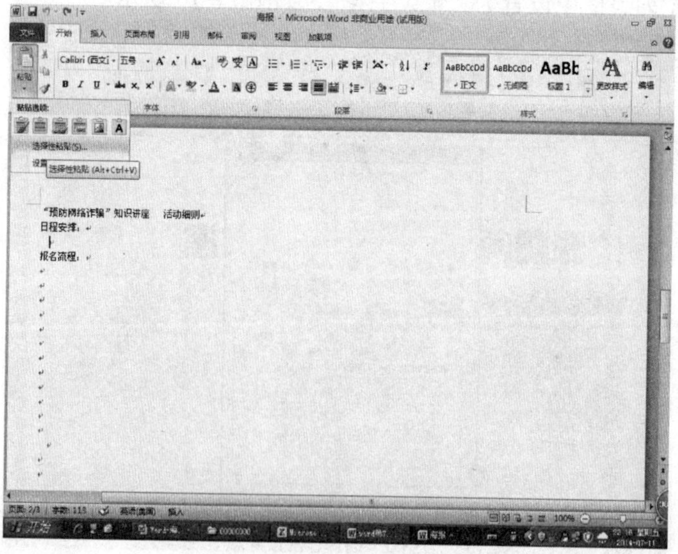

图7-12 在“剪贴板”组中选择“选择性粘贴”按钮

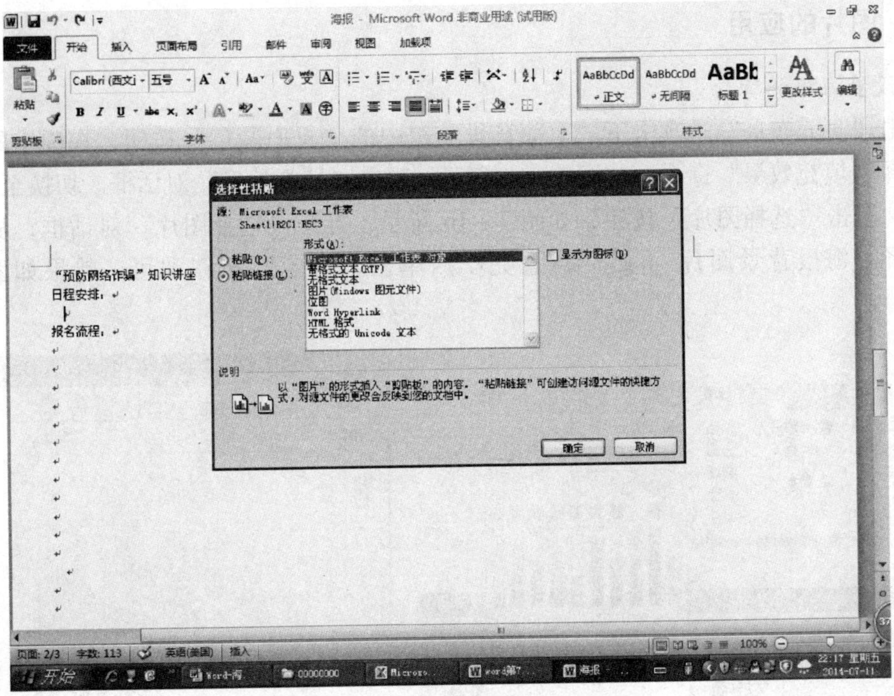

图 7-13 “选择性粘贴”对话框

（3）单击“确定”按钮后，实际效果如图 7-14 所示。若更改“活动日程安排 .xlsx”文字单元格的背景色，即可在 Word 中同步更新。

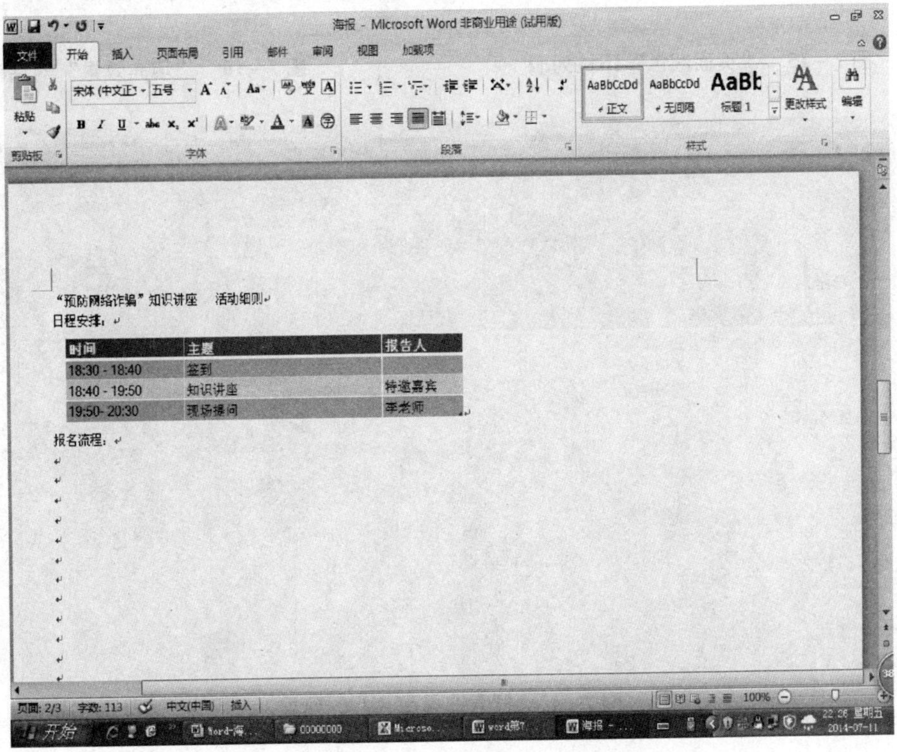

图 7-14 粘贴后的效果

7.1.4 图片的应用

1. 设置海报的背景

单击“页面布局”选项卡下“页面背景”组中的“页面颜色”按钮，在弹出的下拉列表中选择“填充效果”命令，如图7-15所示，弹出“填充效果”对话框。切换至“图片”选项卡，单击“选择图片”按钮，如图7-16所示，打开“选择图片”对话框，从目标文件中选择“海报背景图片.jpg”。设置完毕后单击“确定”按钮即可，效果如图7-17所示。

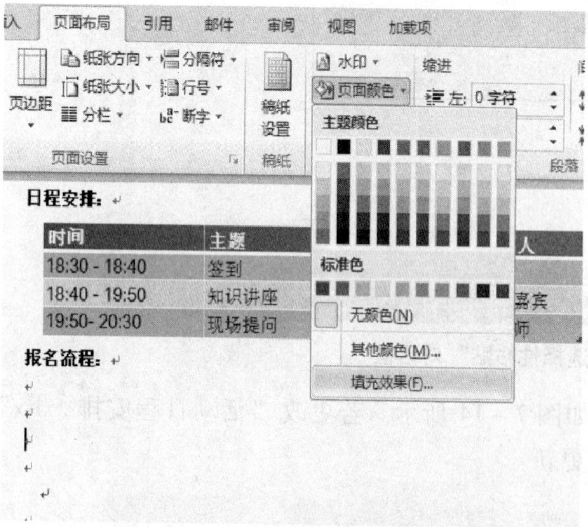

图7-15 “页面颜色”下拉列表

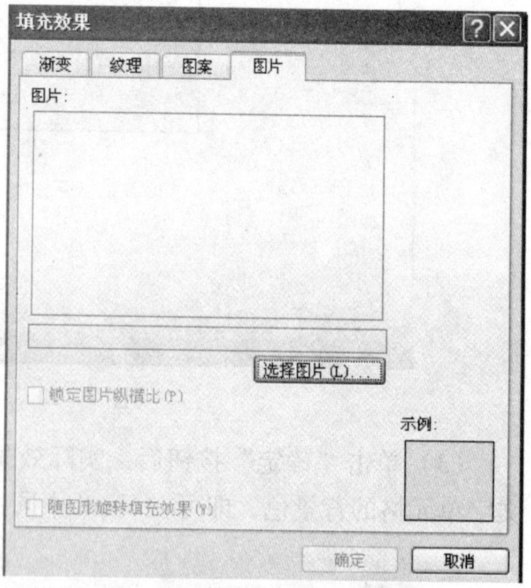

图7-16 “填充效果”对话框

图7-17 插入背景图片后的效果

2. 绘制流程图

在“报名流程”段落下面，利用SmartArt，制作本次活动的报名流程（院学生会报名、领取资料、确认座位）。操作步骤如下：

（1）单击“插入”选项卡下“插图”组中的“SmartArt”按钮，弹出“选择 SmartArt 图形”对话框，选择“流程”中的“基本流程”，如图7－18所示。

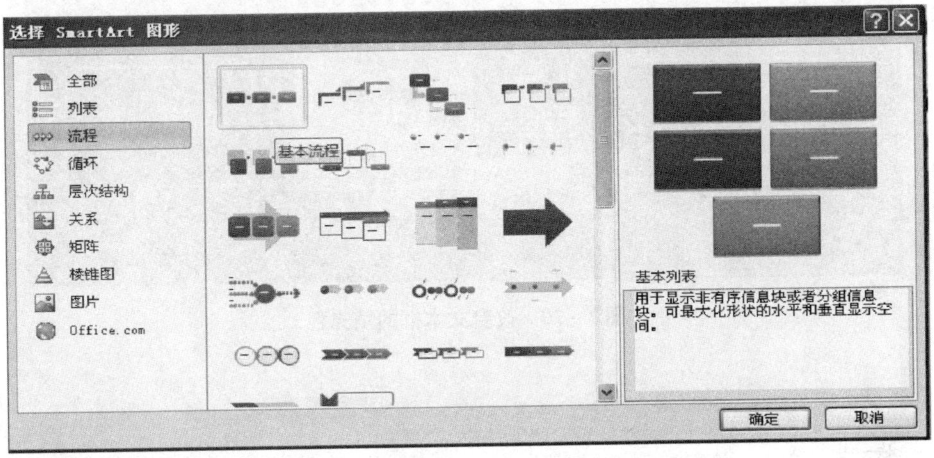

图7－18 “选择 SmartArt 图形”对话框

（2）单击“确定”按钮。

（3）在文本框中输入相应的流程名称，如图7－19所示。

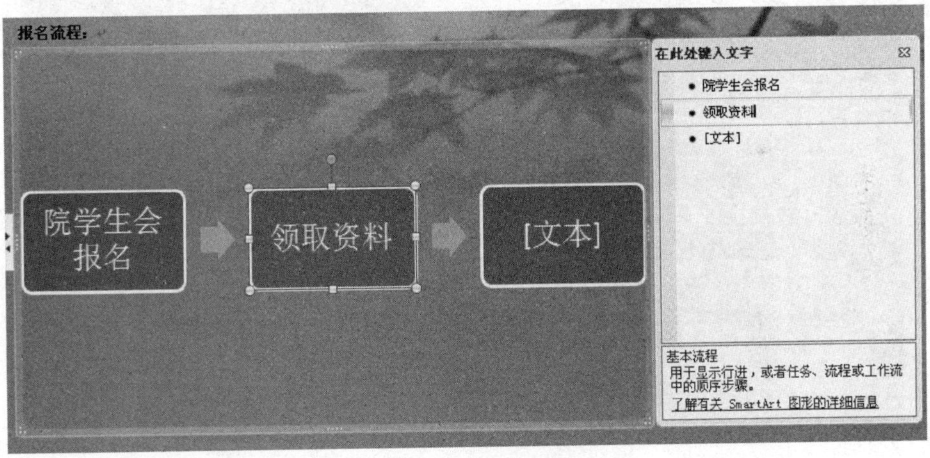

图7－19 输入相应流程名称

（4）在“院学生会报名”所处的文本框上右击鼠标，在弹出的工具栏中单击“形状填充”下拉按钮，选择“标准色”中的“红色”，如图7－20所示。按照同样的方法依次设置后两个文本框的填充颜色为“紫色”“浅蓝”。

【说明】

（1）流程图中的文本框，既可以改变形状和大小，也可以只改变大小。大小的改变和普通文本框一样，形状的改变如图7－21所示。

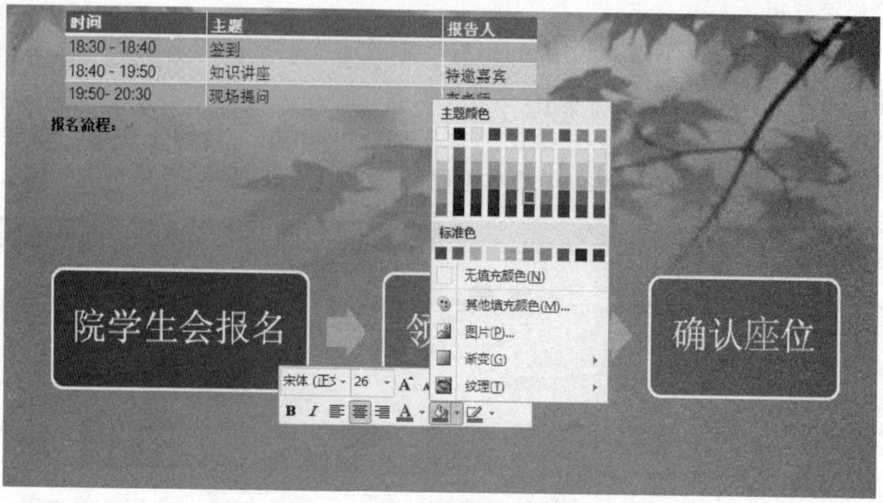

图 7－20　改变文本框的填充色

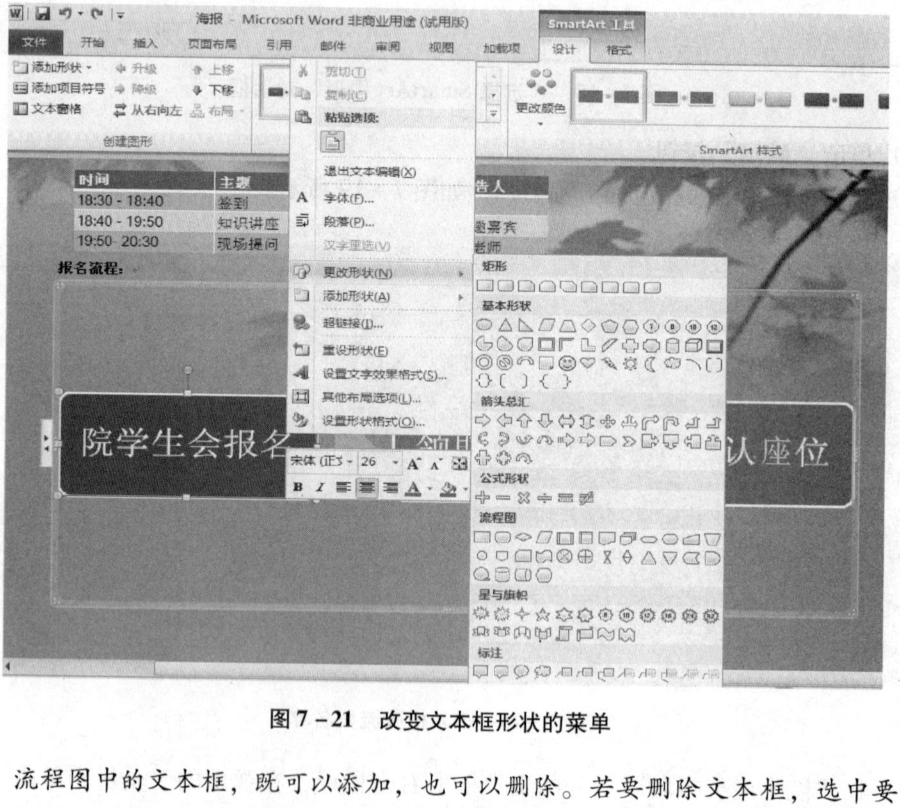

图 7－21　改变文本框形状的菜单

（2）流程图中的文本框，既可以添加，也可以删除。若要删除文本框，选中要删除的文本框，按“Delete”删除键即可；若要添加文本框，选中添加位置前（或后）的一个文本框，右击鼠标，在弹出的快捷菜单中选择“添加形状”，在下一级子菜单中，选择“在后面添加形状”（或“在前面添加形状”），即可。

3. 插入图片

在海报中报告人简介后面插入报告人的照片，将该照片调整到适当位置，并不要遮挡文档中的文字内容。操作步骤如下：

（1）单击“插入”选项卡下“插图”组中的“图片”按钮，弹出“插入图片”对话框，选择所需要的图片“Pic2. jpg”，如图 7－22 所示。

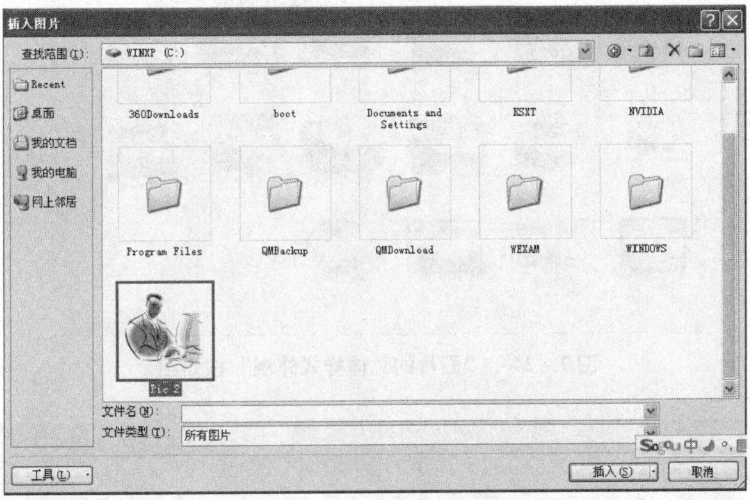

图 7－22 “插入图片”对话框

（2）选中图片，在“图片工具”的“格式”选项卡下，单击“图片样式”组中的“图片样式”右侧滚动条中的“其他”按钮，如图 7－23 所示。

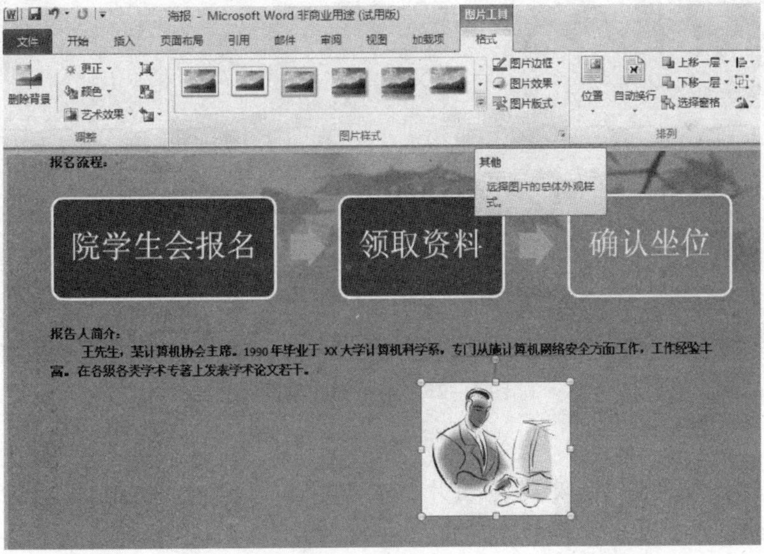

图 7－23 “图片样式”右侧滚动条中的“其他”按钮

（3）在打开的“图片的总体样式外观”中选择“棱台形椭圆，黑色”，如图 7－24 所示；并调整图片的位置，以不要遮挡文档中的文字内容为宜，调整后的效果如图 7－25 所示。

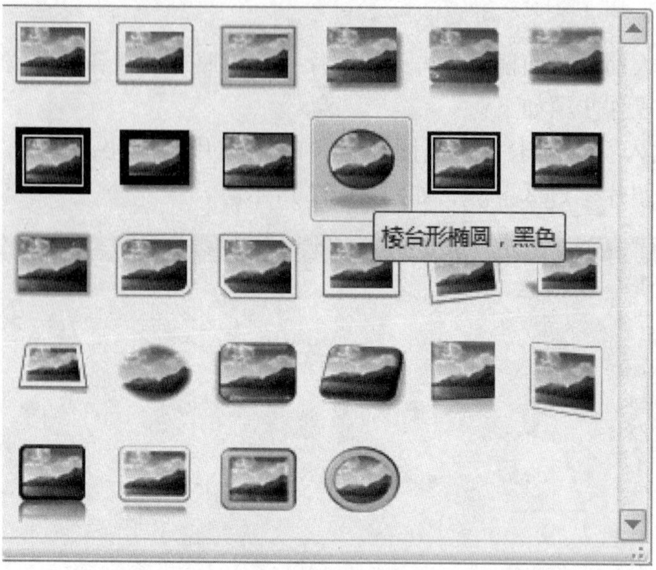

图 7－24　“图片的总体样式外观”按钮组

图 7－25　海报的效果图

【说明】

若要修改已插入的图片，则选中图片，在“图片工具”的“格式”选项卡下，单击“调整”组中的“更改图片”按钮，弹出“插入图片”对话框，选择新的要插入的图片，单击“插入”按钮，实现图片更改。

7.1.5　案例总结

本节主要介绍了 Word 文档的页面布局的设置，文字及段落格式的设置，Excel 表格内容的引用，图片的应用等。

其中页面布局、文字格式、段落格式的设置在前面第 3 章已经有详细的讲解，在全国计算机等级考试二级《MS Office 高级应用》考试中，一般情况下，要求大家根据参考样式，结合页面布局的需要，自行设置文字、段落的格式，题目不会具体给出要设置成几号字，什么颜色，段间距，行间距等等细节。

7.2　案例 2——请柬的制作

任务提出

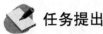

为了让全院学生充分了解学院，激发热爱学院、爱护学院声誉的强烈责任心和高度责任感，院团委决定举办一次以“知院爱院护院，争创一流学府”为主题的演讲比赛。比赛定于 2014 年 5 月 8 号下午 14:00 时在院多功能报告厅举行。比赛需邀请评委，评委人员名单保存在名为“评委名单 . docx”的 Word 文档中。院团委组织部部长接到任务，要求针对这一活动向各位评委发出一份请柬。

相关知识点

（1）页面布局的设置。

（2）文字、段落格式的设置。

（3）页脚的设置。

（4）邮件合并。

7.2.1　请柬的制作

1. 输入请柬内容

以“院团委”名义发出邀请，请柬中需要包含标题、收件人名称、演讲比赛时间、演讲比赛地点和邀请人。操作步骤如下：

（1）启动 Word 2010，新建一空白文档。

（2）根据题目要求在空白文档中输入请柬必须包含的信息，如图 7 – 26 所示。

2. 对请柬进行排版

改变字体、调整字号，且标题部分（“请柬”）与正文部分（以“尊敬的 × × ×”开头）采用不相同的字体和字号，以美观且符合中国人阅读习惯为准。操作步骤如下：

（1）选中“请柬”二字，单击“开始”选项卡下“字体”组中的“字号”下拉按钮，在弹出的下拉列表中选择适合的字号，此处我们选择“一号”。按照同样的方式在“字体”下拉列表中设置字体，此处我们选择“隶书”。

（2）选中除了“请柬”以外的正文部分，单击“开始”选项卡下“字体”组中的下拉按钮，在弹出的列表中选择适合的字体，此处我们选择“黑体”。按照同样的方式设置字号为“小四”。

（3）段落格式的设置，标题“居中”，行间距设为“两倍行距”，落款右侧对齐缩进两个字符等。效果如图 7 – 27 所示。

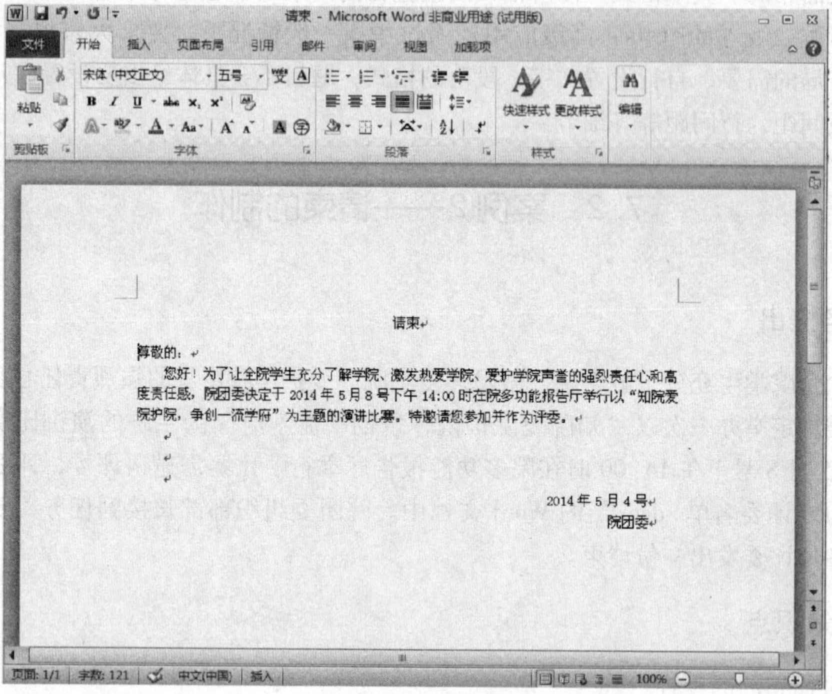

图 7－26　请柬内容

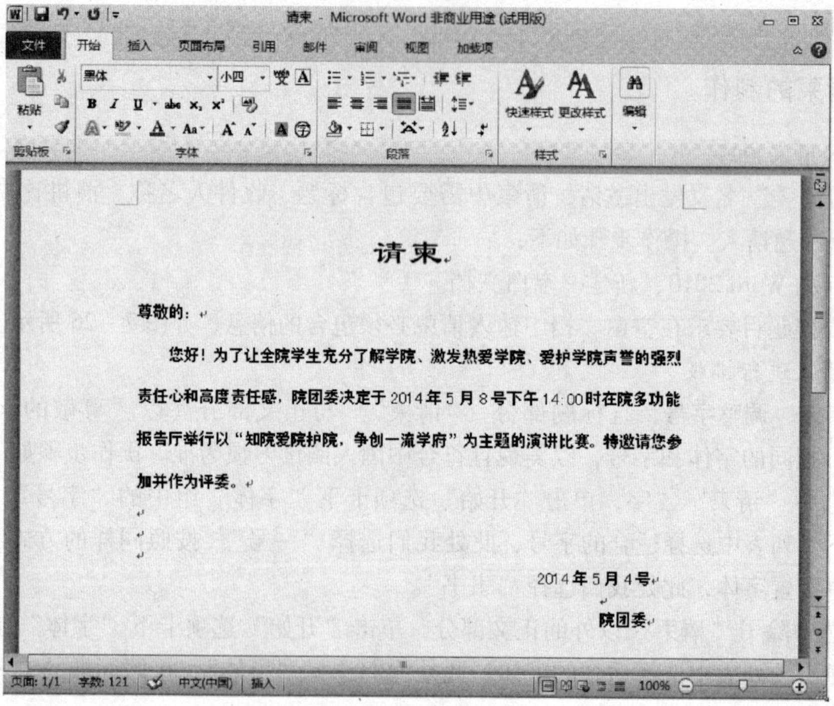

图 7－27　排版后的请柬

3. 页面设置

加大文档的上边距，为文档添加页脚，要求页脚内容为院团委联系电话。操作步骤如下：

（1）单击“页面布局”选项卡下“页面设置”组中的“页边距”下拉按钮，在下拉列表中单击“自定义边距”。

（2）在弹出的“页面设置”对话框中切换至“页边距”选项卡。在“页边距”组的“上”微调框中输入合适的数值，以适当加大文档的上边距为准，此处我们输入“3 厘米”。

（3）单击“插入”选项卡下“页眉和页脚”组中的“页脚”按钮，在弹出的下拉列表中选择“空白”，如图 7－28 所示。

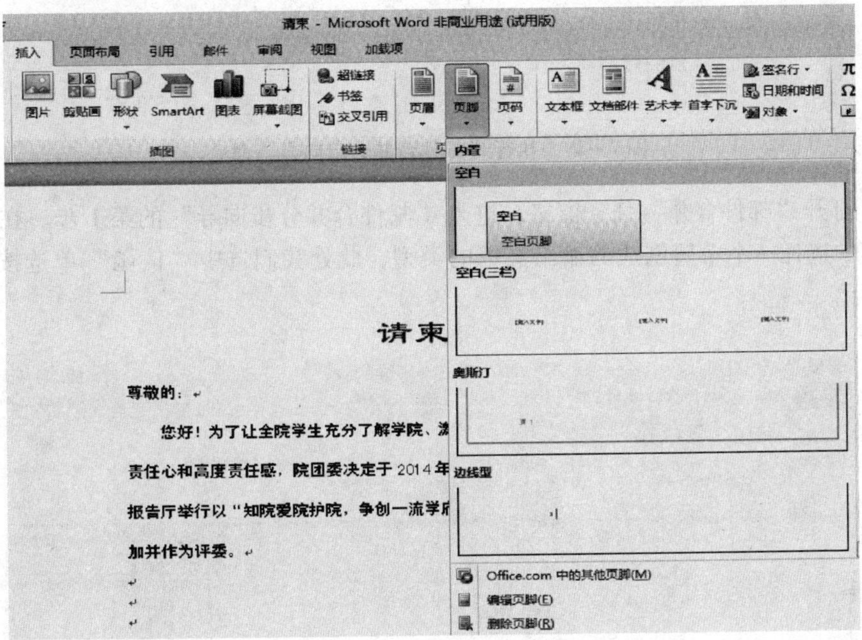

图 7－28　插入页脚

（4）在光标显示处输入页脚内容“院团委联系电话：0512－57887788”。

【说明】

本小节所涉及的知识点，在前面第 3 章中都有所讲解，本小节只针对请柬的制作过程作简单说明。

7.2.2　邮件合并的应用

运用邮件合并功能制作内容相同、收件人不同（收件人为“评委名单 . docx”中的每个人，采用导入方式）的多份请柬，再将生成的文档以“请柬 . docx”为文件名进行保存。操作步骤如下：

（1）将光标定到“尊敬的”后面，在“邮件”选项卡上的“开始邮件合并”组中，单击“开始邮件合并”下拉按钮，在弹出的下拉列表中执行“邮件合并分步向导”命令，如图 7－29 所示。

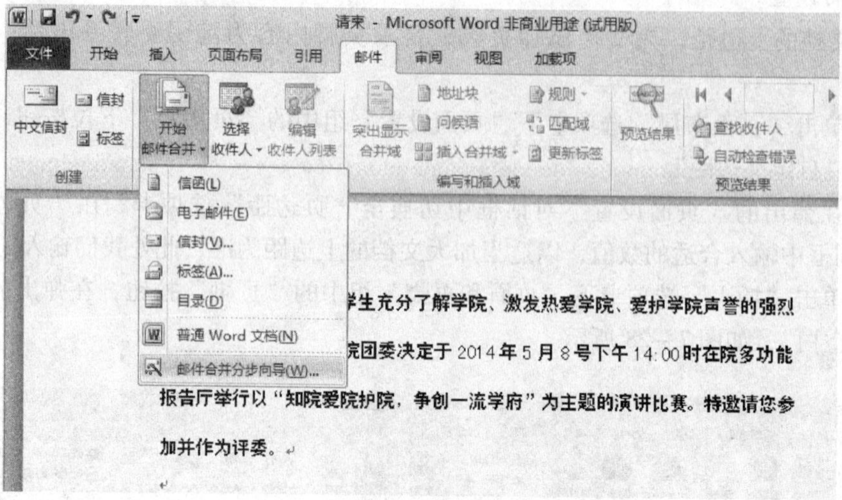

图 7-29　执行“邮件合并分步向导”命令

（2）打开“邮件合并”任务窗格，进入“邮件合并分步向导”的第1步。在“选择文档类型”中选择一个希望创建的输出文档的类型，此处我们选中“信函”单选按钮，如图7-30所示。

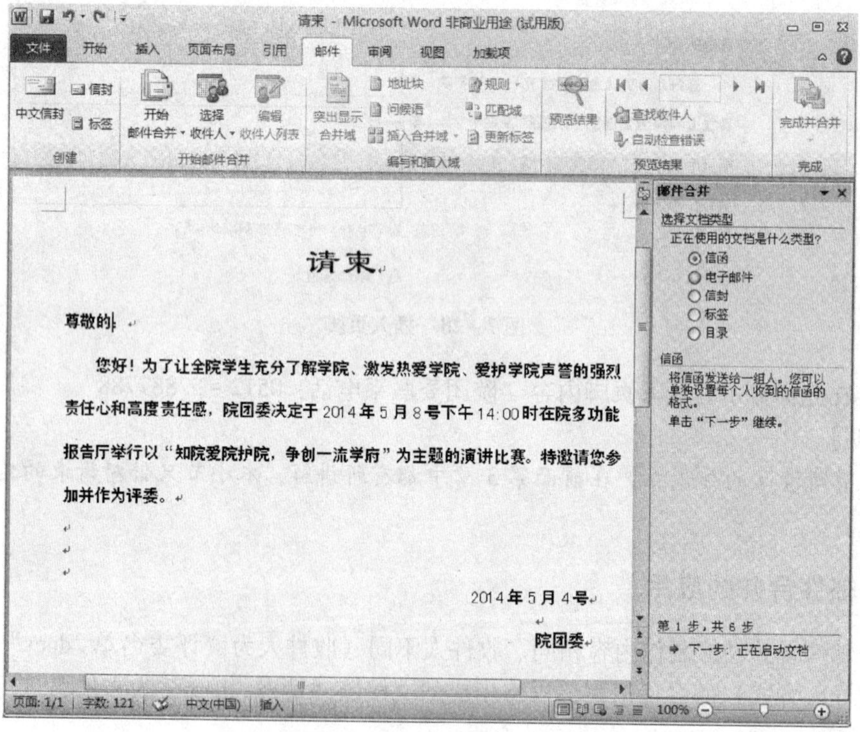

图 7-30　邮件合并第1步

（3）单击“下一步：正在启动文档”超链接，进入“邮件合并分步向导”的第 2 步，在“选择开始文档”选项区域中选中“使用当前文档”单选按钮，以当前文档作为邮件合并的主文档，如图 7－31 所示。

（4）接着单击“下一步：选取收件人”超链接，进入第 3 步，在“选择收件人”选项区域中选中“使用现有列表”单选按钮，如图 7－32 所示。

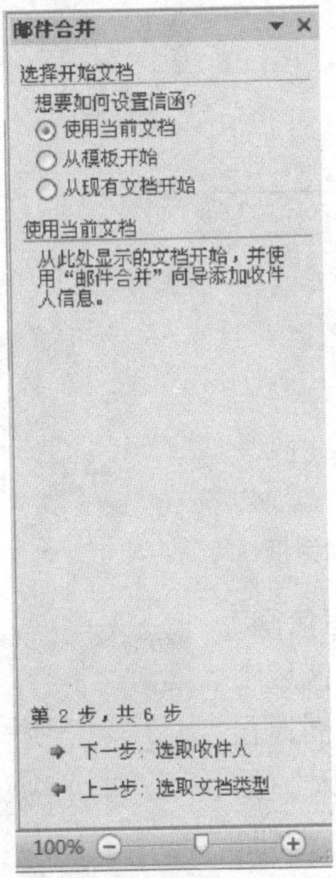

图 7－31　邮件合并第 2 步

图 7－32　邮件合并第 3 步

（5）然后单击“浏览”超链接，打开“选取数据源”对话框，选择文件“评委名单 . docx”（文件内容如图 7－33 所示）后单击“打开”按钮，进入“邮件合并收件人”对话框，单击“确定”按钮完成现有工作表的链接工作，如图 7－34 所示。

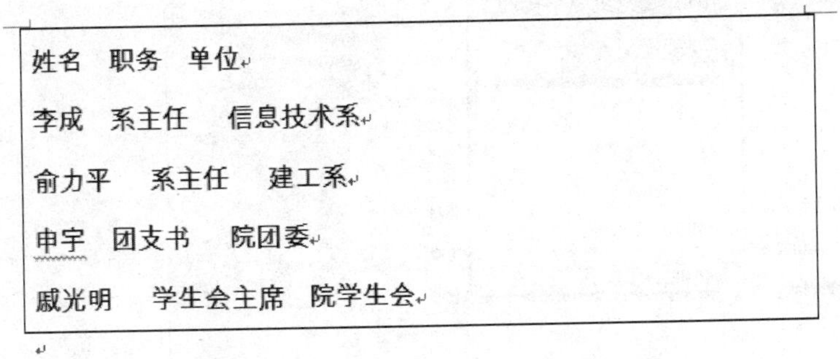

姓名　职务　单位

李成　系主任　信息技术系

俞力平　系主任　建工系

申宇　团支书　院团委

戚光明　学生会主席　院学生会

图 7－33　“评委名单 . docx”文件内容

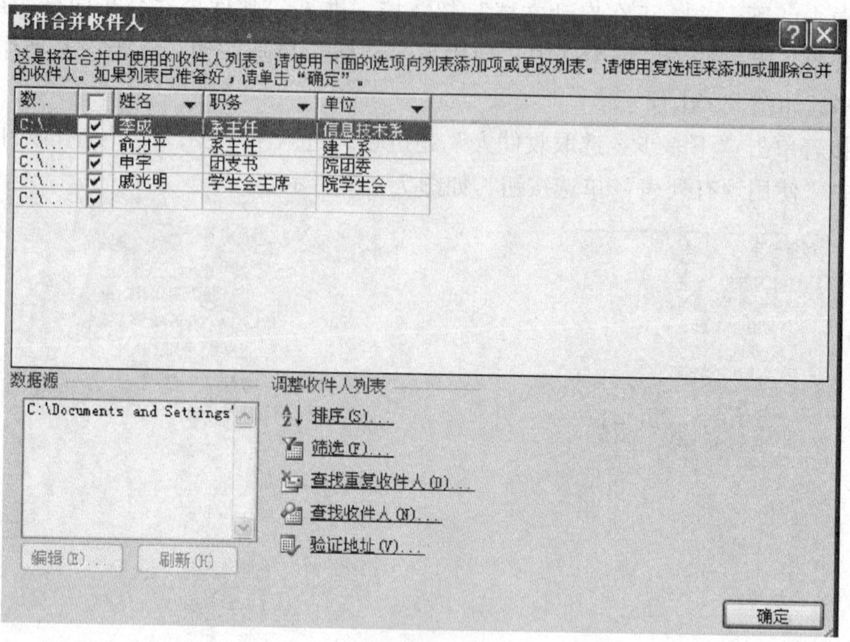

图7－34　“邮件合并收件人”对话框

（6）选择了收件人的列表之后，单击“下一步：撰写信函”超链接，进入第4步，如图7－35所示。在“撰写信函”区域中选择“其他项目”超链接。打开“插入合并域”对话框，在“域”列表框中，按照题意选择“姓名”域，单击“插入”按钮，如图7－36所示。插入完所需的域后，单击“关闭”按钮，关闭“插入合并域”对话框。文档中的相应位置就会出现已插入的域标记。

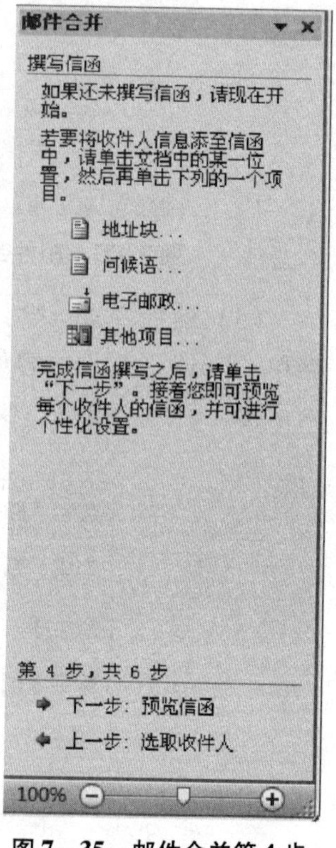

图7－35　邮件合并第4步

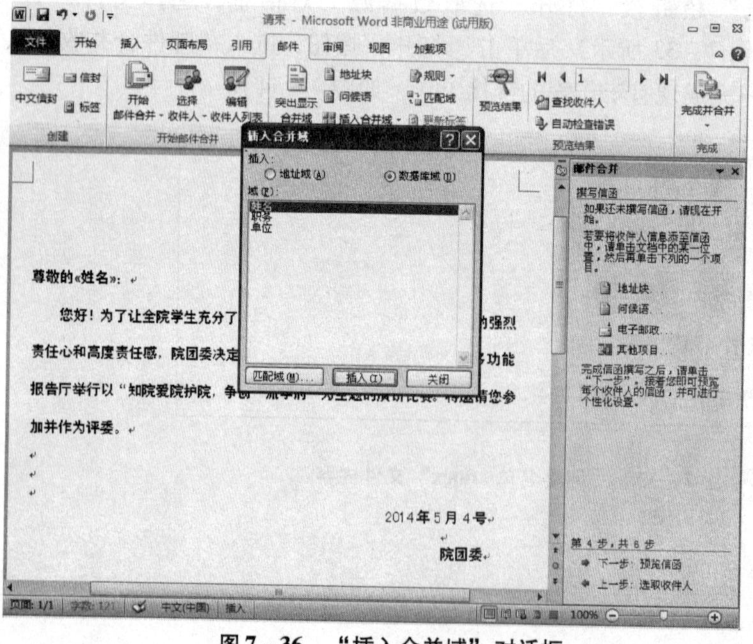

图7－36　“插入合并域”对话框

(7) 在“邮件合并”任务窗格中，单击“下一步：预览信函”超链接，进入第 5 步。在“预览信函”选项区域中，单击“< <”或“> >”按钮，可查看具有不同邀请人的姓名的信函，如图 7 – 37 所示。

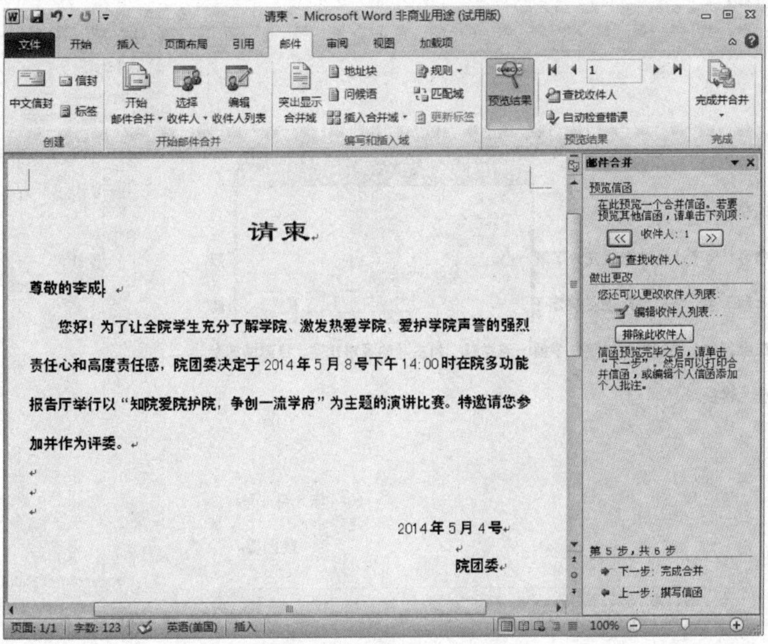

图 7 – 37 邮件合并第 5 步

(8) 预览并处理输出文档后，单击“下一步：完成合并”超链接，进入“邮件合并分步向导”的最后一步，如图 7 – 38 所示。此处，我们单击“编辑单个信函”超链接，打开“合并到新文档”对话框，在“合并记录”选项区域中，选中“全部”单选按钮，如图 7 – 39所示。

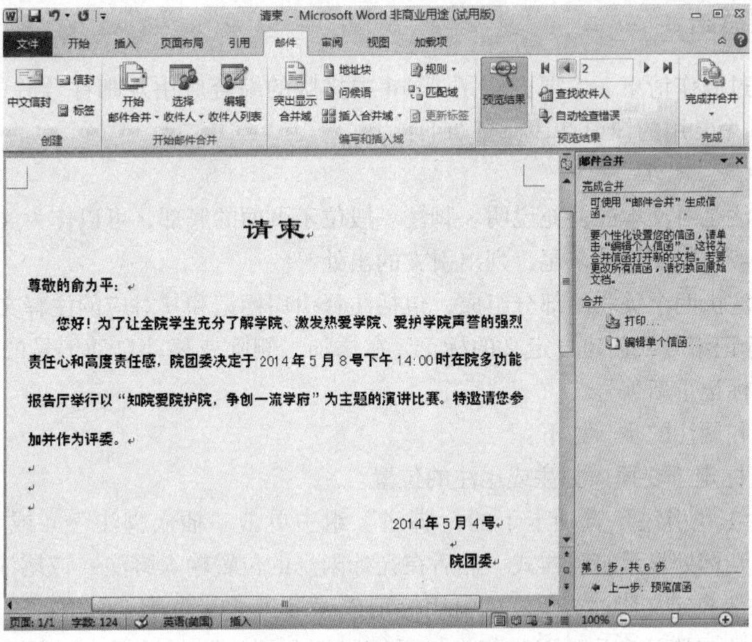

图 7 – 38 邮件合并第 6 步

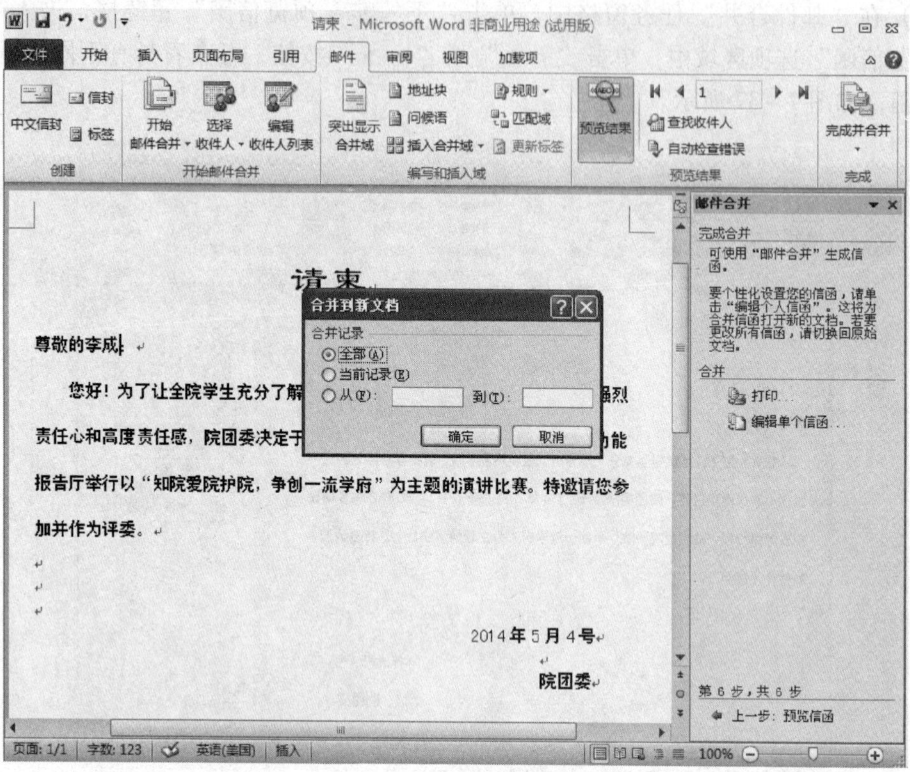

图 7－39 “合并到新文档”对话框

（9）最后单击“确定”按钮，Word 就会将存储的收件人的信息自动添加到请柬的正文中，并合并生成一个新文档。

（10）将新文档以“请柬 . docx”为文件名进行保存。

7.2.3 案例总结

本案例通过制作请柬，主要介绍了 Word 中排版的综合应用及邮件合并的应用。另外，Word 中还有几个常用的知识点，补充如下：

1. 插入脚注、尾注

脚注和尾注是对文本的补充说明。脚注一般位于页面的底部，可以作为文档某处内容的注释；尾注一般位于文档的末尾，列出引文的出处等。

脚注和尾注由两个关联的部分组成，包括注释引用标记和其对应的注释文本。用户可让 Word 自动为标记编号或创建自定义的标记。在添加、删除或移动自动编号的注释时，Word 将对注释引用标记重新编号。

插入脚注和尾注的步骤如下：

（1）将光标定于要插入脚注或尾注的位置。

（2）然后在“引用”选项卡下的“脚注”组中单击“插入脚注”（或“插入尾注”）按钮，即可在光标处显示脚注样式。然后在光标闪烁的位置输入脚注（或尾注）内容。

（3）如果要自定义脚注或尾注的引用标记或编号，可以选择“引用”选项卡下的“脚注”组右下方的“脚注和尾注”按钮，打开“脚注和尾注”对话框，如图 7－40 所示。然后在该对话框中进行相应的修改即可。

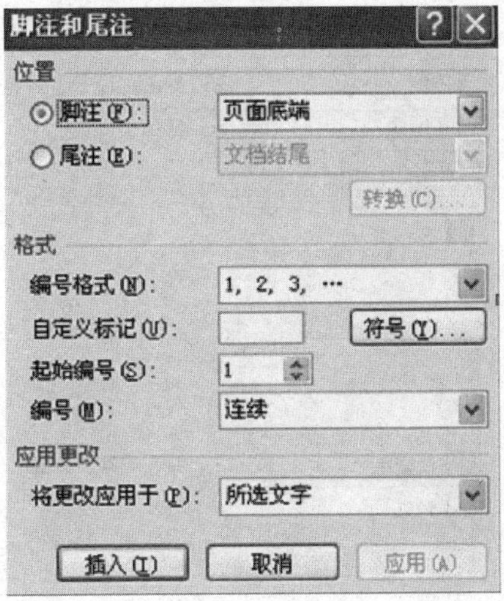

图 7－40　“脚注和尾注”对话框

2. 审阅修订

为了便于沟通交流以及修改，Word 可以启动审阅修订模式。启动审阅修订模式后，Word 将记录显示出所有用户对该文件的修改。启用或关闭修订模式的方法如下：

（1）在“审阅”选项卡下的“修订”组中单击“修订”按钮，即可启动修订模式。如果“修订”按钮变亮（黄色背景），如图 7－41 所示，则表示修订模式已经启动。那么接下来对文件的所有修改都会有标记。

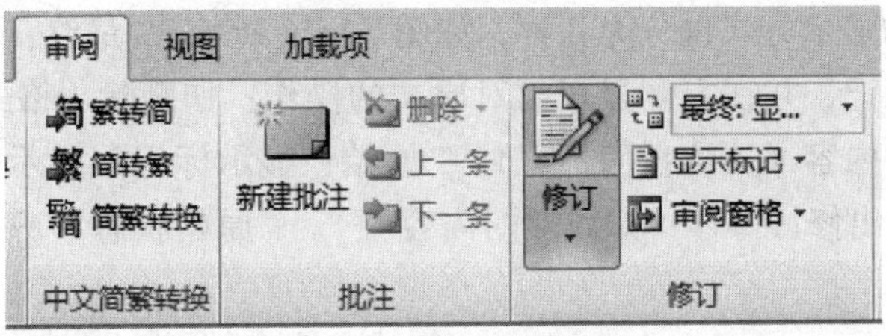

图 7－41　“修订”按钮

（2）如想退出“修订模式”，那么再单击一次“修订”按钮，让其背景变成白色即可。

（3）单击“修订”按钮下面的箭头，在下拉菜单中选择“修订选项”，如图7－42 所示，打开“修订选项”对话框，如图 7－43 所示，在该对话框中可以进行相关选项的设置。

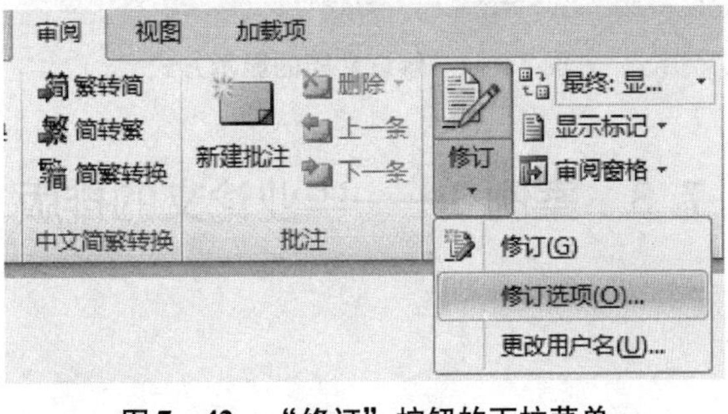

图 7－42　“修订”按钮的下拉菜单

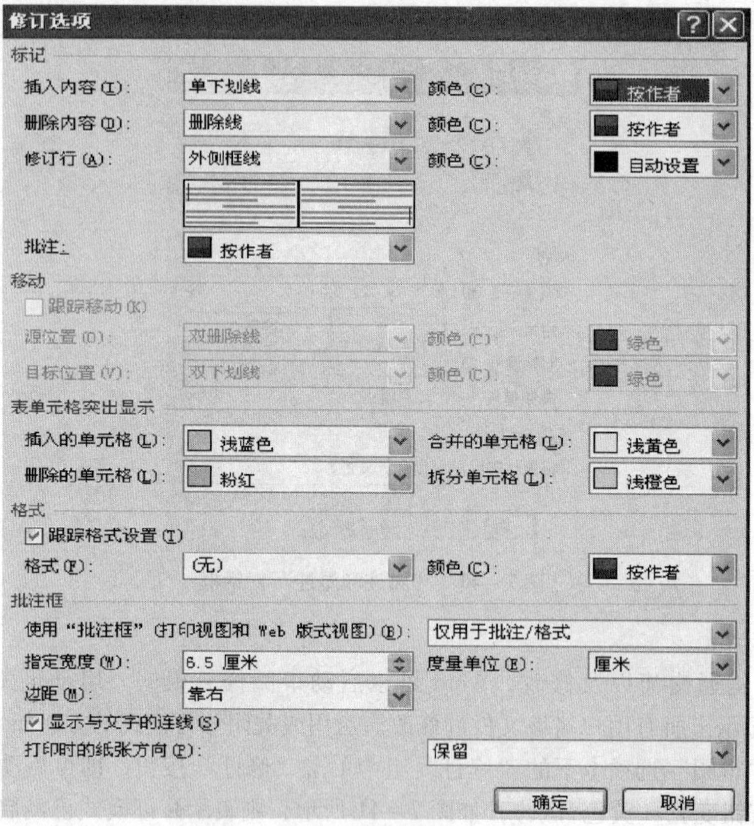

图 7-43　“修订选项”对话框

（4）修订文档的显示方式也分为几种，如图7-44所示。“最终：显示标记”显示修订后的内容（有修订标记，并在右侧显示出对原文的操作：如删除、格式调整等）。“最终状态”只显示修订后的内容（不含任何标记）。“原始：显示标记”显示原文的内容（有修订标记，并在右侧显示出修订操作：如添加的内容等）。“原始状态”只显示原文（不含任何标记）。

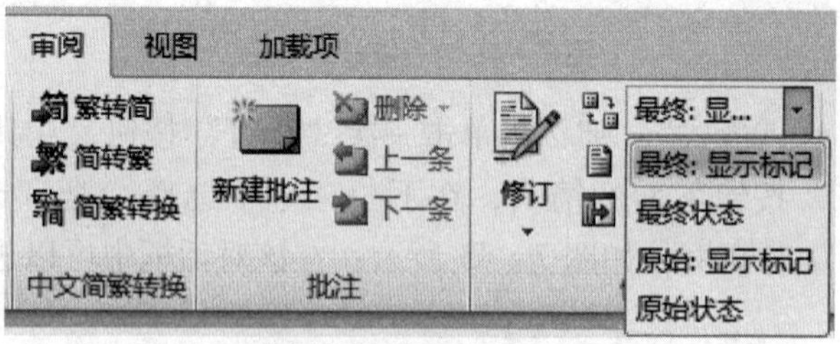

图 7-44　修订文档的显示方式

7.3　案例3——毕业论文的排版

任务提出

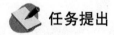

每一位大学生在毕业前都要完成毕业论文的写作。毕业论文的篇幅都很长，排版要求也

比较严格，学好相应的技巧，可以起到事半功倍的效果。各个学校的具体排版要求可能略有不同，但是基本格式是相似的。

相关知识点

(1) 分页、分节符等分隔符的应用。

(2) 多级列表的设置。

(3) 页眉、页脚的设置。

(4) 目录的自动生成。

7.3.1 页面设置

基本的页面设置方法在前面的章节已经详细讲解过，本节不再重复讲述。在开始写论文内容之前，首先要按规定对页面进行设置。毕业论文用纸规格为 A4；页面设置中页边距设为上 3.3cm，下 2.7cm，左右各 2.75cm，装订线 0.5cm，左侧装订；“版式”选项卡中设置页眉为 2.6cm，页脚为 2cm，再选择“奇偶页不同”，应用于“整篇文档”。如图 7－45 所示。

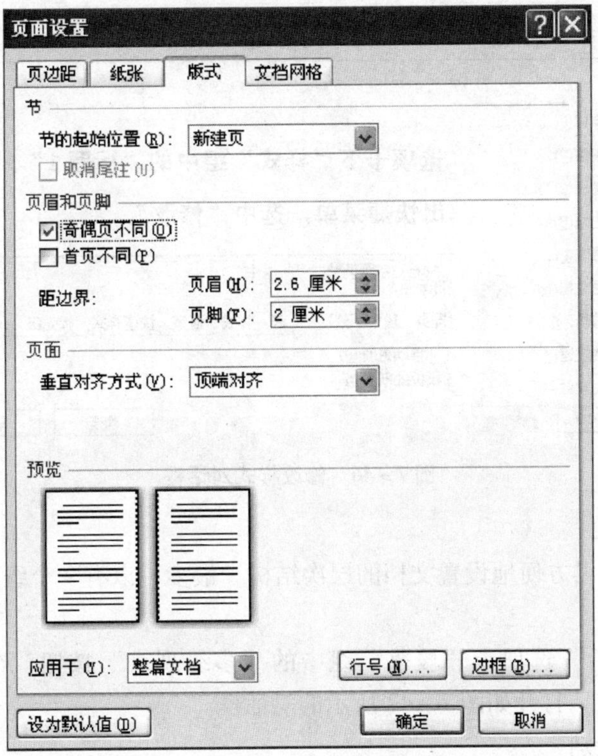

图 7－45 “页面设置”中的“版式”选项卡

7.3.2 利用样式创建章节结构

1. 更改各级标题的样式

毕业论文篇幅较长，写论文时首先要确定好主要内容，然后创建章节结构，一般情况下都是三级标题的结构。标题1的格式为小二号、黑体、段前间距1行、段后间距0.5行，行距1.5倍，居中对齐，作为章标题的格式。标题2的格式为四号、黑体、段前段后间距0.5行，行距1.5倍，作为节标题的格式。标题3的格式为小四号、黑体、段前段后0.5行，行距1.5倍，作为节中知识点的标题格式。

右击“开始”选项卡下“样式”组中的“标题1”，弹出快捷菜单，选中“修改”项，打开“修改样式”对话框，单击“格式”按钮，在菜单中分别选择“字体”和“段落”，设置相应的属性，如图7－46所示。用类似的方法修改标题2和标题3的格式。通常正文样式设为小四号、宋体，标准字间距、1.25倍行间距、首行缩进2个字符，段前段后间距0.2行。

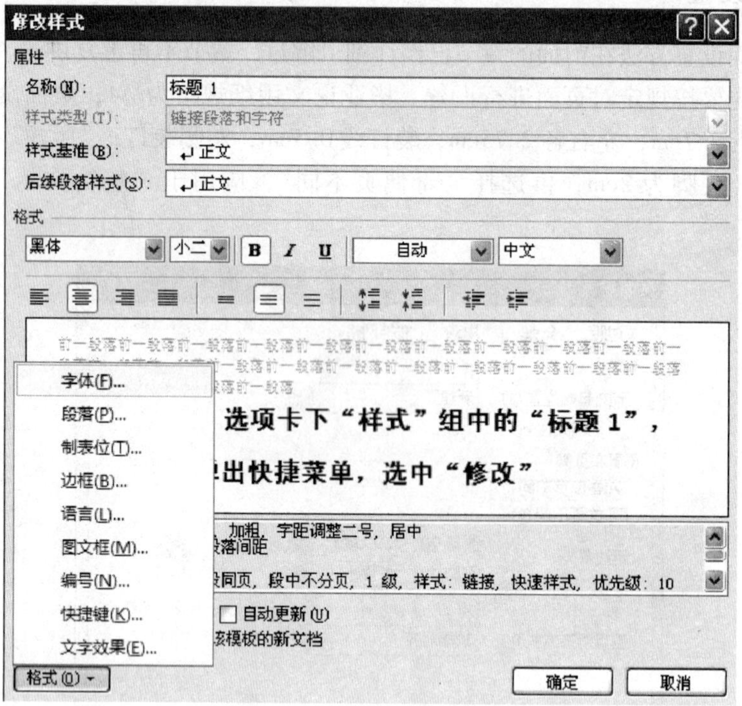

图7－46　修改样式对话框

2. 定义多级列表

使用多级列表可以方便地设置文档的层次结构，最多可以有9个级别，论文中通常设置三级列表。

（1）单击“开始”选项卡“段落”组中的“多级列表”按钮，在弹出的菜单中选择“定义新的多级列表”，打开如图7－47所示的对话框。

（2）设置第1级别

1）在要修改的级别列表中单击“1”。

2）删除“输入编号的格式”文本框中原有的内容，输入“第”。

3）从“此级别的编号样式”下拉列表框中选择“一，二，三（简）…”。

4）在“输入编号的格式”文本框中输入“章”，此时“输入编号的格式”文本框中显示“第一章”。

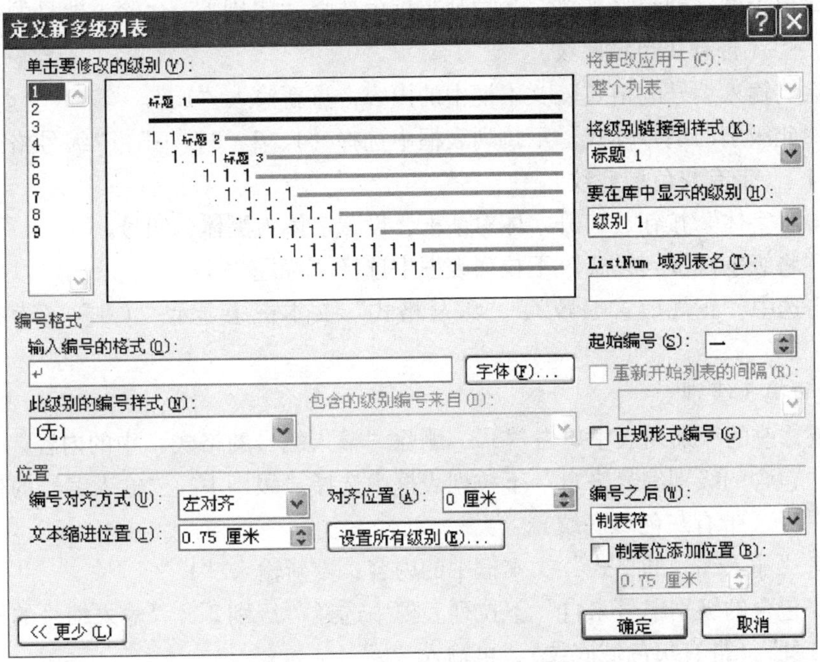

图 7-47　定义多级列表对话框

5）单击“字体”按钮，打开字体对话框，设置字体为黑体，小二号，加粗。

6）在“将级别链接到样式”下拉列表框中选择“标题 1”。如图 7-48 所示。

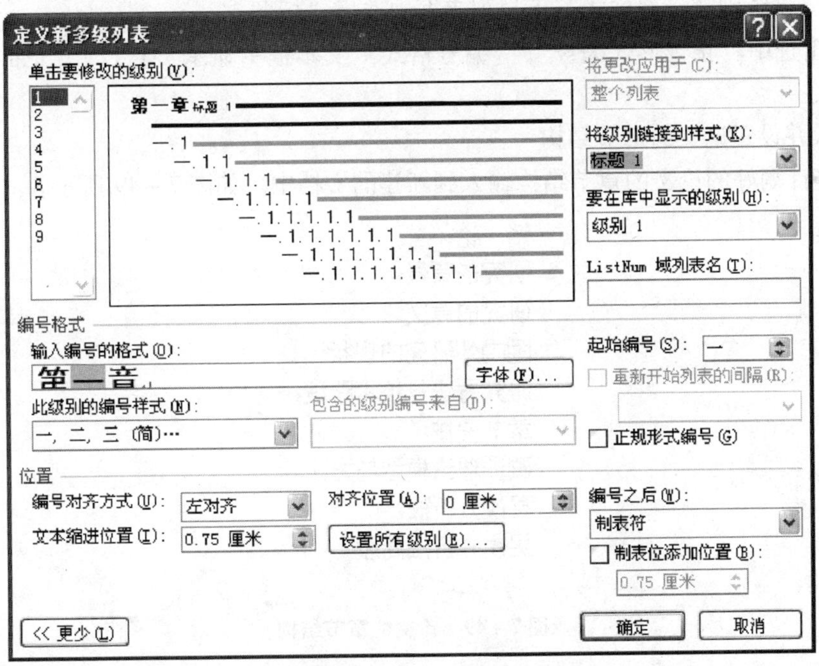

图 7-48　定义新多级列表对话框

（3）设置第 2 级别

1）在要修改的级别列表中单击“2”，删除“输入编号的格式”中的内容。

2）在“包含的级别编号来自”下拉列表框中选择“级别1”，“输入编号的格式”文本框中显示“一”（带有灰色域底纹）。

3）删除“输入编号的格式”文本框中的内容，重新输入“1.”。

4）从“此级别的编号样式”下拉列表框中选择“1，2，3，…”，“编号格式”文本框中显示“1.1”（带有灰色域底纹）。

5）单击“字体”按钮，打开字体对话框，设置字体为黑体，四号。

6）在“将级别链接到样式”下拉列表框中选择“标题2”。

7）单击选中“正规形式编号”，“编号格式”文本框中显示“1.1”（带有灰色域底纹）。

（4）设置第3级别

1）在要修改的级别列表中单击“3”，删除“输入编号的格式”中的内容。

2）在“包含的级别编号来自”下拉列表框中选择“级别1”，“输入编号的格式”文本框中显示“一”（带有灰色域底纹）。

3）删除“输入编号的格式”文本框中的内容，重新输入“1.”。

4）在“包含的级别编号来自”下拉列表框中选择“级别2”，“输入编号的格式”文本框中显示“1.1”（带有灰色域底纹），再输入“.”。

5）从“此级别的编号样式”下拉列表框中选择“1，2，3，…”，“编号格式”文本框中显示“1.1.1”（带有灰色域底纹）。

6）单击“字体”按钮，打开字体对话框，设置字体为黑体，小四号。

7）在“将级别链接到样式”下拉列表框中选择“标题3”。

8）单击选中“正规形式编号”，“编号格式”文本框中显示“1.1.1”（带有灰色域底纹）。

3. 输入并设置论文的章节结构

（1）将计划好的论文的章节结构输入到新建的文档中。如图7－49所示。

绪　论
研究的背景
研究的意义
国内外研究的现状
研究方法及技术路线
章节安排
测评理论模型与方法
层次分析法
层次分析法简述

图7－49　论文的章节结构

（2）选中全文，单击“开始”选项卡“段落”组中的“多级列表”按钮，选择刚定义好的多级列表，文字格式如图7－50所示。

·第一章绪　论

·第二章研究的背景

·第三章研究的意义

·第四章国内外研究的现状

·第五章研究方法及技术路线

·第六章章节安排

·第七章测评理论模型与方法

·第八章层次分析法

·第九章层次分析法简述

图 7－50　应用了第 1 级列表的文档

（3）选中相应的段落，使用“开始”选项卡“段落”组中的“增加缩进量”按钮（提升级别）和“减少缩进量”按钮（降低级别）调整章节级别。设置完毕后的章节结构如图 7－51 所示。再在各章节中输入相应的文章内容，并应用正文样式。

·第一章 绪　论

·1.1研究的背景

·1.2研究的意义

·1.3国内外研究的现状

·1.4研究方法及技术路线

·1.5章节安排

·第二章 测评理论模型与方法

·1.1层次分析法

·1.1.1层次分析法简述

图 7－51　设置完毕后的章节结构

7.3.3　设置页眉和页脚

学位论文均采用双面印制，页眉和页脚从第一章开始，中文摘要和英文摘要部分不加页眉。奇数页页眉横线左侧为论文题目，右侧为章节标题；偶数页页眉横线左侧为章节标题，右侧为论文题目。页码位于页面下方居中排列。第 1 页自绪论或引言部分开始，以小写的阿拉伯数字顺序编号。中英文摘要的页码用罗马数字（如Ⅰ、Ⅱ、Ⅲ等）编号，目录部分不编页码。

1. 分页

文章的每一章节结束后，都应该另起一页，所以应在每一章节结束后插入分页符。单击

“插入”选项卡“页”组中的“分页”按钮即可。

2. 分节

根据论文格式要求，应该从第一章绪论开始将整个文档分成两节。前一节内容有中英文摘要，后一节为正文。

（1）把光标定到“第一章　绪论”前。

（2）单击“页面布局”选项卡下“页面设置”组中的“分隔符”按钮，在弹出的菜单中选择“分节符”组的“下一页”选项。此时，全文分成两节，可以设置不同的页眉和页脚。

3. 设置页眉和页脚

（1）设置中英文摘要的页脚。

单击“插入”选项卡下“页眉和页脚”组中的“页码”按钮，在弹出的菜单选择“设置页码格式”。设置编号格式为罗马数字，起始页码为Ⅰ，如图7－52所示。

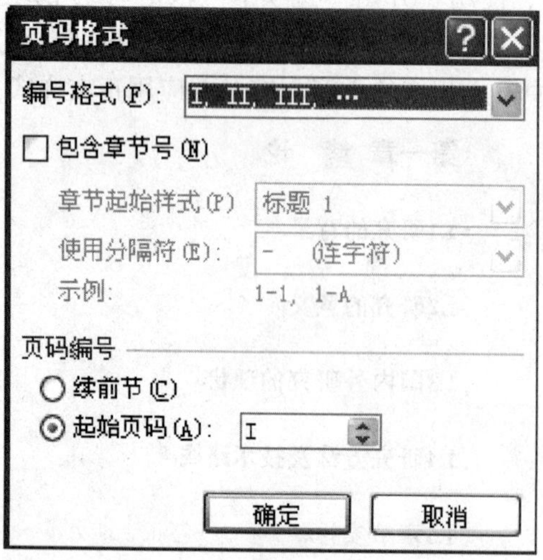

图7－52　设置页码格式对话框

把光标分别定到摘要部分的第1页和第2页，单击“插入”选项卡下“页眉和页脚”组中的“页码”按钮，选择“页面底端”“普通数字2”。

（2）设置正文部分的页眉和页脚。

将光标移至“第一章　绪论”后，单击“插入”选项卡下“页眉和页脚”组中的“页眉”按钮，在菜单中选择“空白”选项，同时页眉也叫处于编辑状态。因本节页眉与上一节不一样，因此要注意取消默认选中的“链接到前一条页眉”按钮，使其变成灰色。如图7－53所示。

单击“插入”选项卡“文本”组的“文档部件”按钮，选择“域”菜单，打开“域”对话框，在“类别”中选择“链接和引用”类别，在“域名”列表中选择“StyleRef”。在“域属性”列表中选择“标题1”，如图7－54所示。单击“确定”按钮后，每个奇数页上都加上了每章的标题，如图7－55所示。根据排版的要求，应在文字“第一章　绪论”的左侧再加上论文的题目，并设置页眉文字的大小、字体及对齐方式，最后效果如图7－56所示。

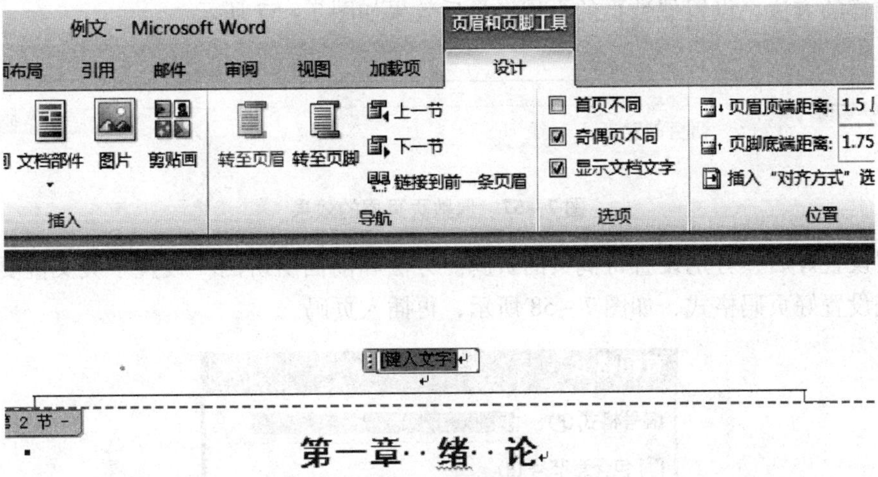

图 7-53　页眉设置图

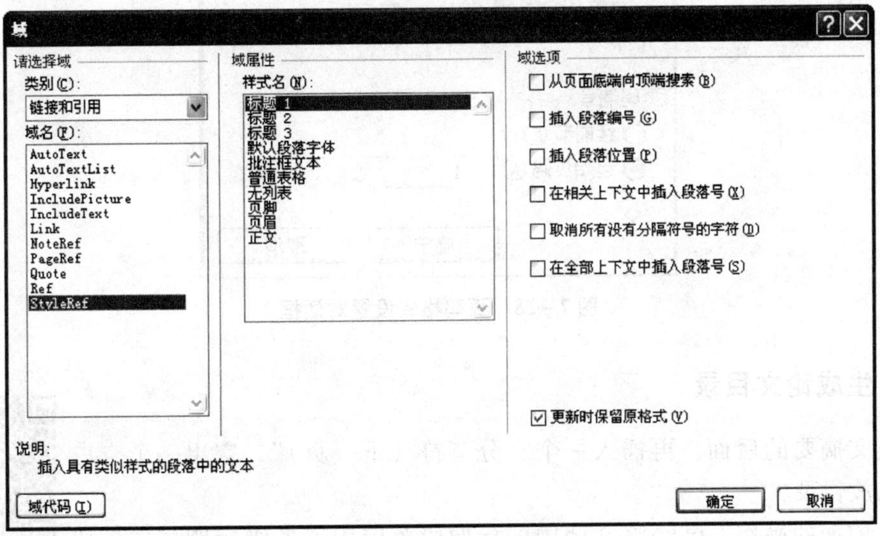

图 7-54　域对话框的设置

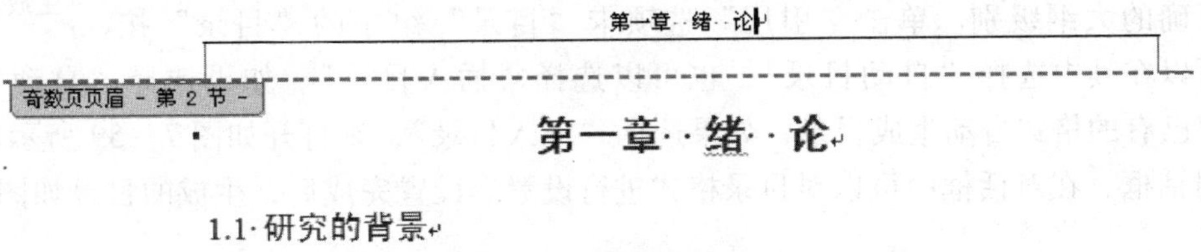

图 7-55　奇数页页眉

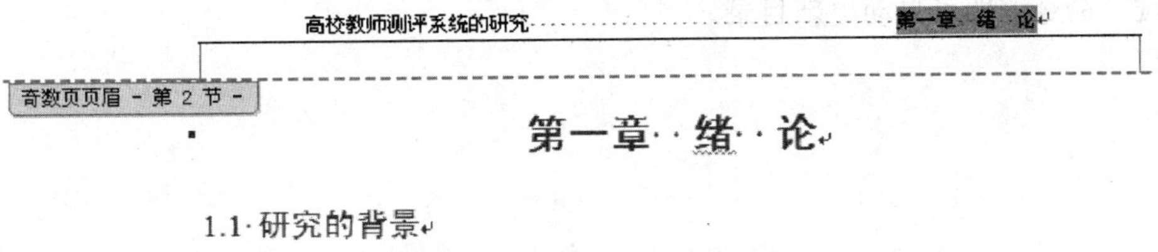

图 7-56　奇数页页眉的效果

用同样的方法，设置偶数页的页眉，最后效果如图 7－57 所示。

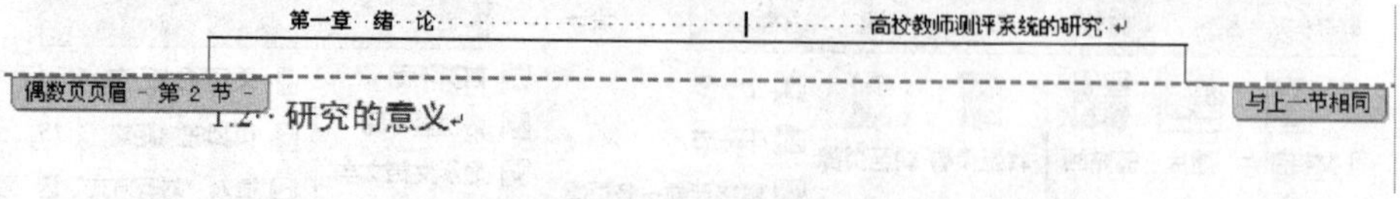

图 7－57 偶数页页眉的效果

页眉设置好后，分别设置奇偶页的页脚。方法和前面所讲的“设置中英文摘要的页脚”相似，先设置好页码格式，如图 7－58 所示，再插入页码。

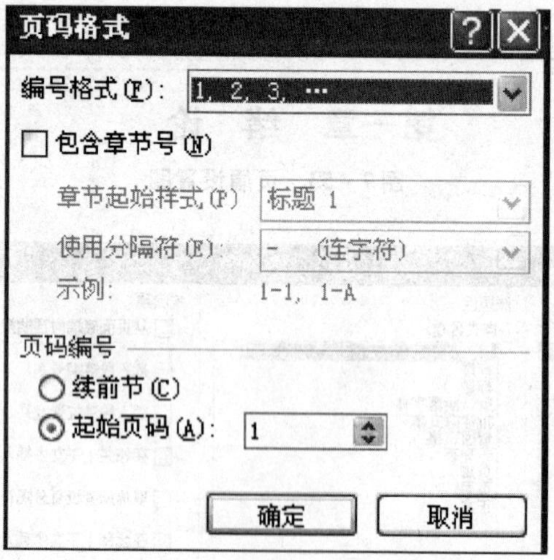

图 7－58 页码格式设置对话框

7.3.4 生成论文目录

微课：自动生成目录

在英文摘要的后面，再插入一个“分节符（下一页）”，空出一个空白页，用来放目录。

通过前面的操作，已经将文档中的标题段落应用了各级标题样式，切换到大纲视图，检查一下有没有遗漏的，保证将要显示在目录中的文字设置为正确的大纲级别。单击“引用”选项卡“目录”组中的“目录”按钮，可以在其中选择“自动目录”，也可以选择“插入目录”。如果选择“自动目录”，则按照已有的格式自动生成目录，如果选择“插入目录”，则打开如图 7－59 所示的“目录”对话框，在对话框中可以对目录格式进行设置。设置完成后，生成的目录如图 7－60 所示。

若文档内容更改，产生了页码或目录项的变化，可用右键单击目录，从快捷菜单中选择“更新域”命令，即可自动更新目录。

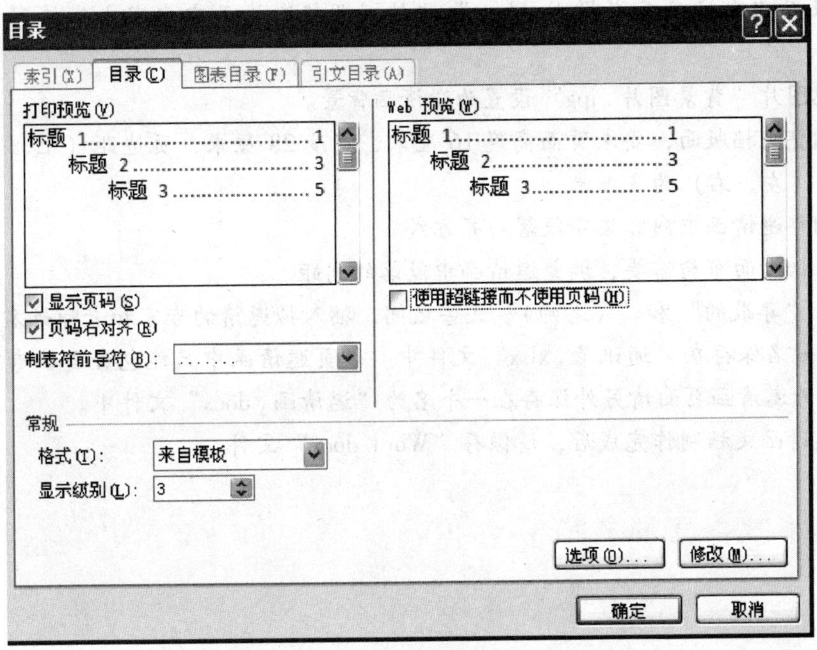

图 7-59　目录属性对话框

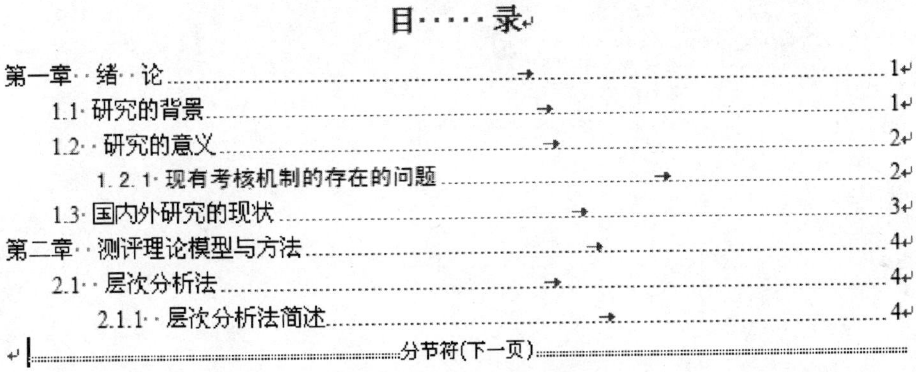
目····录

分节符(下一页)

图 7-60　自动生成的目录

7.3.5　案例总结

本节主要以毕业论文的排版为例，介绍了 Word 文档中分页符、分节符等分隔符的应用；介绍了多级列表的设置；还讲解了奇偶页不同的页眉的设置方法，以及目录的自动生成方法等。

习　题　7

1. 某高校学生会计划举办一场关于“大学生人生观、价值观”演讲活动，拟邀请部分专家和老师给在校学生进行演讲。因此，校学生会外联部需制作一批邀请函，并分别递送给相关的专家和老师。请按如下要求，完成邀请函的制作：

（1）根据“邀请函参考样式.docx”文件，调整邀请函中内容文字的字体、字号和颜色。

（2）把图片“背景图片.jpg”设置为邀请函背景。

（3）调整文档版面，要求页面高度16厘米、宽度28厘米，页边距（上、下）为2厘米，页边距（左、右）为3厘米。

（4）调整邀请函中内容文字段落对齐方式。

（5）根据页面布局需要，调整邀请函中段落的间距。

（6）在“尊敬的”和“（老师）”文字之间，插入拟邀请的专家和老师姓名，拟邀请的专家和老师姓名保存在“通讯录.xlsx”文件中。每页邀请函中只能包含1位专家或老师的姓名，所有的邀请函页面请另外保存在一个名为“邀请函.docx”文件中。

（7）邀请函文档制作完成后，请保存“Word.docx”文件。

第 8 章　Excel 2010 高级应用

Excel 2010 高级应用的核心工具是公式和函数，因此，熟练掌握公式和函数，才能在 Excel 2010 实际应用中得心应手。

本章主要根据全国计算机等级考试（二级 MS）的大纲要求对 Excel 2010 的高级应用部分以案例讲解 Excel 2010 公式与函数。通过本章案例的学习应掌握：

（1）文本函数的使用和函数的连接。

（2）常用时间函数的使用。

（3）引用与查找函数的使用。

（4）数组函数的简单操作。

8.1　案例 1——员工档案表

在工作表中输入数据后，一些数据可以用来引用作为后续数据的根据，甚至可以组合得到更多的信息，为了实现该功能，就需要对公式与函数进行更多的了解和掌握，主要包括文本函数、时间函数等。下面以制作“员工档案表”为例，介绍身份证信息的提取和操作。

8.1.1　出生日期提取

企业人事部门为员工制作一个档案表，主要记录员工的信息。同时也能提取出一些信息比如出生年月。

1. 函数准备

（1）MID（text，start_num，num_chars）函数从文本中指定的起始位置起返回指定长度的字符。与 MID 类似是 LEFT 和 RIGHT 两个函数，比较 LEFT（text，num_chars）和 right（text，num_chars）与 MID，可以发现 LEFT 和 RIGHT 少了一个起始数位，因为 MID 是根据 start_num 决定提取数字的位置，而 LEFT 合 RIGHT 分别从文本的左边和右边开始提取。

（2）“&”这个符号可以用来连接两个单元格内容（两个文本、两个符号、两个数字、一个文本和一个数字、一个数字一个文本、两个需要相连接的内容）。如果用函数表示则是 CONCATENATE，比如：A1 和 B1 的单元格内容相连，输入“ = A1&B1 ”，用函数公式则是“ = CONCATENATE（A1，B1）”。本文中只需用“&”这个符号就可以。

2. 分步提取出生日期

（1）制作初始档案表。如图 8 - 1 所示员工档案表中已经有员工的身份证信息，我们只需要根据每个员工的身份证信息提取出出生日期信息。

登云公司员工档案表

员工编号	姓名	性别	身份证号	出生日期	学历	入职时间	工龄
DY006	侯小华		320583197212278211		硕士	2005年3月	
DY002	李保大		320316198409283216		硕士	2006年12月	
DY004	郭晶晶		320105198903040128		大专	2012年3月	
DY013	苏高明		320108197202213159		硕士	2008年8月	
DY007	毕福娟		320105198410020109		硕士	2009年6月	
DY003	郑小小		320102197305120123		硕士	2008年10月	
DY001	吴大文		310108197712121139		硕士	2009年7月	
DY014	宋小乔		372208197510090512		本科	2012年7月	
DY005	魏法国		320101198209021144		本科	2012年6月	
DY012	张国庆		320108198812120129		本科	2013年9月	
DY011	孙小红		551018198607311126		本科	2010年5月	
DY008	陈洛飞		320608198310070512		本科	2013年5月	
DY009	李晓飞		320205197908278231		本科	2011年4月	
DY010	张笑语		320105198504040127		大专	2013年1月	

图 8－1　登云公司员工档案

（2）提取出生日期信息。为便于理解，在出生日期列前面插入三列，分别为年、月、日。身份证号中的出生日期是从第 7 位开始 4 位为年，第 11 位开始两位为月，第 13 位开始两位为日。如图 8－2 所示，在 E3 单元格中输入＝MID（D3，7，4）&“年”，得到出生年为 1972 年。MID 从第 7 位开始提取长度为 4 位的字符串。以此类推，在 F3 和 G3 中分别输入＝MID（D3，11，2）&“月”和＝MID（D3，13，2）&“日”分别得到出生的月和日。

E3　=MID(D3,7,4)&"年"

登云公司员工档案表

员工编号	姓名	性别	身份证号	年	月	日	出生日期	学历	入职时间	工龄
DY006	侯小华		320583197212278211	1972年	12月	27日		硕士	2005年3月	
DY002	李保大		320316198409283216					硕士	2006年12月	
DY004	郭晶晶		320105198903040128					大专	2012年3月	
DY013	苏高明		320108197202213159					硕士	2008年8月	
DY007	毕福娟		320105198410020109					硕士	2009年6月	
DY003	郑小小		320102197305120123					硕士	2008年10月	

图 8－2　MID 函数提取出生日期

（3）完成出生日期提取与连接。现在用 & 把三个公式连接成一个公式就可以了。如图 8－3 所示，在 H3 中输入＝MID（D3，7，4）&“年”& MID（D3，11，2）&“月”& MID（D3，13，2）&“日”，可以得到该员工的出生日期。这个公式看起来比较长，通过上一步骤的分解，可以看到实际上是 MID 和 & 的重复使用。

E3　=MID(D3,7,4)&"年"&MID(D3,11,2)&"月"&MID(D3,13,2)&"日"

登云公司员工档案表

员工编号	姓名	性别	身份证号	出生日期	学历	入职时间	工龄
DY006	侯小华		320583197212278211	1972年12月27日	硕士	2005年3月	
DY002	李保大		320316198409283216		硕士	2006年12月	
DY004	郭晶晶		320105198903040128		大专	2012年3月	
DY013	苏高明		320108197202213159		硕士	2008年8月	
DY007	毕福娟		320105198410020109		硕士	2009年6月	
DY003	郑小小		320102197305120123		硕士	2008年10月	

图 8－3　连接 MID 函数提取出生日期

删除前面分解的三列，使用填充柄工具完成其他员工的出生日期的提取。

8.1.2 性别信息提取

1. 函数准备

(1) MID 提取身份证信息的第 17 位数字。身份证号中第 17 位为性别验证码，奇数为男，偶数为女。

(2) 取余函数 MOD。MOD (number, divisor) 结果返回余数，两个参数分别为被除数和除数。这里主要是用 MOD 对提取的数字进行取余，用于判断奇偶性。

(3) IF 函数判断余数，结果显示性别。

2. 分步识别与提取性别信息

(1) MID 提取第 17 位数字。如图 8－4 所示在性别列前面插入三列（这里是为了便于理解，掌握后删除插入列），选中 C3 单元格，输入 = MID (G3, 17, 1)，结果为 1。

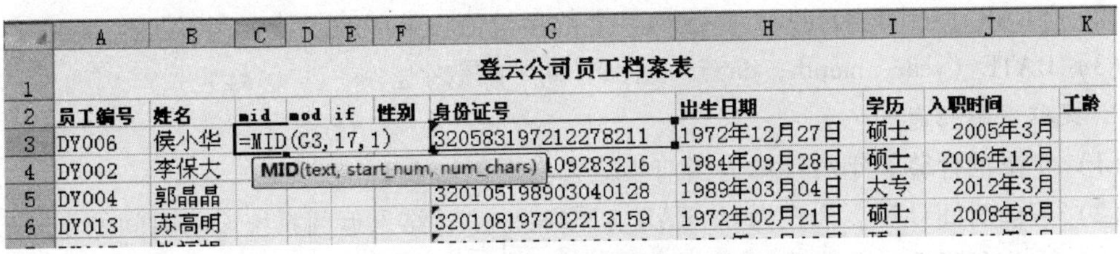

图 8－4　MID 提取性别验证码

(2) MOD 取余。在 D3 单元格中输入 = MOD (MID (G3, 17, 1), 2)，这是嵌套函数，如图 8－5 所示，公式中的 MID (G3, 17, 1) 作为被除数，除数为 2，结果返回 1。

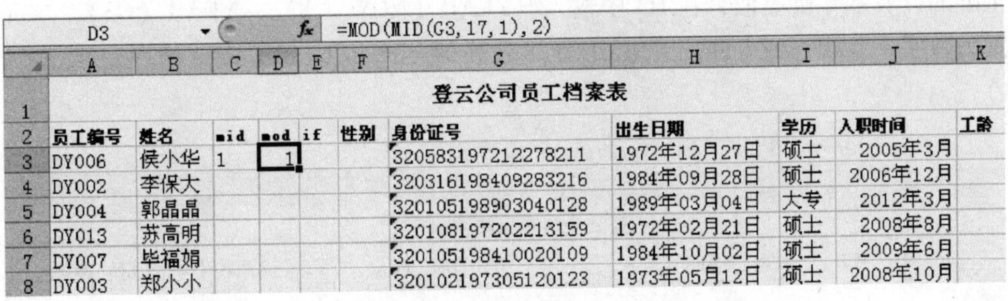

图 8－5　MOD 取余数

(3) IF 判断奇偶。选中 E3 单元格，输入 = IF (MOD (MID (G3, 17, 1), 2) =1, "男", "女")。判断前面取余的结果的奇偶性，根据结果得到性别。在 IF 的参数中，MOD (MID (G3, 17, 1), 2) =1 为判断条件，条件成立则性别为男，否则为女；反之，MOD (MID (G3, 17, 1), 2) =0，条件成立则性别为女，否则为男。这两个条件是等同的。

(4) 完成性别的判断与提取。如图 8－6 所示，删除性别列的前面三列，在 C3 中输入 = IF (MOD (MID (G3, 17, 1), 2) =1, "男", "女") 完成性别的提取，并填充整表。

C3 fx =IF(MOD(MID(D3,17,1),2)=1,"男","女")

	A	B	C	D	E	F	G	H
1	登云公司员工档案表							
2	员工编号	姓名	性别	身份证号	出生日期	学历	入职时间	工龄
3	DY006	侯小华	男	320583197212278211	1972年12月27日	硕士	2005年3月	
4	DY002	李保大	男	320316198409283216	1984年09月28日	硕士	2006年12月	
5	DY004	郭晶晶	女	320105198903040128	1989年03月04日	大专	2012年3月	
6	DY013	苏高明	男	320108197202213159	1972年02月21日	硕士	2008年8月	
7	DY007	毕福娟	女	320105198410020109	1984年10月02日	硕士	2009年6月	
8	DY003	郑小小	女	320102197305120123	1973年05月12日	硕士	2008年10月	

图8-6　性别信息提取公式

8.1.3　年龄提取

1. 函数准备

（1）NOW（）。返回日期时间格式的当前日期和时间，读取系统时间。

（2）YEAR（serial_number）。返回日期的年份值。类似的函数有 MONTH、DAY。

（3）DATE（year，month，day）。返回日期中的数字。

2. 提取年龄信息

（1）年龄的计算。年龄计算为当前年减去出生年加上1。

（2）当前时间计算。公式为 = YEAR（NOW（）），结果返回系统设置时间的年。

（3）出生年提取。公式为 = MID（D3，7，4）。这里没有连接“年”，因为年龄不需要显示“年”。

（4）完成计算。如图 8－7 所示，在 I3 单元格中输入 = YEAR（NOW（））－MID（D3，7，4）+1，结果为43。

工龄的计算和年龄类似，在 H3 中输入 = YEAR（NOW（））－YEAR（G3），单元格格式设置为数字－常规；或者使用 VALUE 函数转换即 = VALUE（YEAR（NOW（））－YEAR（G3））。

I3 fx =YEAR(NOW())-MID(D3,7,4)+1

	A	B	C	D	E	F	G	H	I
1	登云公司员工档案表								
2	员工编号	姓名	性别	身份证号	出生日期	学历	入职时间	工龄	年龄
3	DY006	侯小华	男	320583197212278211	1972年12月27日	硕士	2005年3月		43
4	DY002	李保大	男	320316198409283216	1984年09月28日	硕士	2006年12月		
5	DY004	郭晶晶	女	320105198903040128	1989年03月04日	大专	2012年3月		
6	DY013	苏高明	男	320108197202213159	1972年02月21日	硕士	2008年8月		
7	DY007	毕福娟	女	320105198410020109	1984年10月02日	硕士	2009年6月		
8	DY003	郑小小	女	320102197305120123	1973年05月12日	硕士	2008年10月		
9	DY001	吴大文	男	310108197712121139	1977年12月12日	硕士	2009年7月		

图8-7　年龄计算公式

8.1.4　生日提示

1. 函数准备

（1）VALUE（text）。将代表数值的字符串转换成数值。身份证号在 Excel 中输入一般是采用文本的格式，所以 MID（D3，11，2）提取出来的是文本字符串而非数值在进行数值之间的判断时需要转换。

（2）MONTH（NOW（））。提取当前日期时间中的月。

2. 当月生日提示计算

（1）身份证号中的出生月的提取与转换。使用公式 = VALUE（MID（D3，11，2））完成生日的月的提取。

（2）IF 判断是否为本月生日。如图 8 - 8 所示选中单元格 J3，输入公式 = IF（VALUE（MID（D3，11，2））= MONTH（NOW（）），“本月生日”，“ ”），当前系统时间为 7 月。条件判断出生月与系统当前日期中的月是否相同，相同则显示“本月生日”提示，否则为空。

fx =IF(VALUE(MID(D3,11,2))=MONTH(NOW()),"本月生日","")

D	E	F	G	H	I	J	K
登云公司员工档案表							
身份证号	出生日期	学历	入职时间	工龄	年龄	本月生日	生日快乐
320583197212278211	1972年12月27日	硕士	2005年3月	9	43		
320316198409283216	1984年09月28日	硕士	2006年12月	8	31		
320105198903040128	1989年03月04日	大专	2012年3月	2	26		
320108197202213159	1972年02月21日	硕士	2008年8月	6	43		
320105198410020109	1984年10月02日	硕士	2009年6月	5	31		
320102197305120123	1973年05月12日	硕士	2008年10月	6	42		
310108197712121139	1977年12月12日	硕士	2009年7月	5	38		
372208197510090512	1975年10月09日	本科	2012年7月	2	40		
320101198209021144	1982年09月02日	本科	2012年6月	2	33		
320108198812120129	1988年12月12日	本科	2013年9月	1	27		
551018198607311126	1986年07月31日	本科	2010年5月	4	29	本月生日	
320608198310070512	1983年10月07日	本科	2013年5月	1	32		
320205197908278231	1979年08月27日	本科	2011年4月	3	36		
320105198504040127	1985年04月04日	大专	2013年1月	1	30		

图 8 - 8　本月生日计算

（3）生日快乐提醒。生日快乐提醒比本月生日提醒稍复杂一些，主要是条件判断需要用到 AND 设置多条件判断，即出生月与当前月、出生日与当前日判断，完全相同为生日。如图 8 - 9 所示在 K3 中输入公式判断当天是否为生日并提示出来。公式如下：= IF（AND（VALUE（MID（D3，11，2））= MONTH（NOW（）），VALUE（MID（D3，13，2））= DAY（NOW（））），“生日快乐”，“”）。当前系统时间为 2014 年 7 月 31 日。（系统时间可以自行设置以检验公式的正确性。）

fx =IF(AND(VALUE(MID(D3,11,2))=MONTH(NOW()),VALUE(MID(D3,13,2))=DAY(NOW())),"生日快乐","")

D	E	F	G	H	I	J	K	L
登云公司员工档案表								
身份证号	出生日期	学历	入职时间	工龄	年龄	本月生日	生日快乐	
320583197212278211	1972年12月27日	硕士	2005年3月	9	43			
320316198409283216	1984年09月28日	硕士	2006年12月	8	31			
320105198903040128	1989年03月04日	大专	2012年3月	2	26			
320108197202213159	1972年02月21日	硕士	2008年8月	6	43			
320105198410020109	1984年10月02日	硕士	2009年6月	5	31			
320102197305120123	1973年05月12日	硕士	2008年10月	6	42			
310108197712121139	1977年12月12日	硕士	2009年7月	5	38			
372208197510090512	1975年10月09日	本科	2012年7月	2	40			
320101198209021144	1982年09月02日	本科	2012年6月	2	33			
320108198812120129	1988年12月12日	本科	2013年9月	1	27			
551018198607311126	1986年07月31日	本科	2010年5月	4	29	本月生日	生日快乐	
320608198310070512	1983年10月07日	本科	2013年5月	1	32			
320205197908278231	1979年08月27日	本科	2011年4月	3	36			
320105198504040127	1985年04月04日	大专	2013年1月	1	30			

图 8 - 9　生日快乐计算

8.2 案例2——图书销售信息表

8.2.1 LOOKUP查找店铺信息

为实现记录销售信息的对接，如零件库房和店铺之间对应表格的引用与查找；生产车间与零件库房之间对应表格的引用与查找。这就需要我们掌握相关的函数。

1. 函数准备：LOOKUP函数

LOOKUP函数的功能是返回向量（单行区域或单列区域）或数组中的数值。函数LOOKUP有两种语法形式：向量和数组。函数LOOKUP的向量形式是在单行区域或单列区域（向量）中查找数值，然后返回第二个单行区域或单列区域中相同位置的数值；函数LOOKUP的数组形式在数组的第一行或第一列查找指定的数值，然后返回数组的最后一行或最后一列中相同位置的数值。

2. 图书销售店铺信息查找与引用

1）员工号中的店铺信息

如图8－10所示，图书销售信息表中第一列为销售员工号，员工号中的第三、四位对应店铺信息，例如：1101001代表11年入职一号店铺：前进店。员工号中第三、四位对应店铺信息关系为：01－前进店；02－亭林店；03－城东店；04－马鞍山店；05－城南店。

图书订单明细表

员工号	日期	书店名称	图书编号	图书名称	单价	销量（本）	小计
1101001	2014年1月2日		DY-83021			12	
1201002	2014年1月3日		DY-83033			5	
1101003	2014年1月4日		DY-83034			41	
1002001	2014年1月5日		DY-83027			21	
0605001	2014年1月6日		DY-83028			32	
0703005	2014年1月7日		DY-83029			3	
0804002	2014年1月8日		DY-83030			1	
0602002	2014年1月9日		DY-83031			3	
0904003	2014年1月10日		DY-83035			43	

图8－10 图书销售表员工号信息

2）LOOKUP查找店铺信息

选中C3单元格，输入公式＝LOOKUP（MID（A3，3，2），{“01”，“02”，“03”，“04”，“05”}，{“前进店”，“亭林店”，“城东店”，“马鞍山店”，“城南店”}），填充公式，结果如图8－11所示店铺名称完成查找。

公式中可以看到，LOOKUP的第一个参数就是需要查找的数据，第二参数和第三参数是对应关系，两者一一对应，在第二参数中查找到第一参数，对应返回到第三参数的位置，并显示第三参数相应位置的结果。比如：第一参数为03，在第二参数中找到03是第三个位置，则返回的结果是第三参数的第三个位置的数据：城东店。

C3 =LOOKUP(MID(A3,3,2),{"01","02","03","04","05

	A	B	C	D	E	F	G	H
1	图书订单明细表							
2	员工号	日期	书店名称	图书编号	图书名称	单价	销量（本）	小计
3	1101001	2014年1月2日	前进店	DY-83021			12	
4	1201002	2014年1月3日	前进店	-83033			5	
5	1101003	2014年1月4日	前进店	DY-83034			41	
6	1002001	2014年1月5日	亭林店	DY-83027			21	
7	0605001	2014年1月6日	城南店	DY-83028			32	
8	0703005	2014年1月7日	城东店	DY-83029			3	
9	0804002	2014年1月8日	马鞍山店	DY-83030			1	
10	0602002	2014年1月9日	亭林店	DY-83031			3	
11	0904003	2014年1月10日	马鞍山店	DY-83035			43	
12	0804002	2014年1月11日	马鞍山店	DY-83022			22	
13	1005002	2014年1月12日	城南店	DY-83023			31	
14	0902003	2014年1月13日	亭林店	DY-83032			19	
15	1303004	2014年1月14日	城东店	DY-83036			43	
16	1405003	2014年1月15日	城南店	DY-83024			39	

图 8-11　店铺信息查找结果

8.2.2　LOOKUP 查找图书名称和单价信息

1. 函数准备：VLOOKUP 函数

VLOOKUP 函数在财务管理与分析中是一个经常用到的函数，因此，熟悉它会带来很大便利。

VLOOKUP 函数的功能是在表格或数值数组的首列查找指定的数值，并由此返回表格或数组当前行中指定列处的数值。公式为：= VLOOKUP（lookup_value，table_array，col_index_num，range_lookup），公式中 range_lookup—逻辑值，指明函数 VLOOKUP 返回时是精确匹配还是近似匹配，如果其为 TRUE 或省略，则返回近似匹配值，也就是说，如果找不到精确匹配值，则返回小于 lookup_value 的最大数值；如果 range_value 为 FALSE，函数 VLOOKUP 将返回精确匹配值。如果找不到，则返回错误值#N/A。

假设单元格 A1：A4 中的数据分别为 1、30、80 和 90，单元格 B1：B4 中的数据分别为 400、500、600 和 700，则有：VLOOKUP（5，A1：B4，2）=400，VLOOKUP（30，A1：B4，2）=500，VLOOKUP（79，A1：B4，2）=500，VLOOKUP（92，A1：B4，2）=700。

2. 图书名称和单价信息的查找与引用

1）图书信息对照表制作

VLOOKUP 查找和引用图书名称和单价。要实现图书名称和单价的查找和引用，我们首先要完成图书信息对照表的制作（一般是仓储部门完成这个表格）。如图 8-12 所示，新建一工作表：图书信息对照表。该表主要有三列内容：图书编号、图书名称、单价。同销售信息表中有关联的是图书编号，这样我们通过图书编号可以查找到图书名称和单价，这类操作一般多用于财务和库房管理。

	A	B	C
1	图书信息对照表		
2	图书编号	图书名称	单价
3	DY-83021	《计算机基础及MS Office应用》	¥ 36.00
4	DY-83022	《计算机基础及Photoshop应用》	¥ 34.00
5	DY-83023	《C语言程序设计》	¥ 42.00
6	DY-83024	《VB语言程序设计》	¥ 38.00
7	DY-83025	《Java语言程序设计》	¥ 39.00
8	DY-83026	《Access数据库程序设计》	¥ 41.00
9	DY-83027	《MySQL数据库程序设计》	¥ 40.00
10	DY-83028	《MS Office高级应用》	¥ 39.00
11	DY-83029	《网络技术》	¥ 43.00
12	DY-83030	《数据库技术》	¥ 41.00
13	DY-83031	《软件测试技术》	¥ 36.00
14	DY-83032	《信息安全技术》	¥ 39.00
15	DY-83033	《嵌入式系统开发技术》	¥ 44.00
16	DY-83034	《操作系统原理》	¥ 39.00
17	DY-83035	《计算机组成与接口》	¥ 40.00
18	DY-83036	《数据库原理》	¥ 37.00
19	DY-83037	《软件工程》	¥ 43.00

图 8－12　图书信息对照表制作

2）查找与引用图书名称和单价

回到图书销售表，选中 E3 单元格，输入公式 = VLOOKUP（D3，图书信息对照表！A2：C19，2，TRUE），公式中，D3 为要查找的数据，图书信息对照表！A2：C19 为 D3 在这里查找，2 为查找结果来自第 2 列，即文中的图书名称；TRUE 为近似匹配。图书名称查找结果如图 8－13 所示。

E3　=VLOOKUP(D3,图书信息对照表!A2:C19,2,TRUE)

	A	B	C	D	E	F	G	H
1	图书订单明细表							
2	员工号	日期	书店名称	图书编号	图书名称	单价	销量（本）	小计
3	1101001	2014年1月2日	前进店	DY-83021	《计算机基础及MS Office应用》		12	
4	1201002	2014年1月3日	前进店	DY-83022	《计算机基础及Photoshop应用》		5	
5	1101003	2014年1月4日	前进店	DY-83034	《操作系统原理》		41	
6	1002001	2014年1月5日	亭林店	DY-83027	《MySQL数据库程序设计》		21	
7	0605001	2014年1月6日	城南店	DY-83028	《MS Office高级应用》		32	
8	0703005	2014年1月7日	城东店	DY-83029	《网络技术》		3	
9	0804002	2014年1月8日	马鞍山店	DY-83030	《数据库技术》		1	
10	0602002	2014年1月9日	亭林店	DY-83031	《软件测试技术》		3	

图 8－13　图书名称查找结果

同样图书单价的公式为 = VLOOKUP（D3，图书信息对照表！A2：C19，3，TRUE），比较两个公式可以发现，只有一个变化：第三个参数变成了 3，回到对照表中可以看出图书名称为该表第 2 列，图书单价为该表第 3 列。这里要查找图书单价，所以参数设为 3，就是这个意思。图书单价查找结果如图 8－14 所示。

F3 　 f_x =VLOOKUP(D3,图书信息对照表!A2:C19,3,TRUE)

	A	B	C	D	E	F	G	H
1	图书订单明细表							
2	员工号	日期	书店名称	图书编号	图书名称	单价	销量（本）	小计
3	1101001	2014年1月2日	前进店	DY-83021	《计算机基础及MS Office应用》	36	12	
4	1201002	2014年1月3日	前进店	DY-83022	《计算机基础及Photoshop应用》	34	5	
5	1101003	2014年1月4日	前进店	DY-83034	《操作系统原理》	39	41	
6	1002001	2014年1月5日	亭林店	DY-83027	《MySQL数据库程序设计》	40	21	
7	0605001	2014年1月6日	城南店	DY-83028	《MS Office高级应用》	39	32	
8	0703005	2014年1月7日	城东店	DY-83029	《网络技术》	43	3	
9	0804002	2014年1月8日	马鞍山店	DY-83030	《数据库技术》	41	1	
10	0602002	2014年1月9日	亭林店	DY-83031	《软件测试技术》	36	3	
11	0904003	2014年1月10日	马鞍山店	DY-83035	《计算机组成与接口》	40	43	

图 8－14　图书单价查找结果

3）完成小计计算

即单价＊数量。选中单元格 H3，输入公式 = F3 ＊ G3，回车，填充到表格的最后一行，图书销售信息表制作结果如图 8－15 所示。

员工号	日期	书店名称	图书编号	图书名称	单价	销量（本）	小计
1101001	2014年1月2日	前进店	DY-83021	《计算机基础及MS Office应用》	36	12	432
1201002	2014年1月3日	前进店	DY-83022	《计算机基础及Photoshop应用》	34	5	170
1101003	2014年1月4日	前进店	DY-83034	《操作系统原理》	39	41	1599
1002001	2014年1月5日	亭林店	DY-83027	《MySQL数据库程序设计》	40	21	840
0605001	2014年1月6日	城南店	DY-83028	《MS Office高级应用》	39	32	1248
0703005	2014年1月7日	城东店	DY-83029	《网络技术》	43	3	129
0804002	2014年1月8日	马鞍山店	DY-83030	《数据库技术》	41	1	41
0602002	2014年1月9日	亭林店	DY-83031	《软件测试技术》	36	3	108
0904003	2014年1月10日	马鞍山店	DY-83035	《计算机组成与接口》	40	43	1720
0804002	2014年1月11日	马鞍山店	DY-83029	《网络技术》	43	22	946
1005002	2014年1月12日	城南店	DY-83037	《软件工程》	43	31	1333
0902003	2014年1月13日	亭林店	DY-83032	《信息安全技术》	39	19	741
1303004	2014年1月14日	城东店	DY-83036	《数据库原理》	37	43	1591
1405003	2014年1月15日	城南店	DY-83037	《软件工程》	43	39	1677

图 8－15　图书销售信息表

习　题　8

1. 完成本章案例。
2. 根据图 8－16 所示，制作期末学生成绩表，按要求完成如下操作：

	A	B	C	D	E	F	G	H	I	J	K	L
1	学号	姓名	班级	语文	数学	英语	生物	地理	历史	政治	总分	平均分
2	120305	倪冬		91.5	89	94	92	91	86	86		
3	120203	齐飞		93	99	92	86	86	73	92		
4	120104	苏放		102	116	113	78	88	86	73		
5	120301	孙敏		99	98	101	95	91	95	78		
6	120306	王清		101	94	99	90	87	95	93		
7	120206	谢康		100.5	103	104	88	89	78	90		
8	120302	闫霞		78	95	94	82	90	93	84		
9	120204	曾离		95.5	92	96	84	95	91	92		
10	120201	诸明		93.5	107	96	100	93	92	93		

图 8－16　学生期末成绩表

（1）使用 LOOKUP 查找学生班级信息，学号中的 3、4 位代表班级信息。对应关系为：01－1 班；02－2 班；03－3 班。

（2）使用 SUM 计算总分。

（3）使用 AVERAGE 计算平均分。

第 9 章　PowerPoint 2010 高级应用

9.1　丰富幻灯片内容

9.1.1　插入表格、图表及图形图像

1. 插入表格

有时候我们需要在 PPT 中插入一些表格来方便我们的陈述，很多读者为此而困扰，今天进行示范：

（1）单击“插入”选项卡的“表格”按钮，如图 9－1 所示。

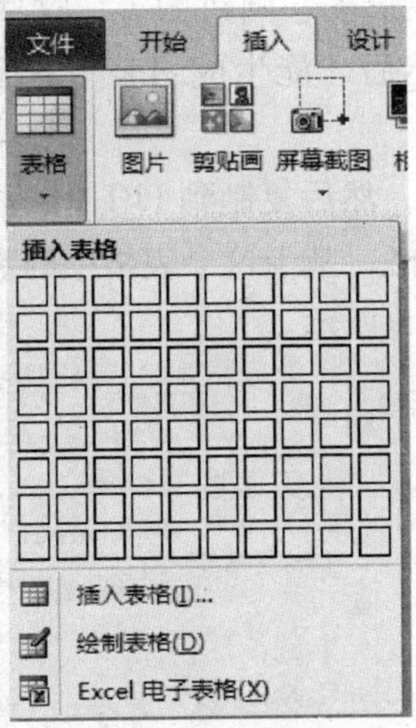

图 9－1　插入表格菜单

（2）在弹出的下拉菜单里面，第一项可以用鼠标拖动，选择你需要的表格的行数和列数，选择第二项则需要自己输入行数和列数，如图 9－2 所示。“绘制表格”是表格的编辑命令，可以进行任意的修改，如图 9－3 所示。

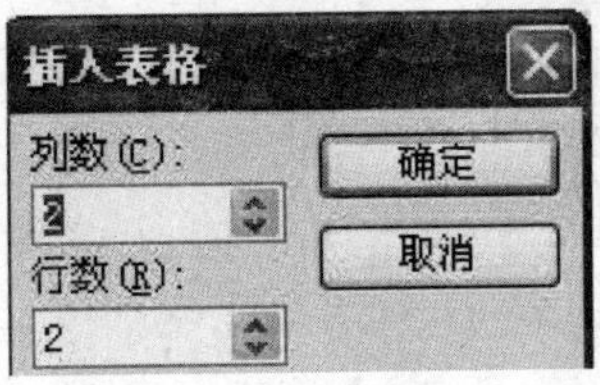

图 9－2　插入表格

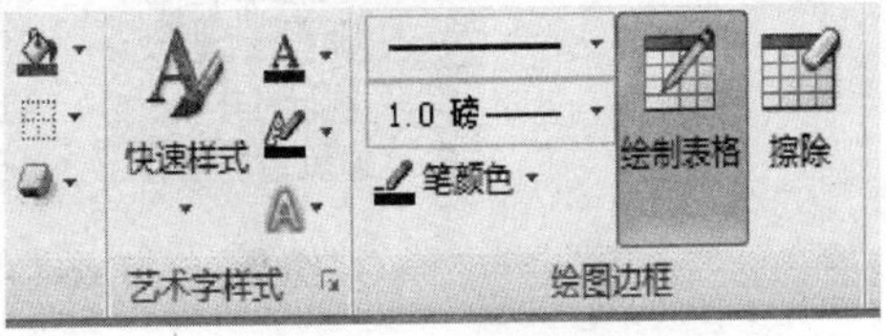

图 9－3　绘制表格

（3）插入Excel电子表格，如图9－4所示。在PPT中插入Excel电子表格，然后输入数据并且编辑，或者采用“选择性粘贴”，放映时你单击你设定的图标就可以打开你做好的表格，而且随时可以修改里面的内容，可以享受到Excel做数据处理的便捷，比超链接有一点好处就是不要带附件。具体操作：选中Excel的表格，复制一下，在PPT中用“选择性粘贴”，勾选“图标”及更名，然后按步骤操作即可。第二种方式：选中Excel的表格，复制一下，在PPT中直接粘贴，贴好之后，贴的内容右边会有一个粘贴的图标，你单击它，会让你选择粘贴普通表格、Excel表格还是图片等等，选图片则不能随便编辑，表格则可以再编辑。

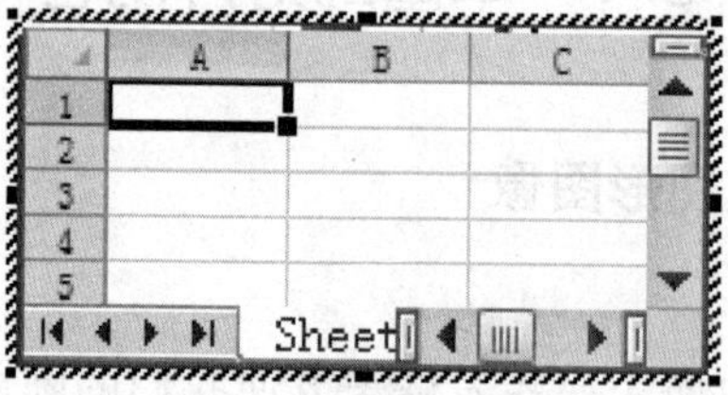

图9－4　插入电子表格

2. 插入图表

PPT中经常用到图表，比如柱形图、圆饼图等，这些图就是基于一定的数据建立起来的，所以我们得先建立数据表格然后才能生成图表。下面提供了两种建立和插入图表的方法，原理其实是一样的。

方法一：通过Excel创建图表，然后复制到PPT中。

（1）打开Excel，建立一个表格，基于这个表格中的数据建立图表，单击“插入”选项卡中的“柱形图”按钮，如图9－5所示。

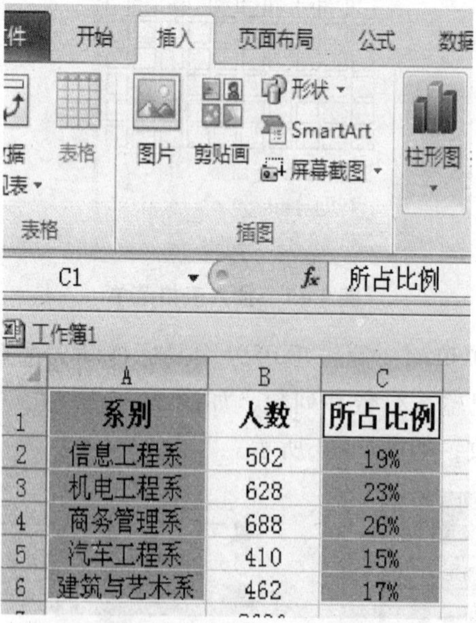

图9－5　Excel中插入图表

（2）在打开的下拉列表中，我们选择一个样式，如图9－6所示。

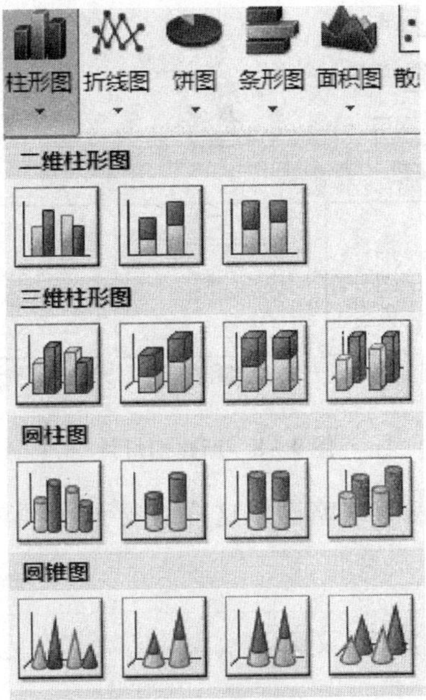

图 9－6　图表样式

（3）这样 Excel 中建立了一个图表，我们右键单击这个图表，然后选择复制，如图 9－7 所示。

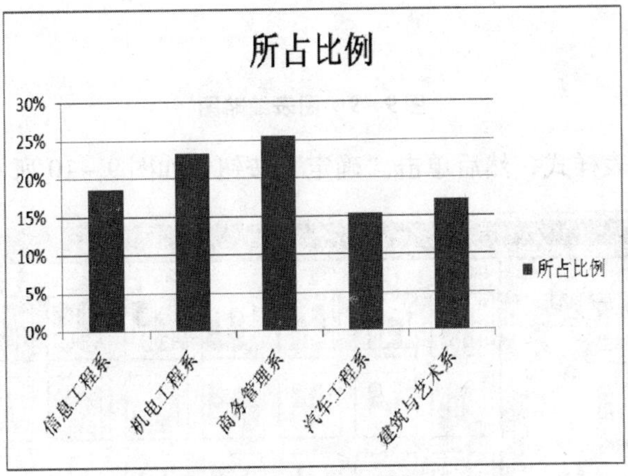

图 9－7　Excel 生成的图表

（4）切换到 PPT 中，我们右键单击空白的位置，然后选择"粘贴"，在 PPT 中则有了刚才我们制作的图表了。

（5）这样图表就插入到了 PPT 中，效果即为图 9－7 所示了。

方法二：在 PPT 中直接创建。

（1）打开 PPT 以后我们先建立一张幻灯片，单击菜单栏上面的"新建幻灯片"按钮选择任意一个布局，如图 9－8 所示。

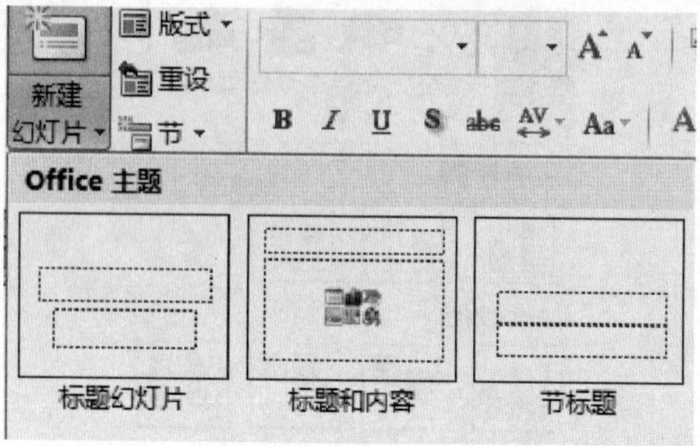

图 9－8　新建幻灯片

（2）单击幻灯片中的图表的缩略图，这样就打开了插入图表的对话框，如图 9－9 所示。

图 9－9　图表缩略图

（3）选择一个图表样式，然后单击“确定”按钮，如图 9－10 所示。

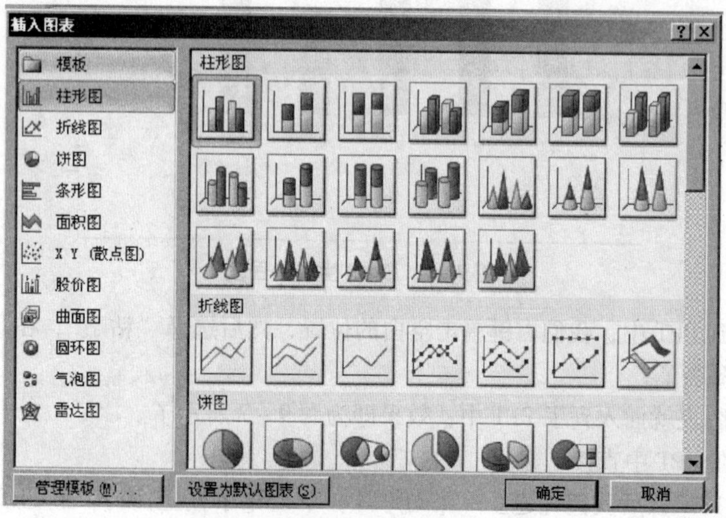

图 9－10　图表样式

（4）打开 Excel 表格，我们在这个表格中输入数据，这些数据就是用于建立图表的，一开始给出了一些默认的数据，这些数据都是没用的，修改这些数据，改成你需要的图表，如

图 9－11 右侧的图表。关闭 Excel 表格，图表就自动创建了，我们可以看到这个图表就是刚才我们输入的那些数据建立的。

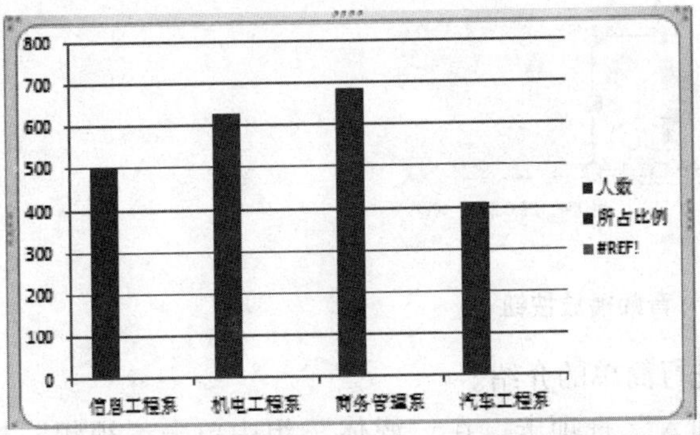

	A	B	C
1	系别	人数	所占比例
2	信息工程系	502	19%
3	机电工程系	628	23%
4	商务管理系	688	26%
5	汽车工程系	410	15%
6	建筑与艺术系	462	17%
7		2690	
8			
9			

图 9－11　自动生成的图表

图形图像的插入和图表是类似的，这里不作详细介绍。

9.1.2　插入媒体剪辑

为了让制作的幻灯片能给观众带来视觉、听觉上的冲击，PowerPoint 2010 提供了插入声音和视频的功能，并在剪辑管理器中提供了素材。接下来分别讲解如何在幻灯片中插入声音和视频。

首先介绍在演示文稿中插入声音，具体操作步骤如下：

（1）选中演示文稿中的第 1 张幻灯片，切换到“插入”选项卡，在“媒体”组中单击“音频”按钮下方的下拉按钮，在弹出的下拉列表中选择“文件中的音频”选项，如图 9－12 所示。

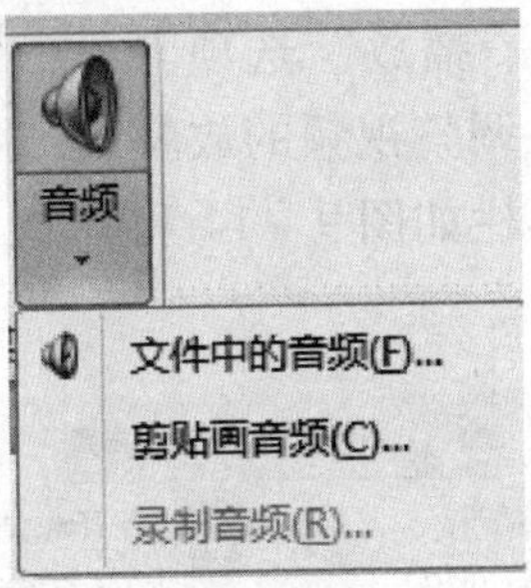

图 9－12　插入“音频”选项按钮

插入声音时，若在下拉列表中选择“剪贴画音频”选项，可插入剪辑管理器中的声音；若选择“录制音频”选项：可自行录制声音，录制完毕后，便可插入到当前幻灯片中。

（2）在弹出的“插入音频”对话框中选择需要插入的声音，然后单击“插入”按钮。

（3）插入声音后，幻灯片中将出现声音图标，根据操作需要，可调整该图标的大小和位置。默认情况下，在幻灯片中插入声音后，放映该幻灯片时，需要单击声音图标才会播放声音。插入声音后选中声音图标，功能区中将显示“音频工具/格式”和“音频工具/播放”选项卡。在“音频工具/格式”选项卡中，可对声音图标的外观进行美化操作；在“音频工具/播放”选项卡中，可预览声音、编辑声音，以及调整声音的放映音量、播放方式等，如图 9－13 所示。

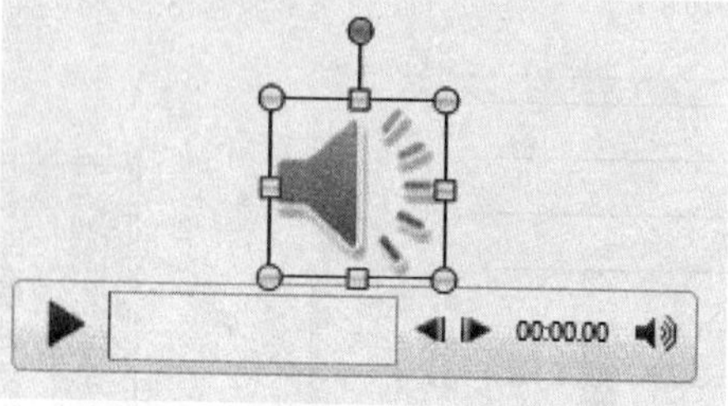

图 9－13　音频播放按钮

视频与声音的插入方法相似，接下来进行简单的介绍。

在要插入视频的幻灯片中，切换到“插入”选项卡，在“媒体”组中单击“视频”按钮下方的下拉按钮，在弹出的下拉列表中选择“文件中的视频”选项，在弹出的“插入视频文件”对话框中选择需要插入的视频，然后单击“插入”按钮即可。

注意，插入视频时，在下拉列表中若选择“来自联机视频网站的视频”选项，可插入来自网站中的视频；若选择“剪辑画视频”选项，可插入剪辑管理器中的视频。

图 9－14　视频播放

插入视频后，幻灯片中将出现以插入的视频片头图像显示的视频图标，根据操作需要，也可调整大小和位置。此外，选中视频图标，功能区中将显示“视频工具/格式”和“视频工具/播放”选项卡。在“视频工具/格式”选项卡中，可对视频图标的外观进行美化；在“视频工具/播放”选项卡中，可预览视频、编辑视频，以及调整视频的放映音量、播放方式等。视频播放工具栏如图 9－14 和 9－15 所示。

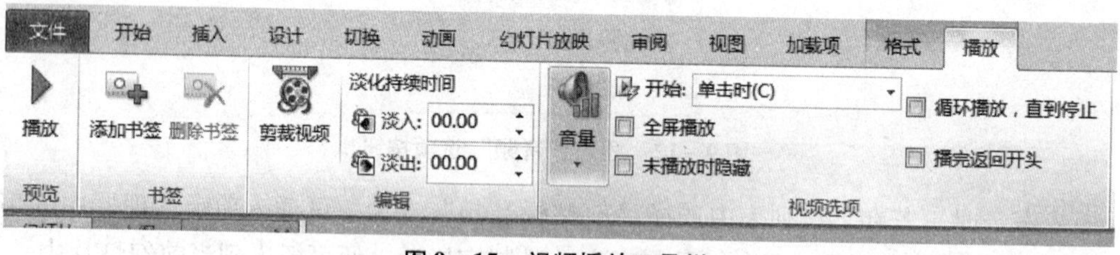

图 9－15　视频播放工具栏

PowerPoint 2010 中，在幻灯片中插入声音和视频后，可通过裁剪功能删除与剪辑消息无关的部分，使声音和视频更加简洁。

9.1.3　通过占位符插入对象

在幻灯片中插入图片、表格和影片等对象时，还可通过占位符实现。当幻灯片采用的是“标题和内容”“两栏内容”等版式时，占位符框中还会提供表格、图片等对象的占位符，单击某个图标，可在幻灯片中插入相应的对象。

（1）单击“插入表格”占位符，可插入表格。

（2）单击“插入图表”占位符，可插入图表。

（3）单击“插入 SmartArt 图形”占位符，可插入 SmartArt 图形。

（4）单击“插入来自文件的图片”占位符，可将电脑中收藏的图片插入到幻灯片。

（5）单击“插入剪贴画”占位符，可插入程序自带的剪贴画。

（6）单击“插入来自文件的影片”占位符，可将电脑中的影片插入到幻灯片。

若幻灯片是用于会议之类的严肃场合，不宜插入不必要的对象，以免分散观众的注意力。

9.2 插入超链接

9.2.1 添加超链接

在演示文稿中，若对文本或其他对象（如图片、表格等）添加超链接，此后单击该对象时，可直接跳转到对应的位置。添加超链接的具体操作步骤如下：

（1）打开需要操作的幻灯片，在要设置超链接的幻灯片中选择要添加超链接的对象，切换到“插入”选项卡，然后单击“链接”组中的“超链接”按钮。

（2）弹出“插入超链接”对话框，在“链接到”栏中选择链接位置，如“本文档中的位置”，然后在“请选择文档中的位置”列表框中选择链接的目标位置，完成后单击“确定”按钮，如图 9－16 所示。

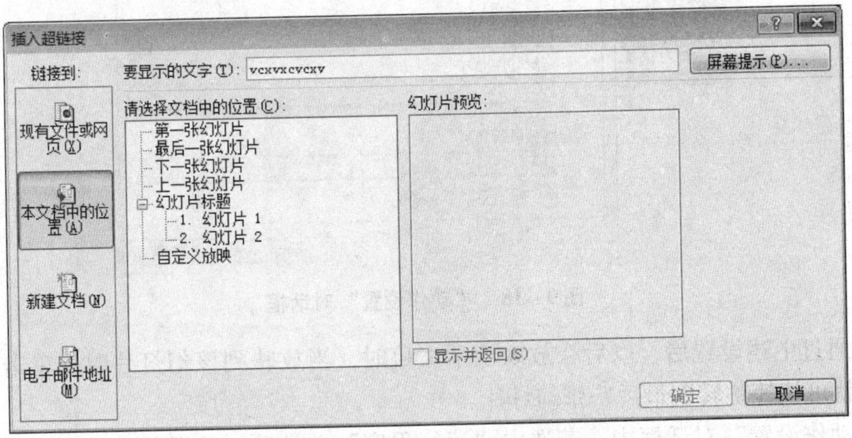

图 9－16 “插入超链接”对话框

（3）返回幻灯片，可看见所选对象的下方出现下划线，且对象颜色也发生了变化。

（4）切换到“幻灯片放映”视图模式，当演示到此幻灯片时，将鼠标指针指向设置了超链接的对象，鼠标指针会变为手形状，此时单击该对象可跳转到目标位置。

9.2.2 插入动作按钮

PowerPoint 2010 提供了一组动作按钮，用户可任意添加，以便在放映过程中跳转到其他幻灯片，或者激活声音文件、视频文件等。插入动作按钮的具体操作步骤如下。

（1）打开需要操作的演示文稿，选中要添加动作按钮的幻灯片，切换到“插入”选项卡，然后单击“插图”组中的“形状”按钮，在弹出的下拉列表中选择需要的动作按钮。

（2）鼠标指针将呈十字状，在要添加动作按钮的位置按住鼠标左键不放，并拖动，以绘制动作按钮，绘制完成后释放鼠标左键，如图 9－17 所示。

图 9－17　动作按钮

（3）释放鼠标左键后，将自动弹出“动作设置”对话框，并定位在“单击鼠标”选项卡，在“单击鼠标时的动作”栏中选中“超链接到”单选项，然后在下拉列表框中选择链接位置，如“最后一张幻灯片”，如果要设置跳转时的声音，可选中“播放声音”复选框，然后在下拉列表框中选择需要的声音效果，相关参数设置完成后，单击“确定”按钮。具体设置如图 9－18 所示。

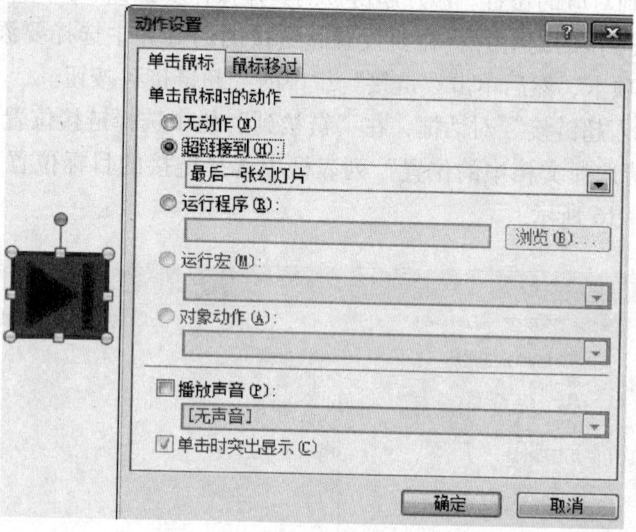

图 9－18　“动作设置”对话框

（4）通过上述设置后，以后在放映演示文稿时，当放映到该幻灯片时，单击设置的动作按钮，就可快速跳转到最后一张幻灯片。

在“动作设置”对话框中，若选中“运行程序”单选项，此后单击动作按钮，可启动设置的应用程序。

9.3 设置动画及切换效果

9.3.1 为同一对象添加多个动画效果

为了让幻灯片中对象的动画效果丰富、自然，可对其添加多个动画效果。例如，要对某张图片添加进入屏幕时的动画动作、在屏幕中的运动轨迹，以及从屏幕中消失的动画动作，可先将该图片选中，然后依次添加“进入”式动画、“动作路径”动画和“退出”式动画。

为幻灯片中的对象添加多个动画效果的操作步骤如下：

（1）在幻灯片中选中要添加动画效果的对象，如图片，切换到“动画”选项卡，然后在“动画”组中单击列表框中的▼按钮，在弹出的下拉列表中选择需要的动画效果。

（2）保持图片的选中状态，在“动画”选项卡的“高级动画”组中单击“添加动画”按钮，在弹出的下拉列表中选择需要添加的第 2 个动画效果。

（3）保持图片的选中状态，再次单击“添加动画”按钮，在弹出的下拉列表中选择需要添加的第 3 个动画效果，如图 9－19 所示。

图 9－19 添加多个动画工具栏

（4）为选中的对象添加多个动画效果后，该对象的左侧会出现编号，该编号是根据动画效果的添加顺序而添加的。

注意：添加动画效果后，还可对这些效果进行相应的编辑操作，如复制动画效果、删除动画效果和调整动画效果的播放顺序等。

9.3.2 设置动画参数

每个动画效果都有相应的参数，比如开始时间、速度等。下面以进入式动画方案中的“轮子”动画效果为例，讲解如何设置动画参数。

（1）在“动画窗格”中选中要设置动画参数的动画效果，这里选择“轮子”动画效果，然后在“计时”组的“开始”下拉列表中设置开始播放该动画的触发点，如图9－20所示。

（2）保持该动画的选中状态，在“动画”组中单击“效果选项”按钮，在弹出的下拉列表中设置该动画的进入方向。

（3）若需要设置更详细的参数，可在“动画窗格”中单击“飞入”动画效果右侧的下拉按钮，在弹出的下拉列表中选择“效果选项”选项。

（4）弹出参数设置对话框，在“效果”选项卡中可设置动画方向、动画的播放声音和动画播放后的效果等参数。

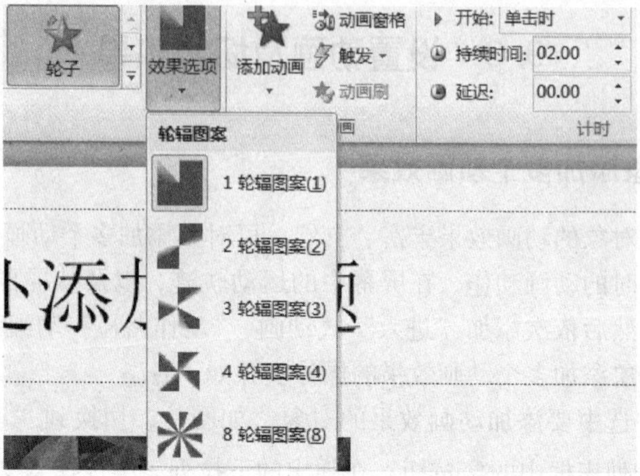

图 9－20　动画参数设置

（5）在“计时”选项卡中，可设置播放时的触发点、速度（在“期间”下拉列表中设置）和重复次数等参数，相关参数设置完成后，单击“确定”按钮即可。

注意：如果希望动画效果只在单击某一个特殊对象的时候才开始播放，就需要使用触发器来指定这一播放条件。方法为：在参数设置对话框的“计时”选项卡中单击“触发器”按钮，在展开的选项中进行设置即可。

在“计时”组或参数设置对话框的“计时”选项卡中，都有一个“开始”下拉列表，在该下拉列表中有 3 个选项：

- 单击时：上一个动画播放完后单击鼠标才能播放当前动画；
- 与上一动画同时：与前一个动画同步播放；
- 上一动画之后：在上一个动画播放完毕后自动播放当前动画。

9.3.3　设置切换声音与持续时间

除了对幻灯片设置切换方式外，还可根据操作需要设置切换声音及持续时间，其中“持续时间”是 PowerPoint 2010 新增的功能，相当于以往版本中的“切换速度”。设置切换声音及持续时间的具体操作步骤如下。

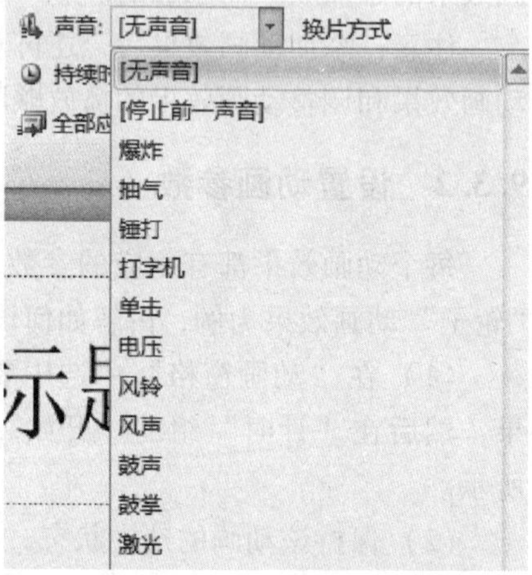

图 9－21　切换声音与持续时间

（1）在演示文稿的第 1 张幻灯片中，切换到“切换”选项卡，然后在“计时”组的“声音”下拉列表中设置切换声音。若在“声音”下拉列表中选择“其他声音”选项，可在弹出的“添加音频”对话框中选择电脑中存储的声音。

（2）在当前幻灯片中，在“持续时间”微调框中可设置播放时间。如果要将当前幻灯片的设置（切换方式、声音及持续时间）应用到该演示文稿的所有幻灯片中，可单击“计时”组中的“全部应用”按钮，如图 9－21 所示。

9.4 演示文稿的放映

9.4.1 设置幻灯片放映时间及录制幻灯片演示

默认情况下，在放映演示文稿时需要单击鼠标左键，才会播放下一个动画或下一张幻灯片，这种方式叫手动放映。如果希望当前动画或幻灯片播放完毕后自动播放下一个动画或下一张幻灯片，可对幻灯片设置放映时间。放映时间的设置方法有两种，一种是手动设置，另一种是排练计时，接下来将分别进行讲解。

1. 幻灯片放映

1）手动设置

手动设置放映时间，就是逐一对各张幻灯片设置播放时间。手动设置放映时间的操作方法为：在演示文稿中选中要设置放映时间的某张幻灯片，切换到“切换”选项卡，在“计时”组的“换片方式”栏中勾选“设置自动换片时间”复选框，然后在右侧的微调框中设置当前幻灯片的播放时间，用相同的方法，分别对其他幻灯片设置相应的放映时间即可。对每张幻灯片设置播放时间后，放映演示文稿时会根据设置的时间进行自动放映。此外，对当前幻灯片的放映时间设置好后，如果希望该设置应用到所有的幻灯片中，可单击“计时”组中的“全部应用”按钮。

2）排练计时

排练计时是指在排练的过程中设置幻灯片的播放时间。排练计时的方法为：

在要进行排练计时的演示文稿中，切换到“幻灯片放映”选项卡，然后单击“设置”组中的“排练计时”按钮进入全屏放映幻灯片状态，同时屏幕的左上角将打开“录制”工具条进行计时，此时，演示者便可开始设置排练演示时间。

在排练计时的过程中，可进行如下操作。

（1）当需要对下一个动画或下一张幻灯片进行排练时，可单击“录制”工具条中的“下一项”按钮。

（2）在排练过程中因故需要暂停排练，可单击“录制”工具条中“暂停”按钮，暂停计时。

（3）在排练计时的过程中，可在“幻灯片放映时间”文本框 0:00:15 中手动输入当前动画或幻灯片的放映时间，然后按下 Tab 键切换到下一个动画或下一张幻灯片，使手动设置的时间生效。

（4）若因故需要对当前幻灯片重新排练，可单击“重复”按钮，将当前幻灯片的排练时间归零，并重新计时。

在排练计时的过程中，“录制”工具条中的“重复”按钮右侧会记录并显示当前演示文稿放映的总时间，但这个总时间不一定是各张幻灯片放映时间的总和，有时可能还会有一些时间误差。

2. 录制幻灯片

为了便于观众理解，演示者有时还会在放映的过程中进行讲解。但当演示者不能参加演示文稿放映时，就可以通过 PowerPoint 2010 的录制功能来录制旁白，以解决该问题。

如果用户的电脑已经安装了相关的声音硬件，就可以录制旁白了，具体操作步骤如下：

（1）打开需要录制旁白的演示文稿，切换到“幻灯片放映”选项卡，然后在“设置”组中单击“录制幻灯片演示”按钮下方的下拉按钮，在弹出的下拉列表中选择录制的起始幻灯片，如“从头开始录制”。若直接单击“设置”组中的“录制幻灯片演示”按钮，将直接从第一张幻灯片开始录制。

（2）在弹出的“录制幻灯片演示”对话框中，若选中“幻灯片和动画计时”复选框，可记录幻灯片的播放时间；若选中“旁白和激光笔”复选框，可录制旁白。这里选中全部复选框，然后单击“开始录制”按钮。

（3）进入全屏放映幻灯片状态，同时屏幕上还会打开“录制”工具条进行计时，此时演讲者只需对着麦克风讲话，即旁白。当前幻灯片的旁白录制完成后，可单击“录制”工具条中的“下一项”按钮，切换到下一张幻灯片。

（4）用同样的方法为其他幻灯片录制旁白，当最后一张幻灯片的旁白录制好后，单击“下一项”按钮结束放映。

（5）旁白的录制结束后，PowerPoint 将自动以“幻灯片浏览”视图模式显示各幻灯片的播放时间，且在设置了旁白的幻灯片右下角添加一个声音图标。

9.4.2 幻灯片的高级放映方式

1. 启动放映

幻灯片的放映方法主要有 4 种，分别是从头开始、从当前幻灯片开始、广播幻灯片和自定义幻灯片放映（由读者自己去体会实践）。

1）从头开始

如果希望从第 1 张幻灯片开始依次放映演示文稿中的幻灯片，可通过下面两种方法实现。

切换到“幻灯片放映”选项卡，然后单击“开始放映幻灯片”组中的“从头开始”按钮；或按下 F5 键。

2）从当前选中的幻灯片开始放映

如果希望从当前选中的幻灯片开始放映演示文稿，可通过下面三种方法实现。

切换到“幻灯片放映”选项卡，然后单击“开始放映幻灯片”组中的“从当前幻灯片开始”按钮；或按下 Shift + F5 组合键；或者单击右下方工具栏上的幻灯片放映按钮开始放映。

3）广播幻灯片

PowerPoint 2010 新增了广播放映幻灯片功能，通过该功能，演示者可以在任意位置通过 Web 与任何人共享幻灯片放映，在放映过程中，演示者可以随时暂停幻灯片放映、向访问群体重新发送观看网站，或者在不中断广播及不向访问群体显示桌面的情况下切换到另一应用程序。

广播幻灯片具体操作步骤如下：

（1）打开需要广播放映的演示文稿，切换到“幻灯片放映”选项卡，然后单击“开始放映幻灯片”组中的“广播幻灯片”按钮。

（2）弹出“广播幻灯片”对话框，如果愿意使用“广播服务”栏中提供的服务，可单击“启动广播”按钮。

（3）在接下来弹出的对话框中将自动连接到服务器。连接到服务器后，在弹出的对话框中输入 Windows Live 账号，然后单击“确定”按钮。

（4）输入的账号通过验证后，会将演示文稿连接到广播服务器上，并在对话框中显示连接进度。连接完成后，在弹出的对话框中将显示链接地址，将该地址复制下来，并告知访问群体，当访问群体收到访问地址后，演示者可单击“开始放映幻灯片”按钮实现广播放映。

（5）此时，演示者的电脑上开始全屏播放演示文稿。同时，访问群体将在浏览器（如 Internet Explorer）中同步观看。

（6）演示完毕并准备结束广播时，请按 Esc 键退出幻灯片放映视图，在返回的窗口中单击“结束广播”按钮结束广播放映。

2. 隐藏幻灯片

当放映的场合或者针对的观众群不相同时，放映者可能不需要放映某些幻灯片，此时便可通过隐藏功能将它们隐藏，具体操作步骤如下。

（1）打开需要操作的演示文稿，选中要隐藏的幻灯片，切换到“幻灯片放映”选项卡，然后单击“设置”组中的“隐藏幻灯片”按钮，如图 9－22 所示。

图 9－22　隐藏幻灯片

（2）对幻灯片执行隐藏操作后，在视图窗格的“幻灯片”选项卡中，该幻灯片的缩略图将呈朦胧状态，且编号上出现了一个斜线方框，表示该幻灯片已被隐藏，在放映过程中不会放映。

（3）若要将隐藏的幻灯片显示出来，应先将其选中，再次单击“隐藏幻灯片”按钮，或者使用鼠标右键单击，在弹出的快捷菜单中执行“隐藏幻灯片”命令，从而取消该命令的选中状态。

3. 控制放映过程

若没有对演示文稿中的幻灯片设置放映时间或者录制旁白，则在放映时就需要控制放映过程，如切换到下一个动画或下一张幻灯片、返回到上一个动画或上一张幻灯片等。

若要切换到下一个动画或下一张幻灯片，可通过以下几种方式实现。

➢ 使用鼠标左键单击屏幕的任意位置；

➢ 按下 Enter、Page Down、N、空格、→或↓键；

➢ 使用鼠标右键单击任意位置，在弹出的快捷菜单中执行“下一张”命令；

➢ 移动光标到屏幕左下角，屏幕左下角将出现控制按钮，单击“下一张”按钮。

若要切换到上一个动画或上一张幻灯片，可通过以下几种方式实现。

➢ 使用鼠标右键单击任意位置，在弹出的快捷菜单中执行“上一张”命令；

➢ 移动光标到屏幕左下角，单击“上一张”按钮；

➢ 按下 Back Space、Page Up、P、↑或←键。

在放映过程中，屏幕左下角的控制按钮中有一个菜单按钮▤，单击该按钮，可弹出一个控制菜单，该菜单中各项命令的功能和使用方法如下。

➢ 执行“上一张”命令，可切换到上一个动画或上一张幻灯片；

➢ 执行“下一张”命令，可切换到下一个动画或下一张幻灯片；

➢ 执行“上次查看过的”命令，可切换到上次播放的幻灯片；

➢ 执行“定位至幻灯片”命令，在弹出的子菜单中会列出演示文稿中所有的幻灯片，单击任意一张幻灯片，可切换到该幻灯片；

➢ 执行“自定义放映”命令，在弹出的子菜单中会列出自定义放映方式，单击某个方式，即可以该方式的设置放映幻灯片；

➢ 执行“结束放映”命令，可结束放映，并退出“幻灯片放映”视图。

在放映带有演讲者备注的演示文稿时，最好使用演示者视图进行放映，演示者便可在一台计算机（如便携式计算机）上查看带有演讲者备注的演示文稿，而观众可以在其他监视器（如投影到大屏幕上的监视器）上观看不带备注的演示文稿。

使用演示者视图时，还需要遵守以下要求。

➢ 确保用于演示文稿的计算机支持连接多台监视器，目前大多数台式计算机均内置了多监视器支持，如果没有，则需要两个视频卡；

➢ PowerPoint 仅支持对一个演示文稿使用两台监视器，不过，用户可以通过适当的配置，使演示文稿可在连接到一台计算机上的 3 台或更多台监视器上运行。

9.4.3 将演示文稿转换成视频

将演示文稿转换成视频前，请读者记住以下几点提示。

➢ 可以在视频中录制语音旁白和激光笔运动轨迹，并进行计时；

➢ 可以控制多媒体文件的大小以及视频的质量；

➢ 可以在视频中添加动画和切换效果；

➢ 观看者无须在其计算机上安装 PowerPoint，就可观看该文稿；

➢ 即使演示文稿中包含嵌入的视频，该视频也可以正常播放，而无须加以控制；

➢ 根据演示文稿的大小，创建视频可能需要很长时间。演示文稿越长，动画、切换效果以及包括的其他媒体越多，则需要的时间就越长，但在等待的过程中仍然可以使用 PowerPoint。

将演示文稿转变成视频的具体操作步骤如下：

（1）打开演示文稿，切换到“文件”选项卡，在左侧窗格执行“保存并发送”命令，在中间窗格的“文件类型”栏中执行“创建视频”命令，在右侧窗格中单击“创建视频”按钮，如图 9－23 所示。

（2）在弹出的“另存为”对话框中设置存放视频的路径，然后单击“保存”按钮。

（3）开始将演示文稿转换成视频，此时可在该演示文稿窗口的状态栏中查看转换进度。

（4）转换完成后，进入刚才设置的存放路径，可看见生成的视频文件。

在“文件”选项卡的“创建视频”界面中，在“计算机和 HD 显示”下拉列表中有 3 个选项，其作用介绍如下。

➢ 若要创建质量很高的视频（文件会比较大），可选择“计算机和 HD 显示”选项；

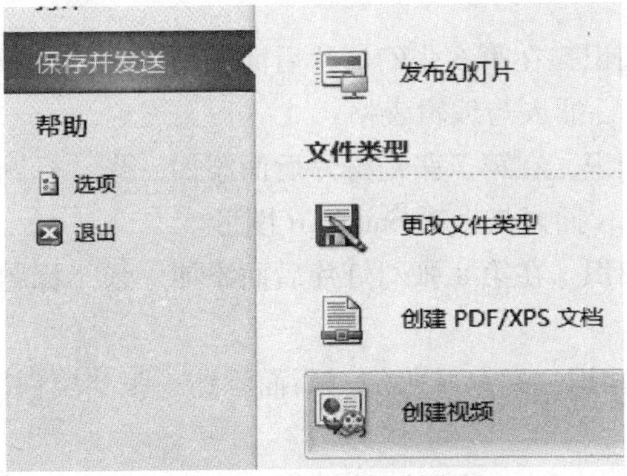

图 9－23　创建视频菜单

➢ 若要创建具有中等文件大小和中等质量的视频，可选择“Internet 和 DVD”选项；

➢ 若要创建文件最小的视频（质量低），可选择“便携式设备”选项；

在“使用录制的计时和旁白”下拉列表中有两个选项，其作用介绍如下。

➢ 若选择“不要使用录制的计时和旁白”选项，则所有的幻灯片都将使用下面设置的默认持续时间，即“放映每张幻灯片的秒数”微调框中设置的时间，将忽略视频中的任何旁白；

➢ 若选择“使用录制的计时和旁白”选项，则没有设置计时的幻灯片才会使用下面设置的默认持续时间。

默认情况下，每张幻灯片的放映时间为 5 秒，根据操作需要，用户可在“放映每张幻灯片的秒数”微调框中更改此值。

（5）将演示文稿转换成视频后，便可播放该视频了，其方法为：进入视频文件所在的存放路径，然后双击该视频文件，便可使用默认的播放器进行播放。

9.5　案例 1——制作“公司宣传册”演示文稿

9.5.1　设计“公司宣传册”演示文稿

（1）新建一篇空白演示文稿，并以“公司宣传册”为名进行保存，然后参考前面所讲的知识，在第 1 张幻灯片中输入并编辑内容，然后插入声音。

（2）参照前面所学知识，在第 1 张幻灯片后面添加一张“标题和内容”版式的幻灯片，在其中输入并编辑内容。

（3）参照前面所学知识，在第 2 张幻灯片后面添加一张“两栏内容”版式的幻灯片，在其中输入并编辑内容，以及插入与编辑图片。

（4）参照前面所学知识，在第 3 张幻灯片后面添加一张“两栏内容”版式的幻灯片，并在其中输入与编辑内容，插入与编辑图片。

（5）参照前面所学知识，在第 4 张幻灯片后面添加一张“两栏内容”版式的幻灯片，并在其中输入与编辑内容，插入与编辑图片。

（6）参照前面所学知识，在第 5 张幻灯片后面添加一张“标题和内容”版式的幻灯片，并在其中输入与编辑内容。

（7）参照前面所学知识，在第6张幻灯片后面添加一张“标题和内容”版式的幻灯片，并在其中输入与编辑内容，插入与编辑表格。

（8）参照前面所学知识，在第7张幻灯片后面添加一张“标题和内容”版式的幻灯片，并在其中输入与编辑内容，插入与编辑SmartArt图形。

（9）参照前面所学知识，在第8张幻灯片后面添加一张“标题和内容”版式的幻灯片，并在其中输入与编辑内容。

（10）参照前面所学知识，在第9张幻灯后面添加一张“空白”版式的幻灯片，在其中插入与编辑艺术字。

（11）至此，完成了“公司宣传册”演示文稿的制作，切换到“幻灯片浏览”视图模式可查看效果。

9.5.2 美化“公司宣传册”演示文稿

幻灯片的内容编辑完成后，为了让其更加赏心悦目，可对其进行相应的美化操作，例如设置背景、应用主题样式等，下面简单进行讲解。

1. 设置幻灯片背景

幻灯片是否美观，背景十分重要。PowerPoint 2010提供了几款内置背景色样式，用户可根据需要选择。如果对内置样式不满意，用户可自定义其他的背景样式，如纯色、渐变色或图片等。对演示文稿设置背景的具体操作步骤如下。

（1）打开需要操作的演示文稿，切换到“设计”选项卡，然后单击“背景”组中的“背景样式”按钮，在弹出的下拉列表中选择“设置背景格式”选项。

在“背景样式”下拉列表中提供了一些背景样式，这些样式是根据用户近期使用的颜色和原背景色自动生成的，直接单击某样式，可将其应用到演示文稿所有的幻灯片中。

（2）弹出“设置背景格式”对话框，在“填充”选项卡中选择背景填充方式，这里选中“图片或纹理填充”单选项，然后单击“文件”按钮。

（3）在弹出的“插入图片”对话框中选择需要作为背景的图片，然后单击“插入”按钮。

（4）在返回的“设置背景格式”对话框中单击“全部应用”按钮，将所设置的背景应用到演示文稿的所有幻灯片中，然后单击“关闭”按钮，关闭该对话框。

（5）返回演示文稿，切换到“幻灯片浏览”视图模式可查看设置后的效果。

注意：

（1）在“设置背景格式”对话框中设置好背景后，若直接单击“关闭”按钮，则设置的背景效果将只应用到当前幻灯片中；若单击“重置背景”按钮，可取消当前设置的背景效果。

（2）对幻灯片设置背景后，“背景样式”下拉列表中的“重置幻灯片背景”选项将呈可用状态，选择该选项，可取消设置的背景效果。

2. 应用主题

演示文稿的主题是一组格式选项，集合了颜色、字体和幻灯片背景等格式，通过应用这些主题，用户可快速而轻松地对演示文稿中所有的幻灯片设置具备统一风格的外观效果。

PowerPoint 2010提供了许多主题样式，应用这些样式，可轻松设置整个演示文稿的格式，如背景样式、标题文本格式等，从而可对演示文稿设置更专业、更时尚的外观。对演示文稿应用主题的操作方法如下。

（1）打开“公司宣传册”演示文稿，切换到“设计”选项卡，在“主题”组的列表框中，通过单击向上▲或向下▼按钮查找需要的主题样式，或者单击下拉按钮，在弹出的下拉列表中进行选择，如图 9－24 所示。

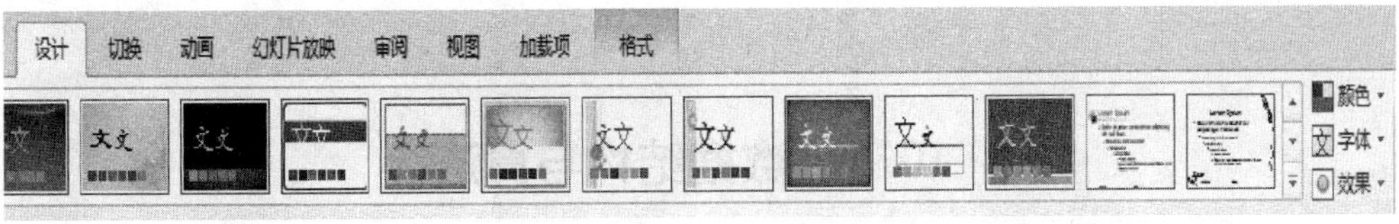

图 9－24　主题样式

如果 PowerPoint 2010 自带的主题样式不能满足用户的需要，可以自定义需要的主题样式，其方法为：在“主题”组中，通过单击“颜色”“字体”和“效果”按钮，可分别手动设置统一风格的颜色、字体及效果。

（2）应用主题样式后，切换到“幻灯片浏览”视图模式下查看设置后的效果。

9.5.3　放映“公司宣传册”演示文稿

本节内容将结合创建自动运行的演示文稿、放映演示文稿等相关知识，练习放映“公司宣传册”，具体操作步骤如下：

（1）打开“公司宣传册”演示文稿，参照前面的操作方法，通过排练计时的功能，将每张幻灯片的放映时间设置为 10 秒。本案例中为了避免时间误差，在排练计时过程中，当每张幻灯片的放映时间为 9 秒时，就单击“录制”工具条中的“下一项”按钮切换到下一张幻灯片，以使每张幻灯片的放映时间为 10 秒。

（2）参照前面所讲的知识，打开“设置放映方式”对话框，在“放映选项”选项组中选中“循环放映，按 ESC 键终止”复选框，然后单击“确定”按钮。

（3）返回演示文稿，在“幻灯片放映”选项卡的“开始放映幻灯片”组中单击“从头开始”按钮。此时，系统将按照排练时间从第 1 张幻灯片开始放映，且该演示文稿会循环放映，当要结束放映时，按下 ESC 键即可。

习　题　9

1. 自己寻找素材，制作“百合花.pptx”演示文稿，具体要求如下：

（1）幻灯片不少于 5 页，选择恰当的版式，并且版式要有变化。

（2）第一页上要有艺术字形式的“百年好合”字样。有标题页，有主题。

（3）幻灯片中除了有文字外还要有图片。

（4）采用由观众手动自行浏览方式放映演示文稿，动画效果要贴切，幻灯片切换效果要恰当、多样。

（5）在放映时要全程自动播放背景音乐。

（6）将制作完成的演示文稿以“百合花.pptx”为文件名进行保存。

第 10 章　二级公共基础部分

10.1　数据结构与算法

10.1.1　算法的基本概念

计算机解题的过程实际上是在实施某种算法，这种算法称为计算机算法。

1. 算法的基本特征

算法的基本特征是其具有可行性、确定性、有穷性、有一个或零个输入、至少一个输出。

2. 算法的基本要素

一个算法由两种基本要素组成：一是对数据对象的运算和操作；二是算法的控制结构。

1）算法中对数据的运算和操作

在一般的计算机系统中，基本的运算和操作有以下 4 类：算术运算、逻辑运算、关系运算和数据传输。

2）算法的控制结构

算法中各操作之间的执行顺序称为算法的控制结构。描述算法的工具通常有传统流程图、N－S 结构化流程图、算法描述语言等。一个算法一般都可以用顺序、选择、循环这 3 种基本控制结构组合而成。

10.1.2　算法复杂度

1. 算法的时间复杂度

算法的时间复杂度是指执行算法所需要的计算工作量。同一个算法用不同的语言实现，或者用不同的编译程序进行编译，或者在不同的计算机上运行，效率均有所不同。这表明，使用绝对的时间单位来衡量算法的效率是不合适的。抛开这些与计算机硬件、软件有关的因素，可以认为一个特定算法“运行工作量”的大小，只依赖于问题的规模（通常用整数 n 表示），它是问题规模的函数。即算法的工作量 = f（n）。

2. 算法的空间复杂度

算法的空间复杂度是指执行这个算法所需要的内存空间。一个算法所占用的存储空间包括算法程序所占的空间、输入的初始数据所占的存储空间以及算法执行过程中所需要的额外空间。其中额外空间包括算法程序执行过程中的工作单元以及某种数据结构所需要的附加存储空间。如果额外空间量相对于问题规模来说是常数，则称该算法是原地工作的。在许多实际问题中，为了减少算法所占的存储空间，通常采用压缩存储技术，以便尽量减少不必要的额外空间。

疑难解答：算法的工作量用什么来计算？

算法的工作量用算法所执行的基本运算次数来计算，而算法所执行的基本运算次数是问题规模的函数，即算法的工作量 = f（n），其中 n 是问题的规模。

10.1.3 数据结构的基本概念

1. 数据结构研究的主要内容

数据结构作为计算机的一门学科，主要研究和讨论以下 3 个方面的内容。

（1）数据集合中各数据元素之间所固有的逻辑关系，即数据的逻辑结构。

（2）在对数据元素进行处理时，各数据元素在计算机中的存储关系，即数据的存储结构。

（3）对各种数据结构进行的运算。

数据：是对客观事物的符号表示，在计算机科学中是指所有能输入到计算机中并被计算机程序处理的符号的总称。

数据元素：是数据的基本单位，在计算机程序中通常作为一个整体进行考虑和处理。

数据对象：是性质相同的数据元素的集合，是数据的一个子集。

数据的逻辑结构是对数据元素之间的逻辑关系的描述，它可以用一个数据元素的集合和定义在此集合中的若干关系来表示。数据的逻辑结构有两个要素：一是数据元素的集合，通常记为 D；二是 D 上的关系，它反映了数据元素之间的前后件关系，通常记为 R。一个数据结构可以表示成 B =（D，R），其中 B 表示数据结构。为了反映 D 中各数据元素之间的前后件关系，一般用二元组来表示。数据的逻辑结构在计算机存储空间中的存放形式称为数据的存储结构（也称数据的物理结构）。由于数据元素在计算机存储空间中的位置关系可能与逻辑关系不同，因此，为了表示存放在计算机存储空间中的各数据元素之间的逻辑关系（即前后件关系），在数据的存储结构中，不仅要存放各数据元素的信息，还需要存放各数据元素之间的前后件关系的信息。

一种数据的逻辑结构根据需要可以表示成多种存储结构，常用的存储结构有顺序、链接、索引等。而采用不同的存储结构时，进行数据处理的效率是不同的。因此，在进行数据处理时，选择合适的存储结构是很重要的。

2. 线性结构与非线性结构

根据数据结构中各数据元素之间前后件关系的复杂程度，一般将数据结构分为两大类型：线性结构与非线性结构。如果一个非空的数据结构满足下列两个条件：

（1）有且只有一个根结点。

（2）每一个结点最多有一个前件，也最多有一个后件。

则称该数据结构为线性结构。线性结构又称线性表。在一个线性结构中插入或删除任何一个结点后还应是线性结构。如果一个数据结构不是线性结构，则称之为非线性结构。

疑难解答：空的数据结构是线性结构还是非线性结构？

一个空的数据结构究竟是属于线性结构还是属于非线性结构，这要根据具体情况来确定。如果对该数据结构的算法是按线性结构的规则来处理的，则属于线性结构；否则属于非线性结构。

10.1.4 栈及线性链表

1. 栈的基本概念

栈是限定只在一端进行插入与删除的线性表，通常称插入、删除的这一端为栈顶，另一端为栈底。当表中没有元素时称为空栈。栈顶元素总是后被插入的元素，从而也是最先被删除的元素；栈底元素总是最先被插入的元素，从而也是最后才能被删除的元素。栈是按照“先进后出”或“后进先出”的原则组织数据的。

2. 栈的顺序存储及其运算

用一维数组 S（1：m）作为栈的顺序存储空间，其中 m 为最大容量。在栈的顺序存储空间 S（1：m）中，S（*bottom*）为栈底元素，S（*top*）为栈顶元素。$top=0$ 表示栈空，$top=m$ 表示栈满。

栈的基本运算有 3 种：入栈、退栈与读栈顶元素。

1）入栈运算

入栈运算是指在栈顶位置插入一个新元素。首先将栈顶指针加一（即 $top+1$），然后将新元素插入到栈顶指针指向的位置。当栈顶指针已经指向存储空间的最后一个位置时，说明栈空间已满，不能再进行入栈操作。这种情况称为栈“上溢”错误。

2）退栈运算

退栈是指取出栈顶元素并赋给一个指定的变量。首先将栈顶元素（栈顶指针指向的元素）赋给一个指定的变量，然后将栈顶指针减一（即 $top-1$）。当栈顶指针为 0 时，说明栈空，不可进行退栈操作。这种情况称为栈的“下溢”错误。

3）读栈顶元素

读栈顶元素是指将栈顶元素赋给一个指定的变量。这个运算不删除栈顶元素，只是将它赋给一个变量，因此栈顶指针不会改变。当栈顶指针为 0 时，说明栈空，读不到栈顶元素。

小技巧：栈是按照“先进后出”或“后进先出”的原则组织数据的，但是出栈方式有多种选择，在考题中经常考查各种不同的出栈方式。

3. 线性链表的基本概念

在链式存储方式中，要求每个结点由两部分组成：一部分用于存放数据元素值，称为数据域，另一部分用于存放指针，称为指针域。其中指针用于指向该结点的前一个或后一个结点（即前件或后件）。链式存储方式既可用于表示线性结构，也可用于表示非线性结构。

1）线性链表

线性表的链式存储结构称为线性链表。在某些应用中，对线性链表中的每个结点设置两个指针，一个称为左指针，用以指向其前件结点；另一个称为右指针，用以指向其后件结点。这样的表称为双向链表。

2）带链的栈

栈也是线性表，也可以采用链式存储结构。带链的栈可以用来收集计算机存储空间中所有空闲的存储结点，这种带链的栈称为可利用栈。

疑难解答：在链式结构中，存储空间位置关系与逻辑关系是怎样的？

在链式存储结构中，存储数据结构的存储空间可以不连续，各数据结点的存储顺序与数据元素之间的逻辑关系可以不一致，而数据元素之间的逻辑关系是由指针域来确定的。

10.1.5 树与二叉树

1. 树的基本概念

树是一种简单的非线性结构。在树结构中，每一个结点只有一个前件，称为父结点，没有前件的结点只有一个，称为树的根结点。每一个结点可以有多个后件，它们称为该结点的子结点。没有后件的结点称为叶子结点。

在树结构中，一个结点所拥有的后件个数称为该结点的度。叶子结点的度为0。在树中，所有结点中的最大的度称为树的度。

2. 二叉树及其基本性质

1）二叉树的定义

二叉树是一种很有用的非线性结构，它具有以下两个特点：

（1）非空二叉树只有一个根结点。

（2）每一个结点最多有两棵子树，且分别称为该结点的左子树和右子树。

由以上特点可以看出，在二叉树中，每一个结点的度最大为2，即所有子树（左子树或右子树）也均为二叉树，而树结构中的每一个结点的度可以是任意的。另外，二叉树中的每个结点的子树被明显地分为左子树和右子树。在二叉树中，一个结点可以只有左子树而没有右子树，也可以只有右子树而没有左子树。当一个结点既没有左子树也没有右子树时，该结点即为叶子结点。

2）二叉树的基本性质

二叉树具有以下几个性质。

性质1：在二叉树的第 k 层上，最多有 $2k-1$（$k\geqslant1$）个结点。

性质2：深度为 m 的二叉树最多有 $2m-1$ 个结点。

性质3：在任意一棵二叉树中，度为0的结点（即叶子结点）总是比度为2的结点多一个。

性质4：具有 n 个结点的二叉树，其深度至少为 $[\log2n]+1$，其中 $[\log2n]$ 表示取 $\log2n$ 的整数部分。

小技巧：在二叉树的遍历中，无论是前序遍历、中序遍历还是后序遍历，二叉树的叶子结点的先后顺序都是不变的。

3. 满二叉树与完全二叉树

满二叉树是指这样的一种二叉树：除最后一层外，每一层上的所有结点都有两个子结点。在满二叉树中，每一层上的结点数都达到最大值，即在满二叉树的第 k 层上有 $2k-1$ 个结点，且深度为 m 的满二叉树有 $2m-1$ 个结点。完全二叉树是指这样的二叉树：除最后一层外，每一层上的结点数均达到最大值；在最后一层上只缺少右边的若干结点。对于完全二叉树来说，叶子结点只可能在层次最大的两层上出现：对于任何一个结点，若其右分支下的子孙结点的最大层次为 p，则其左分支下的子孙结点的最大层次或为 p，或为 $p+1$。

完全二叉树具有以下两个性质。

性质1：具有 n 个结点的完全二叉树的深度为 $[\log2n]+1$。

性质2：设完全二叉树共有 n 个结点。如果从根结点开始，按层次（每一层从左到右）用自然数1，2，……，n 给结点进行编号，则对于编号为 k（$k=1, 2, \cdots\cdots, n$）的结点有以下结论。

（1）若 $k=1$，则该结点为根结点，它没有父结点；若 $k>1$，则该结点的父结点编号为 INT（$k/2$）。

（2）若 $2k\leqslant n$，则编号为 k 的结点的左子结点编号为 $2k$；否则该结点无左子结点（显然也没有右子结点）。

（3）若 $2k+1\leqslant n$，则编号为 k 的结点的右子结点编号为 $2k+1$；否则该结点无右子结点。

4. 二叉树的遍历

在遍历二叉树的过程中，一般先遍历左子树，再遍历右子树。在先左后右的原则下，根据访问根结点的次序，二叉树的遍历分为3类：前序遍历、中序遍历和后序遍历。

（1）前序遍历：先访问根结点，然后遍历左子树，最后遍历右子树；并且，在遍历左、右子树时，仍然先访问根结点，然后遍历左子树，最后遍历右子树。

（2）中序遍历：先遍历左子树，然后访问根结点，最后遍历右子树；并且，在遍历左、右子树时，仍然先遍历左子树，然后访问根结点，最后遍历右子树。

（3）后序遍历：先遍历左子树，然后遍历右子树，最后访问根结点；并且，在遍历左、右子树时，仍然先遍历左子树，然后遍历右子树，最后访问根结点。

疑难解答：树与二叉树的不同之处是什么？

在二叉树中，每一个结点的度最大为2，即所有子树（左子树或右子树）也均为二叉树，而树结构中的每一个结点的度可以是任意的。

误区警示：满二叉树也是完全二叉树，而完全二叉树一般不是满二叉树。应该注意二者的区别。

10.1.6 查找技术和排序技术

1. 顺序查找

查找是指在一个给定的数据结构中查找某个指定的元素。从线性表的第一个元素开始，依次将线性表中的元素与被查找的元素相比较，若相等则表示查找成功；若线性表中所有的元素都与被查找元素进行了比较但都不相等，则表示查找失败。

在下列两种情况下只能采用顺序查找：

（1）如果线性表为无序表，则不管是顺序存储结构还是链式存储结构，只能用顺序查找。

（2）即使是有序线性表，如果采用链式存储结构，也只能用顺序查找。

2. 二分法查找

二分法只适用于顺序存储的、按非递减排列的有序表，其方法如下：

设有序线性表的长度为 n，被查找的元素为 i，

①将 i 与线性表的中间项进行比较；

②若 i 与中间项的值相等，则查找成功；

③若 i 小于中间项，则在线性表的前半部分以相同的方法查找；

④若 i 大于中间项，则在线性表的后半部分以相同的方法查找。

疑难解答：二分查找法适用于哪种情况？

二分查找法只适用于顺序存储的有序表。在此所说的有序表是指线性表中的元素按值非递减排列（即从小到大，但允许相邻元素值相等）。这个过程一直进行到查找成功或子表长度为0为止。对于长度为 n 的有序线性表，在最坏情况下，二分查找只需要比较 $\log 2n$ 次。

3. 排序技术

冒泡排序法和快速排序法都属于交换类排序法。

1）冒泡排序法

首先，从表头开始往后扫描线性表，逐次比较相邻两个元素的大小，若前面的元素大于后面的元素，则将它们互换，不断地将两个相邻元素中的大者往后移动，最后最大者到了线性表的最后。然后，从后向前扫描剩下的线性表，逐次比较相邻两个元素的大小，若后面的元素小于前面的元素，则将它们互换，不断地将两个相邻元素中的小者往前移动，最后最小者到了线性表的最前面。对剩下的线性表重复上述过程，直到剩下的线性表变空为止，此时已经排好序。在最坏的情况下，冒泡排序需要比较次数为 $n(n-1)/2$。

2）快速排序法

它的基本思想是：任取待排序序列中的某个元素作为基准（一般取第一个元素），通过一趟排序，将待排元素分为左右两个子序列，左子序列元素的排序码均小于或等于基准元素的排序码，右子序列的排序码则大于基准元素的排序码，然后分别对两个子序列继续进行排序，直至整个序列有序。

疑难解答：冒泡排序和快速排序的平均执行时间分别是多少？

冒泡排序法的平均执行时间是 $O(n^2)$，而快速排序法的平均执行时间是 $O(n\log 2n)$。

10.1.7 例题详解

【例1】算法的时间复杂度取决于________。

A）问题的规模　　B）待处理的数据的初态

C）问题的难度　　D）A）和B）

解析：算法的时间复杂度不仅与问题的规模有关，在同一个问题规模下，还与输入数据有关。即与输入数据所有的可能取值范围、输入各种数据或数据集的概率有关。答案：D）。

【例2】在数据结构中，从逻辑上可以把数据结构分成________。

A）内部结构和外部结构　　B）线性结构和非线性结构

C）紧凑结构和非紧凑结构　　D）动态结构和静态结构

解析：逻辑结构反映数据元素之间的逻辑关系，线性结构表示数据元素之间为一对一的关系，非线性结构表示数据元素之间为一对多或者多对一的关系，所以答案为B）。

【例3】以下________不是栈的基本运算。

A）判断栈是否为空　　B）将栈置为空栈

C）删除栈顶元素　　D）删除栈底元素

解析：栈的基本运算有入栈、出栈（删除栈顶元素）、初始化、置空、判断栈是否为空或满、提取栈顶元素等，对栈的操作都是在栈顶进行的。答案：D）

【例4】链表不具备的特点是________。

A）可随机访问任意一个结点　　B）插入和删除不需要移动任何元素

C）不必事先估计存储空间　　D）所需空间与其长度成正比

解析：顺序表可以随机访问任意一个结点，而链表必须从第一个数据结点出发，逐一查找每个结点。所以答案为A）。

【例5】已知某二叉树的后序遍历序列是DACBE，中序遍历序列是DEBAC，则它的前序遍历序列是________。

A）ACBED　　B）DEABC

C）DECAB　　D）EDBAC

解析：后序遍历的顺序是“左子树-右子树-根结点”，中序遍历顺序是“左子树-根结点-右子树”，前序遍历顺序是“根结点-左子树-右子树”。根据各种遍历算法，不难得出前序遍历序列是EDBAC。所以答案为D）。

【例6】设有一个已按各元素的值排好序的线性表（长度大于2），对给定的值k，分别用顺序查找法和二分查找法查找一个与k相等的元素，比较的次数分别是s和b，在查找不成功的情况下，s和b的关系是________。

A）$s=b$　　B）$s>b$

C）$s<b$　　D）$s\geqslant b$

解析：对于顺序查找，查找不成功时和给定关键字比较的次数为$n+1$。二分查找查找不成功的关键字比较次数为$[\log2n]+1$。当$n\geqslant2$时，显然$n+1>[\log2n]+1$。答案：B）。

【例7】在快速排序过程中，每次划分时将被划分的表（或子表）分成左、右两个子表，考虑这两个子表，下列结论一定正确的是________。

A）左、右两个子表都已各自排好序

B）左边子表中的元素都不大于右边子表中的元素

C ）左边子表的长度小于右边子表的长度

D）左、右两个子表中元素的平均值相等

解析：快速排序的基本思想是________任取待排序表中的某个元素作为基准（一般取第一个元素），通过一趟排序，将待排元素分为左右两个子表，左子表元素的排序码均小于或等于基准元素的排序码，右子表的排序码则大于基准元素的排序码，然后分别对两个子表继续进行排序，直至整个表有序。答案：B）

【例8】问题处理方案的正确而完整的描述称为________。

解析：计算机解题的过程实际上是在实施某种算法，这种算法称为计算机算法。答案：算法。

【例9】一个空的数据结构是按线性结构处理的，则属于________。

解析：一个空的数据结构是线性结构或是非线性结构，要根据具体情况而定。如果对数据结构的运算是按线性结构来处理的，则属于线性结构，否则属于非线性结构。答案：线性结构。

【例10】设树T的度为4，其中度为1、2、3和4的结点的个数分别为4、2、1、1，则T中叶子结点的个数为________。

解析：根据树的性质——树的结点数等于所有结点的度与对应的结点个数乘积之和加1。因此树的结点数为$1\times4+2\times2+3\times1+4\times1+1=16$。叶子结点数目等于树结点总数减去度不为0的结点数之和，即16－（4＋2＋1＋1）＝8。答案：8。

【例11】二分法查找的存储结构仅限于________且是有序的。

解析：二分查找，也称折半查找，它是一种高效率的查找方法。但二分查找有条件限制，即要求表必须用顺序存储结构，且表中元素必须按关键字有序（升序或降序均可）排列。答案：顺序存储结构。

10.2 程序设计基础

10.2.1 结构化和面向对象的程序设计

1. 结构化程序设计的原则

20世纪70年代提出了“结构化程序设计”的思想和方法。结构化程序设计方法引入了工程化思想和结构化思想，使大型软件的开发和编程得到了极大的改善。结构化程序设计方法的主要原则为：自顶向下、逐步求精、模块化和限制使用goto语句。

疑难解答：如何进行自顶向下的设计方法？

程序设计时，应先考虑总体，后考虑细节；先考虑全局目标，后考虑局部目标；不要一开始就过多追求众多的细节，先从最上层总目标开始设计，逐步使问题具体化。

2. 面向对象的程序设计

误区警示：

当使用“对象”这个术语时，既可以指一个具体的对象，也可以泛指一般的对象，但是当使用“实例”这个术语时，必须是指一个具体的对象。面向对象方法涵盖对象及对象属性与方法、类、继承、多态性几个基本要素。

1）对象

通常把对对象的操作也称为方法或服务。属性即对象所包含的信息，它在设计对象时确定，一般只能通过执行对象的操作来改变。属性值应该指的是纯粹的数据值，而不能指对象。操作描述了对象执行的功能，若通过信息的传递，还可以为其他对象使用。对象具有如下特征：标识唯一性、分类性、多态性、封装性、模块独立性。

2）类和实例

类是具有共同属性、共同方法的对象的集合。它描述了属于该对象类型的所有对象的性质，而一个对象则是其对应类的一个实例。类是关于对象性质的描述，它同对象一样，包括一组数据属性和在数据上的一组合法操作。

3）消息

消息是实例之间传递的信息，它是请求对象执行某一处理或回答某一要求的信息，它统一了数据流和控制流。一个消息由3部分组成：接收消息的对象的名称、消息标识符（消息名）和零个或多个参数。

4）继承

广义地说，继承是指能够直接获得已有的性质和特征，而不必重复定义它们。继承分为单继承与多重继承。单继承是指一个类只允许有一个父类，即类等级为树形结构。多重继承是指一个类允许有多个父类。

5）多态性

对象根据所接收的消息而做出动作，同样的消息被不同的对象接收时可导致完全不同的行动，该现象称为多态性。

疑难解答：能举一下现实中的对象及其属性和操作吗?

一辆汽车是一个对象，它包含了汽车的属性（如颜色、型号等）及其操作（如启动、刹车等）。一个窗口是对象，它包含了窗口的属性（如大小、颜色等）及其操作（如打开、关闭等）。

10.2.2 例题详解

【例1】结构化程序设计方法提出于________。

A）20世纪50年代　　B）20世纪60年代

C）20世纪70年代　　D）20世纪80年代

解析：20世纪70年代提出了“结构化程序设计（structured programming）”的思想和方法。结构化程序设计方法引入了工程化思想和结构化思想，使大型软件的开发和编程得到了极大的改善。答案：C）。

【例2】结构化程序设计方法的主要原则有下列4项，不正确的是________。

A）自下向上　　B）逐步求精

C）模块化　　D）限制使用goto语句

解析：结构化程序设计方法的主要原则如下。

①自顶向下：即先考虑总体，后考虑细节；先考虑全局目标，后考虑局部目标；②逐步求精：对复杂问题，应设计一些子目标作过渡，逐步细化；③模块化：把程序要解决的总目标分解为分目标，再进一步分解为具体的小目标，把每个小目标称为一个模块；④限制使用goto语句。答案：A）。

【例3】在面向对象的开发方法中，类与对象的关系是________。

A）抽象与具体　　B）具体与抽象

C）部分与整体　　D）整体与部分

解析：现实世界中的很多事物都具有相似的性质，把具有相似的属性和操作的对象归为类，也就是说类是具有共同属性、共同方法的对象的集合，是对对象的抽象。它描述了该对象类型的所有对象的性质，而一个对象则是对应类的一个具体实例。所以本题正确答案为A）项。答案：A）。

【例4】在面向对象方法中，使用已经存在的类定义作为基础建立新的类定义，这样的技术叫做________。

解析：继承是面向对象方法的一个主要特征。继承是使用已有的类定义作为基础建立新类的定义技术。已有的类可当作基类来引用，则新类相应地可当作派生类来引用。答案：继承。

【例5】对象的基本特点包括________、分类性、多态性、封装性和模块独立性好等5个特点。

解析：对象具有如下的基本特点。

①标识唯一性。对象是可区分的，并且由对象的内在本质来区分；②分类性。可以将具

有相同属性和操作的对象抽象成类；③多态性。同一个操作可以是不同对象的行为；④封装性。只能看到对象的外部特征，无须知道数据的具体结构以及实现操作的算法；⑤模块独立性。面向对象是由数据及可以对这些数据施加的操作所组成的统一体。答案：标识唯一性。

【例6】 对象根据所接收的消息而做出动作，同样的消息被不同的对象所接收时可能导致完全不同的行为，这种现象称为________。

解析：对象根据所接收的消息而做出动作，同样的消息被不同的对象接收时可导致完全不同的行为，该现象称为多态性。答案：多态性。

10.3 软件工程基础

10.3.1 软件工程基本概念

1. 软件定义与软件特点

软件指的是计算机系统中与硬件相互依存的另一部分，包括程序、数据和相关文档的完整集合。程序是软件开发人员根据用户需求开发的、用程序设计语言描述的、适合计算机执行的指令序列。数据是使程序能正常操纵信息的数据结构。文档是与程序的开发、维护和使用有关的图文资料。可见，软件由两部分组成：

（1）机器可执行的程序和数据。

（2）机器不可执行的，与软件开发、运行、维护、使用等有关的文档。

软件的特点如下。

（1）软件是逻辑实体，而不是物理实体，具有抽象性。

（2）软件没有明显的制作过程，可进行大量的复制。

（3）软件在使用期间不存在磨损、老化问题。

（4）软件的开发、运行对计算机系统具有依赖性。

（5）软件复杂性高，成本昂贵。

（6）软件开发涉及诸多社会因素。

根据应用目标的不同，软件可分应用软件、系统软件和支撑软件（或工具软件）。小提示：应用软件是为解决特定领域的应用而开发的软件；系统软件是计算机管理自身资源，提高计算机使用效率并为计算机用户提供各种服务的软件；支撑软件是介于两者之间，协助用户开发软件的工具性软件。

2. 软件工程与软件生命周期

软件产品从提出、实现、使用、维护到停止使用退役的过程称为软件生命周期。一般包括可行性分析研究与需求分析、设计、实现、测试、交付使用以及维护等活动，如图10－1所示。

还可以将软件生命周期分为如图10－1右侧所示的软件定义、软件开发和软件维护3个阶段。生命周期的主要活动阶段是：可行性研究与计划制定、需求分析、软件设计、软件实施、软件测试及运行与维护。

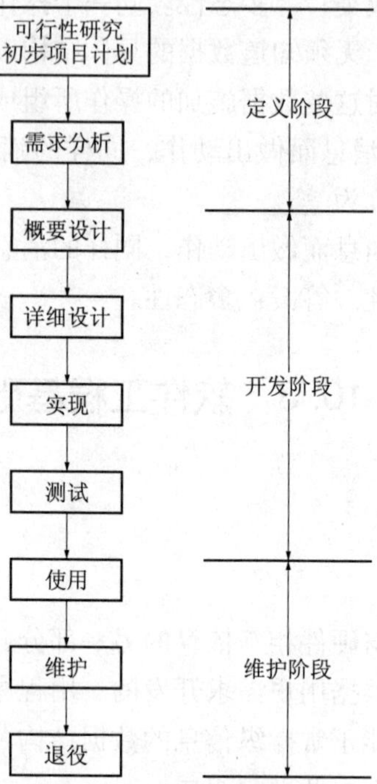

图 10－1　软件生命周期

10.3.2　结构化设计方法

误区警示：

在程序结构中，各模块的内聚性越强，则耦合性就越弱。软件设计应尽量做到高内聚、低耦合，即减弱模块之间的耦合性和提高模块内的内聚性，有利于提高模块的独立性。

1. 软件设计的基础

从技术观点上看，软件设计包括软件结构设计、数据设计、接口设计、过程设计。

（1）结构设计定义软件系统各主要部件之间的关系。

（2）数据设计将分析时创建的模型转化为数据结构的定义。

（3）接口设计是用来描述软件内部、软件和协作系统之间以及软件与人之间如何通信。

（4）过程设计则是把系统结构部件转换为软件的过程性描述。

从工程管理角度来看，软件设计分两步完成：概要设计和详细设计。

（1）概要设计将软件需求转化为软件体系结构、确定系统级接口、全局数据结构或数据库模式。

（2）详细设计确立每个模块的实现算法和局部数据结构，用适当方法表示算法和数据结构的细节。

2. 软件设计的基本原理

（1）抽象：软件设计中考虑模块化解决方案时，可以定出多个抽象级别。抽象的层次从概要设计到详细设计逐步降低。

（2）模块化：模块是指把一个待开发的软件分解成若干小的简单的部分。模块化是指解决一个复杂问题时自顶向下逐层把软件系统划分成若干模块的过程。

（3）信息隐蔽：信息隐蔽是指在一个模块内包含的信息（过程或数据），对于不需要这些信息的其他模块来说是不能访问的。

（4）模块独立性：模块独立性是指每个模块只完成系统要求的独立的子功能，并且与其他模块的联系最少且接口简单。模块的独立程度是评价设计好坏的重要度量标准。衡量软件的模块独立性使用耦合性和内聚性两个定性的度量标准。内聚性是信息隐蔽和局部化概念的自然扩展。一个模块的内聚性越强，则该模块的模块独立性越强。一个模块与其他模块的耦合性越强，则该模块的模块独立性越弱。内聚性是度量一个模块功能强度的一个相对指标。内聚是从功能角度来衡量模块的联系，它描述的是模块内的功能联系。内聚有如下种类，它们之间的内聚度由弱到强排列为：偶然内聚、逻辑内聚、时间内聚、过程内聚、通信内聚、顺序内聚、功能内聚。

耦合性是模块之间互相连接的紧密程度的度量。耦合性取决于各个模块之间接口的复杂度、调用方式以及哪些信息通过接口传递。耦合可以分为下列几种，它们之间的耦合度由高到低排列为：内容耦合、公共耦合、外部耦合、控制耦合、标记耦合、数据耦合、非直接耦合。在程序结构中，各模块的内聚性越强，则耦合性越弱。一般来说，较优秀的软件设计应尽量做到高内聚、低耦合，即减弱模块之间的耦合性和提高模块内的内聚性，有利于提高模块的独立性。

小提示：上面仅是对耦合机制进行的一个分类。由此可见，一个模块与其他模块的耦合性越强，则该模块独立性越弱。原则上讲，模块化设计总是希望模块之间的耦合表现为非直接耦合方式。但是，由于问题所固有的复杂性和结构化设计的原则，非直接耦合是不存在的。

3. 详细设计

详细设计的任务是为软件结构图中的每个模块确定实现算法和局部数据结构，用某种选定的表达工具表示算法和数据结构的细节。

详细过程设计的常用工具如下。

（1）图形工具：程序流程图，N－S，PAD，HIPO。

（2）表格工具：判定表。

（3）语言工具：PDL（伪码）。

程序流程图的5种控制结构：顺序型、选择型、先判断重复型、后判断重复型和多分支选择型。

方框图中仅含5种基本的控制结构，即顺序型、选择型、多分支选择型、WHILE 重复型和 UNTIL 重复型。

PAD 图表示5种基本控制结构，即顺序型、选择型、多分支选择型、WHILE 重复型和 UNTIL 重复型。

过程设计语言（PDL）也称为结构化的语言和伪码，它是一种混合语言，采用英语的词汇和结构化程序设计语言，类似编程语言。

PDL 可以由编程语言转换得到，也可以是专门为过程描述而设计的。

疑难解答：程序流程图、N－S 图和 PAD 图的控制结构的异同点是什么？

相同点是三种图都有顺序结构、选择结构和多分支选择，并且 N－S 图和 PAD 图还有相同的 WHILE 重复型、UNTIL 重复型；不同点是程序流程图没有 WHILE 重复型、UNTIL 重复型而有后判断重复型和先判断重复型。

4. 软件测试

软件测试是在软件投入运行前对软件需求、设计、编码的最后审核。其工作量和成本占总工作量和总成本的40%以上，而且具有较高的组织管理和技术难度。

（1）软件测试是为了发现错误而执行程序的过程。

（2）一个好的测试用例是能够发现至今尚未发现的错误的用例。

（3）一个成功的测试是发现了至今尚未发现的错误的测试。

软件测试过程分4个步骤，即单元测试、集成测试、验收测试和系统测试。

单元测试是对软件设计的最小单位——模块（程序单元）进行正确性检验测试。单元测试的技术包括静态分析和动态测试。

集成测试是测试和组装软件的过程，主要目的是发现与接口有关的错误，主要依据是概要设计说明书。

集成测试所设计的内容包括：软件单元的接口测试、全局数据结构测试、边界条件和非法输入的测试等。集成测试时将模块组装成程序，通常采用两种方式：非增量方式组装和增量方式组装。

确认测试的任务是验证软件的功能和性能，以及其他特性是否满足了需求规格说明中确定的各种需求，包括软件配置是否完全、正确。确认测试的实施首先运用黑盒测试方法，对软件进行有效性测试，即验证被测软件是否满足需求规格说明确认的标准。

系统测试是通过测试确认软件，作为整个基于计算机系统的一个元素，与计算机硬件、外设、支撑软件、数据和人员等其他系统元素组合在一起，在实际运行（使用）环境下对计算机系统进行一系列的集成测试和确认测试。

系统测试的具体实施一般包括：功能测试、性能测试、操作测试、配置测试、外部接口测试、安全性测试等。

5. 软件的调试

误区警示：

程序经调试改错后还应进行再测试，因为经调试后有可能产生新的错误，而且测试是贯穿生命周期的整个过程。

在对程序进行了成功的测试之后将进入程序调试（通常称 Debug，即排错）。程序调试的任务是诊断和改正程序中的错误。调试主要在开发阶段进行。

程序调试活动由两部分组成，一是根据错误的迹象确定程序中错误的确切性质、原因和位置；二是对程序进行修改，排除这个错误。程序调试的基本步骤如下：

（1）错误定位。从错误的外部表现形式入手，研究有关部分的程序，确定程序中出错位置，找出错误的内在原因。

（2）修改设计和代码，以排除错误。

（3）进行回归测试，防止引进新的错误。

调试原则可以从以下两个方面考虑：

1）确定错误的性质和位置时的注意事项

➢ 分析思考与错误征兆有关的信息；

➢ 避开死胡同；

➢ 只把调试工具当作辅助手段来使用；

➢ 避免用试探法，最多只能把它当作最后手段。

2）修改错误原则

➢ 在出现错误的地方，很可能有别的错误；

➢ 修改错误的一个常见失误是只修改了这个错误的征兆或这个错误的表现，而没有修改错误本身；

➢ 修正一个错误的同时有可能会引入新的错误；

➢ 修改错误的过程将迫使人们暂时回到程序设计阶段；

➢ 修改源代码程序，不要改变目标代码。

疑难解答：软件测试与软件调试有何不同?

软件测试是尽可能多地发现软件中的错误，而软件调试的任务是诊断和改正程序中的错误。软件测试贯穿整个软件生命周期，调试主要在开发阶段。

10.3.3 例题详解

【例1】对软件的特点，下面描述正确的是________。

A）软件是一种物理实体

B）软件在运行使用期间不存在老化问题

C）软件开发、运行对计算机没有依赖性，不受计算机系统的限制

D）软件的生产有一个明显的制作过程

解析：软件在运行期间不会因为介质的磨损而老化，只可能因为适应硬件环境以及需求变化进行修改而引入错误，导致失效率升高从而软件退化。正确答案为B)。

【例2】以下哪项是软件生命周期的主要活动阶段?________

A）需求分析　　B）软件开发

C）软件确认　　D）软件演进

解析：B)、C)、D）项都是软件工程过程的基本活动，还有一个是软件规格说明。答案：A)。

【例3】从技术观点看，软件设计包括________。

A）结构设计、数据设计、接口设计、程序设计

B）结构设计、数据设计、接口设计、过程设计

C）结构设计、数据设计、文档设计、过程设计

D）结构设计、数据设计、文档设计、程序设计

解析：技术角度，要进行结构、接口、数据、过程的设计。结构设计是定义系统各部件关系，数据设计是根据分析模型转化数据结构，接口设计是描述如何通信，过程设计是把系统结构部件转化为软件的过程性描述。答案：B)。

【例4】以下哪个是软件测试的目的?________

A）证明程序没有错误　　B）演示程序的正确性

C）发现程序中的错误　　D）改正程序中的错误

解析：关于测试目的的基本知识，IEEE的定义是：使用人工或自动手段来运行或测定某个系统的过程，其目的在于检验它是否满足规定的需求，或是弄清预期结果与实际结果之

间的差别。答案：C）。

【例5】 以下哪个测试要对接口测试？________。

A）单元测试　　B）集成测试

C）验收测试　　D）系统测试

解析：本题检查对测试实施各阶段的了解，集成测试时要进行接口测试、全局数据结构测试、边界条件测试和非法输入的测试等。答案：B）。

【例6】 程序调试的主要任务是________。

A）检查错误　　B）改正错误

C）发现错误　　D）以上都不是

解析：程序的调试任务是诊断和改正程序中的错误。调试主要在开发阶段进行。答案：B）。

【例7】 以下哪项不是程序调试的基本步骤？________

A）分析错误原因　　B）错误定位

C）修改设计代码以排除错误　　D）回归测试，防止引入新错误

解析：程序调试的基本步骤有3步。①错误定位。从错误的外部表现形式入手，研究有关部分的程序，确定程序中出错位置，找出错误的内在原因；②修改设计和代码，以排除错误；③进行回归测试，防止引进新的错误。答案：A）。

【例8】 在修改错误时应遵循的原则有________。

A）注意修改错误本身而不仅仅是错误的征兆和表现

B）修改错误的是源代码而不是目标代码

C）遵循在程序设计过程中的各种方法和原则

D）以上3个都是

解析：修改错误的原则有5点。①在出现错误的地方，很可能有别的错误；②修改错误的一个常见失误是只修改了这个错误的征兆或这个错误的表现，而没有修改错误本身；③注意修正一个错误的同时有可能会引入新的错误；④修改错误的过程将迫使人们暂时回到程序设计阶段；⑤修改源代码程序，不要改变目标代码。答案：D）。

【例9】 软件设计是软件工程的重要阶段，是一个把软件需求转换为________的过程。

解析：软件设计是软件工程的重要阶段，是一个把软件需求转换为软件表示的过程。其基本目标是用比较抽象概括的方式确定目标系统如何完成预定的任务，即软件设计是确定系统的物理模型。答案：软件表示。

【例10】 ________是指把一个待开发的软件分解成若干小的简单的部分。

解析：模块化是指把一个待开发的软件分解成若干小的简单的部分的过程。如高级语言中的过程、函数、子程序等。每个模块可以完成一个特定的子功能，各个模块可以按一定的方法组装起来成为一个整体，从而实现整个系统的功能。答案：模块化。

【例11】 数据流图采用4种符号表示________、数据源点和终点、数据流向和数据加工。

解析：数据流图可以表达软件系统的数据存储、数据源点和终点、数据流向和数据加工。其中，用箭头表示数据流向，用圆或者椭圆表示数据加工，用双杠表示数据存储，用方框来表示数据源点和终点。答案：数据存储。

10.4 数据库设计基础

10.4.1 数据库系统的基本概念

数据是数据库中存储的基本对象，描述事物的符号记录。数据库是长期储存在计算机内，有组织的、可共享的大量数据的集合，它具有统一的结构形式并存放于统一的存储介质内，是多种应用数据的集成，并可被各个应用程序所共享。

数据库管理系统（DBMS，Database Management System）是数据库的机构，它是一种系统软件，负责数据库中的数据组织、数据操作、数据维护、控制及保护和数据服务等。数据库管理系统是数据系统的核心，主要有如下功能：数据模式定义、数据存取的物理构建、数据操纵、数据的完整性、安全性定义和检查、数据库的并发控制与故障恢复、数据的服务。为完成数据库管理系统的功能，数据库管理系统提供相应的数据语言：数据定义语言、数据操纵语言、数据控制语言。

数据库管理员的主要工作如下：数据库设计、数据库维护、改善系统性能、提高系统效率。

1. 数据库系统的发展

数据管理技术的发展经历了3个阶段，见表10-1。

表10-1 各阶段特点的详细说明

		人工管理阶段	文件系统阶段	数据库系统阶段
背景	应用背景	科学计算	科学计算、管理	大规模管理
	硬件背景	无直接存取存储设备	磁盘、磁鼓	大容量磁盘
	软件背景	没有操作系统	有文件系统	有数据库管理系统
	处理方式	批处理	联机实时处理、批处理	联机实时处理、批处理、分布处理
特点	数据的管理者	用户（程序员）	文件系统	数据库管理系统
	数据面向的对象	某一应用程序	某一应用程序	现实世界
	数据的共享程度	无共享，冗余度大	共享性差，冗余度大	共享性高，冗余度小
	数据的独立性	不独立，完全依赖于程序	独立性差	具有高度的物理独立性和一定的逻辑独立性
	数据结构化	无结构	记录内有结构，整体无结构	整体结构化，用数据模型描述
	数控控制能力	应用程序自己控制	应用程序自己控制	由数据库管理系统提供数据安全性、完整性、并发控制和恢复能力

2. 数据库系统的基本特点

数据独立性是数据与程序间的互不依赖性，即数据库中的数据独立于应用程序而不依赖于应用程序。数据的独立性一般分为物理独立性与逻辑独立性两种。

（1）物理独立性：指用户的应用程序与存储在磁盘上的数据库中数据是相互独立的。当数据的物理结构（包括存储结构、存取方式等）改变时，如存储设备更换、物理存储更换、存取方式改变等，应用程序都不用改变。

（2）逻辑独立性：指用户的应用程序与数据库的逻辑结构是相互独立的。数据的逻辑结构改变了，如修改数据模式、增加新的数据类型、改变数据间联系等，用户程序都可以不变。数据统一管理与控制主要包括以下3个方面：数据的完整性检查、数据的安全性保护和并发控制。

3. 数据库系统的内部结构体系

误区警示：

一个数据库只有一个概念模式。一个概念模式可以有若干个外模式。三级模式都有好几种名称，应该熟记这些名称。

数据统系统的三级模式如下。

（1）概念模式，也称逻辑模式，是对数据库系统中全局数据逻辑结构的描述，是全体用户（应用）公共数据视图。一个数据库只有一个概念模式。

（2）外模式，外模式也称子模式，它是数据库用户能够看见和使用的局部数据的逻辑结构和特征的描述，它是由概念模式推导而出来的，是数据库用户的数据视图，是与某一应用有关的数据的逻辑表示。一个概念模式可以有若干个外模式。

（3）内模式，内模式又称物理模式，它给出了数据库物理存储结构与物理存取方法。

内模式处于最底层，它反映了数据在计算机物理结构中的实际存储形式，概念模式处于中间层，它反映了设计者的数据全局逻辑要求，而外模式处于最外层，它反映了用户对数据的要求。

小提示：内模式处于最底层，它反映了数据在计算机物理结构中的实际存储形式，概念模式处于中间层，它反映了设计者的数据全局逻辑要求，而外模式处于最外层，它反映了用户对数据的要求。

4. 数据库系统的两级映射

两级映射保证了数据库系统中数据的独立性。

（1）概念模式到内模式的映射。该映射给出了概念模式中数据的全局逻辑结构到数据的物理存储结构间的对应关系。

（2）外模式到概念模式的映射。概念模式是一个全局模式而外模式是用户的局部模式。一个概念模式中可以定义多个外模式，而每个外模式是概念模式的一个基本视图。

疑难解答：数据库应用系统的结构是什么样的？

数据库应用系统的7个部分以一定的逻辑层次结构方式组成一个有机的整体，它们的结构关系是：应用系统工具、应用开发工具软件、数据库管理系统、操作系统、硬件。

10.4.2 数据模型

数据模型用来抽象、表示和处理现实世界中的数据和信息。分为两个阶段：把现实世界中的客观对象抽象为概念模型；把概念模型转换为某一 DBMS 支持的数据模型。

数据模型所描述的内容有 3 个部分，它们是数据结构、数据操作与数据约束。

1. E－R 模型

E－R 模型中的几个基本概念如下。

（1）实体：现实世界中的事物可以抽象成为实体，实体是概念世界中的基本单位，它们是客观存在的且又能相互区别的事物。

（2）属性：现实世界中事物均有一些特性，这些特性可以用属性来表示。

（3）码：唯一标识实体的属性集称为码。

（4）域：属性的取值范围称为该属性的域。

（5）联系：在现实世界中事物间的关联称为联系。

两个实体集间的联系实际上是实体集间的函数关系，这种函数关系可以有下面几种：一对一的联系、一对多或多对一的联系、多对多的联系。

E－R 模型用 E－R 图来表示。

（1）实体表示法：在 E－R 图中用矩形表示实体集，在矩形内写上该实体集的名字。

（2）属性表示法：在 E－R 图中用椭圆形表示属性，在椭圆形内写上该属性的名称。

（3）联系表示法：在 E－R 图中用菱形表示联系，菱形内写上联系名。

2. 层次模型

满足下面两个条件的基本层次联系的集合为层次模型。

（1）有且只有一个结点没有双亲结点，这个结点称为根结点。

（2）除根结点以外的其他结点有且仅有一个双亲结点。

3. 关系模型

当对关系模型进行查询运算，涉及多种运算时，应当注意它们之间的先后顺序，因为有可能进行投影运算时，把符合条件的记录过滤，产生错误的结果。关系模型采用二维表来表示，二维表一般满足下面 7 个性质：

（1）二维表中元组个数是有限的——元组个数有限性。

（2）二维表中元组均不相同——元组的唯一性。

（3）二维表中元组的次序可以任意交换——元组的次序无关性。

（4）二维表中元组的分量是不可分割的基本数据项——元组分量的原子性。

（5）二维表中属性名各不相同——属性名唯一性。

（6）二维表中属性与次序无关，可任意交换——属性的次序无关性。

（7）二维表属性的分量具有与该属性相同的值域——分量值域的统一性。

在二维表中唯一标识元组的最小属性值称为该表的键或码。二维表中可能有若干个键，它们称为表的候选码或候选键。从二维表的所有候选键中选取一个作为用户使用的键称为主键或主码。表 A 中的某属性集是某表 B 的键，则称该属性值为 A 的外键或外码。

关系模型允许定义三类数据约束，它们是实体完整性约束、参照完整性约束以及用户定义的完整性约束。

小提示：关系模式采用二维表来表示，一个关系对应一张二维表。可以这么说，一个关系就是一个二维表，但是一个二维表不一定是一个关系。

疑难解答：E－R 图是如何向关系模式转换的？

从E－R图到关系模式的转换是比较直接的，实体与联系都可以表示成关系，E－R图中属性也可以转换成关系的属性。实体集也可以转换成关系。

10.4.3 关系代数

1. 关系模型的基本操作

关系模型的基本操作有：插入、删除、修改和查询。

其中，查询包含如下运算：

（1）投影运算。从R中选择出若干属性列组成新的关系。

（2）选择运算。选择运算是一个一元运算，关系R通过选择运算（并由该运算给出所选择的逻辑条件）后仍为一个关系。设关系的逻辑条件为F，则R满足F的选择运算可写成：σF（R）。

（3）笛卡尔积运算。设有n元关系R及m元关系S，它们分别有p、q个元组，则关系R与S经笛卡尔积记为R×S，该关系是一个$n+m$元关系，元组个数是$p\times q$，由R与S的有序组组合而成。

小提示：当关系模式进行笛卡尔积运算时，应该注意运算后的结果是$n+m$元关系，元组个数是$p\times q$，这是经常混淆的。

2. 关系代数中的扩充运算

1）交运算

关系R与S经交运算后所得到的关系是由那些既在R内又在S内的有序组所组成的，记为R∩S。

2）除运算

如果将笛卡尔积运算看作乘运算的话，除运算就是它的逆运算。当关系T＝R×S时，则可将除运算写成：T÷R＝S或T/R＝S，S称为T除以R的商，除法运算不是基本运算，它可以由基本运算推导而出。

3）连接与自然连接运算

连接运算又可称为θ运算，这是一种二元运算，通过它可以将两个关系合并成一个大关系。设有关系R、S以及比较式iθj，其中i为R中的域，j为S中的域，θ含义同前。则可以将R、S在域i，j上的θ连接记为：$\underset{i\theta j}{R|\times|S}$，在θ连接中如果θ为“＝”，就称此连接为等值连接，否则称为不等值连接；如θ为“＜”时称为小于连接；如θ为“＞”时称为大于连接。

自然连接（Natural Join）是一种特殊的等值连接，它满足下面的条件：

➢ 两关系间有公共域；

➢ 通过公共域的等值进行连接。

设有关系R、S，R有域A1，A2，…，An，S有域B1，B2，…，Bm，并且，Ai1，Ai2，…，Aij与B1，B2，…，Bj分别为相同域，此时它们自然连接可记为：R|×|S

自然连接的含义可用下式表示：

R|×|S＝πA1，A2，……An，Bj＋1，……Bm（σAi1＝B1^Ai2＝B2^^Aij＝，Bj（R×S））…

疑难解答：连接与自然连接有什么不同之处？

一般的连接操作是从行的角度进行运算，但自然连接还需要取消重复列，所以是同时从行和列的角度进行运算。

10.4.4 数据库设计与管理

数据库设计中有两种方法，面向数据的方法和面向过程的方法：

面向数据的方法是以信息需求为主，兼顾处理需求；面向过程的方法是以处理需求为主，兼顾信息需求。由于数据在系统中稳定性高，数据已成为系统的核心，因此面向数据的设计方法已成为主流。数据库设计目前一般采用生命周期法，即将整个数据库应用系统的开发分解成目标独立的若干阶段。它们是：需求分析阶段、概念设计阶段、逻辑设计阶段、物理设计阶段、编码阶段、测试阶段、运行阶段和进一步修改阶段。数据库设计中一般采用前4个阶段，它们的成果分别是需求说明书、概念数据模型、逻辑数据模型和数据库内模式。

10.4.5 例题详解

【例1】 对于数据库系统，负责定义数据库内容、决定存储结构和存取策略及安全授权等工作的是________。

A）应用程序员　　B）用户

C）数据库管理员　　D）数据库管理系统的软件设计员

解析：数据库管理员（简称DBA）具有如下的职能：设计、定义数据库系统；帮助用户使用数据库系统；监督与控制数据库系统的使用和运行；改进和重组数据库系统；转储和恢复数据库；重构数据库。所以，定义数据库内容、决定存储结构和存取策略及安全授权等是数据库管理员（DBA）的职责。答案：C）。

【例2】 在数据库管理技术的发展过程中，经历了人工管理阶段、文件系统阶段和数据库系统阶段。在这几个阶段中，数据独立性最高的是________。

A）数据库系统　　B）文件系统

C）人工管理　　D）数据项管理

解析：在人工管理阶段，数据无法共享，冗余度大，不独立，完全依赖于程序。在文件系统阶段，数据共享性差，冗余度大，独立性也较差。所以B）选项和C）选项均是错误的。答案：A）。

【例3】 在数据库系统中，当总体逻辑结构改变时，通过改变________，使局部逻辑结构不变，从而使建立在局部逻辑结构之上的应用程序也保持不变，称之为数据和程序的逻辑独立性。

A）应用程序　　B）逻辑结构和物理结构之间的映射

C）存储结构　　D）局部逻辑结构到总体逻辑结构的映射

解析：模式描述的是数据的全局逻辑结构，外模式描述的是数据的局部逻辑结构。当模式改变时，由数据库管理员对外模式/模式映射做相应改变，可以使外模式保持不变。应用程序是依据数据的外模式编写的，从而应用程序也不必改变，保证了数据与程序的逻辑独立性，即数据的逻辑独立性。答案：D）。

【例4】 数据库系统依靠________支持数据的独立性。

A）具有封装机制　　B）定义完整性约束条件

C）模式分级，各级模式之间的映射　　D）DDL 语言和 DML 语言互相独立

解析：数据库的三级模式结构指数据库系统由外模式、模式和内模式 3 级构成。数据库管理系统在这 3 级模式之间提供了两层映射：外模式/模式映射，模式/内模式映射。这两层映射保证了数据库系统中的数据能够具有较高的逻辑独立性和物理独立性。答案：C）。

【例 5】 将 E－R 图转换到关系模式时，实体与联系都可以表示成________。

A）属性　　B）关系

C）键　　D）域

解析：E－R 图由实体、实体的属性和实体之间的联系 3 个要素组成，关系模型的逻辑结构是一组关系模式的集合，将 E－R 图转换为关系模型：将实体、实体的属性和实体之间的联系转化为关系模式。答案：B）。

【例 6】 用树形结构来表示实体之间联系的模型称为________。

A）关系模型　　B）层次模型

C）网状模型　　D）数据模型

解析：满足下面两个条件的基本层次联系的集合为层次模型：①有且只有一个结点没有双亲结点，这个结点称为根结点；②根以外的其他结点有且仅有一个双亲结点。层次模型的特点是，①结点的双亲是唯一的；②只能直接处理一对多的实体联系；③每个记录类型定义一个排序字段，也称为码字段；④任何记录值只有按其路径查看时，才能显出它的全部意义；⑤没有一个子女记录值能够脱离双亲记录值而独立存在。答案：B）。

【例 7】 对数据库中的数据可以进行查询、插入、删除、修改（更新），这是因为数据库管理系统提供了________。

A）数据定义功能　　B）数据操纵功能

C）数据维护功能　　D）数据控制功能

解析：数据库管理系统包括如下功能。

（1）数据定义功能：DBMS 提供数据定义语言（DDL），用户可以通过它方便地对数据库中的数据对象进行定义。

（2）数据操纵功能：DBMS 还提供数据操作语言（DML），用户可以通过它操纵数据，实现对数据库的基本操作，如查询、插入、删除和修改。

（3）数据库的运行管理：数据库在建立、运用和维护时由数据库管理系统统一管理、统一控制，以保证数据的安全性、完整性、多用户对数据的并发使用及发生故障后的系统恢复。

（4）数据库的建立和维护功能：它包括数据库初始数据的输入、转换功能，数据库的转储、恢复功能，数据库的重组、功能和性能监视等。答案：B）。

【例 8】 设关系 R 和关系 S 的属性元数分别是 3 和 4，关系 T 是 R 与 S 的笛卡尔积，即 $T = R \times S$，则关系 T 的属性元数是________。

A）7　　B）9

C）12　　D）16

解析：笛卡尔积的定义是设关系 R 和 S 的元数分别是 r 和 s，R 和 S 的笛卡尔积是一个 $(r+s)$ 元属性的集合，每一个元组的前 r 个分量来自 R 的一个元组，后 s 个分量来自 S 的一个元组。所以关系 T 的属性元数是 $3+4=7$。答案：A）。

【例 9】 下述________不属于数据库设计的内容。

A）数据库管理系统　　B）数据库概念结构

C）数据库逻辑结构　　D）数据库物理结构

解析：数据库设计是确定系统所需要的数据库结构。数据库设计包括概念设计、逻辑设计和建立数据库（又称物理设计）。答案：A）。

【例 10】 一个数据库的数据模型至少应该包括以下 3 个组成部分：________、数据操作和数据的完整性约束条件。

解析：数据模型是严格定义的一组概念的集合。这些概念精确地描述了系统的静态特性、动态特性和完整性约束条件。因此，数据模型通常由数据结构、数据操作和完整性约束 3 部分组成。其中，数据结构是对系统静态特性的描述，数据操作是对系统动态特性的描述，数据的完整性约束用以限定符合数据模型的数据库状态以及状态的变化，以保证数据的正确性、有效性和相容性。答案：数据结构。

【例 11】 在关系数据模型中，二维表的列称为属性，二维表的行称为________。

解析：一个关系是一张二维表。表中的行称为元组，一行对应一个元组，一个元组对应存储在文件中的一个记录值。答案：元组。